Java图解创意编程

从菜鸟到互联网大厂之路

胡东锋 著

清華大學出版社
北 京

内 容 简 介

本书从问题入手，使用100多个创意编程范例，试图在深入理解原理的基础上，通过自造“轮子”帮助读者提升代码编写功底和工程实现能力。全书分为12章，内容包括Java入门、分形图像处理、数据结构、网络通信、动态装载、多线程、Raft协议、分布式编程和ZooKeeper框架等，由浅入深实现“美颜相机”“迷你通信会议”“迷你Web服务器”“迷你Raft”等项目。本书针对每一个范例，首先给出代码实现和重要知识点，然后提出任务以使读者发挥创意，提升代码编写技能。

本书由浅入深，有趣有料，适合想提升代码编写水平的大学生、求职者、编程爱好者阅读，也适合有1～2年开发经验的程序员参考，还可以作为各类培训班的培训教材。

图书在版编目（CIP）数据

Java图解创意编程：从菜鸟到互联网大厂之路/胡东锋著. —北京：清华大学出版社，2022.11(2024.8 重印)
ISBN 978-7-302-62199-7

Ⅰ. ①J… Ⅱ. ①胡… Ⅲ. ①JAVA语言－程序设计－图解 Ⅳ. ①TP312.8-64

中国版本图书馆CIP数据核字（2022）第220721号

责任编辑： 赵 军
封面设计： 王 翔
责任校对： 闫秀华
责任印制： 刘海龙

出版发行： 清华大学出版社
网 址 https://www.tup.com.cn, https://www.wqxuetang.com
地 址： 北京清华大学学研大厦A座 **邮 编：** 100084
社 总 机： 010-83470000 **邮 购：** 010-62786544
投稿与读者服务： 010-62776969，c-service@tup.tsinghua.edu.cn
质量反馈： 010-62772015，zhiliang@tup.tsinghua.edu.cn
印 装 者： 三河市君旺印务有限公司
经 销： 全国新华书店
开 本： 185mm×235mm **印 张：** 25.25 **字 数：** 606千字
版 次： 2023年1月第1版 **印 次：** 2024年8月第4次印刷
定 价： 149.00元

产品编号： 100243-01

前言

本书特点

互联网大厂每年技术类的校园招聘，一直都是优秀大学生关注的焦点。本书希望为有志于此的同学从菜鸟到高手的学习之路提供一臂之力！本书有以下几个特点。

1. 写10万行代码

技术学习有两个层面：一个层面是熟练掌握更多工具的用法、学习更多知识；另一个层面是提升思考力、实现力，有了想法，就用代码去实现它。相较于面向知识的学习，如何侧重于面向问题的学习？如何为学生创造提出问题的机会？这些都是本书想做的探索。本书中的实践项目，都是先带领学生构建最简原型，初步梳理原理，然后留出尽可能多的空间，给学生创造写代码的机会——没有什么比自己动手写代码更重要！每章最后的任务列表，是你学习写代码的机会，你是否完成这些任务才是本书价值所在。

2. 自造轮子

分布式是什么？我们从零起步，自己写出Raft框架原型。微服务是什么？我们从零起步，自己一行一行地写RPC实现、写Web服务器。队列是什么？哈希表是什么？本书带领你把这些关键的、基础的技术从头学习一遍，让你在实现中理解、在比较中发现，从而实现“掌握一个原理，解决千变的问题”。

3. 激发兴趣

本书从菜鸟的心态出发，以图像、视频特效为起始点，绘制惊艳分形、趣味动画，步步设问，步步惊喜，用尽量简单的代码实现新奇的效果，再提出疑问，引导读者深入探索。在编程学习上，没有什么难题是热情和兴趣解决不了的，动手就会有成就感，想不“Stay hungry，Stay foolish”（求知若饥，虚心若愚）都难！

任何技术都是在面对现实问题的过程中动态演化而成的。没有搜索并保存全球网页的需求，Google不会凭空提出云计算；没有双十一海量数据请求的压力，阿里的工程师也不可能淬炼出精湛的技术。在学习中勇于提出问题，在实践中面对真实的问题，才是优秀研发人才成长的秘诀。祝愿你在这个用一行代码就服务数亿用户的时代，成就自己的骄傲！

给即将踏入职场的同学的建议

1. 练好基本功

对于技术族的同学而言，代码编写能力好比战士手里的枪、厨师腰间的刀，在职业成长的历程中具有无可替代的作用。枪常擦才亮、刀常磨才快，具备基本的代码编写功底和技术能力无疑是提高技术竞争力的有效手段。尤其在实习阶段，语言、框架、基础、代码、业务理解，都是重中之重，需要不断地多看多写、持之以恒地训练才能练好。卖油翁的秘诀相信大家都听过：“我亦无他，惟手熟尔。”同时，在不同阶段要有针对性地提高自己的技术敏感度，“以不变应万变”，这样，无论业务面临怎样的机遇与挑战，都会有“我自岿然不动”的沉着冷静和“见招拆招”的业务应变能力。

2. 磨炼你的追求，而非迎合别人的要求

许多同学对于工作的印象仍停留在准备算法题和面试阶段，每天想的是公司会考什么、面试官要问什么，而忽略了自己的追求，总是在迎合别人的要求，沉浸在“做题家”的思维中无法抽身；而公司更需要的是“出题家”，能够提出问题并解决问题。逐渐把思维从做题家转变为出题家，尽早树立自己的目标，以结果为导向、用代码体现追求，才能最大化地倒逼自己快速成长。

不能把遵守学习制度当成学习本身，就像不能把遵守工作制度当成工作本身一样。不能用“把事情做完”的心态来完成工作，“完成工作”只是达标，这是远远不够的；应该以120分的心态来完成100分的工作，要么不做，要做就做到卓越。如果长期坚持“把工作完成就好”的错误心态，只会导致自己的职业竞争力逐步下滑，最终将被时代的浪潮拍懵在沙滩上。

现状是有很多同学在大学阶段甚至工作中沿用高中的学习思维，每天按时上下课、不迟到早退、课后完成作业……将“学习”与“遵守学习制度”画等号，把遵守学习制度当成学习本身，循规蹈矩、按部就班，最后导致平庸化。学习时习惯于应付考试，工作后也习惯于应付工作。

3. 结交优秀的伙伴

“你应当成为自己欣赏的人”，很多同学求职时抱着改变世界的宏大理想和怀着一腔热血，目光紧盯“国民级”和“现象级”业务不放，盲目从大流而丧失自己的判断。“合抱之木生于毫末”“九层之台起于累土”“千里之行始于足下”，任何产品和业务都是在每个团队一点一滴的积累中诞生的，个人的一小步经过积淀才能成为人类的一大步。

没有开放的沟通交流，没有切磋琢磨，是很难进步的。“三人行必有我师焉”，不要局限于请教公司分配的一对一导师，身边的每个同事、每位专家都是我们的良师益友，勇于并善于向导师和同事学习请教，让优秀来带动优秀才是快速成长的最佳途径。

“脱略小时辈，结交皆老苍”这句诗出自杜甫的《壮游》，杜甫是老成持重的一代典范，他交朋友时有一个特点，喜欢结交比他大许多的人：孟浩然大他23岁，高适大他12岁，李白、王维大他11岁。这种清醒的认识和超凡的境界同样适用于我们的工作和生活中，用热爱钻研技术、用专注促进沟通，年龄的鸿沟、经验的差距，不会成为我们和大牛深交的障碍。

“幼时学富五车而不知所用，长时孤陋寡闻而不知所求”，有求而学必有所见，善问而学必有所成。当你努力去和优秀者聚集时就会理解：重要的不是在做什么，而是和什么人在一起做。

4. 拥有开放的心态

技术本身生长在社会的土壤中，随着时代的发展而发展。技术的花朵只有在时代背景的映衬中，才能体现价值。精进于一行代码、一串零一固然重要，见木见林见山川大地，才是永续发展之道。

2020年清华大学校长邱勇院士给全体新生赠送了费孝通的《乡土中国》，因为在人类社会，只有更好地理解社会，才能更懂人的发展趋势和前途。卡夫卡有一本小说叫《万里长城建造时》，讲的是长城上的搬砖工人是不懂得长城的存在价值和意义的。同理，很多程序员找不到自己的存在感、价值感在哪里。理解了趋势在哪里、价值是什么，才有利于在未来职业道路上乘风破浪、高歌猛进。

这里也给所有技术族的同学推荐一本有别于传统意义的书——《世说新语》，在我看来，可以用五个词概括这本书的精华：玄思、洞见、妙赏、情深、实干！

本书源代码文件，需要用微信扫描下面二维码获取，可按扫描后的页面提示填写你的邮箱，把下载链接转发到邮箱中下载。如果下载有问题或阅读中发现问题，请联系booksaga@126.com，邮件主题为“Java图解创意编程：从菜鸟到互联网大厂之路”。

编 者

2022年11月

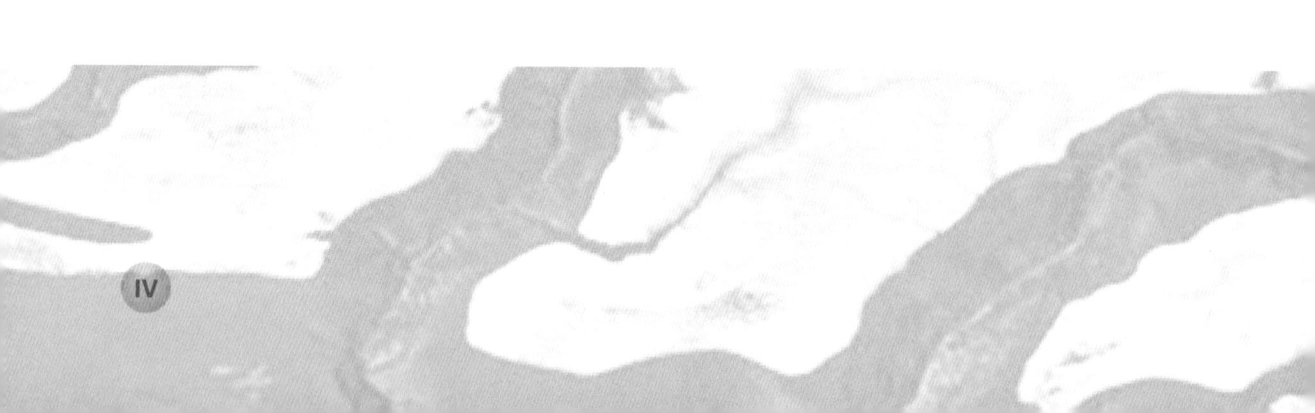

目录

第1章 OOP上手 /1

1.1 安装开发环境 /2
1.2 使用 Eclipse /3
1.3 代码“跑”起来 /4
1.4 类与对象编写规则 /5
1.5 类的继承 /7
1.6 参数传递 /10
1.7 接口的用法 /12
1.8 仿 QQ 登录界面 /13
1.9 更多界面组件 /15
1.10 按钮事件的实现 /18
1.11 验证输入框内容 /19
1.12 界面的鼠标事件 /21
1.13 界面上画图 /22
1.14 鼠标写字 /23
1.15 重写方法中画图 /24
1.16 温故知新 /26

第2章 分形之美 /27

2.1 代码能做什么 /28
2.2 画出 3D 图形 /29
2.3 多态与传参 /30
2.4 按钮监听器传参 /32
2.5 多重继承 /36
2.6 迭代分形 /39
2.7 数值转换 /40
2.8 递归分形 /44
2.9 谢尔宾斯基三角形 /46
2.10 门格海绵 /49
2.11 混沌游戏 /55
2.12 科赫曲线 /55
2.13 编写代码画“千变之树” /58
2.14 编写代码“造山” /61
2.15 经典之作——曼德勃罗集 /65

第 3 章 创意项目实践 / 69

3.1 美颜相机之图像特效 / 70
3.2 深入理解颜色 / 72
3.3 图片特效实现 / 73
3.4 图像卷积算法 / 76
3.5 视频的获取与绘制 / 79
3.6 图像双缓冲处理 / 80
3.7 视频的运动追踪 / 82
3.8 视频哈哈镜 / 83
3.9 五子棋开发 / 85
3.10 对战游戏开发 / 89
3.11 生产消费模型 / 91
3.12 粒子运动系统 / 95

第 4 章 初探数据结构 / 103

4.1 数组的基本用法 / 104
4.2 数组排序与时间复杂度 / 106
4.3 多维数组 / 110
4.4 数组队列的实现 / 112
4.5 链表队列 / 113
4.6 哈希表实现 / 116
4.7 哈希表的 4 个关键问题 / 119
4.8 集合框架 / 120
4.9 二叉树结构 / 121
4.10 使用 JTree 组件 / 123
4.11 哈夫曼树应用 / 126

第 5 章 迷你视频会议项目的实现 / 132

5.1 上手编写通信服务器 / 133
5.2 基本客户端 / 135
5.3 项目编码规范 / 136
5.4 网络画板 / 138
5.5 客户端实现 / 141
5.6 字画同屏 / 146
5.7 通信协议制定 / 147
5.8 网络画板服务器代码 / 148
5.9 网络画板客户端代码 / 153
5.10 视频通信实现 / 157
5.11 视频通信客户端代码 / 160
5.12 视频通信的性能优化 / 163
5.13 简版录像播放器 / 165
5.14 使用内存字节流 / 168
5.15 群发功能服务器实现 / 169
5.16 迷你会议项目拓展 / 173

第 6 章 迷你 RPC 框架的实现 / 174

6.1 为了简单地生活 / 175
6.2 迷你 RPC 框架分析 / 176
6.3 RPC 公共代码实现 / 177
6.4 迷你 RPC 服务器代码实现 / 178
6.5 分发公用库给客户端 / 179
6.6 客户端编码实现 / 181
6.7 注意事项 / 182

6.8 配置文件设计 / 183
6.9 XML 配置格式设计 / 184
6.10 使用 Dom4j 解析 XML / 185
6.11 RPC 服务器发布设计 / 186

第 7 章 从 Spring 到迷你 Web 服务器 / 190

7.1 Spring 初体验 / 191
7.2 Spring RPC 客户端调用 / 194
7.3 应用 Apache HttpClient / 195
7.4 Tomcat 快速上手 / 197
7.5 编写 Servlet / 201
7.6 在 Servlet 中接收请求 / 205
7.7 从零实现 WebServer 项目 / 208
7.8 HTTP 分析 / 209
7.9 session 原理测试 / 210
7.10 迷你 Web 服务器实现 / 214

第 8 章 再探二叉树 / 222

8.1 二叉树分类 / 223
8.2 图解二叉树 / 224
8.3 二叉搜索树 / 225
8.4 堆排序树 / 227
8.5 红黑树 / 229
8.6 手建红黑树 / 230
8.7 树的旋转 / 231
8.8 编码极简红黑树 / 233
8.9 B+ 树 / 238
8.10 B+ 树代码实现 / 242

第 9 章 类的动态装载 / 248

9.1 三分钟上手 Robocode / 249
9.2 迷你 Robocode 初步实现 / 250
9.3 动态添加机器人 / 252
9.4 理解动态加载 / 254
9.5 面向接口编程 / 256
9.6 工厂设计模式的改进 / 257
9.7 反射 Class 对象 / 258
9.8 动态创建对象 / 260
9.9 动态调用方法 / 262
9.10 代理一个对象 / 263
9.11 代理接口虚拟调用 / 266
9.12 CLASS 文件探秘 / 267
9.13 编写一个 Java 编译器 / 274
9.14 类 ACM 网站代码编译 / 275
9.15 安全沙箱运行 / 277
9.16 Class.forName 源码解析 / 281
9.17 类的卸载 / 284
9.18 对象的回收 / 288

第 10 章 深入线程 / 295

10.1 无处不在的生产消费模型 / 296
10.2 简单生产消费模型 / 297

10.3 基于 wait/notify 的生产消费模型 / 298
10.4 wait/notify 探秘 / 300
10.5 锁定对象意味着什么 / 301
10.6 ReentrantLock / 302
10.7 阻塞队列实现线程通信 / 306
10.8 自己造个 BlockingQueue / 308
10.9 为什么需要线程池 / 309
10.10 真正的 Thread 在哪里 / 311
10.11 线程池的必要性 / 317
10.12 用线程池送咖啡 / 318
10.13 自造迷你版线程池 / 322
10.14 用 Future 送咖啡 / 326
10.15 回调的实现 / 327

第 11 章 迷你 Raft 的实现 / 330

11.1 分布式是什么 / 331
11.2 CAP 理论 / 332
11.3 拜占庭将军的共识 / 333
11.4 Paxos 的渊源 / 334
11.5 Raft 第一步：选举 / 335
11.6 Raft 第二步：日志复制 / 336
11.7 Raft 的心跳信号 / 337
11.8 Raft 的编码实现 / 338
11.9 分析系统中有哪些对象 / 339
11.10 通过网络收发对象 / 342
11.11 编写业务流程 / 345
11.12 拉票流程实现 / 346
11.13 发送心跳流程的实现 / 350
11.14 客户端存取数据处理 / 352
11.15 实现日志复制过程 / 355
11.16 数据的本地保存 / 359

第 12 章 菜鸟学 ZooKeeper / 362

12.1 检测 JDK 环境 / 363
12.2 下载安装 ZooKeeper / 364
12.3 启动 ZooKeeper / 366
12.4 自动选举测试 / 368
12.5 客户端连接 / 369
12.6 zNode 常用命令 / 369
12.7 zNode 权限设置 / 370
12.8 ZooKeeper 客户端编程 / 371
12.9 监听机制 / 373
12.10 下载 ZooKeeper 源码 / 374
12.11 在 Eclipse 中配置 ZooKeeper 源码 / 375
12.12 ZooKeeper 实现分布式锁的思路 / 376
12.13 分布式共享锁分析 / 377
12.14 分布式共享锁编码的实现 / 382
12.15 分布式独占锁的实现 / 384
12.16 miniCloud 项目分析 / 387
12.17 文件上传实现 / 391
12.18 文件下载 / 393

我语言的边界，就是我世界的边界。

——维特根斯坦

本章面向近零基础的小白，讲解OOP中对象、继承、接口的规则，实现仿QQ登录界面、鼠标写字项目，让读者快速掌握继承、参数传递、窗体事件、按钮事件、鼠标事件的使用。

第1章 OOP上手

1.1 安装开发环境

开发环境的安装步骤如下：

1. 在官方网站中下载操作系统对应的 Java SEDevelopment Kit，如图 1-1 所示。
2. 在 Windows 系统中设置环境变量，使环境变量 path 指向 JDK 下的 bin 目录，如图 1-2 所示。

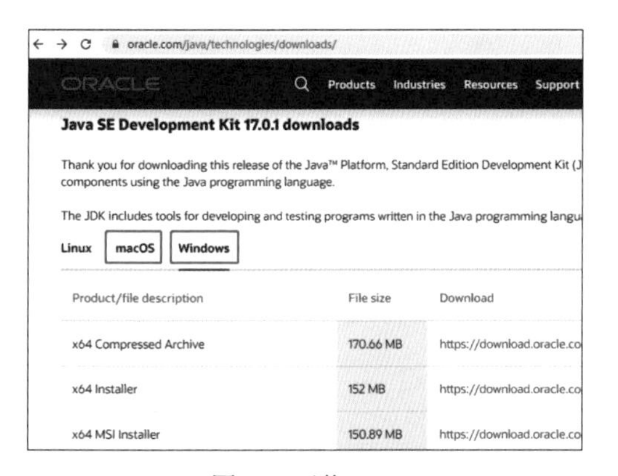

图 1-1 下载 JDK

图 1-2 设置 path

3. 在命令行进行测试，如图 1-3 所示。

   java 命令，用来执行 Java 程序。

   javac 命令，用来编译 Java 程序。

4. 在官方网站下载 Eclipse 集成开发环境，如图 1-4 所示。如果 JDK 配置正确，解压缩安装包后，即可运行 Eclipse。

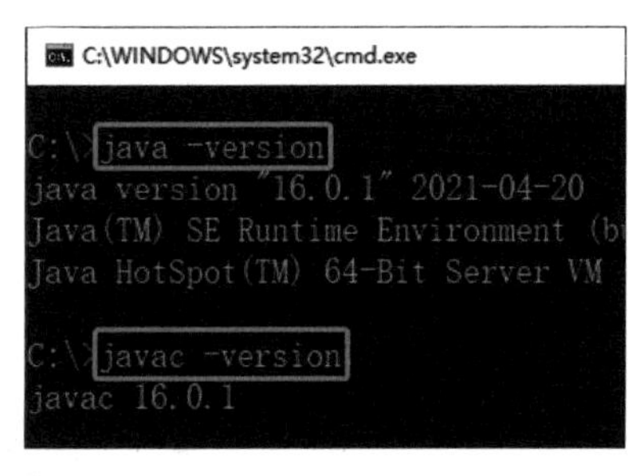

图 1-3 在命令行进行测试

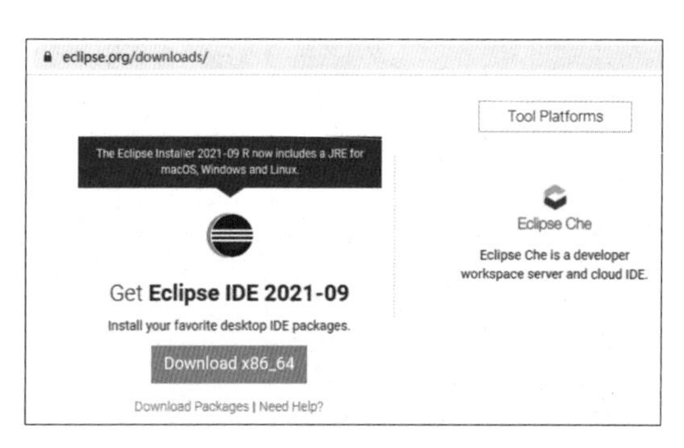

图 1-4 下载 Eclipse

Eclipse 是集成开发环境，可以理解为编辑器，实际编译、运行代码使用的是 JDK 下的程序和库。

启动 Eclipse 就可以编程啦！要熟练掌握代码的编写，因为代码不仅是人与计算机交流的语言，还是开发者必备的技能。

1.2 使用 Eclipse

1. 创建项目

Eclipse 初次启动时，需要指定一个目录作为 workspace（工作场所），以后在此 Eclipse 中编写的代码都会存储在这个目录下，如图 1-5 和图 1-6 所示。

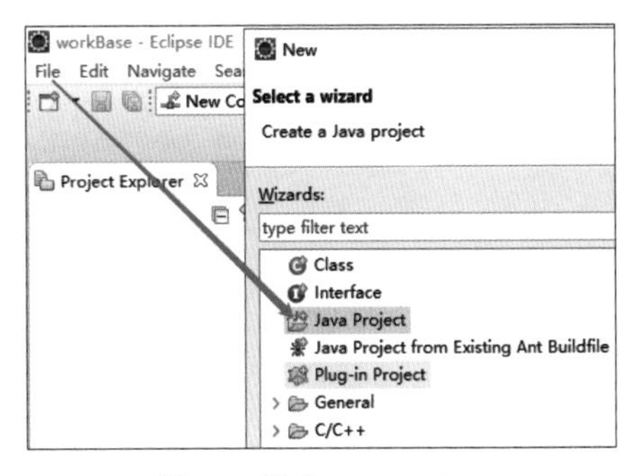

图 1-5 新建 Java Project

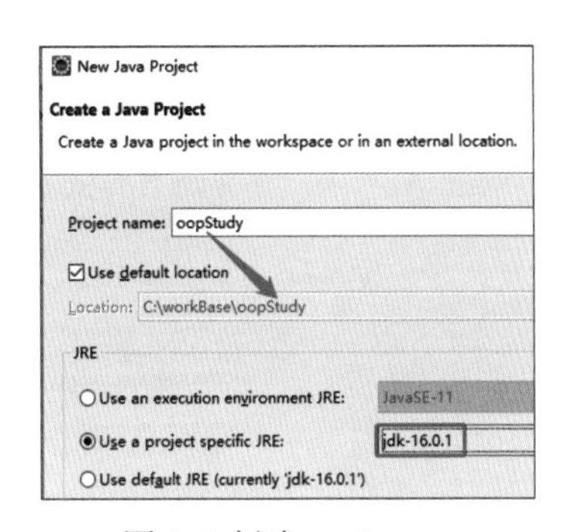

图 1-6 创建 workspace

2. 创建类

oopStudy 项目创建成功后，在该文件夹下右击“src”，在弹出的快捷菜单中依次单击“New”→“Class”，如图 1-7 所示，即可创建类，源码都存放在 src 目录下，如图 1-8 所示。

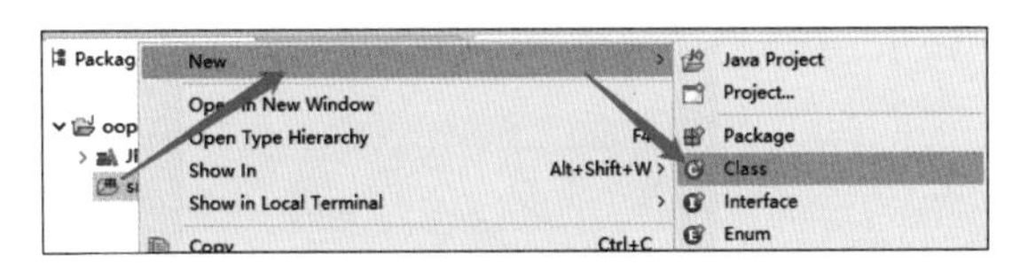

图 1-7 创建类

图 1-8 “New Java Class”对话框

终于看到代码了！在图 1-9 中可以看到新建类的 package 和名称，而图 1-10 为对应的文件系统路径。

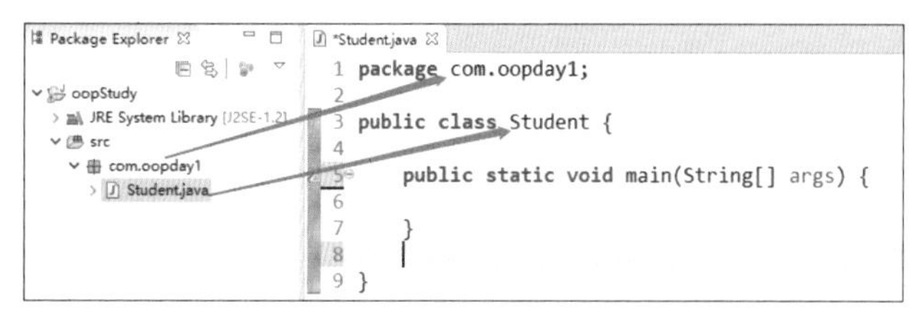

图 1-9 查看新建的类

图 1-10 对应的文件系统路径

1.3 代码“跑”起来

注意

main 方法（也称为主函数）是程序执行入口，在文件中右击，从弹出的快捷菜单中依次单击“Run As”→“1 Java Application”即可执行，如图 1-11 所示。

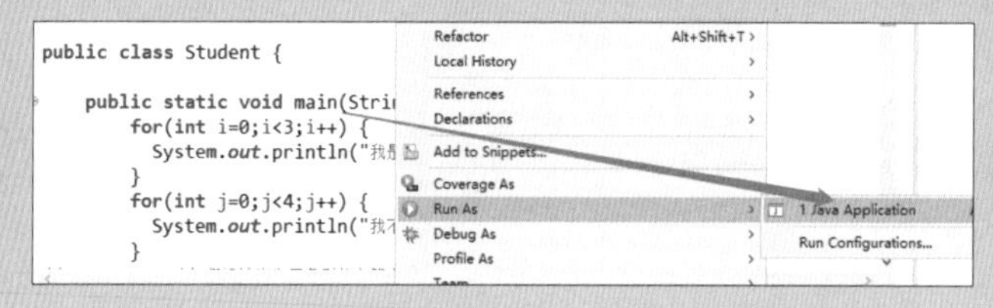

图 1-11 调用 main 方法

System.out.println 输出会换行，而 System.out.print 输出不换行，如图 1-12 所示。

图 1-12 System.out.println 与 System.out.print 的区别

试试看 请编码输出图 1-13 中的图形。

酷爱学习了的乖乖！


```
A0
AA1
AAA2
AAAA3
AAAAA4
AAAAAA5
AAAAAAA6
AAAAAAAA7
AAAAAAAAA8
AAAAAAAAAA9
AAAAAAAAAAA10
```

图 1-13 编码输出的图形

划重点

1）代码写在类的内部，代码以类为单位进行保存、编译、运行。

2）要有主函数，程序才可以运行！类名和文件名相同。

3）源码中英文字母大小写敏感（区分大小写）！你敏感了吗？

1.4 类与对象编写规则

学习了就能找到对象！

OOP 来啦 ~ 面向对象来啦 ~

类与对象，是我们学习编程的两个核心概念！

请静静思考一会儿

类是什么？
它的对象是什么？

举例说明：

比如学生这个概念和你或你的一个个同学之间的关系：
学生是一个概念，你或你的一个个同学是一个实例；

学生是一个类型，你或你的一个个同学是一个对象；

学生是一个抽象，你或你的一个个同学是一个具体；

学生概念之一 ——你或你的一个个同学这样的具体有许多个。

“你是一名学生”真正的意思是，你是学生类型的一个对象，并不是说“你是学生”。学生只在概念上存在，在实际上不存在。

用抽象出的类来创建对象、调用对象，就是编程。

为什么说“抽象 = 思考能力”，非常重要，需要锻炼？

对此，还是用代码语言来表示更为明晰。

代码中的类与对象

OOP= 编写类 + 创建对象 + 调用方法

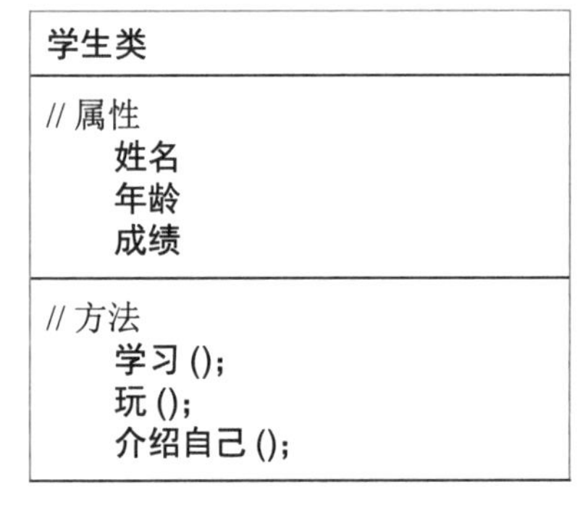

把这个过程用代码表示出来：

```
// 定义学生类
public class Student {
    private int score=0;// 成绩属性
    private String name;// 姓名属性

    public void setName(String s){
        this.name=s;
    }

    public void study(int hour){
        score=hour*2;
    }

    public void showInfo(){
        String msg=name+" 成绩是 "+score;
        System.out.println(msg);
    }
}
```

```
// 使用学生类
// 创建对象 调用方法 改变属性
public class Master {

    public static void main(String[]args) {
        // 创建两个学生对象
        Student st1=new Student();
        st1.setName(" 关山月 ");
        st1.study(10);

        Student st2=new Student();
        st2.setName(" 大漠风 ");
        st2.study(30);

        st1.showInfo();
        st2.showInfo();
    }
}
```

划重点

1）类名和文件名相同。
2）类内部由属性和方法组成。
3）在运行的类的内部编写主函数，创建另外一个类的对象，调用其方法。
4）创建对象的格式：类 对象变量名 = new 类 ()。

类的继承

1. 继承

在多种类型之间存在继承关系，比如：

爷爷 → 爸爸 → 孙子 → 曾孙
人 → 学生 → 大学生 → 优秀大学生

继承的规则是：父类和子类有同名的方法和属性，但具体内容不同。

示例：用代码实现一个动物游戏。

```
public class Animal {

   public void eat(String s){
      System.out.println(" 动物吃 "+s);
   }

   public void move(int len){
      System.out.println(" 动物移动 "+len);
   }

}
```

```
public class Master {

   public static void main(String[] a) {
      Animal a1=new Bird();
      a1.eat(" 虫子 ");
      a1.move(3);

      Animal a2=new Wolf();
      a2.eat(" 小羊 ");
      a2.move(10);
   }
}
```

动物
Animal
Wolf　Bird

再编写两个子类，分别继承 Animal（父类）：

```
public class Bird extends Animal{

}
```

```
public class Wolf extends Animal{

}
```

如果子类中不编写任何方法，运行时调用的是从父类继承而来的方法！

继　　承：一个类，通过 extends 关键字继承另一个类，则自动拥有父类中的方法。
自动转型：创建格式为“父类 对象变量名 = new 子类 ()”，继承后，子类可以是父类类型。

这不是重点，真正的重点是：

在 Eclipse 中编写代码，演示创建对象、继承、调用方法的三个过程。

运行，观察！

2. 子类重写父类中的方法

重写（overwrite）：在子类中重新定义父类中的方法，必须和父类中的方法同名同参。重写后，调用时，即调用子类中的方法，若未重写，则调用父类中的方法。

示例：重写父类中的方法，代码如下：

```
public class Animal {

    public void eat(String s){
        System.out.println("动物吃"+s);
    }

    public void move(int len){
        System.out.println("动物移动"+len);
    }

}
```

```
public class Master {

    public static void main(String[] args) {
        Animal  a1=new Bird();
        a1.eat("虫子");
        a1.move(3);

        Animal  a2=new Wolf();
        a2.eat("小羊");
        a2.move(10);
    }
}
```

动物
Animal
Wolf　Bird

```
public class Bird extends Animal{

    //重写父类中的方法
    public void eat(String s){
        String msg="小鸟吃"+s;
        System.out.println(msg);
    }

    public void move(int len){
        for(int i=0;i<len;i++){
            String msg="小鸟飞第"+len+"次";
            System.out.println(msg);
        }
}
```

```
public class Wolf extends Animal{

    //重写父类中的方法
    public void eat(String s){
        String msg="狼吃"+s;
        System.out.println(msg);
    }

    public void move(int len){
        for(int i=0;i<len;i++){
            String msg="狼奔跑"+len+"次";
            System.out.println(msg);
        }
}
```

如果子类重写了父类的方法，则调用子类中的方法！

如果子类没有重写父类的方法，则调用父类中的方法！

编码运行，你观测到了什么规则？

示例：重写父类的 move 方法，未重写 eat 方法。

```
public class Animal {

    public void eat(String s){
      System.out.println(" 动物吃 "+s);
    }

    public void move(int len){
       System.out.println(" 动物移动 "+len);
    }

}
```

```
public class Bird extends Animal{

    // 重写父类的 move 方法
    public void move(int len){
        for(int i=0;i<len;i++){
            String msg=" 小鸟飞第 "+i+" 次 ";
            System.out.println(msg);
        }
    }

}
```

```
public static void main(String[] args) {
            Animal   a1=new Bird();
            a1.eat(" 虫子 ");
            a1.move(3);
     }
```

运行结果：

```
动物吃虫子
小鸟飞第0次
小鸟飞第1次
小鸟飞第2次
```

子类中 eat() 方法未重写，则是调用父类中的 eat() 方法。

子类中 move() 方法重写了，则是调用子类自己重写的 move() 方法。

继承会带来多态（注意不是变态）！同一类的对象具有不同的行为，程序因此变得灵活。请编写 3 个继承体现多态的示例。

3. 重载（overload）与重写的区别

在一个类的内部有多个同名方法，但是参数类型不同。调用时，根据传入的参数来调用对应的方法。

示例：在 Student 类中重载 study() 方法。

如果传入 int 类型参数，则调用第一个对应 int 参数的方法；如果传入 String 类型参数，则调用第二个对应 String 参数的方法。

```
// 学生类
public class Student {

   public void study(int hour){
      for(int i=0; i<hour; i++){
         String msg=" 我在练习第 "+i+" 次 ";
         System.out.println(msg);
      }
}

   public void study(String item){
      String msg=" 我在学习 "+item;
      System.out.println(msg);
   }

}
```

```
public class Master {

   public static void main(String[] a) {
      Student st=new Student();
      st.study(3);
      st.study(" 代码 ");
   }

}
```

运行结果：

```
我在练习第0次
我在练习第1次
我在练习第2次
我在学习代码
```

重写一定发生在子类继承父类时，而重载只发生在一个类的内部！

任务

编写代码，演示重载与重写的区别。

1.6 参数传递

参数传递有两种方式：调用对象的方法传递；创建对象时用构造器传递。

构造器（亦称为构造函数）规则：与类名必须同名，无返回值，仅在创建对象时调用。

参数传递的两种方式的示例代码如下：

```java
//学生类
public class Student {
   private String name;

   public  Student(String n){
      this.name=n;
   }

   public void study(int hour){
      for(int i=0;i<hour;i++){
         String msg=name+"在练习第"+i+"次";
         System.out.println(msg);
      }
   }
}
```

```java
public class Master {

   public static void main(String[] a) {
      Student hw=new Student("华为");
      hw.study(3);

      Student al=new Student("阿里");
      al.study(2);
   }

}
```

构造器传参

方法传参

```java
public class Student {
private String name;

   public void setName(String n){
      this.name=n;
   }
   public void study(int hour){
      for(int i=0;i<hour;i++){
        String msg=name+"写第"+i+"次";
        System.out.println(msg);
      }
   }
}
```

```java
public class Master {

   static void main(String[] a) {
      Student st=new Student();
      st.setName("山涛");
      st.study(3);

      Student xx=new Student();
      xx.setName("向秀");
      xx.study(2);
   }
}
```

任务

运行程序代码，根据执行结果，验证使用方法传参和构造器传参时的区别。

对象作为参数传递

参数的数据类型有两种：一种是 int、byte、String 等基本数据类型；另一种是类类型，或叫复合类型、对象类型。定义一个类，就是一种类型。

示例：模拟一个老师教学生的过程。

```
public class Student {// 学生类
   private String name;
   private int score;

   public  Student(String n){
      this.name=n;
   }
   public void study(int hour){
      score=3*hour;
   }
   public void show(){
       String msg=name+" 得分 "+score;
       System.out.println(msg);
   }
}
```

```
public class Teacher {// 老师类
   public void work(Student  st){
   // 教学生：调用学生对象的方法
      st.study(3);
      st.show();
   }
}
```

```
public class Master {

   static void main(String[] a) {
      // 创建一个学生对象
      Student myf=new Student(" 百度 ");
      // 创建一个老师对象
      Teacher  te=new Teacher();
          // 传入学生对象
          te.work(myf);
   }

}
```

我们每定义一个类，就是创建了一种新类型！这个类的对象及其子类对象就都可以作为参数传入接收此类型的方法中，即：

```
public void  method(A  a)        // 传入 A 类型的对象
```

任务

想象一所学校，有学生、老师、校长这三种类及其对象，请编织一个调用关系网！

1.7 接口的用法

接口是一种特殊的父类，其中定义的是虚拟方法：只有方法名，没有方法的实体。

所以接口就像是“理想”，注定是用来实现的。

示例：接口的用法的代码如下：

```
//定义一个接口类
public interface Person {

    //其中有两个虚拟方法
    public void friend(String name);

    public void study(int hour);

}
```

```
public class Teacher {
//方法的参数是接口类型
    public void work(Person  st){
        st.study(3);
        st.friend("阿里星");
    }
}

//调用
Person p=new Student();
Teacher t=new Teacher();
t.work(p);
```

```
//实现Person的类
public class Student implements Person{
    private String name;
    private int score;

    public  Student(String n){
        this.name=n;
    }

    //实现接口中的方法，可以为空
    public void friend(String name) {
        System.out.println("我有朋友"+name);
    }

    //实现接口中的方法
    public void study(int hour){
         score=3*hour;
    }

    public void show(){
        String msg=name+"得分"+score;
        System.out.println(msg);
    }

}
```

划重点

1）接口中定义的是虚拟方法，子类继承后必须实现接口中的方法，使用 implements 关键字。

2）接口是一种特殊的类，是父类，子类可自动转型为实现的接口类。

3）定义一个接口就是定义一种类型，调用时，要传入实现类的对象。

当然划多少重点，也不如亲自编码去实现：用代码“组装”一台计算机，定义多个接口，运行代码，表明意思即可。

仿 QQ 登录界面

编程就像搬砖，知道砖在哪里，长城是什么样，就容易编程了！

实现如图 1-14 所示的界面，需要的“砖”在 JDK 中已提供。

按　钮：javax.swing.JButton 类

输入框：java.swing.JTextField 类

窗　体：javax.swing.JFrame 类

图 1-14 仿 QQ 登录界面

窗体的代码如下，左边通过继承 JFrame 显示界面，右边直接创建 JFrame 显示界面。运行结果如图 1-15 所示。

```
import javax.swing.JFrame;

public class LoginUI extends JFrame {

    //编写一个初始化方法
    public void initUI(){
        this.setSize(400,200);
        this.setTitle("仿QQ登录界面");
        this.setVisible(true);
    }

    //主函数
    public static void main(String[] a)  {
        LoginUI  db=new LoginUI();
        //调用这个方法，显示界面
        db.initUI();
    }
}
```

```
import javax.swing.JFrame;

public class LoginUI {

    public void initUI(){
        //直接创建一个界面对象并显示
        JFrame jf=new JFrame();
        jf.setTitle("仿QQ登录界面");
        jf.setSize(400,200);
        jf.setVisible(true);
    }

    public static void main(String[] a)  {
        LoginUI  db=new LoginUI();
        //调用这个方法，显示界面
        db.initUI();
    }
}
```

任务

请编写代码，用上述两种方式显示界面，且显示 10 个界面。

图 1-15 窗体代码的执行结果

更多界面组件

1. 重要规则

1）界面相关的类都在系统的 javax.swing 程序包中，记住用 import 导入它。

2）系统相关的类通常由 J 开头，如 JFrame、JButton、JCheckBox，但也有例外。

3）this 关键字相当于“我”的意思，是指“当前对象”“自己”，只能意会啊！

2. 显示第一个界面

给界面加上按钮，一定要注意加上流式布局管理器（FlowLayout），否则有如下区别（见图 1-16 和图 1-17）：

```
import javax.swing.*;

public class LoginUI extends JFrame {

    public void initUI(){
        this.setSize(200,400);
        this.setTitle(" 仿 QQ 登录界面 ");
        // 创建输入框和按钮对象
        JTextField jtf=new JTextField(15);
        JButton bu=new JButton(" 我登录 ");
        // 加上输入框和按钮
        this.add(jtf);
        this.add(bu);
        this.setVisible(true);
}
    public static void main(String[] args) {
        LoginUI  lu=new LoginUI();
        // 调用这个方法，显示界面
        lu.initUI();
    }
}
```

```
import java.awt.FlowLayout;
import javax.swing.*;
public class LoginUI extends JFrame {

    public void initUI(){
        this.setSize(200,400);
        this.setTitle(" 仿 QQ 登录界面 ");
        // 提前加上流式布局管理器
        FlowLayout fl=new FlowLayout();
        this.setLayout(fl);
        // 创建输入框和按钮对象
        JTextField jtf=new JTextField(15);
        JButton bu=new JButton(" 我登录 ");
        // 加上输入框和按钮
        this.add(jtf);
        this.add(bu);
        this.setVisible(true);
    }
    public static void main(String[] args) {
        LoginUI  lu=new LoginUI();
        lu.initUI();
    }
}
```

图 1-16 未加 FlowLayout 时的运行结果

图 1-17 加 FlowLayout 后的运行结果

看到区别了吗？如果不加流式布局管理器，界面上的按钮组件会覆盖整个界面。

所以，要给调用 JFrame 对象的 setLayout 方法加上 FlowLayout 对象。

3. 使用 javax.swing.* 包下面的组件

试试使用 javax.swing.* 包下面的组件，开发如图 1-18 和图 1-19 所示的界面。

图 1-18 QQ 登录界面

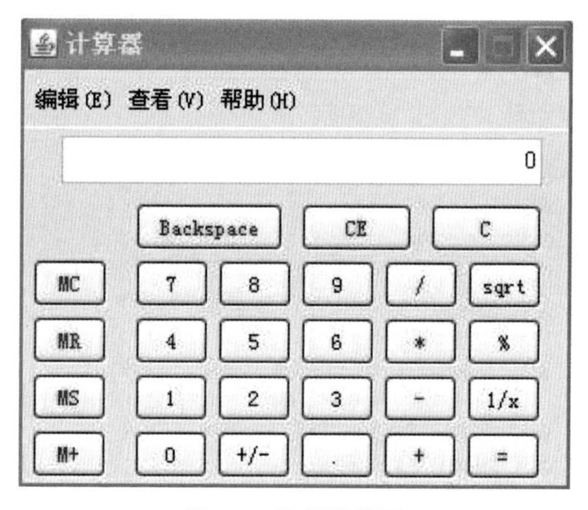

图 1-19 计算器界面

JDK 提供了详细的帮助文档（即每个类的说明书），其中介绍了每个类的用途、有哪些构造器、有哪些方法可用，这是必看的文档，如图 1-20 所示。

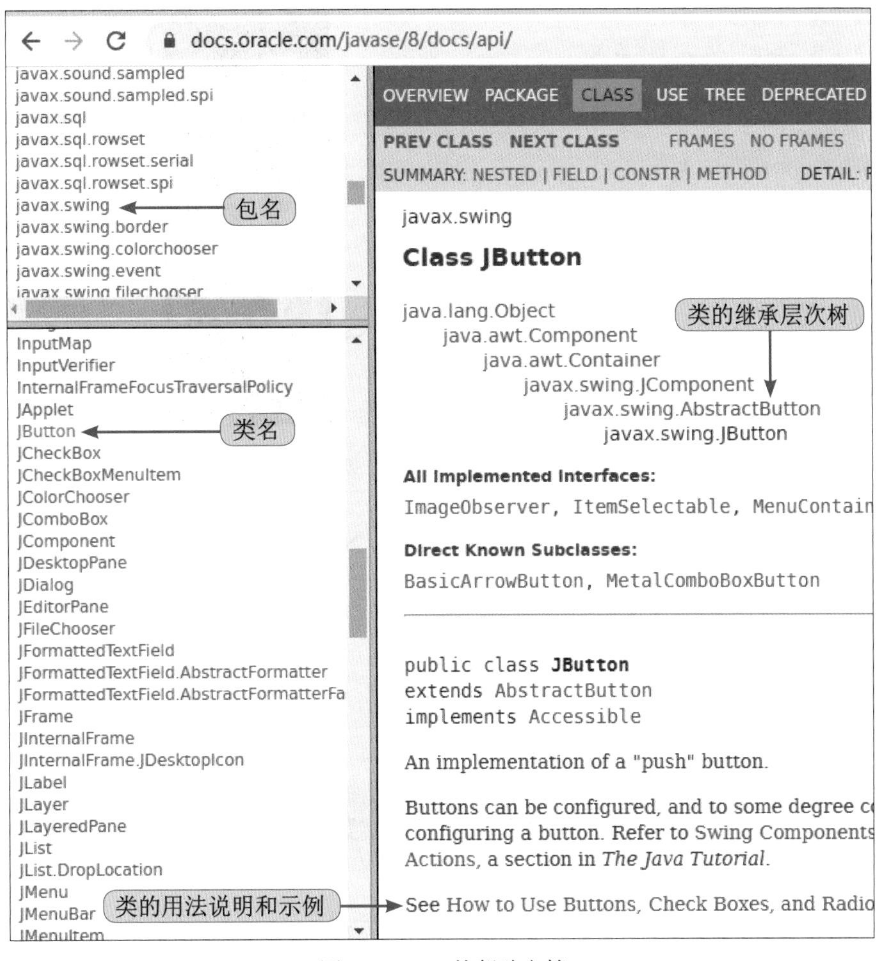

图 1-20　JDK 的帮助文档

> **如何在界面上显示一张图片呢？**
>
> 1）需要有一张 JPG 图片，将其复制粘贴到项目目录下。
>
> 2）通过图片创建图标对象：ImageIcon icon=new ImageIcon("qh.jpg")。
>
> 3）通过 JLabel（标签显示）来显示图片，注意图片大小。

示例代码如下：

```
public class LoginUI extends JFrame {
    public void initUI(){
```

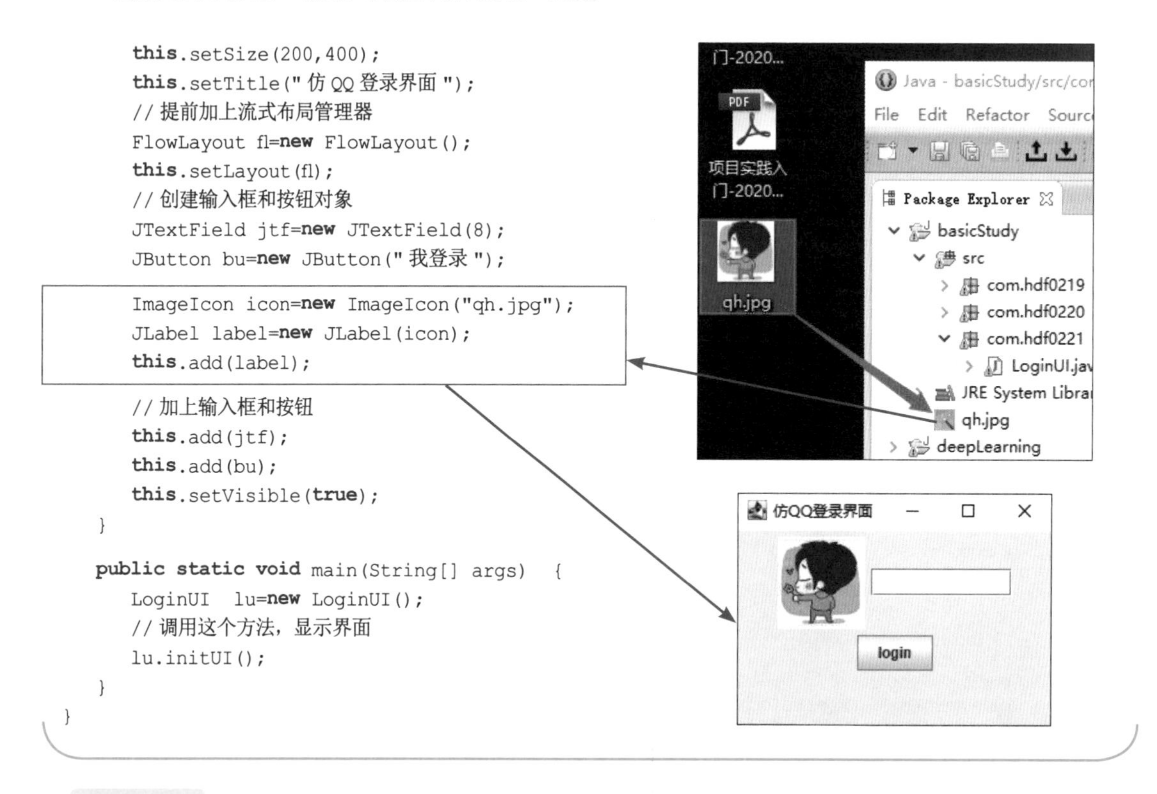

```
        this.setSize(200,400);
        this.setTitle(" 仿 QQ 登录界面 ");
        // 提前加上流式布局管理器
        FlowLayout fl=new FlowLayout();
        this.setLayout(fl);
        // 创建输入框和按钮对象
        JTextField jtf=new JTextField(8);
        JButton bu=new JButton(" 我登录 ");

        ImageIcon icon=new ImageIcon("qh.jpg");
        JLabel label=new JLabel(icon);
        this.add(label);

        // 加上输入框和按钮
        this.add(jtf);
        this.add(bu);
        this.setVisible(true);
    }

    public static void main(String[] args)  {
        LoginUI  lu=new LoginUI();
        // 调用这个方法，显示界面
        lu.initUI();
    }
}
```


新手上路

切记：要有追求完美的精神，但不要追求完美的结果！

1.10 按钮事件的实现

单击界面上的 JButton，怎样才有反应呢？需要加上动作监听器 ActionListener！具体步骤如下：

1. 给 JButton 加上一个 addActionListener(ActionListener l) 方法。
2. 调用按钮对象的这个方法，即可加上监听器。
3. 参数类型 ActionListener 是已定义的一个接口，我们要编写一个类来实现此接口。
4. 在实现此接口的类中，重写其 actionPerformed 方法，以便在事件发生时调用该方法。

示例：编写一个实现 ActionListener 接口的类，单击后在控制台输入次数。

```
import java.awt.event.*;

// 首先，编写按钮的监听器实现类
public class LoginAction implements
ActionListener {
    private int count=0;

    // 实现接口中的方法
    // 当动作发生时，执行这个方法
    public void actionPerformed(ActionEvent e) {
        count++;
        System.out.println("OK  "+count);
    }

}
```

```
import java.awt.FlowLayout;
import javax.swing.*;
public class LoginUI extends JFrame {

    public void initUI(){
     this.setSize(200,400);
     this.setTitle("仿QQ登录界面");
       // 提前加上流式布局管理器
       FlowLayout fl=new FlowLayout();
       this.setLayout(fl);
       JButton bu1=new JButton("点我! ");
       this.add(bu1);
       // 创建监听器对象，再指定给按钮
       LoginAction lo=new LoginAction();
       bu1.addActionListener(lo);
       this.setVisible(true);
    }
    public static void main(String[] a) {
       LoginUI  lu=new LoginUI();
       lu.initUI();
    }
}
```

马上编写代码，照搬也行！

1）给你的按钮加上监听器，单击按钮，然后输出一行文字。

2）单击按钮，弹出一个新窗口。

3）单击按钮，弹出一个带按钮、输入框的新窗口，而且新窗口中的按钮，还可以再单击……弹出……

1.11 验证输入框内容

单击按钮，获取输入框内容，如果输入正确，则弹出新窗口。具体步骤如下：

1. 在界面中加上输入框，即 JTextField 类。
2. 在监听器实现类中，定义指向输入框的变量名。

3 创建监听器对象时，通过构造器传入界面上的输入框对象。

4 在监听器实现类响应按钮的方法中获取输入框的内容字符串。

5 调用字符串的 equals(String s) 方法进行比较，如果输入的内容正确，则弹出新界面。

示例代码如下：

```
//创建用户输入的监听器类
public class LoginAction implements
ActionListener {
    //当前为null，创建后指向界面输入框
    private JTextField jtf=null;

    //创建时，输入界面类中的输入框
    public LoginAction(JTextField jtf){
        this.jtf=jtf;
    }

    //实现接口中的方法
    public void actionPerformed(ActionEvent e)
{
        System.out.println("我执行啦");
        //单击时就取得界面输入框的内容
        //此时的jtf指向的是界面上那个输入框
        String s=jtf.getText();
        System.out.println("输入的是"+s);
        if(s.equals("lanjie")){
            //如果输入正确，弹出新界面
            JFrame jf=new JFrame();
            jf.setTitle("画出新世界");
            jf.setSize(300,400);
            jf.setVisible(true);
        }
    }
}
```

```
//界面类
public class LoginUI extends JFrame {

    public void initUI(){
        this.setSize(200,400);
        this.setTitle("仿QQ登录界面");
        FlowLayout fl=new FlowLayout();
        this.setLayout(fl);
        JButton bu1=new JButton("点我！");
        this.add(bu1);
        JTextField jtf=new JTextField(8);
        this.add(jtf);

        //创建监听器对象，传入输入框
        LoginAction lo=new LoginAction(jtf);
        bu1.addActionListener(lo);
        this.setVisible(true);
    }

    public static void main(String[] args) {
        LoginUI  lu=new LoginUI();
        lu.initUI();
    }
}
```

马上编写代码，照搬也行！

1）单击按钮，验证输入框中的文字内容。

2）再加一个输入框，用于验证两个输入框中的文字内容。

1.12 界面的鼠标事件

给界面组件加监听器，采用的“套路”是一样的，都是调用这种形式的方法，即 .addxxxListener（编写事件接口的实现类，传入这个类的对象即可）。

要让 JFrame 响应鼠标操作，需要调用 JFrame.addMouseListener() 加监听器，编写 java.awt.event 包下 MouseListener 接口的实现类，示例代码如下：

```
import java.awt.event.MouseEvent;
import java.awt.event.MouseListener;
    //实现一个鼠标事件监听器
    public class DrawList implements MouseListener{

    public void mouseClicked(MouseEvent e) {
    //读者来编写
        }
    public void mousePressed(MouseEvent e) {
      //读者来编写
      }
    public void mouseReleased(MouseEvent e) {
              int x=e.getX();
              int y=e.getY();
              System.out.println("mouse 松开的位置 x: "+x+" y:"+y);
      }
      public void mouseEntered(MouseEvent e) {
              //读者来编写
      }
      public void mouseExited(MouseEvent e) {
              //读者来编写
              }
      }
```

```
11
12          DrawList dl=new DrawList();
13          this.addMouseListener(dl);
14      }
```

```
Console
DrawPand [Java Application] C:\Program Files\Java
mouse松开的位置 x:  110 y:120
mouse松开的位置 x:  82 y:84
mouse松开的位置 x:  88 y:93
```

```
public class DrawPand extends JFrame{
    public void showUI() {
        this.setTitle("创意图形");
        this.setVisible(true);
        this.setSize(300, 400);
        this.setVisible(true);
        //创建监听器类对象，再指定给界面
        DrawList dl=new DrawList();
        this.addMouseListener(dl);
    }
public static void main(String[] args) {
        DrawPand dp=new DrawPand();
        dp.showUI();
    }
}
```

运行上述代码，看到效果了吗？

任务

1）给界面加监听器，测试另外几个方法执行场景。

2）当鼠标移出界面时，弹出新窗口。

1.13 界面上画图

我们要实现这个场景：当鼠标松开时在界面上画个小球。此例用到从 JFrame 上获取的 java.awt.Graphics 对象，Graphics 中有许多 draw 的方法可以调用，示例代码如下：

```
 //鼠标监听器实现类，当鼠标松开时画圆
 public class DrawList implements
MouseListener{
    private Graphics g;

    //用构造器传入界面上的画布对象
    public DrawList(Graphics g){
       this.g=g;
    }

    public void mouseReleased(MouseEvent e) {
       //获取鼠标松开时的坐标点
       int x=e.getX();
       int y=e.getY();
       g.fillOval(x, y,100,100);
    }

    //下方暂不用，但必须实现
 public void mouseClicked(MouseEvent e) {}
 public void mousePressed(MouseEvent e) {}
 public void mouseEntered(MouseEvent e) {}
 public void mouseExited(MouseEvent e) {}
 }
```

```
public class DrawBoard extends JFrame {

   public void initUI(){
      this.setSize(200,400);
      this.setTitle("鼠标点、放棋子~！");
      this.setVisible(true);
      //获取界面的画布
      Graphics g=this.getGraphics();
      //创建鼠标监听器对象，传入画布
      DrawList dl=new DrawList(g);
      this.addMouseListener(dl);
   }

   public static void main(String[] args)
   {
      DrawBoard lu=new DrawBoard();
      lu.initUI();
   }
}
```

在 MouseListener 中画图的关键在于：

1）在 JFrame 的 setVisible 之后获取画布，传入监听器类中。

2）在 MouseListener 监听器对应的方法中，使用 Graphics g 画图。

任务

1）测试 Graphics 中画方框、画线的方法。

2）在画的圆边上画出字符串。

3）画出如图 1-21 所示的“渔网”图形。

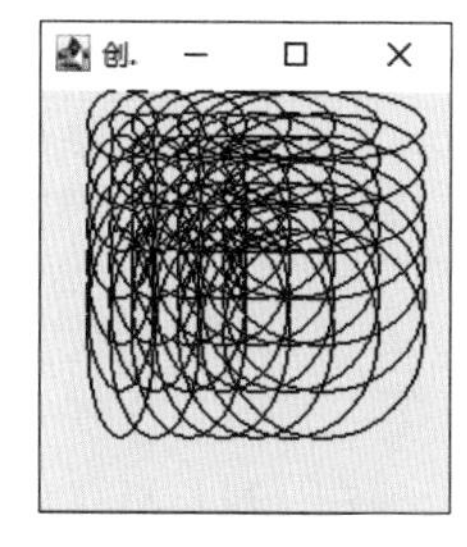

图 1-21　“渔网”图形

1.14 鼠标写字

要实现鼠标写字，需要给 JFrame 加上响应鼠标移动的 MouseMotionListener 监听器。具体步骤如下：

1 编写一个类，实现 MouseMotionListener 接口。

2 传入界面的画布对象，在响应方法中编写画图的算法。

示例代码如下：

```
// 鼠标移动事件监听器实现类
public class DrawMove implements
MouseMotionListener{
    private Graphics g;

    // 用构造器传入界面上的画布对象
    public DrawMove(Graphics g){
       this.g=g;
    }

    // 响应鼠标拖动时的事件
    public void mouseDragged (MouseEvent e) {
       int x=e.getX();
       int y=e.getY();
       g.fillRect(x, y, 50,40);
    }
    // 响应鼠标移动时的事件
    public void mouseMoved(MouseEvent e) {
    }
}
```

```java
public class DrawBoard extends JFrame {

    public void initUI(){
        this.setSize(200,400);
        this.setTitle(" 鼠标写字～！ ");
        this.setVisible(true);
        //获取界面的画布
        Graphics  g=this.getGraphics();
        //创建鼠标移动监听器对象，传入画布
        DrawMove dm=new DrawMove(g);
        this.addMouseMotionListener(dm);
    }

    public static void main(String[] args)  {
        DrawBoard  lu=new DrawBoard();
        lu.initUI();
    }
}
```

现在，鼠标就是你的画笔啦！

是时候展示你的创意和想象力了，如何实现如图 1-22 所示的效果呢？

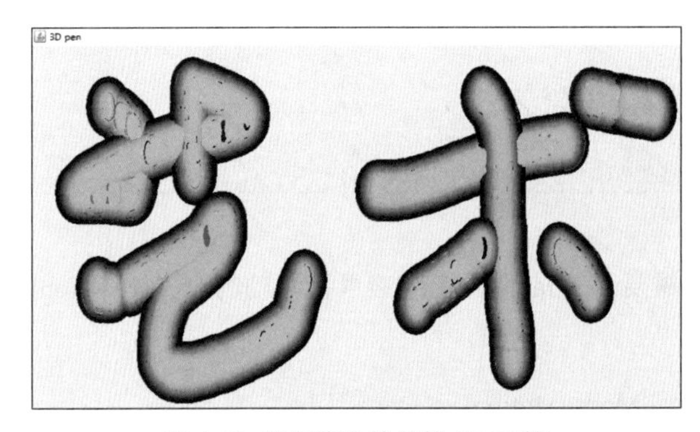

图 1-22 带有特殊效果的 3D 画笔

1.15 重写方法中画图

只要界面一动，你画的图形就会消失，这是因为屏幕显示的所有图形都是一个点一个点地每一次重新画出来的。就 JFrame 本身的显示而言，也是系统将它“一个点一个点地画出来的”。

JFrame 类有一个 public void paint(Graphics g) 方法，可以理解为系统每次刷新界面时调用的方法，如果是这样，那么重写这个方法后画出的图形就不会消失，下面进行验证吧！

1. 通过 extends JFrame 创建显示界面。
2. 重写 public void paint(Graphics g) 方法，在重写的方法中实现绘图的功能。

示例代码如下：

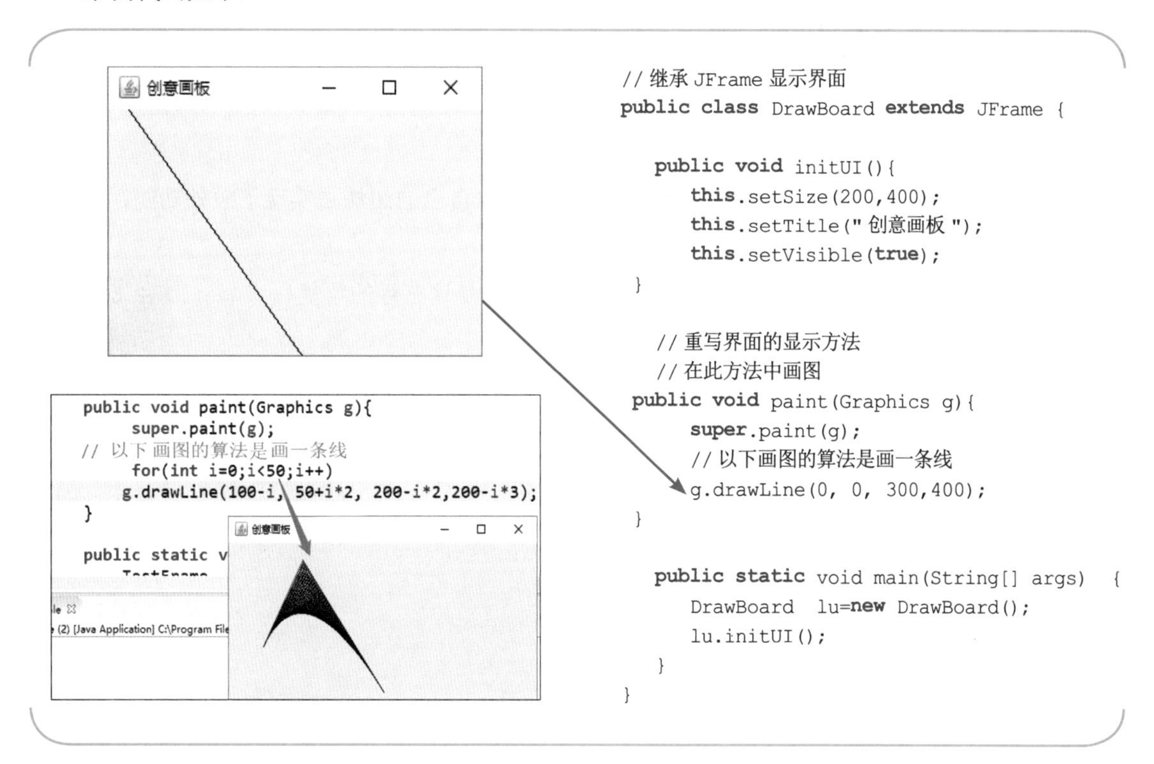


```
// 继承 JFrame 显示界面
public class DrawBoard extends JFrame {

   public void initUI(){
      this.setSize(200,400);
      this.setTitle(" 创意画板 ");
      this.setVisible(true);
 }

   // 重写界面的显示方法
   // 在此方法中画图
 public void paint(Graphics g){
      super.paint(g);
      // 以下画图的算法是画一条线
      g.drawLine(0, 0, 300,400);
 }

   public static void main(String[] args)  {
      DrawBoard  lu=new DrawBoard();
      lu.initUI();
   }
}
```

现在无论你如何拖动界面，所画的这条线都不会消失！

在子类中调用 super.paint(g)，可以避免父类方法被子类重写的方法所覆盖。试试不调用 super.paint(g) 会是什么效果。

任务

画一个 10×10 的格子棋盘，将棋盘填充为黑白间隔，用鼠标监听器把棋子画在棋盘上，画出如图 1-23 所示的图形。

图 1-23　棋盘

1.16 温故知新

如果前面各节的拓展代码你都编写过了，并且都按照自己的想法去实现了额外功能，那么就可以说你对编程基本入门了。

温故而知新，以后无论如何变化，所有代码本质上都是这三行的重复！

定义变量
创建对象
调用方法

如果你还不理解，请看这是什么。

```
javax.swing.JFrame jf=new javax.swing.JFrame();
```

A 同学说："这是创建一个 JFrame 对象。"
B 同学说："这是创建一个对象。"
C 同学说："这是一条语句。"

谁的说法高明？这不像考试时有明确的对和错，只是对本质领悟的深与浅之分。

留给你思考的问题是：代码是什么？有什么东西不是代码？

思而不学是白日梦，把这些代码都再编写一遍，变着花样编写：

1）编写类和对象，模拟现实中某群人物的组织关系。

2）测试用对象传参和用原始类型传参的区别。

3）演示继承、多态、重写、实现接口、构造器传参。

4）完善你的登录界面程序。

5）用 MouseListener 和 MouseMotionListener 画图，用 JFrame 重绘画图。

6）实现一个程序，绘制可以放棋子玩五子棋游戏的棋盘。

第2章

分形之美

本章将在第1章绘图的基础上，讲解分形原理和数学公式、数值转换和递归算法，实现科赫曲线、门格海绵、分形树、分形山脉等惊艳图形的绘制，以帮助读者掌握将数学公式转换为代码的方法，提升读者从现象到模型的分析能力。

江山如画，一时多少豪杰。

——苏轼《念奴娇·赤壁怀古》

代码能做什么

观察如下几个图形。

请你思考

我们所谓的“自然”，到底意味着什么？
美，是否有规律可循？

画出 3D 图形

使用 Color 类创建 255×255×255 种颜色（java.awt.Color c=new Color(r,g,b);），然后调用 Graphics 的 setColor 方法，设置颜色（R，G，B）每个分量的值为 0~255，通过循环计算，搭配出 3D 的感觉，示例代码如下：

```
//继承 JFrame 显示界面
public class DrawBoard extends JFrame {

    public void initUI(){
        this.setSize(200,400);
        this.setTitle("3D 图形组合 ");
        this.setVisible(true);
    }

    //重写 JFrame 显示，编写画图算法
    public void paint(Graphics g){
        super.paint(g);
        Color color=new Color(255,0,0);
        g.setColor(color);
        g.fillOval(100,100,80,90);
    }

    public static void main(String[] args)  {
        DrawBoard  lu=new DrawBoard();
        lu.initUI();
    }
}
```

3D图形组合

```
    //重写 JFrame 显示，编写画图算法
    public void paint(Graphics g){
        super.paint(g);
        Color color=new Color(255,0,0);
        g.setColor(color);
        g.fillOval(50,50,80,90);
        //画出 3D 图形
        for(int i=0;i<255;i++){
            Color c=new Color(i,i,i);
            g.setColor(c);
            g.fillOval(100+i/3, 100+i/3,
                        255-i, 255-i);
        }
    }
```

3D图形组合

任务

编写程序实现如图 2-1 所示的图形。

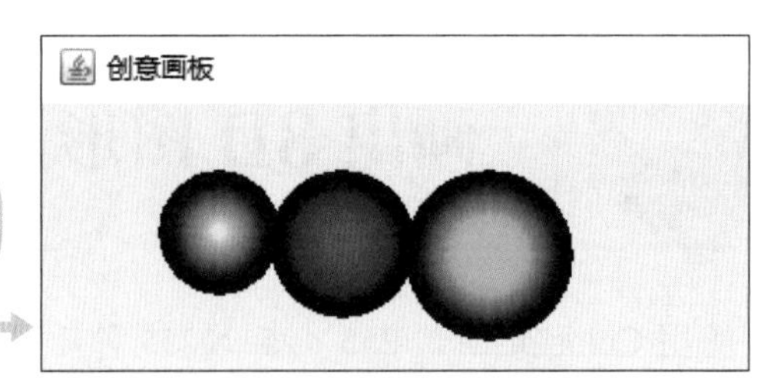

图 2-1 具有 3D 感觉的图形

2.3 多态与传参

编程实践的一个重要目标是掌握理论，只通过背概念是无法做到的！采用 OOP 方法实现的接口和对象都有自己的状态数据。那么，多态表现是如何在实践中体现的呢？

如图 2-2 所示，我们要实现这样的功能：

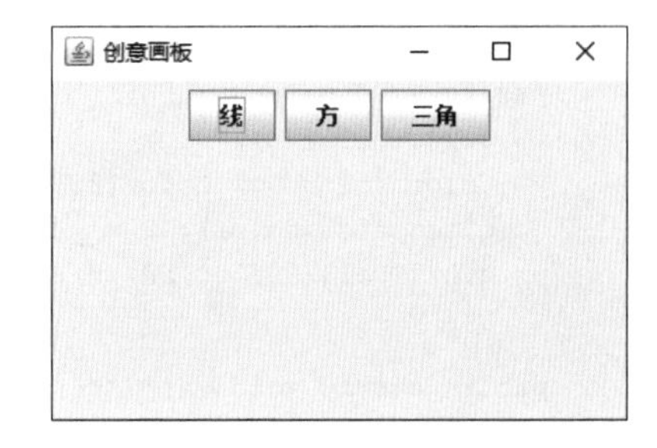

图 2-2 创意画板界面

1）给按钮添加监听器。

2）给 JFrame 加上 MouseListener。

3）获取 MouseEvent 的坐标后，根据所单击的按钮上所示的文字含义调用相应的方法画图。

1 首先编写按钮监听器实现类 DrawAction，具体代码如下：

```
//按钮的监听器实现类：获知按下了哪个按钮
public class DrawAction implements ActionListener {
    //有按钮被按下时，这个方法被调用
    public void actionPerformed(ActionEvent e) {
        String cmd=e.getActionCommand();//得到被单击按钮上的文字信息
        System.out.println("按下的按钮是 "+cmd);
        if(cmd.equals("三角")) {
            System.out.println("要画的图形应是 三角");
        }
    }
}
```

2 再编写 JFrame 的鼠标监听器实现类，代码如下：

```
//给界面添加 Mouse 监听器实现类，松开时获取坐标数据
public class DrawMouse implements MouseListener {
    private Graphics g;
    private intx2,y2,count=1;
    public DrawMouse(Graphics g) {//构造器中传入界面的画布对象
        this.g=g;
    }
    public void mouseReleased(MouseEvent e) {//从鼠标被按下的位置获取坐标
        int x1=e.getX();inty1=e.getY();
        if(count%2==0) {g.drawLine(x1, y1, x2, y2);  }
        else { x2=e.getX();y2=e.getY(); }
        count++;
        System.out.println("x2 "+x2+" y2 "+y2);
    }
    //其他方法暂不用，略
}
```

3 然后，在界面上把上面的按钮监听器和鼠标监听器用起来，代码如下：

```
public class DrawOOP extends JFrame { //继承 JFrame 显示界面

    public void initUI(){
        this.setSize(300,300);
        this.setTitle("对象传参-画板 ");
        this.setLayout(new FlowLayout());//加上布局管理器
        this.setDefaultCloseOperation(3);
        JButton buXian=new JButton("线");
        JButton buYuan=new JButton("方");
        JButton buFang=new JButton("三角");
        this.add(buXian);
        this.add(buYuan);
        this.add(buFang);
        this.setVisible(true);
        Graphics g=this.getGraphics();
        DrawMouse dm=new DrawMouse(g); //给界面加 Mouse 监听器
        this.addMouseListener(dm);

        DrawAction da=new DrawAction(); //给按钮加动作监听器
        buXian.addActionListener(da);
        buYuan.addActionListener(da);
        buFang.addActionListener(da);
    }
    public static void main(String[] args)  {
        DrawOOP  lu=new DrawOOP();
        lu.initUI();
    }
}
```

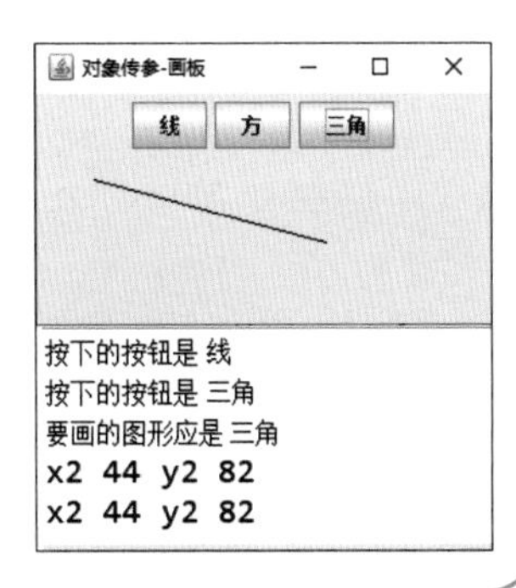

我们可以在获知按下按钮的同时得到鼠标的坐标，但是下面这几个对象呢（见图 2-3）？

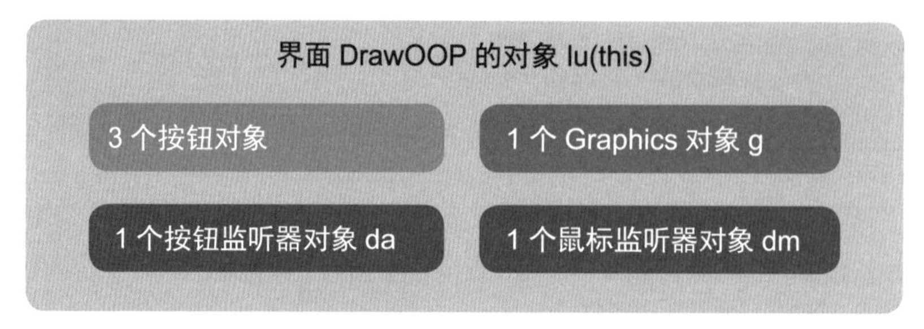

图 2-3 界面 DrawOOP 的对象

特别要注意：按钮监听器对象和鼠标监听器对象之间如何传输数据？

可以回顾第 1 章讲述的内容，使用方法或构造器传参传入画布对象。

2.4 按钮监听器传参

知道和做到是两回事。

在本例中，要根据被按下的按钮画出对应的图形，就要在按下按钮后，先在按钮监听器中得知被按下的是哪个按钮，再获取鼠标监听器中坐标的位置数据，最后调用画布画图。

还可以在鼠标监听器的 release 方法中，判断已按下了哪个按钮，再进行画图。

这两种方案都是可行的，笔者编写了第一种，读者可以参照编写一遍之后再编写另外一种。具体代码如下：

```
//按钮的监听器实现类：获知按下了哪个按钮
public class DrawAction implements ActionListener {
    private String cmd=null;            //记录被按下的按钮上的文字信息

    public String getCMD() {            //调用这个方法，获知按下了哪个按钮
        return this.cmd;
    }

    public void actionPerformed(ActionEvent e) {
        cmd=e.getActionCommand();       //得到被按下按钮上的文字信息后，再赋值给其属性
        System.out.println("按下的按钮是"+cmd);
    }
}
```

在上述代码中，如果在另一个对象中得到 DrawAction 对象，就可调用它的 getCMD() 方法来得到被按下按钮上的文字信息。如果按钮从未被按下，该方法将得到一个 null 值（即空指针），从而会抛出 NullPointerException 异常，这是在编程生涯中会长期陪伴我们的一种异常情况。

为了避免出现空指针的异常情况，可以给 cmd 赋予初值，即采用 cmd=" 线 " 。

当我们通过 DrawAction da=new DrawAction() 创建了对象后，就可通过 String c=da.getCMD() 得到这个对象的属性，即 cmd 的值。

判断字符串 String 是否相同（即相等），可以调用 equals 方法。

注意

如果 String s 未赋初值，则默认为 null，调用 s.equals("abc") 时会抛出 NullPointerException 异常。

因此，十分有必要再写一遍代码，多多练习对对象属性赋值。

示例： 创建两个 ST 对象，一个对象 st1 调用方法给 name 属性赋值；另一个对象 st2 未赋值，调用 st2.getName() 返回的是 null。

```
class ST {
    private String name;                        // 默认为 null 值
    public void setName(String name) {          // 传入名字属性
        this.name=name;
    }
    public String getName() {                   // 得到名字属性值
        return this.name;
    }
}
public class Test {
    public static void main(String[] args) {
        ST st1=new ST();
        st1.setName(" 江湖夜雨 ");
        if(st1.getName().equals(" 十年灯 ")) {
            System.out.println(" 是相等的 ");
        }
        else System.out.println(" 不相等！！！ ");
        ST st2=new ST();
        //st2 未传入 name 的值，在此 getName 返回 null，抛出空指针异常
        if(st2.getName().equals(" 十年灯 ")) {
            System.out.println(" 是相等的 ");
        }
    }
}
```

运行以上代码，结果如图 2-4 所示，在第 27 行报错。

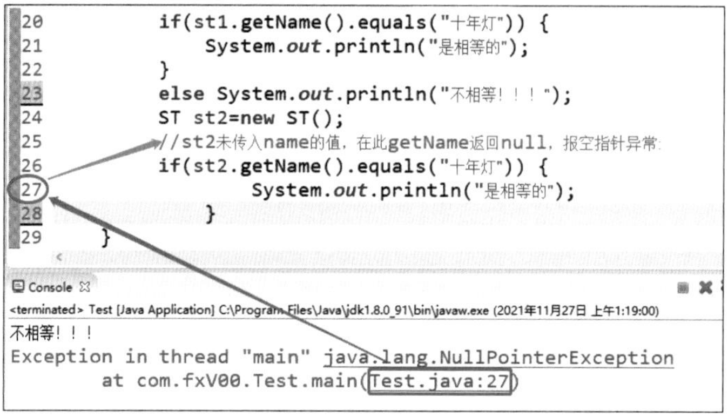

```
20            if(st1.getName().equals("十年灯")) {
21                System.out.println("是相等的");
22            }
23            else System.out.println("不相等！！！");
24            ST st2=new ST();
25            //st2未传入name的值，在此getName返回null，报空指针异常
26            if(st2.getName().equals("十年灯")) {
27                    System.out.println("是相等的");
28                }
29        }

Console
<terminated> Test [Java Application] C:\Program Files\Java\jdk1.8.0_91\bin\javaw.exe (2021年11月27日 上午1:19:00)
不相等！！！
Exception in thread "main" java.lang.NullPointerException
        at com.fxV00.Test.main(Test.java:27)
```

图 2-4 运行结果

在编写的鼠标监听器实现类 DrawMouse 中，使用构造器传入按钮监听器对象，当响应鼠标放开动作的 mouseRelease 方法被执行后，可以调用 DrawMouse 的 getCMD() 方法，获取是哪个按钮被按下了，从而绘制对应的图形，示例代码如下：

```
//给界面加上 Mouse 监听器实现类，松开鼠标时获取鼠标的坐标
public class DrawMouse implements MouseListener {
    private Graphics g;
    private int x2,y2,count=1;
    private DrawAction da;//将指向按钮监听器 DrawAction 的对象

    //在构造器中增加了传入按钮监听器对象
    public DrawMouse(Graphics g,DrawAction da) {
        this.g=g; this.da=da;
    }

    //只从被按下的按钮的位置获取坐标数据
    public void mouseReleased(MouseEvent e) {
        int x1=e.getX();int y1=e.getY();
        if(count%2!=0) {
            x2=e.getX();y2=e.getY();
        }
        if(da.getCMD().equals("线")) {          //画线的按钮按下了
            g.drawLine(x1, y1, x2, y2);
        }
        if(da.getCMD().equals("圆")) {          //画圆的按钮按下了
            g.fillOval(x2, y2,50,50);
        }
        count++;
        System.out.println("x2 "+x2+" y2 "+y2);
    }
```

```
    public void mouseClicked(MouseEvent e) { }
    public void mousePressed(MouseEvent e) { }
    public void mouseEntered(MouseEvent e) { }
    public void mouseExited(MouseEvent e) { }
}
```

现在提问：DrawAction 类的对象 da 在哪里创建呢？

答案是在界面对象中。

在界面对象中创建鼠标、按钮监听器对象，然后用构造器传递，示例代码如下：

```
public class DrawOOP extends JFrame { //继承 JFrame 显示界面

    public void initUI(){
        this.setSize(300,300);
        this.setTitle("对象传参 - 画板 ");
        this.setLayout(new FlowLayout());//加上布局管理器
        this.setDefaultCloseOperation(3);
        JButton buXian=new JButton("线");
        JButton buYuan=new JButton("圆");
        JButton buFang=new JButton("三角");
        this.add(buXian);
        this.add(buYuan);
        this.add(buFang);
        this.setVisible(true);
        Graphics g=this.getGraphics();

        DrawAction da=new DrawAction(); //给按钮加动作监听器
        buXian.addActionListener(da);
        buYuan.addActionListener(da);
        buFang.addActionListener(da);

        DrawMouse dm=new DrawMouse(g,da); //给Mouse监听器传入画布和按钮监听器对象
        this.addMouseListener(dm);
    }
    public static void main(String[] args)  {
        DrawOOP  lu=new DrawOOP();
        lu.initUI();
    }
}
```

按钮监听器对象、鼠标监听器对象、Graphics 对象的传递如图 2-5 所示。

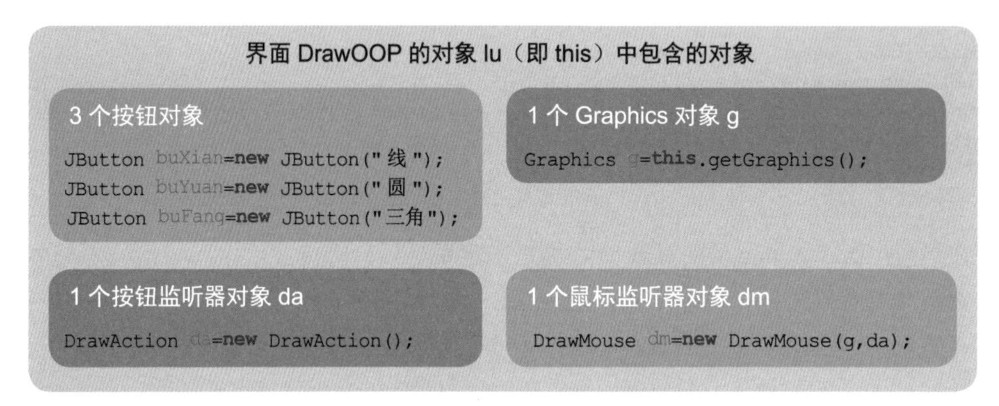

图 2-5 界面 DrawOOP 的对象传递

此图是不是有点绕？不用多想，快速知道对象之间如何传递的最有效方法就是多编写程序，多编写，多练习！

2.5 多重继承

在 Java 中，一个类只可以继承一个父类，即 extends 关键字后面只有一个类。但是可以同时实现多个接口，即 implements 后面可以跟多个接口。

实现多个接口的子类，根据不同接口的转型调用不同的方法，这就是多态。

编写两个接口，使用一个类实现，转换类型后调用其方法，示例代码如下：

```
interface IPoet{
    public void write();
}

interface ICoder{
    public void work();
}

class Winner implements IPoet,ICoder{
    public void write(){
        System.out.println("我十年一句，江河万古");
    }
```

```
    public void work(){
        System.out.println(" 我一行代码，服务十亿人 ");
    }
}

public class TestMutiInterFace {
    public void testIPoet(IPoet p) {
        p.write();;// 只能调用 IPoet 中的方法
    }

    public void testICoder(ICoder p) {
    p.work();// 只能调用 ICoder 中的方法
    }

    public static void main(String[] args) {
        Winner person=new Winner();//bat 实现了两个接口，是两种类型合体了
        TestMutiInterFace tm=new TestMutiInterFace();
        tm.testIPoet(person);//person 适配各自的接口类型，体现多态
        tm.testICoder(person);
        // 如果在此，person 的两个方法都可调用
    }
}
```

请练习以上代码，自己再举一反三，设想一个场景例子，编写多态代码。

进一步明白：更快、更深地理解原理只有通过编写思虑周全的代码才能做到！

如果做完了以上多态代码的练习，现在可以考虑：我们画板的监听器不用传来传去了，用一个类既实现按钮的 ActionListener 接口，又实现 MouseListener 接口，也就是这个生成的对象，其内部可以同时提供按钮文字信息和鼠标坐标数据。示例代码如下：

```
// 多态、多重实现按钮监听器和鼠标监听器
//1. 传入画布 2. 判断哪个按钮被按下了 3. 画对应的图形
public class DrawAction
implements ActionListener ,MouseListener {
    private Graphics g;
    private String cmd=null;

    public DrawAction(Graphics g) {
        this.g=g;
    }

    public void actionPerformed(ActionEvent e) {
        // 获取被按下的按钮上的文字信息
        cmd=e.getActionCommand();
        System.out.println(" 按下的按钮是 "+cmd);
    }
```

```
    //判断按钮是否被按下了，并从被按下按钮的位置获取坐标数据
    public void mouseReleased(MouseEvent e) {
        int x=e.getX();int y=e.getY();
        if(null==cmd) {
            javax.swing.JOptionPane.showMessageDialog(null," 你想画什么图形？ ");
        }
        else if(cmd.equals(" 圆 ")) {
                g.fillOval(x, y, 30,30);
        }
        System.out.println(" 用户选择画 :"+cmd);
    }

    public void mouseClicked(MouseEvent e) { }
    public void mousePressed(MouseEvent e) { }
    public void mouseEntered(MouseEvent e) { }
    public void mouseExited(MouseEvent e) { }
}

    //继承 JFrame 显示界面
    public class FenXinBoard extends JFrame {

        public void initUI(){
            this.setSize(400,300);
            this.setTitle(" 创意画板 ");
            this.setLayout(new FlowLayout());
            this.setDefaultCloseOperation(3);
            JButton buXian=new JButton(" 线 ");
            JButton buYuan=new JButton(" 圆 ");
            JButton buSanJaio=new JButton(" 三角 ");
            this.add(buXian);
            this.add(buYuan);
            this.add(buSanJaio);
            this.setVisible(true);

            Graphics g=this.getGraphics();
            DrawAction da=new DrawAction(g);
            this.addMouseListener(da);// 为界面添加鼠标监听器
            buXian.addActionListener(da);// 为按钮添加监听器
            buYuan.addActionListener(da);
            buSanJaio.addActionListener(da);
        }

        public static void main(String[] args)  {
            FenXinBord  lu=new FenXinBord();
            lu.initUI();
        }
    }
```

运行上述代码，结果如图 2-6、图 2-7 所示。

图 2-6 代码运行结果 1

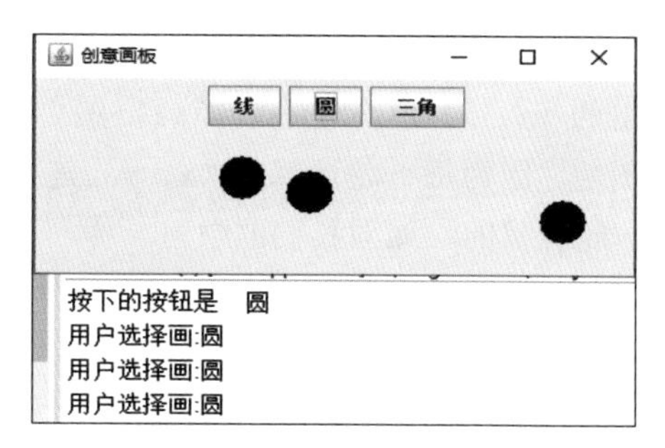

图 2-7 代码运行结果 2

2.6 迭代分形

下面给出一个公式：

$X_{n+1}=d\sin(a\,x_n)-\sin(b\,y_n)$

$y_{n+1}=c\cos(a\,x_n)+\cos(b\,y_n)$

a、b、c、d 这四个常量值分别为：

$a=1.40$，$b=1.56$，$c=1.40$，$d=-6.56$

要绘制图 2-8 所示的图形，应该如何动手呢？

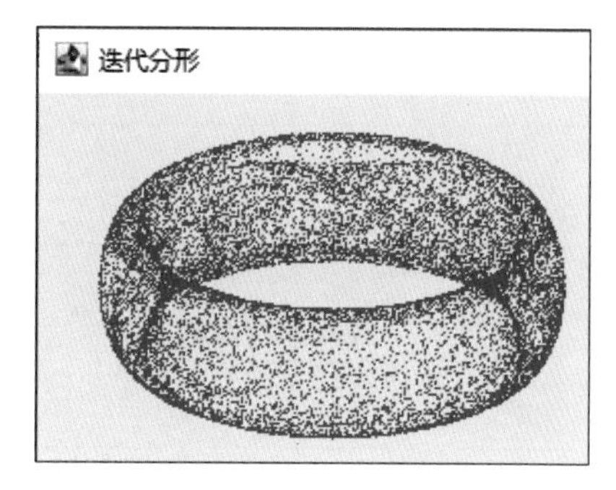

图 2-8 迭代分形图形

先一步一步编写代码，然后根据公式计算并输出结果，观察（x，y）的值：

```
public static void main(String[] args) {
    double a = 1.40, b = 1.56, c = 1.40, d = -6.56;  //a、b、c、d 的初值
    double x=0,y=0;//x、y 的初值都为 0
    for (int i = 0; i<100; i++) { // 使用循环计算出 x、y 每次迭代的值
        double xn= d*Math.sin(a * x)- Math.sin(b * y) ;  // 计算公式
        double yn= c*Math.cos(a * x) + Math.cos(b * y);
         System.out.println(" 第 "+i+" 次计算 xn "+xn+" yn "+yn);
    }
}
```

计算结果如图 2-9 所示。显然，根据这样计算出的（x，y）值，是不可能画出图 2-8 所示的图的。因为每一轮计算的（x，y）是要代入下一轮计算的。如同我们的学习一样，下一步是在上一步的基础上继续的。

```
Console
<terminated> Tester (3) [Java Application] C:\Program
第90次计算 xn -0.0 yn 2.4
第91次计算 xn -0.0 yn 2.4
第92次计算 xn -0.0 yn 2.4
第93次计算 xn -0.0 yn 2.4
第94次计算 xn -0.0 yn 2.4
第95次计算 xn -0.0 yn 2.4
第96次计算 xn -0.0 yn 2.4
第97次计算 xn -0.0 yn 2.4
```

图 2-9 计算结果

现在将代码改进如下：

```
public static void main(String[] args) {
        double a = 1.40, b = 1.56, c = 1.40, d = -6.56;        //a、b、c、d 的初值
        double x=0,y=0;//x、y 的初值都为 0
            for (int i = 0; i<100; i++) {
        double xn= d*Math.sin(a * x)- Math.sin(b * y) ;        // 计算公式
        double yn= c*Math.cos(a * x) + Math.cos(b * y);
        System.out.println(" 第 "+i+" 次计算 xn "+xn+" yn "+yn);

        x=xn; y=yn;// 代入下一轮计算
        }
    }
```

2.7 数值转换

执行 2.6 节中改进后的程序代码，输出的数据终于发生变化了，但计算出的（x，y）是如图 2-10 所示的值。

```
Console
<terminated> Tester (3) [Java Application] C:\Program Files\Java\jdk1.8.0_91\bin\javaw.exe (2021年11月27日
第81次计算 xn 5.698760547390566 yn 0.4048962172048064
第82次计算 xn -7.099868922203641 yn 0.6335125494498535
第83次计算 xn -4.066329344714985 yn -0.6682558757256047
第84次计算 xn -2.7878388773789307 yn 1.6671450097039673
第85次计算 xn -5.040752402650412 yn -1.8707099284455189
第86次计算 xn 4.806263970305598 yn 0.026122397166350453
第87次计算 xn -2.868002299610099 yn 2.262472417485603
第88次计算 xn -4.651025792378657 yn -1.8246066779197452
```

图 2-10 程序代码改进后的计算结果

根据这些（x，y）坐标数据，应该如何画出图形呢？

数字的大与小并不体现在其具体的数值上，而是其数值具体代表的意义。

我们知道（x_n，y_n）表示坐标数据的意义，就可以将其处理为适合绘制的数据，具体代码如下：

```
public static void main(String[] args) {
    double a = 1.40, b = 1.56, c = 1.40, d = -6.56;//a、b、c、d 的初值
    double x=0,y=0;//x、y 的初值都为 0
    // 使用循环计算出 x,y 每次迭代的值
    for (int i = 0; i<100; i++) {
        double xn= d*Math.sin(a * x)- Math.sin(b * y) ;// 计算公式
        double yn= c*Math.cos(a * x) + Math.cos(b * y);
        System.out.println(" 第 "+i+" 次计算 xn "+xn+" yn "+yn);
            int xScreen = (int) (xn * 30)+300;// 处理为屏幕坐标可画值
            int yScreen = (int) (yn * 40)+200;
        System.out.println(" 将画在 xScreen:"+xScreen+" yScreen:"+yScreen);
        x=xn;y=yn;// 代入下一轮计算
    }
}
```

经过以上程序代码的放大、平移处理后，得到的值看起来“正常”了，如图 2-11 所示。

```
Console ⊠
<terminated> Tester (3) [Java Application] C:\Program Files\Java\jdk1.8.0_91\bin\javaw.exe (2021年11月27日
第97次计算 xn 6.7529283246089875 yn -1.2879421673387896
将画在xScreen:502 yScreen:149
第98次计算 xn 1.0977575357588472 yn -1.8238836009965826
将画在xScreen:332 yScreen:128
第99次计算 xn -6.264206802471831 yn -0.9089124063199366
将画在xScreen:113 yScreen:164
```

图 2-11 显示“正常”的结果

下面，我们使用迭代公式：

$$x_{n+1}=d\sin(a\,x_n)-\sin(b\,y_n)$$

$$y_{n+1}=c\cos(a\,x_n)+\cos(b\,y_n)$$

实现如图 2-12 所示的画图板，可以编写两个类：

1）界面类：单击不同的按钮，可以绘制不同的图形。

2）按钮事件类：在按钮事件监听器类中传入画布，根据单击的按钮绘图。

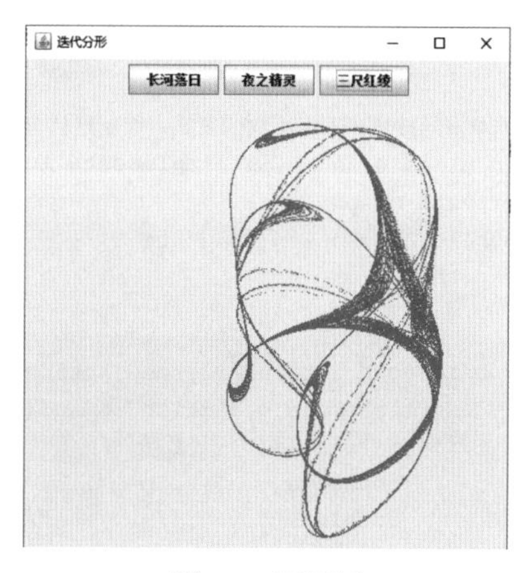

图 2-12 画图板

1 首先，编写界面的代码如下：

```
// 绘制几种迭代分形：练习数值转换
    public class FenXinBoard extends JFrame {
        public void initUI(){
            this.setSize(600,400);
            this.setTitle(" 迭代分形 ");
            this.getContentPane().setBackground(Color.BLACK);
            this.setDefaultCloseOperation(3);
            this.setLayout(new Flow Layout());
            JButton buXian=new JButton(" 长河落日 ");
            JButton buYuan=new JButton(" 夜之精灵 ");
            JButton buFang=new JButton(" 三尺红绫 ");
            this.add(buXian);this.add(buYuan);this.add(buFang);
            this.setVisible(true);
            Graphics g=this.getGraphics();
            DrawAction da=new DrawAction(g); // 在按钮监听器中传入画布
            buXian.addActionListener(da);
            buYuan.addActionListener(da);
             buFang.addActionListener(da);
        }

        public static void main(String[] args)  {
            FenXinBord  lu=new FenXinBord();
            lu.initUI();
        }
    }
```

上述代码分别为三个按钮添加了同一个监听器对象，在监听器中根据事件对象得到的字符串（即文字信息）来判断哪个按钮被按下了；同时在按钮监听器中传入了画布，从而画出对应的图形。

2 实现画图，在按钮的事件监听器中编写代码如下：

```
// 根据单击的按钮，采用不同的公式，绘制迭代分形
public class DrawAction  implements ActionListener  {
    private Graphics g;
    public DrawAction(Graphics g) {
        this.g=g;
    }

    public void actionPerformed(ActionEvent e) {
        String cmd=e.getActionCommand();
        if(cmd.equals(" 三尺红绫 ")) {
            double a = -1.7, b = 1.3, c = -0.1, d = -1.2;//a、b、c、d 的初值
            double x=0,y=0;//x、y 的初值都为 0
            g.setColor(Color.RED);
        for (int i = 0; i<100000; i++) {// 使用循环计算出 x、y 每次迭代的值
```

```
            // xn+1 = sin(a yn) + c cos(a xn) //这是公式
            // yn+1 = sin(b xn) + d cos(b yn)
            double xn=  Math.sin(a * y)- c*Math.cos(a * x) ;//计算公式
            double yn=  Math.sin(b * x) + d*Math.cos(b * y);
            int xScreen = (int) (xn * 100)+300;//处理为屏幕坐标可画值
            int yScreen = (int) (yn * 100)+300;
            System.out.println("将画在xScreen:"+xScreen+" yScreen:"+yScreen);
        g.drawLine(xScreen, yScreen, xScreen,yScreen);
        x=xn;y=yn;//代入下一轮计算
         }
        }
        else if(cmd.equals("长河落日")) {
            //计算公式
            // xn+1 = d sin(a xn) - sin(b yn)
            // yn+1 = c cos(a xn) + cos(b yn)
            //a、b、c、d的初值
            double a = 1.40, b = 1.56, c = 1.40, d = -6.56;
            // 读者来编写代码
        }
        else if(cmd.equals("夜之精灵")) {
            //计算公式
            // xn+1 = sin(a yn) - cos(b xn)
            // yn+1 = sin(c xn) - cos(d yn)
            double a = 1.4, b = -2.3, c = 2.4, d = -2.1;//a、b、c、d的初值
            //读者来编写代码
        }
    }
}
```

以上代码留空之处，放了公式和初始常量，具体由读者来实现。

如果要进一步改进代码，还可以给界面加上 JSlider 滑块组件（见图 2-13），改变 a、b、c、d 这 4 个常量值，再来观察生成的图形，由此可以创作出更多精美的分形图形。

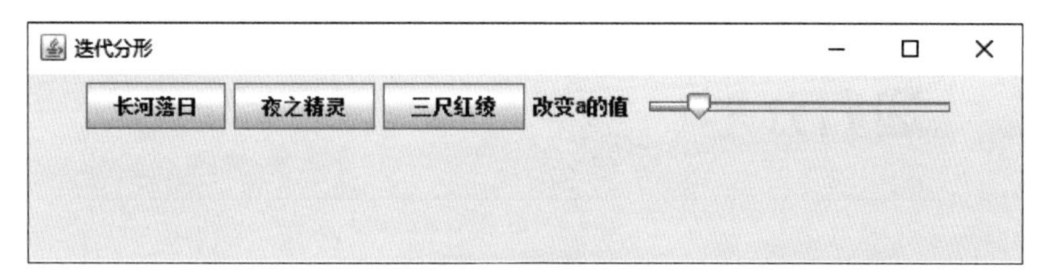

图 2-13 添加滑块

如图 2-14 所示的分形图形等读者来画，画出个“自在飞花轻似梦，无边丝雨细如愁”。

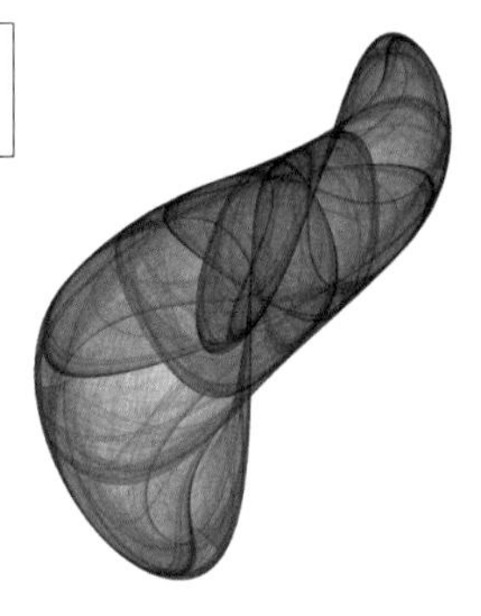

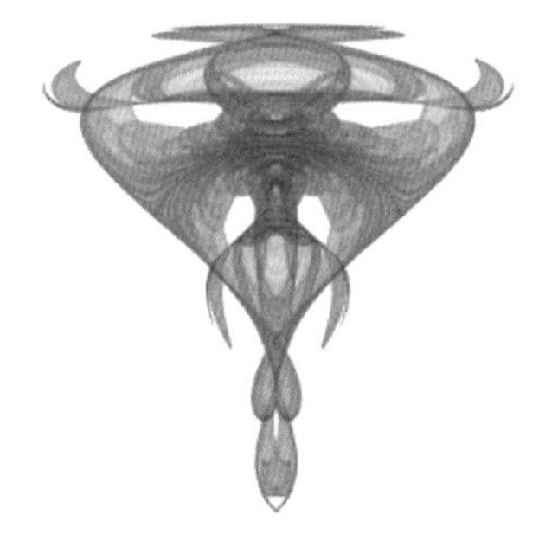
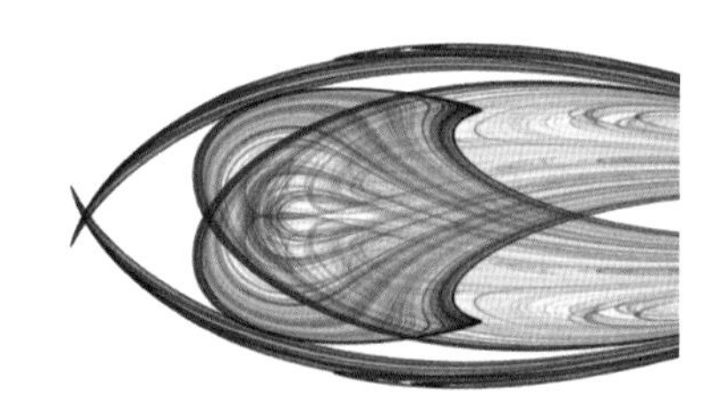

图 2-14 迭代分形图形

2.8 递归分形

递归指用一种方法（算法）处理一类问题。比如我们面试时，面试官只要递归地提问即可：你说这个是怎么实现的、进一步说明这个是怎么实现的、再进一步说明这个是怎么实现的……

代码中的递归应用，典型的练习如下：

```
public class Tester {
    public static int f(int n) {                    //用递归方法求解n个斐波那契数列
        if(n==1||n==2)return 1;
        else return f(n-1)+f(n-1);
    }

    public static int sum(int n) {                  //递归1~n求和
        if(n==0||n==1) return n;
        return n+sum(n-1);
    }

    public static int sumOver(int n) {              //未设置结束条件的递归导致栈溢出
        return n+sumOver(n-1);
    }

    public static void main(String[] args) {
        int v=sum(100);
        System.out.println("v "+v);
        int count=sum(5);
        System.out.println("count "+count);
        int v=sumOver(100);                         //体验栈溢出!
    }
}
```

```
Console
<terminated> Tester (4) [Java Application] C:\Program Files\Java\jdk1.8.0_91\bin\javaw.exe (2021年11月27日 下午5:1
Exception in thread "main" java.lang.StackOverflowError
        at com.fxdiGuiv1.Tester.sumOver(Tester.java:28)
        at com.fxdiGuiv1.Tester.sumOver(Tester.java:28)
        at com.fxdiGuiv1.Tester.sumOver(Tester.java:28)
```

编写递归代码时，要抓住两个核心：算法相同，要有退出条件。

最后，请读者再用递归编写出汉诺塔问题（见图 2-15）求解、八皇后问题（见图 2-16）求解。

图 2-15　汉诺塔

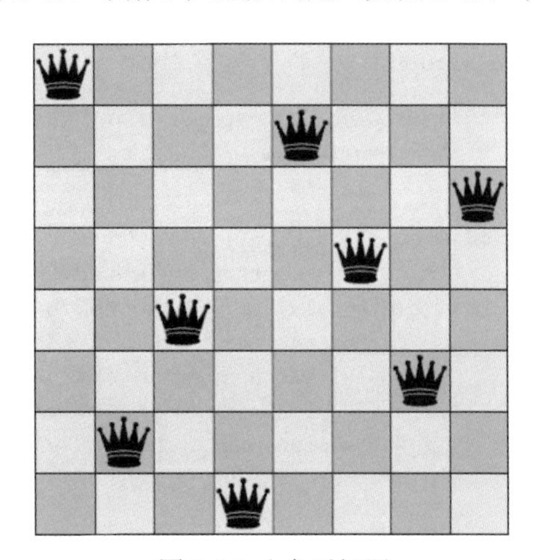

图 2-16　八皇后问题

2.9 谢尔宾斯基三角形

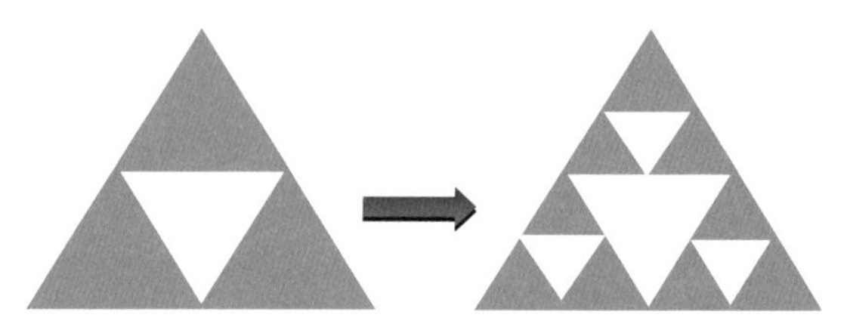

图 2-17 谢尔宾斯基三角形

如图 2-17 所示，实现在一个三角形内再画一个小三角形，一直到画不出为止，这就是谢尔宾斯基三角形（Sierpinski Triangle）。

计算流程如下：

1）给定三角形三个顶点坐标：(x_1, y_1)，(x_2, y_2)，(x_3, y_3)。

2）取每条边的中点，从而计算出：

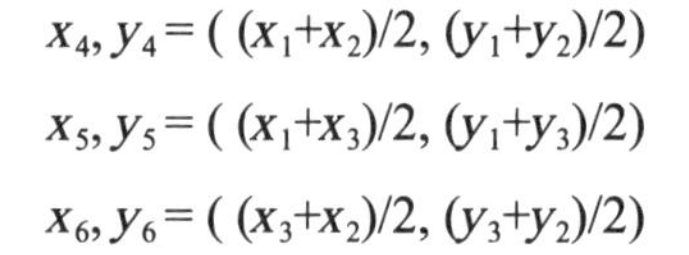

$$x_4, y_4 = ((x_1+x_2)/2, (y_1+y_2)/2)$$
$$x_5, y_5 = ((x_1+x_3)/2, (y_1+y_3)/2)$$
$$x_6, y_6 = ((x_3+x_2)/2, (y_3+y_2)/2)$$

使用 $(x_1, y_1) \sim (x_6, y_6)$，在原三角形内组成 4 个新的小三角形，去掉中间的那一个小三角形。

3）对新生成的三角形，在每个三角形内再执行第一步计算，直到顶点重合。

这是一个典型的递归应用，在按钮监听器中编写代码如下：

```
public class DrawAction  implements ActionListener  {// 绘制递归分形图形
    private Graphics g; // 画布
    private int w,h; // 界面的宽和高

    public DrawAction(Graphics g,int w,int h) {
        this.g=g;this.w=w;this.h=h;
    }

    public void actionPerformed(ActionEvent e) {
        String cmd=e.getActionCommand();
        if(cmd.equals("谢尔宾斯基三角形")) {
            Random ran=new Random();// 随机生成三角形三个点坐标
            int x1=ran.nextInt(w);int y1=ran.nextInt(h);
            int x2=ran.nextInt(w);int y2=ran.nextInt(h);
            int x3=ran.nextInt(w);int y3=ran.nextInt(h);
            drawTri(3,x1,y1,x2,y2,x3,y3);
        }
        else if(cmd.equals("谢尔宾斯基三角形")) {// 待读者实现 }
        else if(cmd.equals("科赫曲线")) {// 待读者实现      }
```

```
        else if(cmd.equals("谢尔宾斯基地毯")) {//待读者实现    }
        else if(cmd.equals("科赫曲线雪花")) {//待读者实现 }
    }
    //递归绘制谢尔宾斯基三角形，n表示深度
    public void drawTri(int n,int x1,int y1,int x2,int y2,int x3,int y3 ){
        g.drawLine(x1,y1,x2,y2);
        g.drawLine(x3,y3,x2,y2);
        g.drawLine(x1,y1,x3,y3);
        g.drawLine((x1+x2)/2,(y1+y2)/2,(x1+x3)/2,(y1+y3)/2);
        g.drawLine((x1+x2)/2,(y1+y2)/2,(x2+x3)/2,(y2+y3)/2);
        g.drawLine((x3+x2)/2,(y3+y2)/2,(x1+x3)/2,(y1+y3)/2);
        if(n==0) return;//结束递归
        n--;
        drawTri(n,x1,y1,(x1+x2)/2,(y1+y2)/2,(x1+x3)/2,(y1+y3)/2);
        drawTri(n,(x1+x2)/2,(y1+y2)/2,x2,y2,(x3+x2)/2,(y3+y2)/2);
        drawTri(n,(x1+x3)/2,(y1+y3)/2,(x2+x3)/2,(y2+y3)/2,x3,y3);
    }
}
```

绘制分形的界面代码如下：

```
public class FenXinBoard extends JFrame { //绘制递归分形图形
    public void initUI(){
        this.setSize(600,400);
        this.setTitle("递归分形 ");
        this.setDefaultCloseOperation(3);
        this.setLayout(new FlowLayout());
        JButton buXian=new JButton("谢尔宾斯基三角形");
        JButton buYuan=new JButton("谢尔宾斯基地毯");
        JButton buFang=new JButton("科赫曲线");
        this.add(buXian);this.add(buFang);
        this.add(buYuan);
        JLabel la=new JLabel("递归深度");
        JSlider js=new JSlider();
        this.add(la);this.add(js);
        this.setVisible(true);
        Graphics g=this.getGraphics();
        DrawAction da=new
        DrawAction(g,this.getWidth(),this.getHeight());
        buXian.addActionListener(da);//加上监听器
        buYuan.addActionListener(da);
        buFang.addActionListener(da);
    }
}
```

运行以上代码，初步实现谢尔宾斯基三角形，如图 2-18 所示。

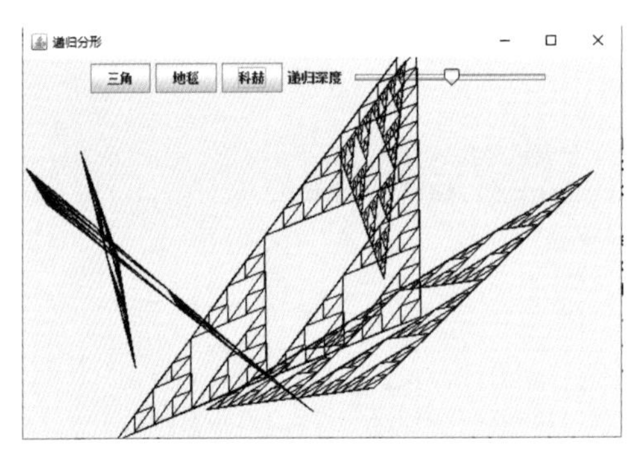

图 2-18 初步实现谢尔宾斯基三角形

在上面程序代码的基础上，读者来实现如图 2-19 所示的谢尔宾斯基地毯，应该没问题吧。

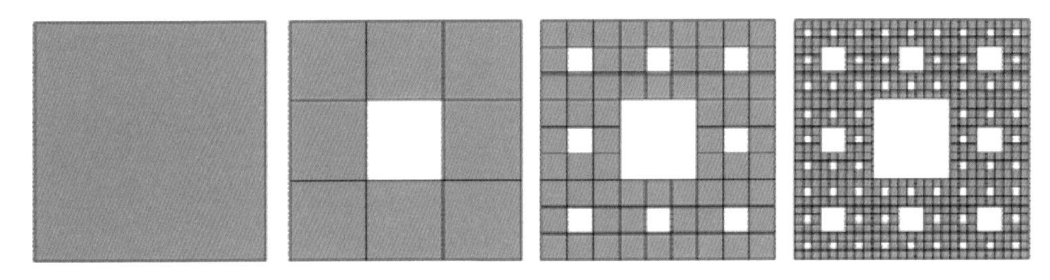

图 2-19 谢尔宾斯基地毯

再进一步拓展，实现如图 2-20 所示的谢尔宾斯基三角形分形。

图 2-20 谢尔宾斯基三角形分形

2.10 门格海绵

记得某部电影中，有个外星人带来了一种具有很多小孔的方盒，人进入后发现到处都是路，但再也走不出来了，类似希腊神话中的“迷楼”，如图 2-21 所示。那么我们就用程序代码来“造楼”。

这个楼其实就是门格海绵（Menger Sponge，见图 2-22），是分形的一种，演变过程如图 2-23 所示。

图 2-21 迷楼

图 2-22 门格海绵

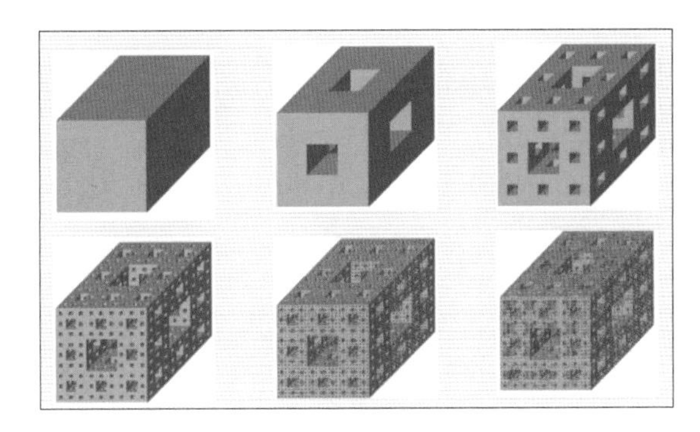

图 2-23 门格海绵的演变过程

其中每一个立方体由以下三部分组成，如图 2-24 所示。

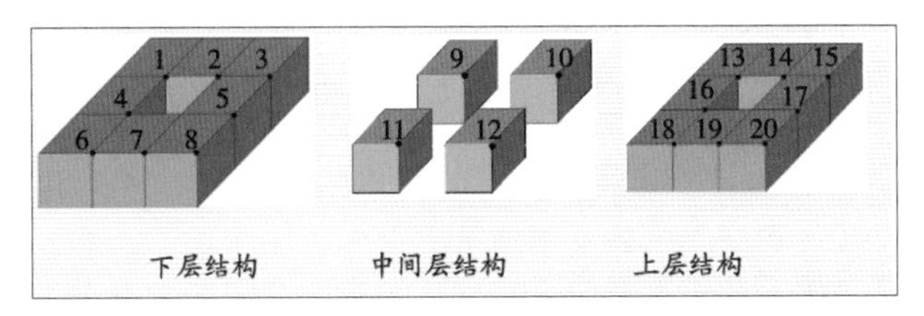

图 2-24 每个立方体的结构

下面开始编写代码吧！

1 画立方体。

如图 2-25 所示，在 p_0 点处开始画立方体，需要给定三个常量：

- d=200 表示立方体的高。
- d_x=200 表示立方体的宽。
- d_y=100 表示立方体的深度。

现在，就编写代码搞定它。

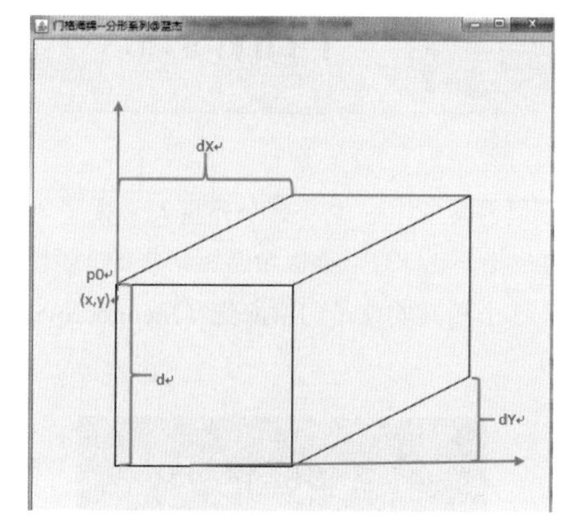

图 2-25 画立方体

```
public class DrawAction  implements ActionListener  {
    private Graphics g;
    public DrawAction(Graphics g) {
        this.g=g;
    }
    public void actionPerformed(ActionEvent e) {
        String cmd=e.getActionCommand();
          if(cmd.equals("线框")) {
              int x=300,y=200;                    //正方体的顶点坐标
              int d=200,dx=200,dy=100;            //正方体的高、宽、深度
              Point p0=new Point(x,y);
              draw(g,p0.x,p0.y,d,dx,dy);
          }
           if(cmd.equals("填充")) {  /*待写 */ }
    }
    //画一个立方体线框
    private void draw(Graphics g,int x,int y,int d,int dx,int dy){
    Point p0=new Point(x,y); //计算6个顶点位置
    Point p1=new Point(x-d,y);
    Point p2=new Point(x-d,y+d);
    Point p3=new Point(x,y+d);
    Point p4=new Point(p3.x+dx,p3.y-dy);
    Point p5=new Point(p0.x+dx,p0.y-dy);
    Point p6=new Point(p0.x-(d-dx),p0.y-dy);

    g.drawLine(p0.x, p0.y, p1.x, p1.y);//画9条线
    g.drawLine(p1.x, p1.y, p2.x, p2.y);
    g.drawLine(p2.x, p2.y, p3.x, p3.y);
```

```
    g.drawLine(p3.x, p3.y, p0.x, p0.y);
    g.drawLine(p1.x, p1.y, p6.x, p6.y);
    g.drawLine(p6.x, p6.y, p5.x, p5.y);
    g.drawLine(p0.x, p0.y, p5.x, p5.y);
    g.drawLine(p5.x, p5.y, p4.x, p4.y);
    g.drawLine(p4.x, p4.y, p3.x, p3.y);
    }
}
```

2 填充。

通过第一步编写的代码，已经画出了立方体（见图 2-26）。

“庄生晓梦迷蝴蝶”，计算机的世界是感觉的世界，所以诗性很重要。

通过一个方框，添加了几条线，就产生了立体感，接下来再填上颜色试试。最终填充效果如图 2-27 所示。

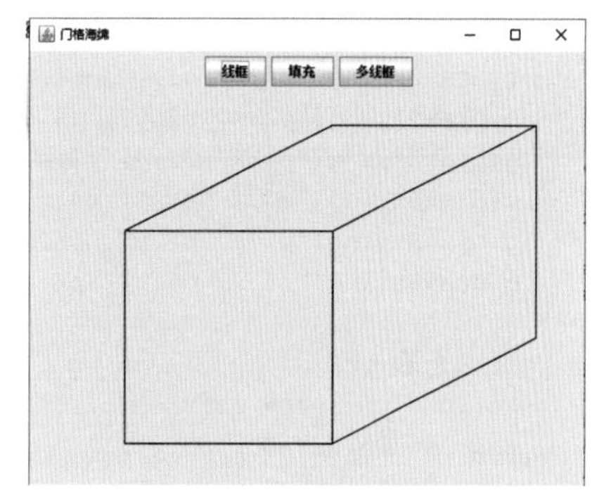

图 2-26 画出立方体

```
public class DrawAction  implements ActionListener  {
private Graphics g;
public DrawAction(Graphics g) {
        this.g=g;
    }
public void actionPerformed(ActionEvent e) {
        String cmd=e.getActionCommand();        // 填充按钮事件
        if(cmd.equals("填充")) {
            int x=300,y=200;                    // 正方体的顶点坐标
            int d=200,dx=200,dy=100;            // 正方体的高、宽、深度
               Point p0=new Point(x,y);
               drawFill(g,p0.x,p0.y,d,dx,dy);
        }
    }
    // 填充一个立方体线框
    private void drawFill(Graphics g,int x,int y,int d,int dx,int dy){
        Point p0=new Point(x,y); // 计算 6 个顶点位置
        Point p1=new Point(x-d,y);
        Point p2=new Point(x-d,y+d);
        Point p3=new Point(x,y+d);
        Point p4=new Point(p3.x+dx,p3.y-dy);
        Point p5=new Point(p0.x+dx,p0.y-dy);
        Point p6=new Point(p0.x-(d-dx),p0.y-dy);
```

```
        g.drawLine(p0.x, p0.y, p1.x, p1.y);     //画 9 条线
        g.drawLine(p1.x, p1.y, p2.x, p2.y);
        g.drawLine(p2.x, p2.y, p3.x, p3.y);
        g.drawLine(p3.x, p3.y, p0.x, p0.y);
        g.drawLine(p1.x, p1.y, p6.x, p6.y);
        g.drawLine(p6.x, p6.y, p5.x, p5.y);
        g.drawLine(p0.x, p0.y, p5.x, p5.y);
        g.drawLine(p5.x, p5.y, p4.x, p4.y);
        g.drawLine(p4.x, p4.y, p3.x, p3.y);

        g.drawString("p0.x, p0.y", p0.x,p0.y); //画出坐标，看得分明
        g.drawString("p1.x, p1.y", p1.x,p1.y);
        g.drawString("p2.x, p2.y", p2.x,p2.y);
        g.drawString("p3.x p3.y", p3.x,p3.y);
        g.drawString("p4.x p4.y", p4.x,p4.y);
        g.drawString("p5.x, p5.y", p5.x,p5.y);
        g.drawString("p6.x, p6.y", p6.x,p6.y);

        //填充第一个面
        Polygon pon1=new Polygon();
        pon1.addPoint(p0.x,p0.y);
        pon1.addPoint(p1.x,p1.y);
        pon1.addPoint(p2.x,p2.y);
        pon1.addPoint(p3.x,p3.y);
        g.setColor(new Color(220,150,0));
        g.fillPolygon(pon1);
        //填充第二个面
        Polygon pon2=new Polygon();
        pon2.addPoint(p0.x,p0.y);
        pon2.addPoint(p1.x,p1.y);
        pon2.addPoint(p6.x,p6.y);
        pon2.addPoint(p5.x,p5.y);
        g.setColor(new Color(250,250,0));
        g.fillPolygon(pon2);
        //第三个面，等读者来填
    }
}
```

图 2-27 给立方体填色

注意

1）当有多个坐标点时会产生混乱，解决的办法就是在这个坐标点上标注出其名字，如 g.drawString("p6.x, p6.y", p6.x,p6.y)，这样就很容易识别。

2）填充时有个小技巧，三个面之间稍微有一点色差就立即产生视觉上的立体感。

3）填充时用到 java.awt.Point、java.awt.Polygon 这两个类，照着使用即可。

当我们将图 2-27 中的方块填充成一金砖时，门格海绵即将实现。

3 画出多个立方体。

再回到第一步，只要给定一个 p_0 点，就可以在这个立方体上画多个相邻的立方体，如图 2-28 所示。

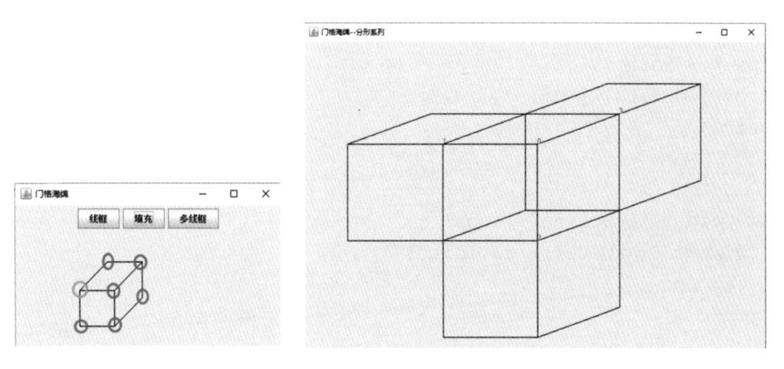

图 2-28 画出多个相邻的立方体

这段程序代码的编写就很简单了，只是重复第一步的算法，代码如下：

```
public class DrawMGV1 extends JFrame{                     //根据一个立方体，画出边上的几个立方体
    public void initUI(){
        this.setSize(800,600);
        this.setVisible(true);
        this.setTitle("门格海绵 - 分形系列");
    }
    public void paint(Graphics g){
        super.paint(g);
        g.setColor(Color.RED);
        int x=400,y=200,d=160,dx=140,dy=50;
        Point p0=new Point(x,y);
        Point[] ps= draw(g,p0,d,dx,dy,0);
        for(int i=0;i<ps.length;i++){                     //画出周围的立方体
            Point[] ps2= draw(g,ps[i],d,dx,dy,i+1);       //再循环画 ps2
        }
    }
    //根据一个立方体，画出边上的几个立方体
    private Point[] draw(Graphics g,Point p0,int d,int dx,int dy,int count){
        Point p1=new Point(p0.x-d,p0.y);
        Point p2=new Point(p0.x-d,p0.y+d);
        Point p3=new Point(p0.x,p0.y+d);
        Point p4=new Point(p3.x+dx,p3.y-dy);
        Point p5=new Point(p0.x+dx,p0.y-dy);
        Point p6=new Point(p0.x-(d-dx),p0.y-dy);
        g.drawLine(p0.x, p0.y, p1.x, p1.y);               //连线
        g.drawLine(p1.x, p1.y, p2.x, p2.y);
        g.drawLine(p2.x, p2.y, p3.x, p3.y);
        g.drawLine(p3.x, p3.y, p0.x, p0.y);
```

```
        g.drawLine(p1.x, p1.y, p6.x, p6.y);
        g.drawLine(p6.x, p6.y, p5.x, p5.y);
        g.drawLine(p0.x, p0.y, p5.x, p5.y);
        g.drawLine(p5.x, p5.y, p4.x, p4.y);
        g.drawLine(p4.x, p4.y, p3.x, p3.y);
        g.drawString(""+count, p0.x,p0.y);// 画出标号
        Point[] ps=new Point[3];
        ps[0]=p1;ps[1]=p3;ps[2]=p5;
        return ps;
    }

    public static void main(String[] args) {
        DrawMGV1 d3=new DrawMGV1(); d3.initUI();
    }
}
```

4 门格海绵成型。

如图 2-29 所示，只要组装成功一块砖，就可以组装一个“长城”。

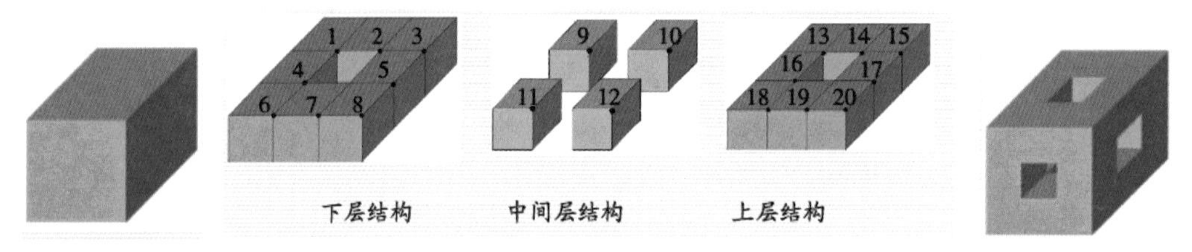

图 2-29 门格海绵成型

组装成如图 2-30 所示效果的任务，当然就留给读者了。

那么如图 2-31 所示的图形，相信读者也可以实现。

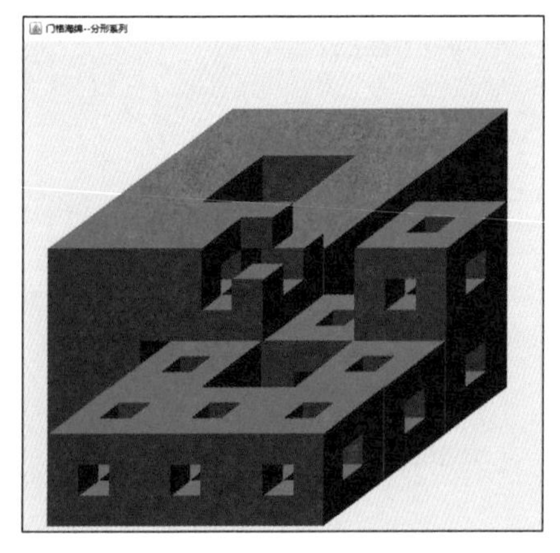

图 2-30 门格海绵分形

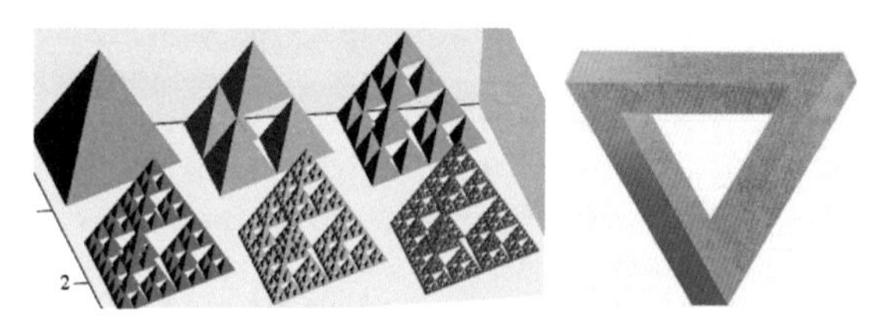

图 2-31 门格海绵分形

2.11 混沌游戏

在平面上随机选 A、B、C 三个点，再随机选一个点，记为 P，一个三面色子，每丢一次则选中 A、B、C 三个点中的一个。

开始游戏：

1）丢色子，如果选中 A，则取得 A 和 P 的中点 P_1，画绿点。

2）如果选中 B，则取得 B 和 P_1 的中点 P_2，画蓝点。

3）如果选中 C，则取得 C 和 P_2 的中点 P_3，画红点。

4）重复 N 次（如每点一下鼠标，则丢 10000 次色子）。

你看到了什么形状？

如图 2-32 所示，混沌中自有规律，冥冥中早已注定！

重复 1000 次

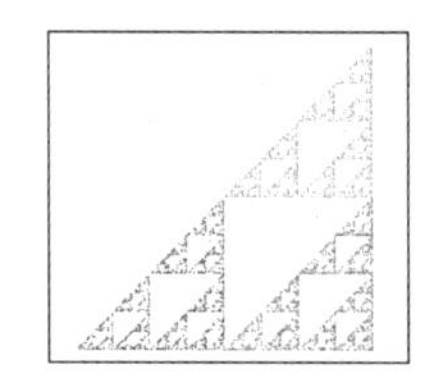
重复 8000 次

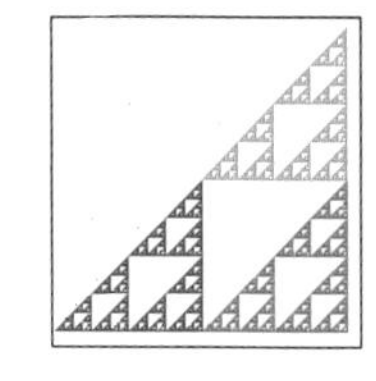
重复 50000 次

图 2-32 混沌游戏

如果把 3 个点换成 4 个点，5 个点呢？

由随机的数字最终生成固定的图像！

2.12 科赫曲线

1904 年，瑞典数学家海里格 • 冯 • 科赫（Helge Von Kock）提出了科赫曲线（Koch Curve）。其中有许多有趣的思想，比如说为什么要“珍惜当下”，在科赫曲线中就很容易证明。给定线段 p_1p_2，变化 $n(n=0, 1,2, 3)$ 步，生成不同长度的科赫曲线，如图 2-33 所示。

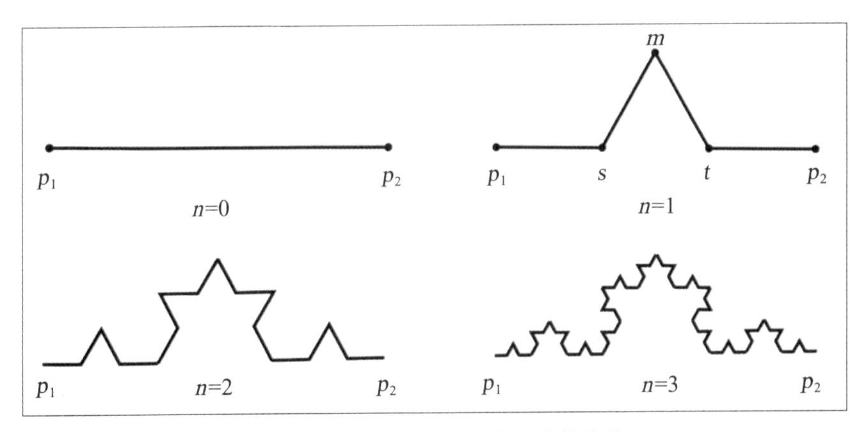

图 2-33 用一条直线 p_1p_2 生成科赫曲线

通过观察上图，变化 n 步后，曲线长度是（4/3）的 n 次方，如果继续变化下去，有限长度的一条直线段会变成无限长度的一条曲线。

“珍惜当下”就有这个意思：如果我们重视每一天甚至每一小时，实际拥有的时间长度肯定是大于以周、以月为单位来划分时间段的时间长度。

如果编写代码来实现科赫曲线，需要注意曲线中间是一个等边三角形（思考：如果三角形角度发生变化呢？），如图 2-34 所示，其中（x, y）代表该点坐标。这里需要使用一些三角函数计算公式，请提前进行测试。

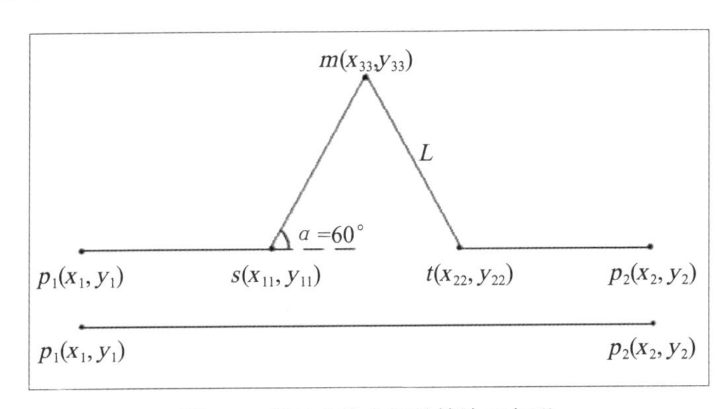

图 2-34 科赫曲线中间是等边三角形

绘制科赫曲线的代码如下（此处只是绘制算法的单独代码，仅供参考，需要读者集成到自己的项目中）：

```
//递归绘制科赫曲线 drawKehe(g,50,300,500,300,5);
public void drawKehe(Graphics g,int x1, int y1, int x2, int y2, int depth) {
    g.drawLine((int) x1, (int) y1, (int) x2, (int) y2);
```

```
        if (depth<=1)
            return;
        else {      // 得到三等分点
            int x11 = (x1 * 2 + x2) / 3;
            int y11 = (y1 * 2 + y2) / 3;

            int x22 = (x1 + x2 * 2) / 3;
            int y22 = (y1 + y2 * 2) / 3;

            int x33 =(int)((x11 + x22) / 2 - (y11 - y22) * Math.sqrt(3) / 2);
            int y33 =(int)((y11 + y22) / 2 - (x22 - x11) * Math.sqrt(3) / 2);

            drawKehe(g,x1, y1, x11, y11,depth-1);
            drawKehe(g,x11, y11, x33,  y33,depth-1);
            drawKehe(g,x22, y22, x2, y2,depth-1);
            drawKehe(g,x33,  y33,  x22,  y22,depth-1);
        }
    }
```

照搬以上代码，画出图 2-35 所示的图形，不是你搬错了，是此代码本身并不完善。

所画的三角形未消除一些边，这项任务就留给读者了。

前面，我们用一条直线生成科赫曲线，如果用的是三角形呢？我们就能让计算机“生成”雪花，如图 2-36 所示。

万物皆有相通之处：山上的树木、天空中的云朵、从太空看到的地球上的河流……一切事物，无一不体现着分形的美，如图 2-37 所示。

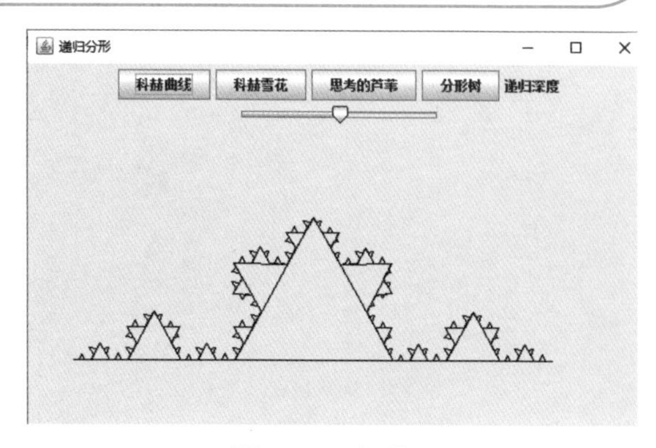

图 2-35　运行结果

图 2-36 用三角形生成雪花

图 2-37 大自然中的分形之美

编写分形图形，正是从另一个角度领略代码的神奇！

2.13 编写代码画“千变之树”

假设读者还想画一棵树（见图 2-38），下面就来实现。

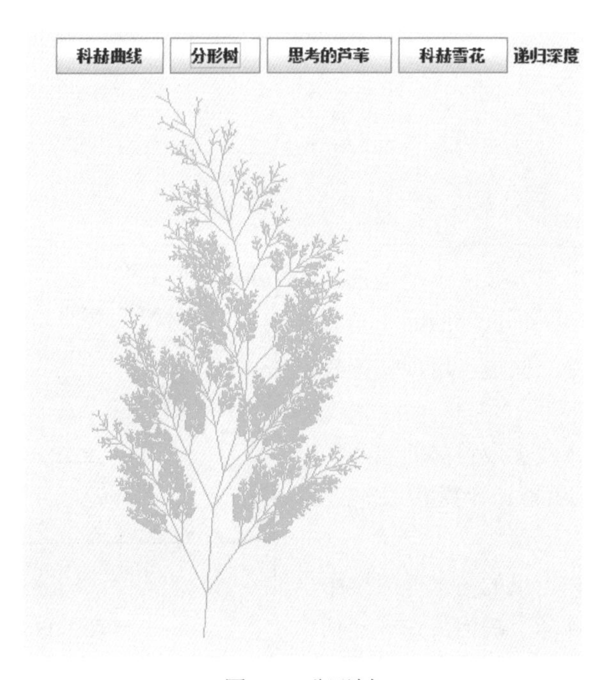

图 2-38 分形树

请仔细观察以下 4 个步骤：

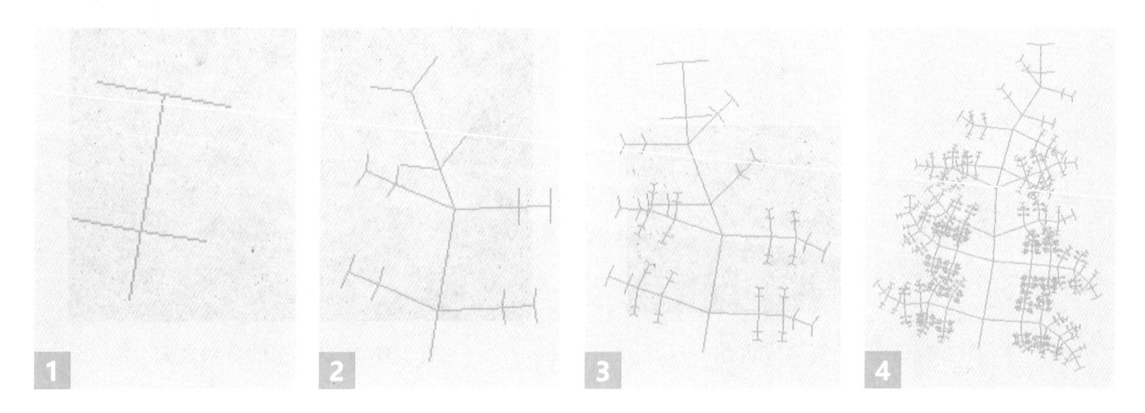

或仔细观察以下 5 个步骤：

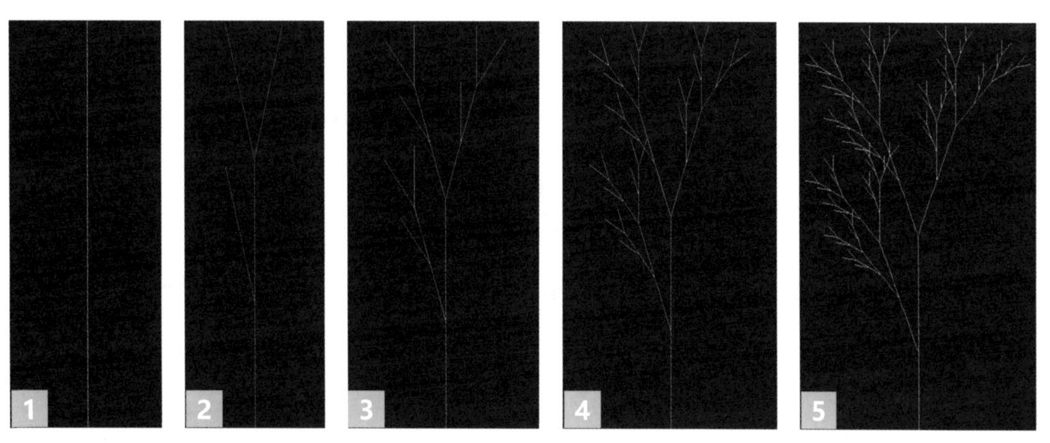

其实编程学习就像长成这样一棵树一样，不断重复正确的方法。

下面编写代码实现一棵分形树：

```
//画一棵树 drawTree(g,6, 500, 500,100, 320);
public void  drawTree(Graphics gsrc,int depth, double x, double y, double L, double a) {
    Random random=new Random();
    Graphics2D g=(Graphics2D)gsrc;
    g.setColor(new Color(0,255,10));
    double x1, x2, x1L, x2L, x2R, x1R, y1, y2, y1L, y2L, y2R, y1R;
    float deflection = 60-random.nextInt(40);              //侧干主干的夹角
    float intersection = random.nextInt(40)-10;            //主干偏转角度
    float ratio = 2f;             //主干侧干长度比
    float ratio2 = 0.8f;          //上级主干与本级主干长度比，调整到 1.0 试试
    depth--;
    int angle=180;                //树枝的角度
    if (depth<1) return;
      angle+=30;
    double PI = Math.PI /angle ;
    x2=x+L*Math.cos(a*PI);
    y2=y+L*Math.sin(a*PI);
    x2R=x2+L/ratio*Math.cos((a+deflection)*PI);
    y2R=y2+L/ratio*Math.sin((a+deflection)*PI);
    x2L=x2+L/ratio*Math.cos((a-deflection)*PI);
    y2L=y2+L/ratio*Math.sin((a-deflection)*PI);
    x1=x+L/ratio*Math.cos(a*PI);
    y1=y+L/ratio*Math.sin(a*PI);
    x1L=x1+L/ratio*Math.cos((a-deflection)*PI);
    y1L=y1+L/ratio*Math.sin((a-deflection)*PI);
    x1R=x1+L/ratio*Math.cos((a+deflection)*PI);
    y1R=y1+L/ratio*Math.sin((a+deflection)*PI);
    //采用 double 或 float 类型的数据画图
```

```
    Line2D.Double d1=new Line2D.Double(x,y,x2,y2);
    g.draw(d1);
    Line2D.Double d2=new Line2D.Double(x2,y2,x2R,y2R);// 右枝
    g.draw(d2);
    Line2D.Double d3=new Line2D.Double(x2,y2,x2L,y2L);// 左枝
    g.draw(d3);
    Line2D.Double d4=new Line2D.Double(x1,y1,x1L,y1L);
    g.draw(d4);
    Line2D.Double d5=new Line2D.Double(x1,y1,x1R,y1R);
    g.draw(d5);
    drawTree(g,depth,x2,y2,L/ratio2,a+intersection);// 递归每个枝叶
    drawTree(g,depth,x2R,y2R,L/ratio,a+deflection);
    drawTree(g,depth,x2L,y2L,L/ratio,a-deflection);
    drawTree(g,depth,x1L,y1L,L/ratio,a-deflection);
    drawTree(g,depth,x1R,y1R,L/ratio,a+deflection);
}
```

这段代码中需要注意两点：

1）用 Graphics2D 实现用 float、double 类型的数据画图。

在以前调用 Graphics 对象的 drawLine 等方法只能传入 int 类型的数据，现在还可以传入 float、double 类型的数据，只是需要将其强制转型，即 Graphics2D g2=(Graphics2D)g。

用 Line2D.Double d1=new Line2D.Double(x,y,x2,y2) 传入 4 个 double 类型的数据，或用 Line2D.Float fl=new Line2D.Float(x,y,x2,y2) 传入 4 个 float 类型的数据。

然后用 Graphics2D 来绘制（详请可查看源码，查看其继承关系）。

2）要画不同的树，主要调整代码中的以下参数：

```
float deflection = 60-random.nextInt(40);      // 侧干主干的夹角
float intersection =random.nextInt(40)-10;     // 主干偏转角度
float ratio = 2f;                              // 主干侧干长度比
float ratio2 = 0.8f;                           // 上级主干与本级主干长度比，调整到 1.0 试试
depth--;
int angle=180;                                 // 树枝的角度
```

画一棵树，是在创作作品，体现的是追求。

不像交作业，要分对和错，要符合要求。这一点请特别注意。

我们可以把这几个关键参数在界面上做成配置方式，如图 2-39 所示，以生成千姿百态的树（如果读者已学会使用多线程和双缓冲，就可以画出一棵在风中摇曳的树）。

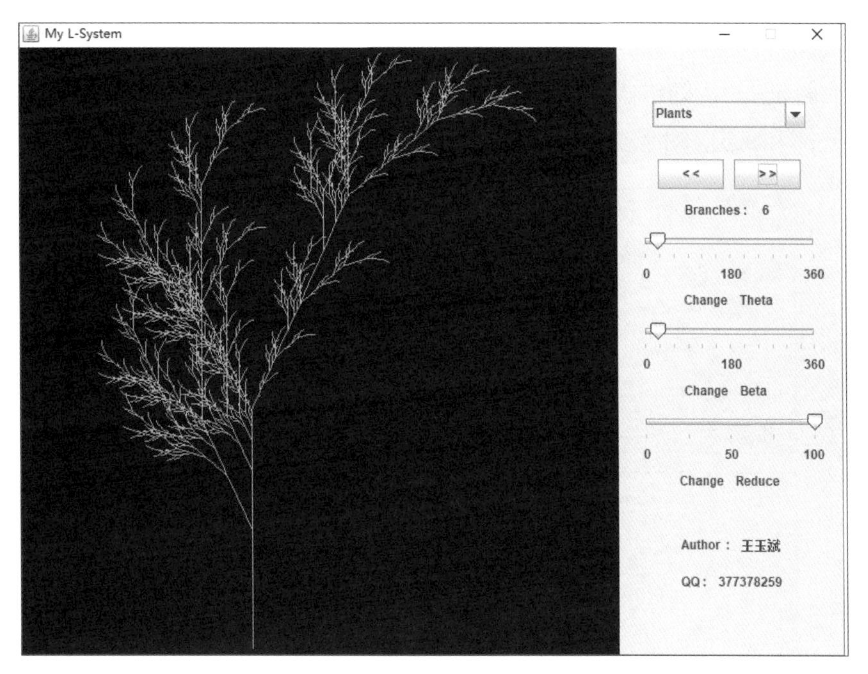

图 2-39 生成千姿百态的树

2.14 编写代码“造山”

前面画了树，接下来我们开始“造山”（见图 2-40），让你体验一下代码无所不能。

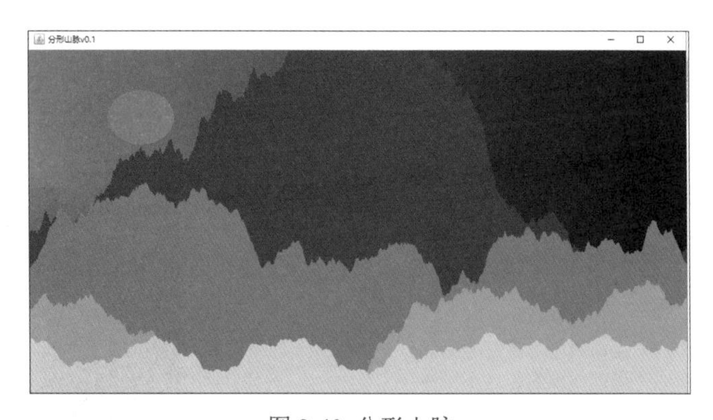

图 2-40 分形山脉

要生成山脉，只需两步：

1. 一条直线 p_ap_b，在随机偏移高度 x 取点 p_x。
2. 连接 p_ap_x 和 p_bp_x，对生成的两条直线重复（或递归）第 1 步，如图 2-41 所示。

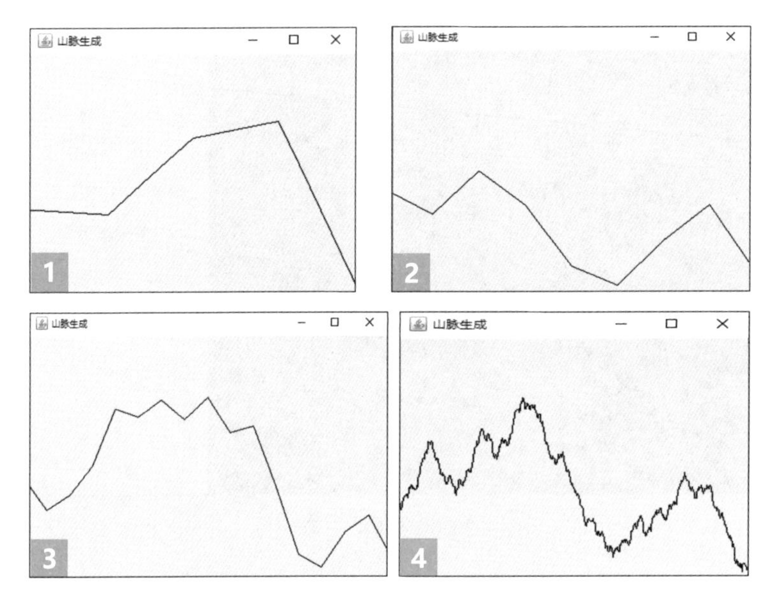

图 2-41 编写代码“造山”的过程图

先放飞一下想象力：如果山可以生成，那么心电图、股市 K 线图是不是也可以生成？
天空中的云朵、大理石的花纹、浸水的渍印、朦胧的雾雨、水面的涟漪……是不是都可以实现了？

编写如下的“造山”代码：

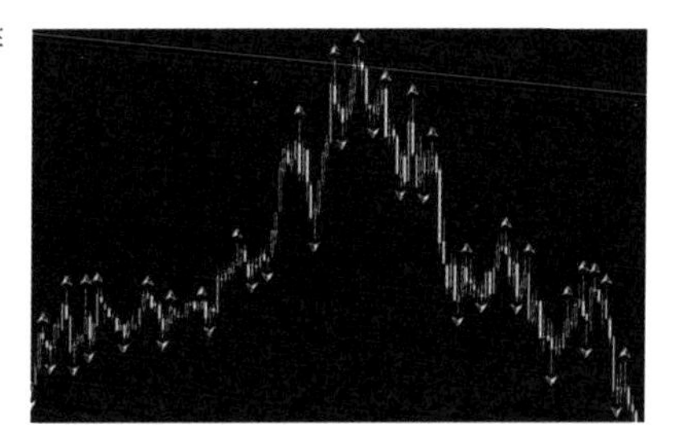

```
public class DrawMountain extends JFrame{
    public void paint(Graphics g){// 重写 paint 方法中的绘制操作
        super.paint(g);
        draw(g,0,200,this.getWidth(),300,200,9);
    }
    /**
     * @param startX     当前线段的起点 X 坐标
     * @param startY     当前线段的起点 Y 坐标
     * @param endX       当前线段的终点 X 坐标
```

```
     * @param endY      当前线段的终点 Y 坐标
     * @param yRange    Y 偏移的范围
     * @param times     递归次数
     */
    private void draw(Graphics  g,double startX,double startY,double endX, double endY,double
yRange,int times){
        double centerX = (startX + endX)/2;// 计算中点
        double centerY = (startY + endY)/2;
        Random rand=new Random();
        double dyRand = rand.nextDouble()*2-1;
        centerY = dyRand * yRange + centerY;
        if(--times == 0){// 递归次数为 0 时，画线
            g.drawLine((int)startX,(int)startY,(int)centerX,(int)centerY);
            g.drawLine((int)endX,(int)endY,(int)centerX,(int)centerY);
        }
        else {
            yRange *=0.8d;// 缩小 Y 方向偏移的范围
            draw(g, startX, startY, centerX, centerY, yRange, times);// 左半部分
            draw(g, centerX, centerY,endX, endY, yRange, times);// 右半部分
        }
    }

    public static void main(String[] args) {
        DrawMountain  dm=new DrawMountain();
        dm.setSize(1000, 700);
        dm.setDefaultCloseOperation(3);
        dm.setTitle(" 山脉生成 ");
        dm.setVisible(true);
    }
}
```

运行上述代码，结果如图 2-42 所示。

山如青黛？不是吧！

等你加上一些色彩变化再看看。

三角形可以组成万物，古希腊人就是这样认识世界的。使用计算机构造虚拟现实（VR）世界也是如此，如图 2-43 所示。

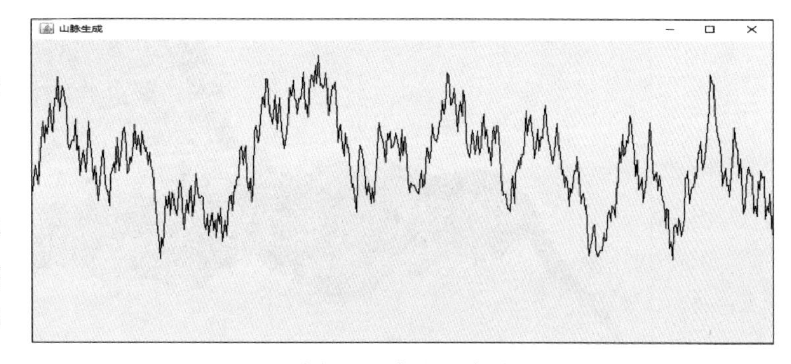

图 2-42 生成山脉图

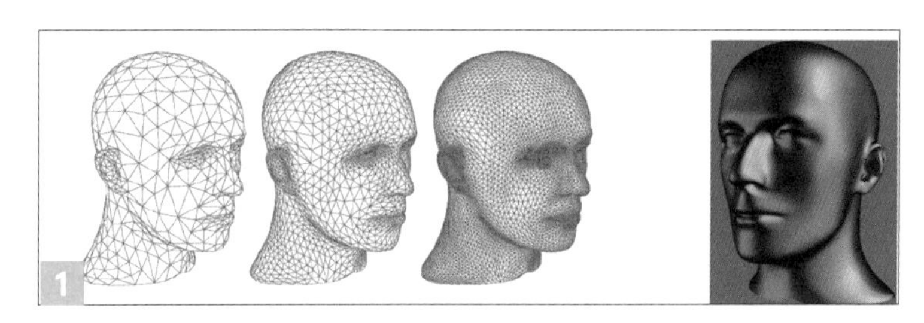

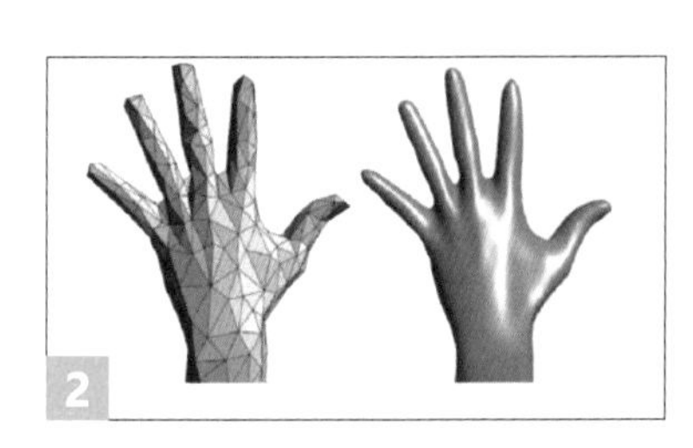

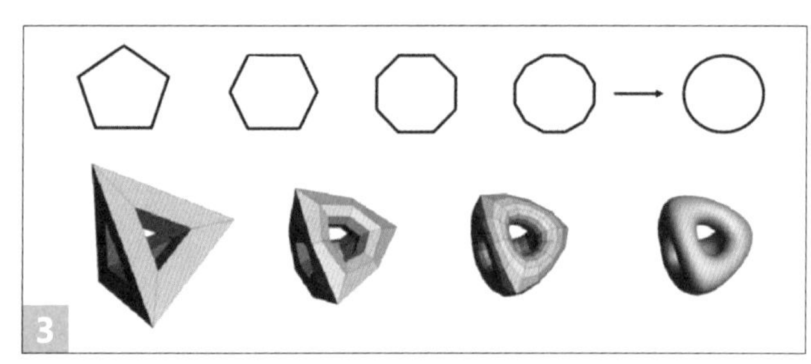

图 2-43 VR 世界由三角形组成

要造一座更加逼真的山，就要使用三角形，参看如图 2-44 所示的演化过程，据说这是 1978 年波音飞机公司的工程师们为了模拟飞行数据，在制作飞行地形可视化设计时发明的算法。

图 2-44 山形演化

继续挑战读者的代码编写能力，画出图 2-45 中所示的 3D 形状的山脉。

图 2-45 3D 形状的山脉

经典之作——曼德勃罗集

图 2-46 和图 2-47 给出了部分曼德勃罗集。

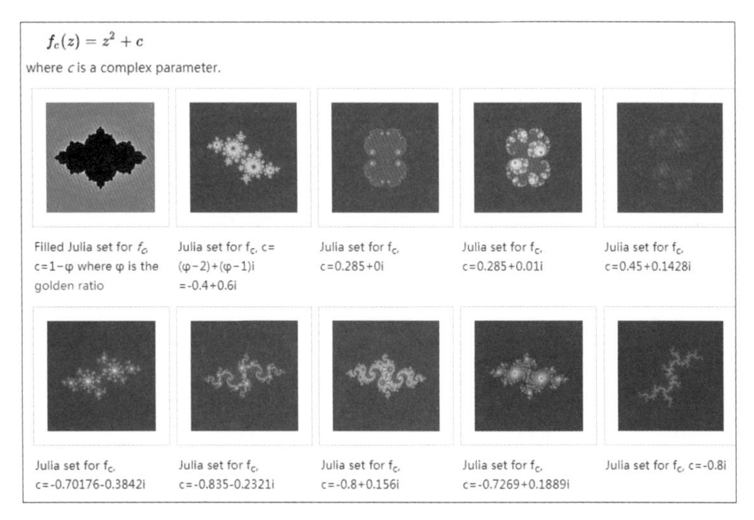

图 2-46 曼德勃罗集图集

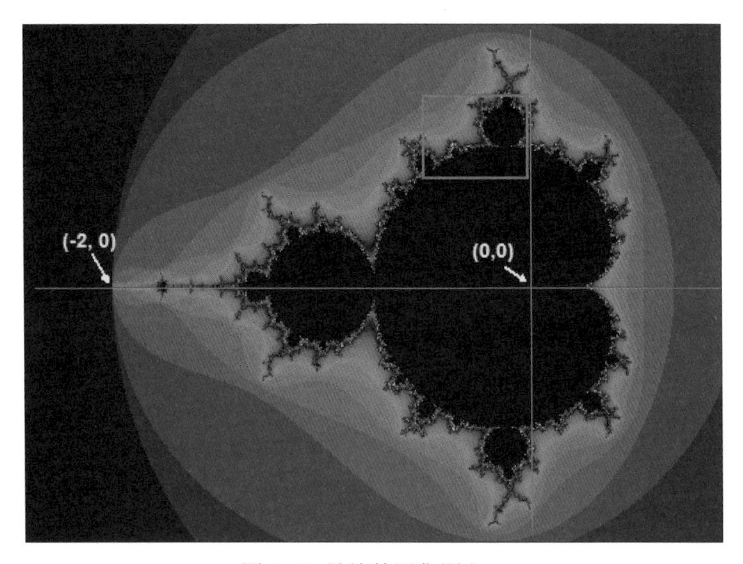

图 2-47 曼德勃罗集图之一

世间万物皆可分形！

实现曼德勃罗集绘制算法的代码如下：

```
public class MDBLhdf extends JFrame{
    public static void main(String args[]){
        MDBLhdf dm=new MDBLhdf();
        dm.initUI();
    }
    public void initUI(){
        this.setSize(1800,800);
        this.setDefaultCloseOperation(3);
        this.setTitle("神奇的分形 - 曼德勃罗集");
        this.setVisible(true);
    }

    public void paint(Graphics  g){
        super.paint(g);
        drawOne(g);
    }
    private void drawOne(Graphics g){
        Complex c=new Complex();  //  z=z2+c
        c.rel = -0.8f;c.img=0.156f;
        Complex z=new Complex();
        for(float i=-300;i<300;i++){
            for(float j=-300;j<300;j++){
                z.rel=i/200.0f;
                z.img=j/200.0f;
                for(int k=0;k<120;k++){
                    double r= Math.sqrt(z.rel*z.rel+z.img*z.img);
                    if(r>2){ break; }
                    else{
                        z=Complex.multiply(z, z);
                        z=Complex.add(z, c);
                        int x=(int)(i+400);
                        int y=(int)(j+300);
                        if(k>20){
                        //Color color = new  Color(k*2000);
                            Color color = new Color(0,0,255-k);
                            g.setColor(color);
                            g.drawLine(x, y, x, y);
                        }
                    }
                }
            }
        }
    }
}
```

```
//进行复数运算的工具类
class Complex{
    public float rel=0.0f;
    public float img=0.0f;
    public Complex(){ }
    //复数相加
    public static Complex add(Complex a,Complex b){
        Complex c=new Complex();
        c.rel=a.rel+b.rel;
        c.img=a.img+b.img;
        return c;
    }
    //复数相乘
    public static Complex multiply(Complex a,Complex b){
        Complex c=new Complex();
        c.rel=a.rel*b.rel-a.img*b.img;
        c.img=a.img*b.rel+a.rel*b.img;
        return c;
    }
}
```

如果修改 z 的值，则可呈现出不同的炫彩图形，如图 2-48 所示。

```
c.rel = 0.285f;    c.img=0.01f;
c.rel = -0.835;    c.img-0.2321;
c.rel = -0.835f;   c.img=-0.2321f;
c.rel = 0.285f;    c.img=0.0111f;
```

图 2-48 修改 z 值后可呈现出不同的图形

拓展知识

曼德勃罗（Mandelbrot）先生——分形之父。

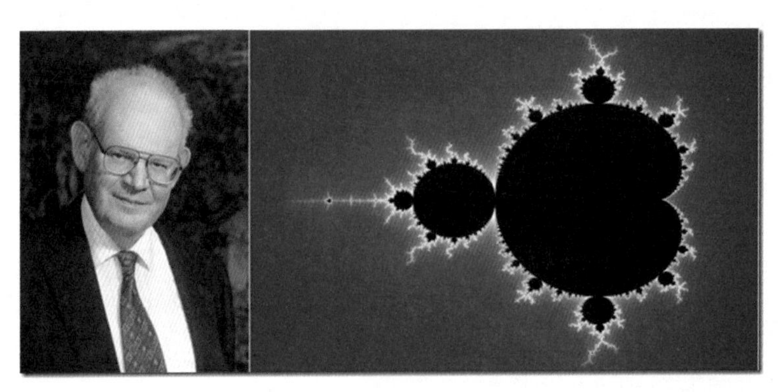

他用“美丽”改变了我们的世界观，被认为是 20 世纪后半叶少有的、影响深远且广泛的科学伟人之一，是美国科学院院士。

分形（Fractal）一词，是曼德勃罗创造出来的，其原意是不规则、支离破碎的意思，所以分形几何学是一门以非规则几何形态为研究对象的几何学。按照分形几何学的观点，一切复杂对象虽然看似杂乱无章，但是它们实际上具有相似性，简单地说，就是把复杂对象的某个局部进行放大，其形态和复杂程度与整体相似。在分形世界中，每个人都可以在身边熟悉的事物中找到戏剧性的新发现，比如“中国的海岸线有多长？”分形学认为这是一个不确定的答案，海岸线的长度取决于你用什么样的刻度尺进行测量，刻度越细，所测量的海岸线长度就会更长，乃至无限。如今分形学的研究成果已经广泛地应用于物理、化学、生物、地质、农业、金融、艺术等诸多领域，其不规则图形设计理念甚至影响流行文化。

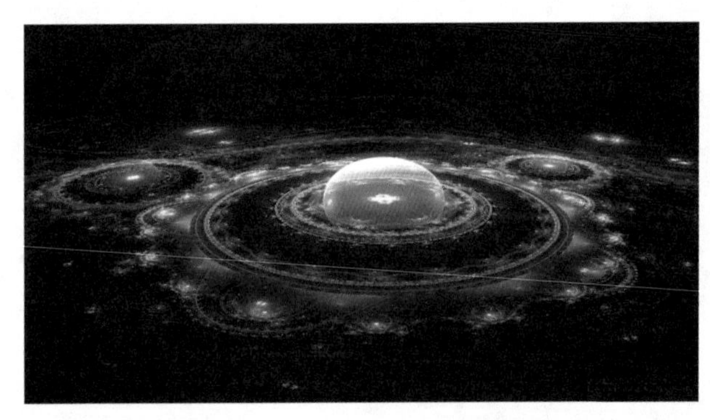

有人这样说过：“为什么世界这么美丽，因为我眼睛看到的都是分形。”大到海岸线、山川形状、天空中的云朵，小到一片树叶、一片雪花、皮蛋里的花纹，分形无处不在，无处不有。

人是一根能思考的芦苇。

——帕斯卡

本章将讲解图像特效原理、界面的重绘机制、多线程使用、开源库导入技术等，实现“美颜相机”“视频哈哈镜”“五子棋”“对战游戏”“粒子运动”项目，让读者发挥自己的创意，写出自己的代码，熟练运用 OOP 思想。

第 3 章 创意项目实践

3.1 美颜相机之图像特效

图像的本质是什么？是宽（w）× 高（h）的二维数组，即图像＝int[w][h]。

数组中每个元素对应图像坐标上每个像素，像素值为 R、G、B 值，如图 3-1 所示为选取帽子边上 5×5 区域的像素放大 50 倍后的图像及其红色像素值。

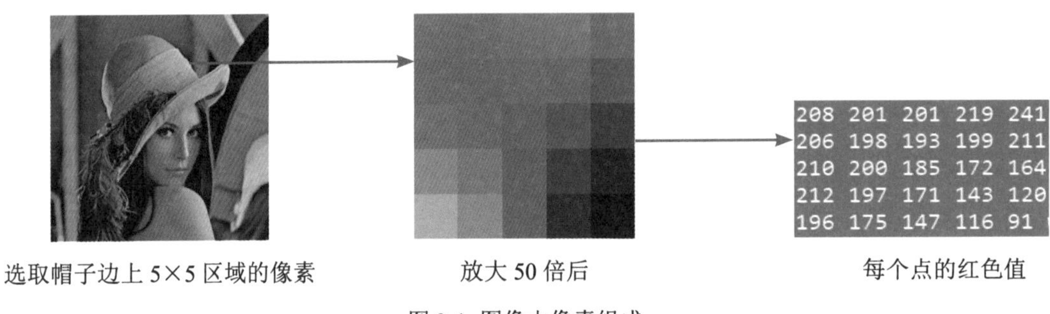

图 3-1 图像由像素组成

编写如下的代码来理解像素，运行结果如图 3-2 所示。

```
public class ImageBoard extends JFrame {
    public void initUI(){
        this.setSize(400,400);
        this.setTitle(" 图像处理 ");
        this.setVisible(true);
    }
    // 重写界面的绘制方法
    public void paint(Graphics  g){
        super.paint(g);
        for(int r=0;r<255;r+=1){
            for(int b=0;b<255;b+=1){
                Color color=new Color(r,0,b);
                g.setColor(color);// 画出这个点
                g.drawLine(r+50,b+50,r+50,b+50);
                }
        }
    }

    public static void main(String[] args)  {
        ImageBoard  lu=new ImageBoard();
        lu.initUI();
    }
}
```

图 3-2 运行结果

使用此原理实现 3 种类似图 3-3 中的图案。

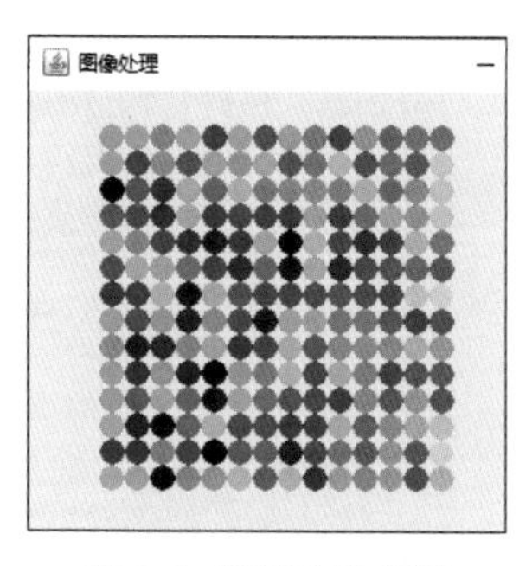

图 3-3 多颜色圆点图

任务

编写一个“图案生成器”软件。

下面将对图片进行特效处理，有以下 3 步。

1 调用 ImageIO.read("图片文件名")方法，从文件中读取图片。

```
BufferedImagebi = javax.imageio.ImageIO.read("图片文件名")
```

2 调用 BufferedImage 对象 bi.getRGB(i, j) 方法，得到指定位置的像素值，创建一个与图片宽、高相同的二维数组来保存这些值。

3 根据需要，对二维数组中的数据进行变换后，再画到界面上。

```
public class ImageHead extends JFrame {
   private Graphics g;

   public void initUI(){
      this.setSize(200,400);
      this.setTitle("美颜相机");
      this.setLayout(new FlowLayout());
      JButton buSrc=new JButton("原图");
      this.add(buSrc);
      this.setVisible(true);
      g=this.getGraphics();
      buSrc.addActionListener(new ActionListener() {
         public void actionPerformed(ActionEvent e) {
            loadImage(g);
         }
      });
   }

   //根据图片转换后的二维数组，绘制出原图
   public void loadImage(Graphics g) {
      int[][]data=  image2Array("lenna.jpg");//图片放在项目目录下
      for (int i = 0; i<data.length; i++) {
         for (int j = 0; j<data[0].length; j++) {
               int v=data[i][j];
               Color c=new Color(v);
               g.setColor(c);
               g.drawLine(i+50, j+70, i+50, j+70);
            }
      }
   }
```

```
    //将图片转成一个二维数组，一个点一个点地在界面上画出来
    private int[][]  image2Array(String imageName){
        File file = new File(imageName);
        BufferedImage bi = null;
        try {
            bi = ImageIO.read(file);  //从文件到图片对象
        } catch (Exception e) { e.printStackTrace();}
        int w = bi.getWidth();  //图片的宽
        int h = bi.getHeight(); //图片的高
        int[][] imIndex=new int[w][h];//存储像素值的二维数组
        System.out.println("w=" + w + "  h=" + h );
        for (int i = 0; i<w; i++) {
            for (int j = 0; j<h; j++) {
                int pixel = bi.getRGB(i, j); //i,j 位置的 Color 值
                imIndex[i][j]=pixel; //每个像素点的 Color 值存入数组
            }
        }
        return imIndex;
    }

    public static void main(String[] args)
    {
        ImageHead  lu=new ImageHead();
        lu.initUI();
    }
}
```

运行上述程序，绘制了 252×250 个像素。

在实现美颜相机的各种效果之前，请再编写一遍将图片转换为数组的方法。

```
//将图片转换为一个二维数组，一个点一个点地在界面上画出来
private int[][]  image2Array(String imageName)
```

在以后的功能实现中将略去这个代码。

3.2 深入理解颜色

下面进一步理解颜色（Color）：

1）使用 java.awt.Color 类可以实现数字与颜色之间的转换操作。

2）RGB 数字构成颜色：Color c=new Color(200, 300, 100)，其值为 0~255。

int 数字构成颜色：Color c=new Color(373777389)，其值在 int 数据类型的取值范围内即可。

一个 int 类型的数据由 4 个字节组成，而 Color 对象是由 3 个字节组成，可以互相转换，如图 3-4 所示。

```
Color c=new Color(8873883);//用int创建颜色

//得到每个分量值
 int ri=c.getRed();//得到red的分量值
 int gi=c.getGreen();//得到green的分量值
 int bi=c.getBlue();//得到blue的分量值

 Color tc=new Color(ri,gi,bi);//重构颜色
```

图 3-4 int 数字构成颜色

3）二值图像：指仅有黑白两色的图像（将大于某值的画成黑色，小于某值的画成白色）。

4）灰度图像：用平均值法计算 ac=(r+g+b)/3，Color c=new Color(ac, ac, ac)即可。

5）单通道图像：只用 RGB 中的某一个值，另两个设置为 0。

6）马赛克：把绘制像素点变成绘制大方块。

7）色即是数，数即是色！切记！切记！

读者再看到图片时用穿透的眼光，那么所看到的是二维数组。

在下一节将演示如何编写代码进行去背景、马赛克、融合等处理，这一切都是在图片转换的二维数组上进行操作的！

3.3 图片特效实现

对于某张图片，可以进行特效处理：

1）黑白化：像素值超过某一个数值时用黑色（Black），反之用白色（White），如图 3-5 所示。

2）反色：将像素值转为负值即可，如图 3-6 所示。

图 3-5 图片黑白化

图 3-6 图片反色

实现黑白化及反色图片特效的代码如下：

```
//黑白图片
public void loadBlackWhite(Graphics g) {
   int[][]data=  image2Array("lenna.jpg");
   for (int i = 0; i<data.length; i++) {
      for (int j = 0; j<data[0].length; j++) {
         int v=data[i][j];//  v=-v 即负片效果（反色）
         Color c=new Color(v);
         if(c.getRed()>120) {//如果某值大于 120，则画成黑色
            g.setColor(Color.BLACK);
         }else g.setColor(Color.WHITE);
         g.drawLine(i+50, j+70, i+50, j+70);
      }
   }
}
```

3）去背景：如图 3-7 所示，其原理与黑白化相同，由读者来实现吧！

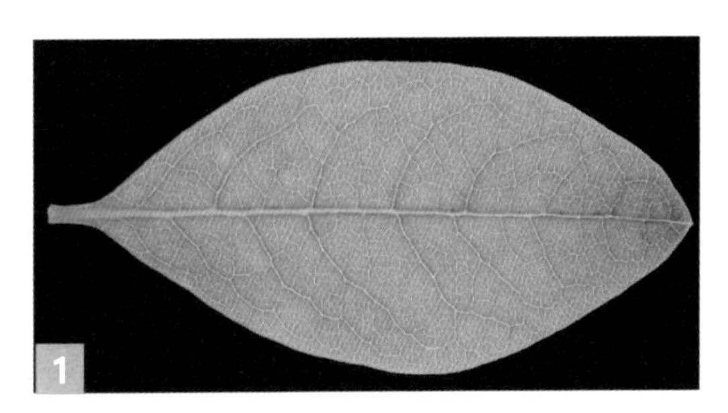

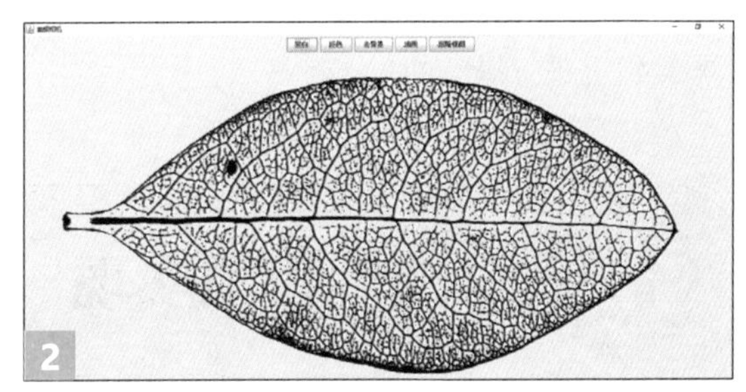

图 3-7 图片去背景

4）马赛克：用大小不同的色块填充图像即可，如图 3-8 所示。

5）图像缩小：遍历数组时，步长 +4，画的时候即为原图的 1/4，如图 3-9 所示。

图 3-8 图片马赛克

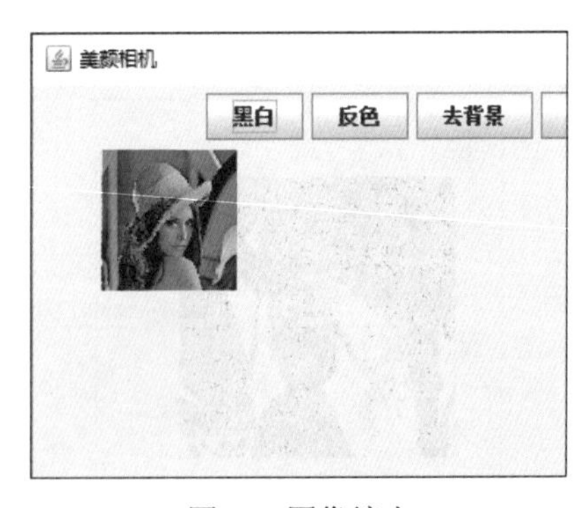

图 3-9 图像缩小

实现马赛克及图像缩小特效的代码如下：

```
// 马赛克其实就是用色块填充
public void loadBlackWhite(Graphics g) {
   int[][]data=  image2Array("lenna.jpg");
   for (int i = 0; i<data.length; i+=4) { // 跨像素，画原图 1/4 的像素
      for (int j = 0; j<data[0].length; j+=4) {
           int v=data[i][j];
           Color c=new Color(v);
           g.setColor(c);
           Random ran=new Random();// 色块的大小随机
           int w=ran.nextInt(6)+4;
           g.fillRect(i+50, j+70,w,w);
           }
      }
}
```

6）单通道着色、旧日时光风格色调：分别如图 3-10、图 3-11 所示，由读者编写代码来实现。

图 3-10 图片单通道着色

图 3-11 图片旧日时光风格色调

7）图像融合：如图 3-12 所示。

图 3-12 图像融合

实现思路：先选取两张图片，重合处的像素值按一定比例重新绘制。具体代码如下：

```
//合并两张图片
private void drawRange(Graphics gr) {
    //选取两张图片，给颜色不同权值
    int[][] imga = image2Array("macintosh.jpg");
    int[][] imgb = image2Array("jobs.jpg");
    //取其宽高的最小值，防止数组越界
    int w = Math.min(imga.length, imgb.length);
    int h = Math.min(imga[0].length, imgb[0].length);
        for (int i = 0; i<w; i += 1) {
            for (int j = 0; j<h; j += 1) {
                Color ca = new Color(imga[i][j]);
                Color cb = new Color(imgb[i][j]);
                // 按比值重新配色
                int r = (int) (ca.getRed() * 0.4 + cb.getRed() * 0.6);
                int g = (int) (ca.getGreen() * 0.4 + cb.getGreen() * 0.6);
                int b = (int) (ca.getBlue() * 0.4 + cb.getBlue() * 0.6);
                Color cn = new Color(r, g, b);
                gr.setColor(cn);// 设为新颜色后再画
                gr.drawLine(i + 70, j + 70, i + 70, j + 70);
            }
        }
}
```

有了以上练习，读者再自行实现高斯模糊、水滴效果、图像拉伸、扭曲、放大、压缩、美白、风格化等特效吧！演示这么多，就是为了让读者动手编写代码！

3.4 图像卷积算法

卷积算法在信号处理方面，特别是图像处理领域有着广泛的应用，也有着严格的物理和数学定义。编写代码进行具体功能实现时，可以简单地看作两个数组的相乘运算。卷积核一般为 3×3 的数组，对原图像生成的二维数组按卷积规则计算后生成的新数组，即为特征图像，如图 3-13 所示。

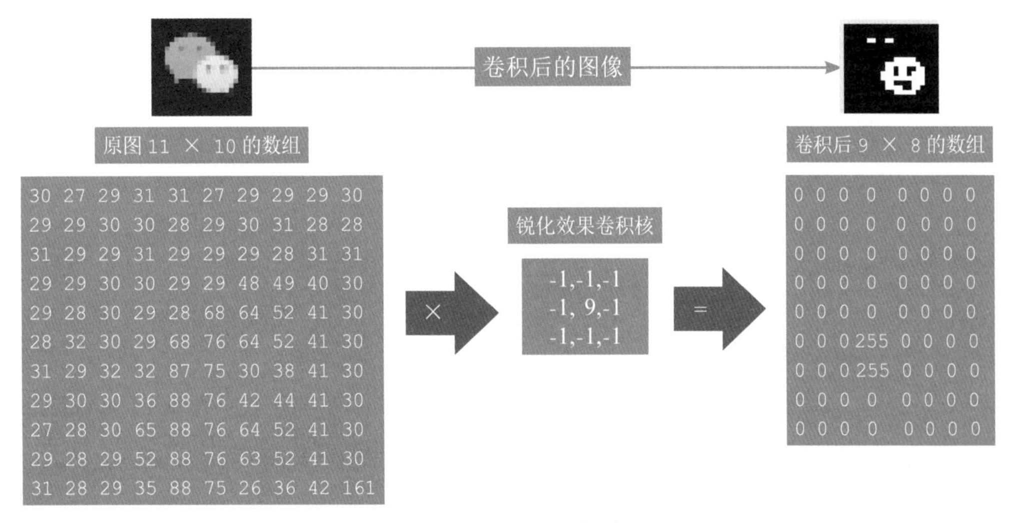

图 3-13 图像卷积算法

卷积计算时，图像数组与卷积核的计算规则如图 3-14 所示，用卷积核 {1，0，1}{0，1，0}{1，0，1} 对原图数组进行计算。

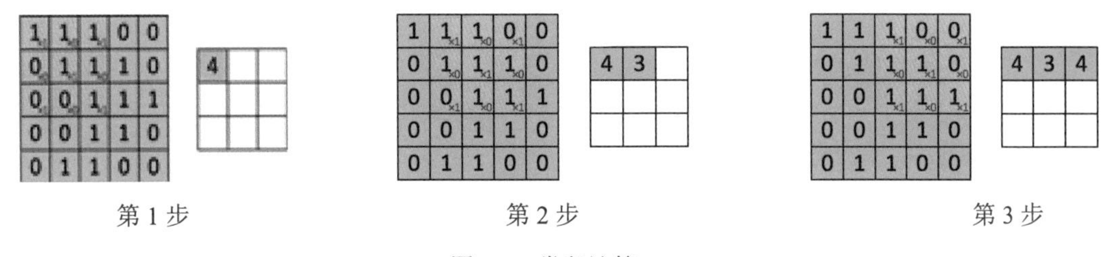

图 3-14 卷积计算

1. 将原图像转为二维数组。
2. 寻找合适的卷积核二维数组（上网查找）。
3. 按卷积规则，将这两个二维数组相乘，得到第三个二维数组。

将最后这个数组画出来，就是卷积后的效果图。

根据卷积计算规则，请读者手工推导出第 4、5、6、7、8、9 步计算的值。可以看出，卷积计算之后的数组宽和高，分别是原数组宽高值−2。

接下来，我们编码进行实验。

示例代码如下：

```
// 对图像的二维数组进行卷积计算后再画出来
public void  drawJuanJi(Graphics g){
```

```
    int[][] ia=  image2Array("lenna.jpg");
    int[][]  data=Validate(ia, kernel); //将 data 数组画出来即为卷积效果图
}
//几种不同卷积核的二维数组
//float[][] kernel= {{-1,-1,0},{-1,0,1},{0,1,1}};
float[][] kernel= {{0,-1,0},{-1,1.9f,1},{0,-1,0}};
//float[][] kernel= {{ -1, 0, 1},{ -2, 0, 2},{-1, 0, 1}};

//src: 图片数组  filter: 卷积核数组  return: 计算后的数组
public static int[][] Validate(int[][] src,float[][] filter){
   int[][]tem = new int[filter.length][filter[0].length];
   int valideWidth = src[0].length - filter[0].length+1;
   int valideheight = src.length - filter.length+1;
   int[][] valide = new int[valideheight][valideWidth];
   for(int i=0;i<valideheight;i+=1){
      for(int j=0;j<valideWidth;j+=1){
         for(int y=0;y<filter.length;y++)
            for(int z=0;z<filter[0].length;z++)
               tem[y][z] =(int)((src[i+y][j+z])*(filter[y][z]));
         int kk=0;
         for(int y=0;y<filter.length;y++)
            for(int z=0;z<filter[0].length;z++)
               kk += tem[y][z];
         if(kk<0)kk=0; if(kk>255)kk=255;
         valide[i][j]=(byte)kk;
      }
   }
   return valide;
}
```

运行结果如图 3-15 所示。

不同卷积核就像不同的人从不同的视角看到一件事的不同特征。

卷积常用于信号滤波、去噪应用等方面。

卷积是神经网络的基本运算或步骤，请测试不同卷积核的计算效果。

可以加上滑块，从 0.001 开始调整卷积核的参数。

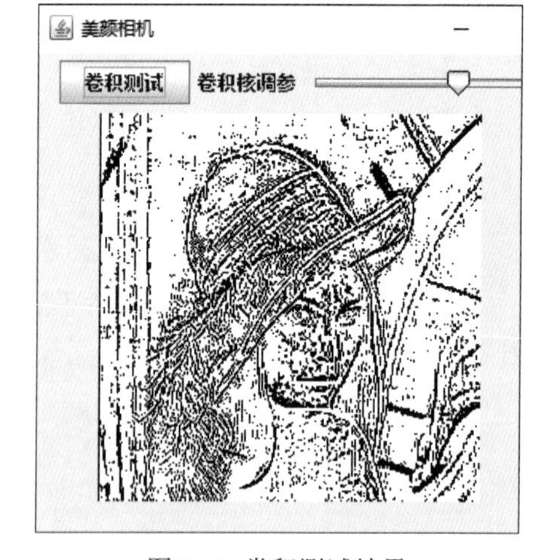

图 3-15 卷积测试结果

视频的获取与绘制

视频的获取与绘制分为两步。

1 显示视频。从官方网站中下载 webCam 开源库，将下载解压后的 libs 下方的 JAR 包导入项目中，如图 3-16 所示。

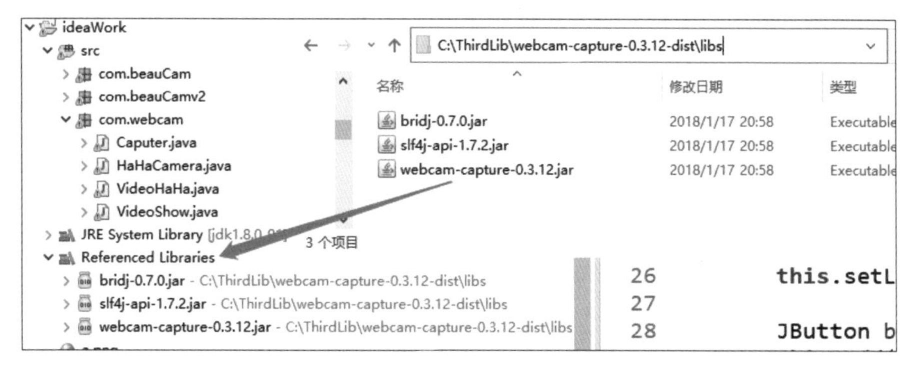

图 3-16 将 JAR 包导入项目

2 调用 webCam 类，打开摄像头后，一张一张图片地画，代码如下：

```
import java.awt.image.BufferedImage;
import javax.swing.JFrame;
import com.github.sarxos.webcam.Webcam;
public class VideoShow extends JFrame{// 显示视频

   public void showFrame() {
      this.setTitle(" 美颜相机 - 视频创意 ");
      this.setSize(500, 600);
      this.setVisible(true);
      this.setDefaultCloseOperation(3);
      Graphics g=this.getGraphics();

      Webcam webcam = Webcam.getDefault();// 选取一个摄像头取得视频
      webcam.open();
      while(true) { // 循环取得图片，画到界面上
         BufferedImage image = webcam.getImage();
         g.drawImage(image, 50, 50, null);
      }
   }
```

```
    public static void main(String[] args) {
        VideoShow tf=new VideoShow();
        tf.showFrame();
    }
}
```

抓住本质：视频其实就是快速地（每秒 30 张）在界面上画图片！

读者能否先实现一个视频马赛克的效果？

3.6 图像双缓冲处理

图片处理其实就是遍历二维数组，对 $w \times h$ 个像素进行处理，例如一张 200×300 的图片，至少要循环 6 万次！读者是否测试过，真正耗时较大的是遍历数组，还是其他？

例如，将视频处理为灰度图片，调用 System.currentTimeMillis()获取时间点来计算每处理一张图片所用的时间。

```
public class VideoHB extends JFrame{// 显示视频：处理成灰度图片
    public void showFrame() {
        this.setTitle(" 美颜相机 - 视频创意 ");
        this.setSize(500, 600);
        this.setVisible(true);
        this.setDefaultCloseOperation(3);
        Graphics g=this.getGraphics();
        Webcam webcam = Webcam.getDefault();
        webcam.open();
        while(true) { // 循环取得图片，画到界面上
            long start=System.currentTimeMillis();
            BufferedImage image = webcam.getImage();
            drawHBImage(g,image);
            long end=System.currentTimeMillis();// 测试每处理一张图片所用的时间
            System.out.println("cost time : "+(end-start));
        }
    }
```

```
    // 将图片处理成灰度图
    public void drawHBImage(Graphics g,BufferedImage bi){
       int w = bi.getWidth();   // 图片的宽
       int h = bi.getHeight(); // 图片的高
       for(int i=0;i<w;i++) {
          for(int j=0;j<h;j++) {
             int v=bi.getRGB(i, j);
             Color c=new Color(v);// 取得平均值，转成灰度图
             int avg=(c.getRed()+c.getGreen()+c.getBlue())/3;
             g.setColor(new Color(avg,avg,avg));
             g.drawLine(i+50, j+50, i+50, j+50);
          }
       }
    }
    public static void main(String[] args) {
       VideoHB tf=new VideoHB();
       tf.showFrame();
    }
}
```

现在请读者测试一下，看看在自己的计算机上耗时多少？

在笔者的笔记本电脑上，运行以上代码处理一张图片大约耗时 1 秒多（见图 3-17）。

```
<terminated> VideoHB [Java Applicatio
cost time : 1417
cost time : 1485
cost time : 1473
cost time : 1709
```

图 3-17 耗时测试结果

真正耗时的不是遍历二维数组（最好亲测验证），而是画 $w \times h$ 个像素点。每绘制一个像素点，都要经历程序→操作系统→显卡→屏幕这样一个漫长的过程。

提高性能的方法就是：双缓冲画图，也就是将这张图片先在内存中的一块画布上画完，再一次性发送到系统去显示。如下述代码中的 4 个步骤：

```
    // 将图片处理成灰度图：使用内存缓冲画图
    public void drawHBImage(Graphics g,BufferedImage bi){
       int w = bi.getWidth();   // 图片的宽
       int h = bi.getHeight(); // 图片的高
       //1. 在内存中创建一张图片
       BufferedImage buffer=new BufferedImage(w,h, BufferedImage.TYPE_INT_RGB);
       //2. 取得内存中图片的画布
       Graphics bufferG=buffer.getGraphics();
       for(int i=0;i<w;i++) {
          for(int j=0;j<h;j++) {
             int v=bi.getRGB(i, j);
             Color c=new Color(v);// 取得平均值，转成灰度图
             int avg=(c.getRed()+c.getGreen()+c.getBlue())/3;
             Color nc=new Color(avg,avg,avg);
             bufferG.setColor(nc);
```

```
            //3. 画在内存中的画布上
               bufferG.drawLine(i+50, j+50, i+50, j+50);
            }
         }
         //4. 将内存中画好的图片一次性画到界面画布上
         g.drawImage(buffer, 0,0,null);
      }
```

使用双缓冲后，在笔者的计算机上运行时每张图片耗时如图 3-18 所示。

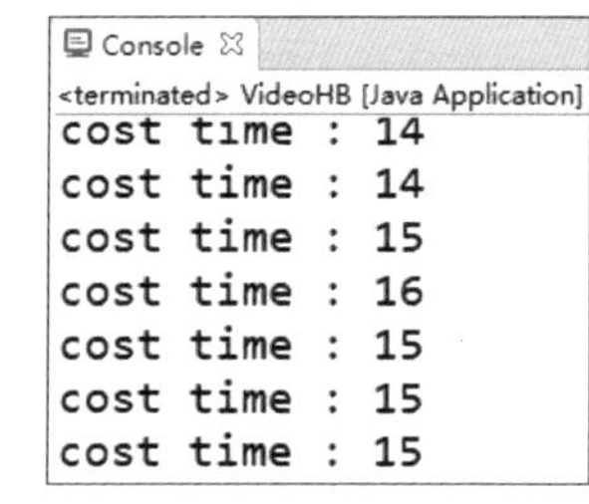

图 3-18 使用双缓冲后图片处理耗时的情况

还记得我们画的迭代分形图吗？每张图片都是由数十万个像素组成的。在完成上面的练习后，试用双缓冲去绘制迭代分形图。

3.7 视频的运动追踪

视频的运动追踪的基本原理是计算邻近两张图片中同位置像素的差值。

先看下面的代码：

```
//运动测试显示
public class Capture extends JFrame {

   public void showVI() throws Exception {
      this.setSize(1600, 800);
      this.setVisible(true);
      this.setTitle("视频运动追踪、去背景");
      Webcam webcam = Webcam.getDefault();
      webcam.open();
      BufferedImage preImage = null; //1. 保存上一张图片
      int imageCount=0;//隔几张图片计算一次
      while (true) {
         imageCount++;
         BufferedImage bi = webcam.getImage();//2. 得到当前图片
```

```
            BufferedImage buffer = new BufferedImage(bi.getWidth(), bi.getHeight(), BufferedImage.
TYPE_INT_RGB);// 内存画图区
            Graphics graBuffer = buffer.getGraphics();
            for (int i = 0; i<bi.getWidth(); i += 1) {
               for (int j = 0; j<bi.getHeight(); j += 1) {
                  if (null != preImage) {
                     int diff1 = Math.abs(bi.getRGB(i,j)-preImage.getRGB(i,j));
                     if ((diff1) >7888888) {//3. 相同点差值过大，则认为动了
                        graBuffer.setColor(new Color(bi.getRGB(i,j)));
                        graBuffer.fillOval(i,j, 4, 4);
                     }
                  }
               }
            }
            this.getGraphics().drawImage(buffer, 10, 10, null);// 从缓冲区绘制到界面上
            if(imageCount%5==0)//4. 指向前一张图片，隔 5 张换一次
               preImage =bi;
        }
    }

    public static void main(String[] args){
       Capture cap = new Capture();
       cap.showVI();
    }
}
```

运行结果如图 3-19 所示。

是不是很简单？读者练习后，再自己实现“鬼影”特效、去背景特效吧。

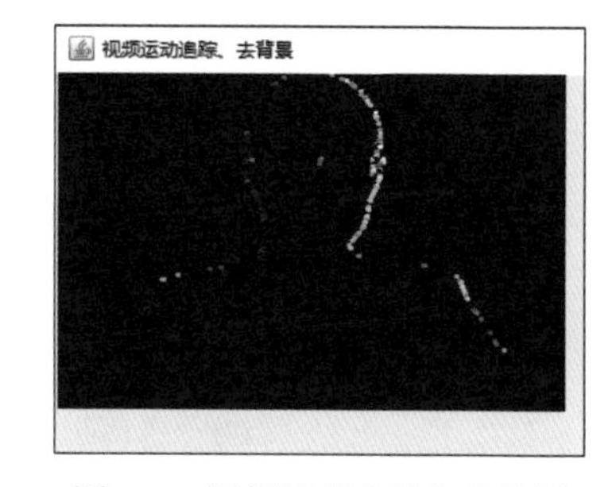

图 3-19 视频运动追踪与去背景

3.8 视频哈哈镜

现实中的哈哈镜表面凹凸，将人像反射到不同方向表现出各种夸张的形象。视频（图像）中的拉伸、放大、缩小等处理的基本原理是根据某个规则，将 src(x,y) 点的像素移到 dest(x,y) 位置。

比如，代码哈哈镜的实现原理如下：

1）找出图像中心点坐标 $c(x,y)$。

2）计算图像其他点 $n(x,y)$ 到中心点 $c(x,y)$ 的距离。

3）获取图像变化的半径 r 和距离的比值，平移像素。

简单哈哈镜从中心点开始放大，代码如下：

```
public class VideoHaHa extends JFrame{// 视频哈哈镜 - 放大镜示例
    public void showFrame() {
        this.setTitle(" 视频创意 - 哈哈镜 ");
        this.setSize(500, 600);
        this.setVisible(true);
        this.setDefaultCloseOperation(3);
        Webcam webcam = Webcam.getDefault();
        webcam.open();
        while(true) {
            BufferedImage image = webcam.getImage();
            toHahaLeft(image);// 进行哈哈镜处理
            this.getGraphics().drawImage(image, 50, 50,0,0, null);
        }
    }
    // 代码有 bug，只对左侧进行哈哈镜处理
    public void toHahaLeft(BufferedImage bi){
        int w=bi.getWidth();int h=bi.getHeight();
        int cx=w/2;intcy=h/2;// 从图像中心处放大
        int r=150;    // 放大半径
        for(int i=0;i<w;i++) {
            for(int j=0;j<h;j++) {
                int tx=  (i-cx);// 任意一点 tx,ty 到中心点 cx,cy 的距离
                int ty=  (j-cy);
                int dis=(int)(Math.sqrt(tx*tx+ty*ty));
                if(dis<r) {// 当距离小于半径范围时
                    // 得到新的偏移点位置，dis/r 是距离的偏移比例，远小近大
                    int nx=(tx)*dis/r+cx;
                    int ny=(ty)*dis/r+cy;
                    bi.setRGB(i, j, bi.getRGB(nx, ny));
                }
            }
        }
    }

    public static void main(String[] args) {
        VideoHaHa tf=new VideoHaHa();
        tf.showFrame();
    }
}
```

以上哈哈镜代码的实现效果（见图 3-20）并不会让人满意，因为右半侧显示不正确。

任务

1）改进上面的代码，实现中心点放大的哈哈镜。

2）在视频图像中生成随机点放大 / 缩小产生拉伸效果的放大镜。

3）实现类似抖音中视频抖动的特效（获取多幅图像，先缩小，再放大）。

4）拓展实现图 3-21 中示例的 16 种特效，发挥读者的创意吧！

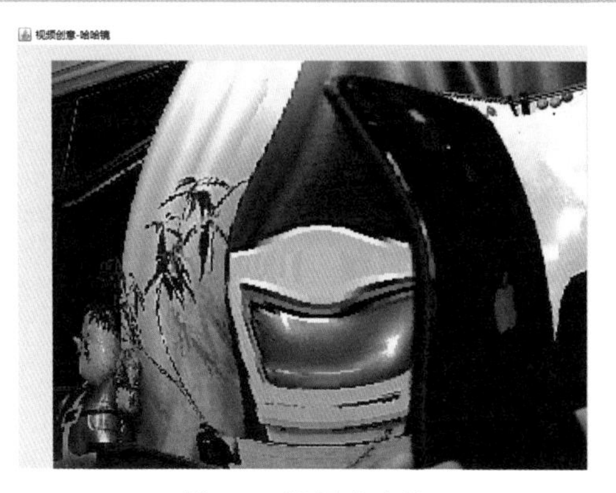

图 3-20 视频哈哈镜

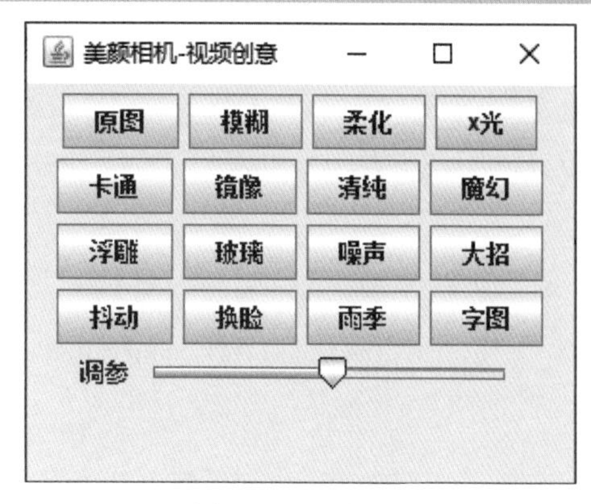

图 3-21 16 种特效

编程项目的实现过程不像交作业，是有了答案才去编写。编程要先写，写后马上运行，发现了问题之后才是学习、改进的机会；是做之后才有答案，而不是有了答案才去做。

3.9 五子棋开发

五子棋项目的开发分为以下五步。

第一步：实现画棋盘与棋子。

重写 JFrame 的 paint(Graphics g) 方法，画出棋盘。

```
public class FiveChessUI extends JFrame {

   public static void main(String args[]){
      FiveChessUI fcUI = new FiveChessUI();
```

```
        fcUI.initUI();
    }
    //初始化五子棋窗体的方法
    public void initUI(){
        this.setTitle("五子棋－创意画板");
        this.setSize(600, 600);
        this.setVisible(true);
    }
    //在重绘窗体的同时绘制棋盘
    public void paint(Graphics g){
        super.paint(g);
        drawChessTable(g);
    }
    //绘制棋盘的方法
    public void drawChessTable(Graphics g){
        for(int i=0;i<11;i++){//画棋盘横线
            g.drawLine(50, 50*(i+1), 550, 50*(i+1)); }
        for(int j=0;j<11;j++){//画棋盘竖线
            g.drawLine( 50*(j+1), 50, 50*(j+1), 550); }
    }
}
```

运行结果如图 3-22 所示。

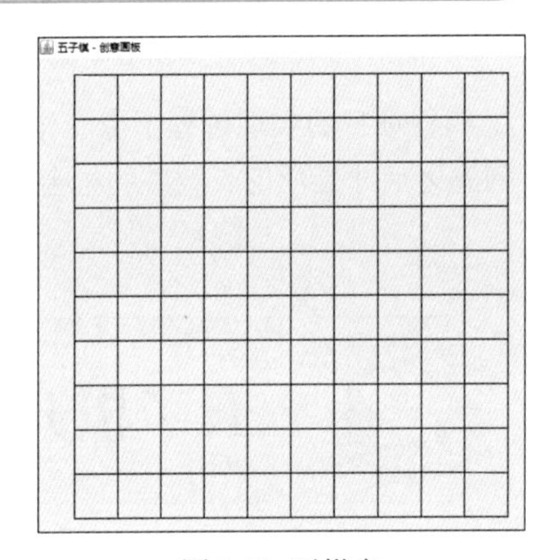

图 3-22 画棋盘

硬编码：指在代码中写入大量的常量数据定义，如上述代码中棋子和单元格的大小。

第二步：在监听器中画棋子。

1 实现鼠标监听器，当松开鼠标按键时画出一个棋子。

2 设置计数器，区别要画黑子还是白子。

3 根据棋盘的大小和鼠标坐标位置，计算棋子要对齐的格子点。

```
/**
 * 五子棋的鼠标监听器类
 */
public class DrawQZ extends MouseAdapter {
    private Graphics g;
    private int bw=0;//计数器

    public DrawQZ(Graphics g) {
        this.g = g;
```

```
    }
    public void mouseReleased(MouseEvent e) {
        // 得到鼠标事件触发时光标的位置
        int x1 = e.getX();
        int y1 = e.getY();

        bw++;
        if(bw%2==1){
            g.setColor(Color.BLACK);
        }else{
            g.setColor(Color.WHITE);
        }
        g.fillOval(x1, y1,50, 50);
    }
}
```

该程序的运行结果如图 3-23 所示。

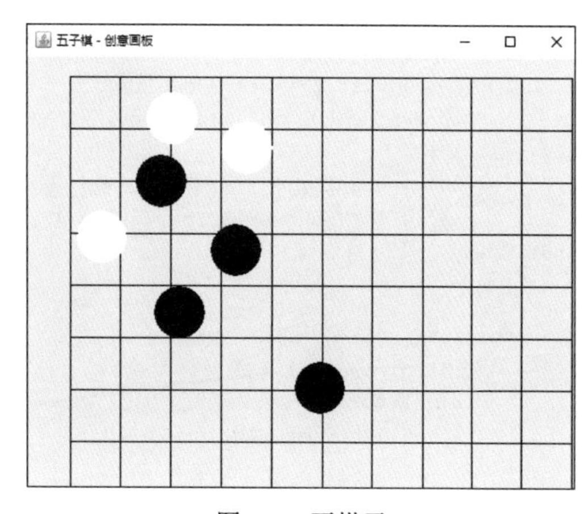

图 3-23 画棋子

注意

抽象类（比如 MouseAdapter）实现了鼠标事件的三种接口，通过继承这个抽象类就不用再编写接口中不用的方法。抽象类类似于一个中间桥梁。

任务

1）绘制出棋盘。

2）在鼠标监听器中放置黑白棋子。

3）将棋子的位置放置到棋盘交叉线中心。

第三步：保存和重绘棋子。

现在的问题是：只要一动窗口，所有的棋子都会消失。这是因为我们绘制的数据并未被保存。

解决思路是：将在鼠标监听器中绘制的数据保存到数组中，然后在 JFrame 界面中调用，从这个数组中取出已绘制棋子的数据，在界面发生变动时执行 paint(Graphics g) 方法，即重绘时画出。这样就解决了界面图形丢失的问题。

```
// 五子棋界面
public class DrawBoard extends JFrame {

   // 定义一个数组，用来标记棋盘上的位置
private QiZi[] css= new QiZi[10];

   public void initUI(){
   this.setSize(200,400);
   this.setTitle(" 五子棋 - 创意画板 ");
   this.setVisible(true);
   Graphics g=this.getGraphics();
   // 将存储棋子的二维数组传入监听器
   DrawQZ cl=new DrawQZ(g,css);
   this.addMouseListener(cl);
 }

   public void paint(Graphics g){
   super.paint(g);
   for(int i=0;i<11;i++){// 画棋盘横线
      g.drawLine(50, 50*(i+1), 550,
50*(i+1)); }
   for(int j=0;j<11;j++){// 画棋盘竖线
      g.drawLine( 50*(j+1), 50, 50*(j+1),
550);
   }

   for(int i=0;i<css.length;i++){
      QiZi qz=css[i];
      if(qz!=null){
         g.fillRect(qz.x,qz.y, 20,20);
      }
   }
}

   public static void main(String[] args)
   {
      DrawBoard  lu=new DrawBoard();
      lu.initUI();
   }
}
```

```
// 棋子类定义
class QiZi{
      public QiZi(int x,int y){
         this.x=x; this.y=y;
      }
   public int x;
   public int y;
   public Color c ;
}
```

```
public class DrawQZ extends MouseAdapter {
   private Graphics g;
   private int count=0;// 计数器
   // 指向界面上存储棋子的二维数组
   private QiZi[]  css;

   public DrawQZ(Graphics g,QiZi[] css) {
      this.g = g;
      this.css=css;
   }
   public void mouseReleased(MouseEvent e) {
      int x = e.getX();
      int y = e.getY();
      g.setColor(Color.BLACK);
      g.fillOval(x, y,50, 50);
      // 存入数组
      QiZi qz=new QiZi(x,y);
      css[count]=qz;
      count++;
   }
}
```

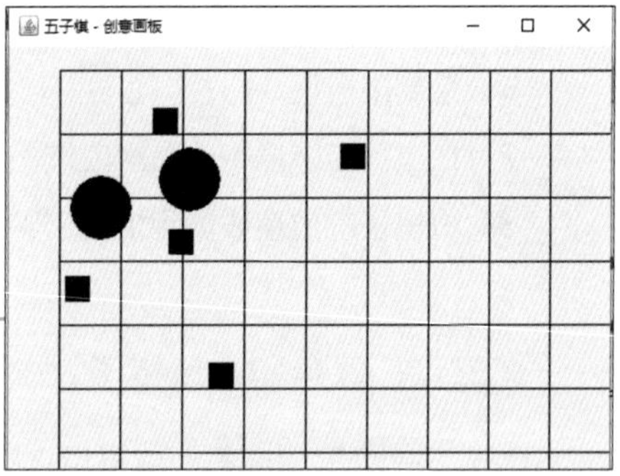

该程序的运行结果如图 3-24 所示。

此时画在界面上的图形再也不会丢失了。

图 3-24 重绘棋子

第四步：判断输赢。

可以将判断方向分为四个方向：水平向右、竖直向下、斜向右下、斜向左下。

我们只需要判断在这四个方向上是否有 5 个连续的 1 或者－1。

```
// 检查横向是否有 5 个连续的棋子
public int checkRow(int x,int y){
    int count=0;                                    // 定义一个棋子个数的计数器
    for(int i=x+1;i<chesses.length;i++){            // 往右
        if(chesses[i][y]==chesses[x][y]){
            count++;
        }
        else break;                                 // 有一颗不同，则退出判断
    }
    for(int i=x;i>=0;i--){                          // 往左
        if(chesses[i][y]==chesses[x][y]){
            count++;
        }
        else break;
    }
    return count;
}
```

五子棋的程序代码就编写到这里了，剩下的事情交给读者自己去完成。如果读者把算法都编写出来了，就接着往下看。

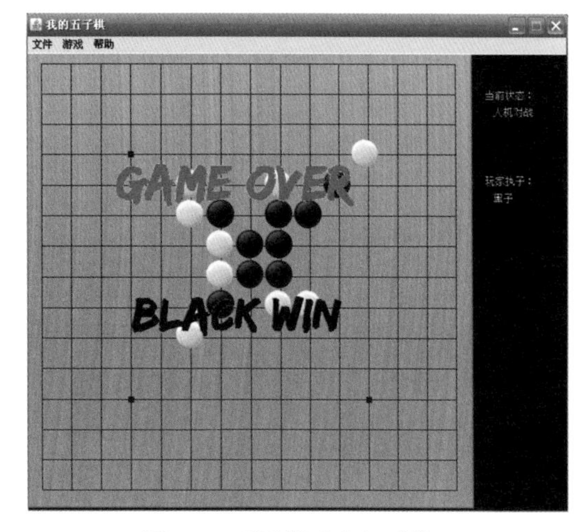

图 3-25 五子棋“人机对战”

第五步：五子棋的扩展。

1）实现人机对战（见图 3-25）。

2）实现悔棋功能。

3）实现一个网络版的五子棋。

记住我们的目标：编写 10 万行代码！

对战游戏开发

使用多线程就能让图画动起来，如图 3-26 所示。

使用多线程需要注意以下三个关键点：

1）继承 Thread 类。

2）线程中要执行的代码在 run 方法中重写。

3）启动时调用线程对象的 start() 函数。

图 3-26 使用多线程让图画动起来

```
//1. 继承 Thread 类
//2. 要执行的代码在 run 方法中重写
public class BallThread extends Thread{
   private Graphics g;

   public BallThread(Graphics g){
      this.g=g;
   }

   public void run(){
      Random ran=new Random();
      int x=ran.nextInt(300);
      int y=ran.nextInt(400);
      for(int i=0;i<600;i+=5){
         this.g.fillOval(x+i,y,50,30);
         try{ // 暂停
            Thread.sleep(30);
         }catch(Exception ef){
            ef.printStackTrace();
         }
      }
   }
}
```

```
public class Fly extends JFrame{

   public void initUI(){
      this.setSize(600, 500);
      this.setTitle("飞机大战原型");
      this.setLayout(new FlowLayout());

      JButton bu=new JButton("发射！");
               this.add(bu);
               this.setVisible(true);
      final Graphics g=this.getGraphics();
      // 创建监听器对象
      bu.addActionListener(new
ActionListener() {
         public void actionPerformed
(ActionEvent e) {
            BallThread db=new BallThread (g);
            db.start();  // 调用 start 方法，
                         // 调用 start 后，
                         // 线程对象在 JVM 内部
                         // 会调用重写的 run 方法
         }
      });
   }

   public static void main(String ags[]){
      Fly  fly=new Fly();
      fly.initUI();
   }
}
```

上述程序代码将实现：

1）编写 Thread 子类，在 run 方法中编写执行代码。

2）在按钮事件中创建线程对象，传入画布启动线程。以后，每单击一下按钮就启动一个线程执行画的动作，如图 3-27 所示。

这也叫飞机大战啊？

只要把画小球的代码改成画飞机就行啦。

图 3-27 单击一下按钮就启动一个线程执行画的动作

任务

练习以上代码后，实现单击一下鼠标就发射一颗子弹。

3.11 生产消费模型

在 3.10 节中，每画一个小球就要启动一个线程，这是十分浪费的。其实只需要两个线程：

第 1 个线程，不停地在界面上画小球。

第 2 个线程，不停地更改小球的坐标。

以上两个线程共享存放小球的队列，鼠标每单击一次，就向队列中存入一个小球。

这就是典型的生产消费模型，我们将编写 5 个类来实现：

1）子弹类，封装了自己的绘制、移动策略，将在用户松开鼠标按键时创建，并存入共享队列。

2）移动线程类，只负责每隔 20 毫秒（ms）将共享队列中的每颗子弹移动一次。

3）绘制队列，只负责每隔 20 毫秒清屏，再将共享队列中的每颗子弹画一次。

4）鼠标监听器类，响应鼠标按键被松开时触发事件创建子弹对象，并存入共享队列。

5）界面主控类，创建一个共享队列对象（java.util.ArrayList 类，可以理解为一个变长数组），传给鼠标监听器对象、移动线程对象、绘制线程对象，并启动这两个线程对象。

接下来，开始完成以上 5 个类。

1 编写一个子弹类。

```
//子弹类
public class Bullet {
    public int x,y;  //子弹的坐标
    public int r=30; //子弹的大小

    public Bullet(int x,int y){//创建子弹时初始化坐标
        this.x=x;
        this.y=y;
    }

    public void move() {//子弹自己的移动策略
        x+=2;
    }

    public void draw(Graphics g) {//将自己在界面上画出的策略
        g.setColor(Color.GREEN);//设置成自己的颜色
        g.fillOval(x, y, r, r);
    }
}
```

每颗子弹对象在屏幕上应该有何种飞行路径，应该画出什么图像，都封装在了Bullet类的内部。以后要修改时，只需修改 move 和 draw 方法内的代码即可，这就是代码封装的好处。

2 编写画子弹的线程，代表生产类。

```
//生产消费模型：每隔 10 毫秒清屏，把队列中的子弹画出来
public class ThreadDraw extends Thread {
    private ArrayList<Bullet>bs;//指向存放子弹的队列
    private Graphics g;//界面的画布

    public ThreadDraw(ArrayList<Bullet>bs, Graphics g) {
        this.bs = bs;//创建时传入共享队列和画布
        this.g = g;
    }

    public void run() {//线程从这里启动
        while (true) {
            for (int i = 0; i<bs.size(); i++) {
                Bullet b = bs.get(i);//把队列中的子弹画一遍
                b.draw(g);
            }
            try {Thread.sleep(10);} catch (Exception ef) {}
            g.setColor(Color.WHITE);//清屏
            g.fillRect(0, 0, 1200, 800);
        }
    }
}
```

3 编写移动子弹的线程，代表生产类。

```
//每隔 10 毫秒移动一次队列中每颗子弹的坐标
public class ThreadMove extends Thread {
    private ArrayList<Bullet>bs;//指向存放子弹的队列
    public ThreadMove(ArrayList<Bullet>bs){
        this.bs=bs;
    }

    public void run(){
        while(true){
            for(int i=0;i<bs.size();i++){//移动队列中的每颗子弹
                Bullet bullet=bs.get(i);
                bullet.move();//移动
            }
            try{Thread.sleep(10);}catch(Exception ef){}
        }
    }
}
```

4 编写鼠标监听器类，在界面上松开鼠标按键时创建一颗子弹对象放入队列。

```
//松开鼠标按键时，放入子弹
public class MouseList extends MouseAdapter {

    private  ArrayList<Bullet>bs;//存放子弹的队列，指向界面的共享队列

    public MouseList( ArrayList<Bullet>bs){
        this.bs=bs;
    }

    public void mouseReleased(MouseEvent e){
        Bullet bu=new Bullet(e.getX(),e.getY());
        this.bs.add(bu);  //生成一颗子弹，放进队列
    }
}
```

5 编写界面类，界面类像一个主板，用于组装以上所有对象。

```
//飞机大战界面，生产消费模型
public class FlyWar extends JFrame {
//全局存放子弹的队列将传入生产、消费线程对象中
    private ArrayList<Bullet>bs = new ArrayList();
    public void initUI() {
        this.setTitle("生产消费模型的飞机大战");
        this.setSize(1600, 400);
        this.setDefaultCloseOperation(3);
```

```
        this.setVisible(true);
        Graphics g = this.getGraphics();

        MouseList ms = new MouseList(bs);// 监听器对象：传入共享队列
        this.addMouseListener(ms);

        ThreadMove tMove = new ThreadMove(bs);// 传入共享队列
        tMove.start();// 移动的线程启动

        ThreadDraw tDraw = new ThreadDraw(bs, g);// 传入共享队列
        tDraw.start();// 画的线程启动
    }

    // 主函数
    public static void main(String[] args) {
        FlyWar db = new FlyWar();
        db.initUI();
    }
}
```

运行 FlyWar 类，是不是一个飞机大战的模型出现了，如图 3-28 所示。

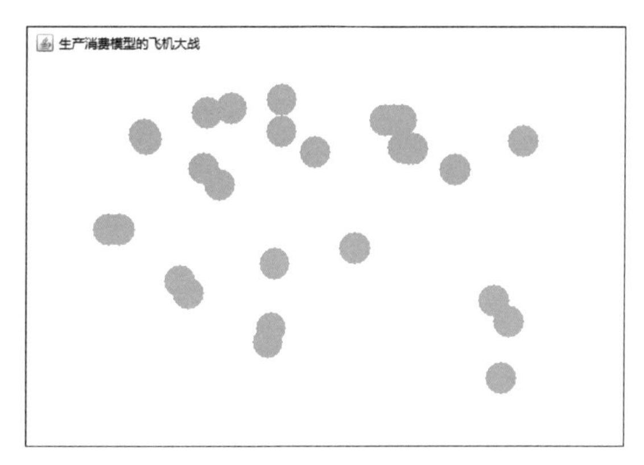

图 3-28 飞机大战模型

任务

1）单独编写上面的代码，熟练地创建线程（继承 Thread 类、重写 run 方法、在适当的地方调用 start() 启动线程），切记线程中最好要有 sleep。

2）改进为鼠标左键松开时发射子弹，右键松开时发射从右向左逃跑的敌机。

3）改进 Bullet 类的 move 和 draw 方法，绘制成对应的图片。

4）使用双缓冲图像进行改进，例如屏幕不闪烁。

5）实现子弹和敌机的碰撞检测，绘制爆炸效果。

总之，用代码创造你的作品、体现你的追求，在这件事上不需要交作业，也没有别人的要求。

图 3-29 是一位同学的作品，供读者参考。

图 3-29 参考作品

3.12 粒子运动系统

1. 直线匀速运动

在此之前，编写代码所实现的动画对象都是直线匀速运动（这显然不切实际）。

直线匀速运动是给 x 或 y 坐标添加整数值，如下代码所示：

```
int startX=100; // 起始坐标点
int startY=300;
int speed=10;
// 计算移动 200 步，这里用 i 作为速度
for(int i=0;i<50;i++){
startX+=speed; // 计算下一个位置
startY-=speed;
g.fillOval(startX, startY, 10, 10);
}
```

这只是第一步，先编写代码实现匀速运动，即单击按钮就有一个小球直线匀速前进，如图 3-30 所示。

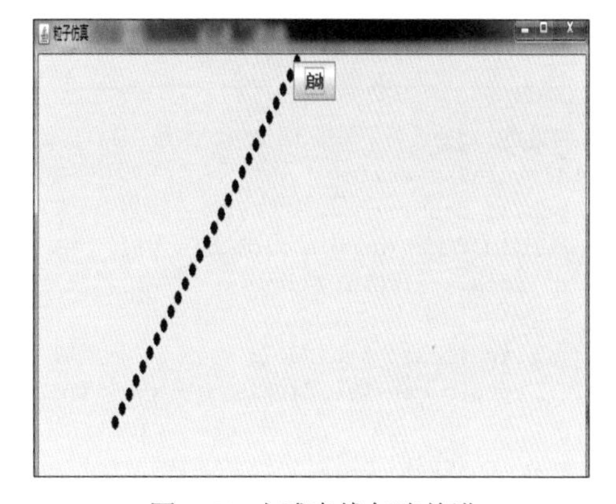

图 3-30 小球直线匀速前进

2. 速度和重力的实现

模拟现实中物体运动状态，每一时间点上物体的位置由运动所处的时间点、速度、重力加速度决定。这里我们采用的公式是欧拉方法（Euler method）。这个公式的运用就是实现一个粒子系统的关键所在。

欧拉方法是假设物体在任意时间 t 的状态：

$$\boldsymbol{v}(t+\Delta t)=\boldsymbol{v}(t)+\boldsymbol{a}(t)\Delta t$$

$$\boldsymbol{r}(t+\Delta t)=\boldsymbol{r}(t)+\boldsymbol{v}(t)\Delta t$$

位置矢量为 $\boldsymbol{r}(t)$、速度矢量为 $\boldsymbol{v}(t)$、加速度矢量为 $\boldsymbol{a}(t)$。

我们希望从时间 t 的状态计算下一个模拟时间 $t+\Delta t$ 的状态。

根据这个公式，我们开始编码。

如图 3-31 所示，从 A 点到 B 点经过 t 时间，就需要计算出 t 时间中每个点的位置，为了方便向量计算，首先定义 Vec2f 类。

一个 Vec2f 类的对象代表一个点，只要给定了起始点、速度、重力这三组值，再运用欧拉公式即可计算点的每一步的位置。

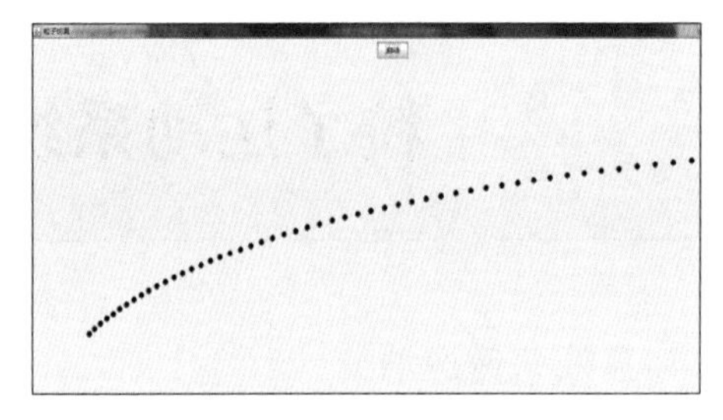

图 3-31 小球加速度前进

```
{
   Vec2f position = new Vec2f(100, 500);// 粒子的起始位置向量
   Vec2f velocity = new Vec2f(10, -80);// 粒子的速度向量
   Vec2f acceleration = new Vec2f(50,-10);// 粒子的重力向量

   double dt = 0.1d; // 时间间隔量
   for(int i=0;i<200;i++){// 计算移动 200 步
      position = position.add(velocity.multiply(dt));// 计算下一个位置（见公式）
      velocity = velocity.add(acceleration.multiply(dt));// 计算下一个速度（见公式）
      System.out.println(" 第 "+i+" 步时 x: "+position.x+" y:"+ position.y);
}
```

上面这段是运动算法的关键代码，其中 Vec2f 类的定义如下：

```
// 向量类，此处编写了加法（add）、乘法（multiply），其他的代码由读者来编写！
public class Vec2f {
   public double x,y;
   public Vec2f(double x,double y){
      this.x=x;this.y=y;
   }
   public Vec2f  add(Vec2f v) { // 向量加
      return new Vec2f(this.x + v.x, this.y + v.y);
   }
   public Vec2f  multiply(double f) {// 向量乘
      return new Vec2f(this.x * f, this.y * f);
   }
}
```

对象运动中的位置、速度、方向甚止阻力等都可以用 Vec2f 表示。

3. 绘制粒子的线程

我们将在界面上添加一个按钮，单击按钮后将启动 ParticleControl 线程，计算一个粒子对象运动 200 步之后的轨迹并画出来。具体代码如下：

```
public class ParticleControl extends Thread {
   private Graphics g;

   public ParticleControl(Graphics g) {
      this.g = g;
   }

// 创建一个粒子，计算移动 200 步（即 200 个坐标）并画出
   public void run() {
      Vec2f position = new Vec2f(100, 500); // 粒子的起始位置向量
      Vec2f velocity = new Vec2f(100, -200); // 粒子的速度向量
      Vec2f acceleration = new Vec2f(20, 80); // 粒子的重力向量
      double dt = 0.251d; // 时间间隔量
      for (int i = 0; i< 200; i++) {// 计算移动 200 步
         position = position.add(velocity.multiply(dt)); // 下一个位置
         velocity = velocity.add(acceleration.multiply(dt)); // 下一个速度
         g.fillOval((int) position.x, (int) position.y, 10, 10);
         g.drawString("第"+i+"步",(int) position.x, (int) position.y);
         try {
           Thread.sleep(10);
         } catch (Exception ef) {
         }
      }
   }
}
```

向量运动的特征是非线性，即每一步的速度、方向是上一步和以前运动的累积。所以即使非常小的时间间隔，也会很快累加到一个很大的速度值。

我们的学习速度也应追求加速度，这个才是学习的本质：越学越快，越学方向越明朗。能为学习带来加速度的是解决问题的方法、思考模式。这一点经验之谈供读者参考。

4. 粒子运动的基本界面

为了演示文件，我们为粒子系统加上界面，代码如下：

```
public class PartUI extends JFrame {
   public void initUI(){
      this.setTitle("粒子仿真");
      this.setSize(800, 500);
      this.setLayout(new FlowLayout());
      JButton buStart=new JButton("启动");
      this.add(buStart);
      this.setVisible(true);
      Graphics g=this.getGraphics();
      buStart.addActionListener(new ActionListener(){
```

```
            public void actionPerformed(ActionEvent e) {
                ParticleControl pc=new ParticleControl(g);
                pc.start();// 启动绘制运动粒子的线程
            }     });
    }

    public static void main(String[] args) {
        PartUI mi=new PartUI();
        mi.initUI();
    }
}
```

上面程序代码的运行结果如图 3-32 所示。为了测试文件，还画出了粒子的编号。

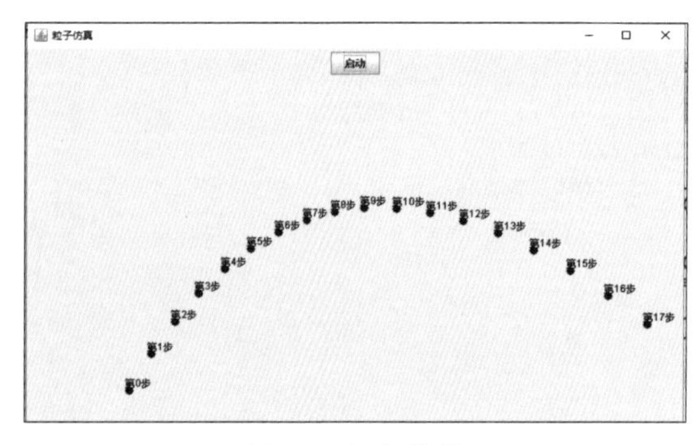

图 3-32 运行结果

任务

1）编写一个直线运动的小球，再编写一个以加速度运动的小球。

2）改变加速度、重力的值，观察运动规则。

3）实现单击一下鼠标就发射数百个不同方向运动的粒子。

5. 烟花效果与群体智能仿真

对于粒子的运动控制，通过控制其速度、重力和颜色变量即可实现各种效果。通过“双缓冲绘图”可以解决画面闪烁问题。

如图 3-33 所示为实现的烟花效果，并且在鼠标拖动时释放大量粒子。

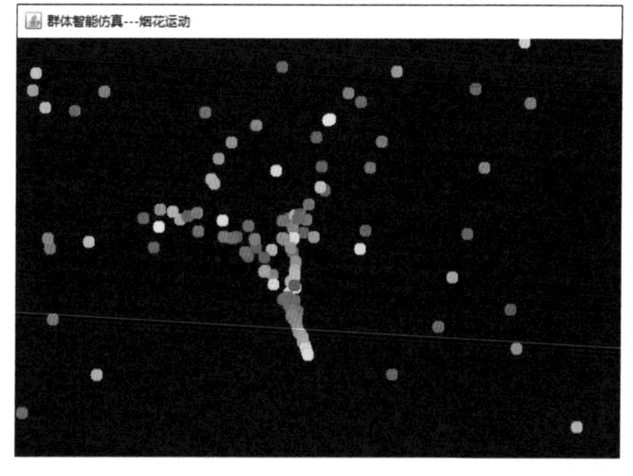

图 3-33 烟花效果

编写该程序代码的思路是：

1）当鼠标拖动时生成粒子对象并存入一个队列。粒子对象中封装了其初始位置、速度、加速度、颜色、生命值等参数，可用 ArrayList 对象来保存。

2）继承 Thread 类，编写线程，在其 run 方法中调用每个粒子的速度运算后画出粒子，并把超过生命周期的粒子从队列中移除。

3）界面显示后添加鼠标拖动监听器，启动绘制粒子的线程。

下面开始编写代码。

1 编写粒子类。

此处要用到向量 Vec2f 类：

```
//向量类，此处编写了加法（add）、乘法（multiply），其他的由读者来编写
public class Vec2f {
   public double x,y;
   public Vec2f(double x,double y){  this.x=x;this.y=y;  }
   public Vec2f  add(Vec2f v) { return new Vec2f(this.x + v.x, this.y + v.y); }
   public Vec2f  multiply(double f) { return new Vec2f(this.x * f, this.y * f);}
}
```

粒子类的代码如下：

```
//粒子类：封装了自己的起点、重力、加速度和其他参数
public class Particle {
   //粒子的起点、速度、重力
   public Vec2f position, velocity,acceleration;
   public Color color;          //颜色
   public double life;          //最大生存期
   public double age;           //当前生命值
   public int size;             //绘制时的大小

   public int x,y;              //在界面上绘制时的 X，Y 坐标

   public int getX(){  return (int)this.position.x; }
   public int getY(){  return (int)this.position.y;}
   public String toString(){
      return "X:"+position.x+" y: "+position.y;
   }
}
```

Particle 类更多地体现面向对象编程（OOP）的思路，将位置等封装在一起。现在再看以前编写的运动代码：

```
int startX=100;          //起始坐标点
int startY=300;
int speed=10;
//计算移动 200 步，这里用 i 作为 speed
for(int i=0;i<50;i++){
startX+=speed;           //计算下一个位置
startY-=speed;
```

```
g.fillOval(startX, startY, 10, 10);
}
```

Particle 类与之相比，是不是更能体现面向对象编程的风格呢？

2 编写执行粒子运动的线程类。

```
// 执行粒子运动的线程类
public class ParThread extends Thread {
   private Graphics g;
   private ArrayList<Particle>ps; // 指向界面的共享队列对象

   // 构造器传参
   public ParThread(Graphics g,ArrayList<Particle>ps) {
      this.g = g;
      this.ps=ps;
   }

// 线程执行的代码
   public void run() {
      double dt = 0.2d;// 时间增量
      while (true) {
         // 将队列中的粒子画到缓冲区，再画到界面上
         BufferedImage bu = new  BufferedImage(600,500, BufferedImage.TYPE_INT_RGB);
         Graphics bufferG = bu.getGraphics();
         for(int i = 0; i<ps.size(); i++) {
            Particle p = ps.get(i);
            //1. 判断粒子的生命是否到期，到期后将从队列中移出
            p.age += dt;
            if (p.age>= p.life) {
               ps.remove(i);
               System.out.println("****ps remove on****");
            }
            //2. 计算每个粒子的下一个位置
            p.position = p.position.add(p.velocity.multiply(dt));
            p.velocity = p.velocity.add(p.acceleration.multiply(dt));
            //3. 画到缓冲区
            bufferG.setColor(p.color);
            bufferG.fillOval(p.getX(), p.getY(), p.size, p.size);
         }
         g.drawImage(bu, 0, 0, null);
         try {
            Thread.sleep(10);
         } catch (Exception ef) {
         }
      }
   }
}
```

3 编写鼠标拖动监听器和界面类。

执行粒子运动的线程类使用界面传来的共享队列，队列中的粒子由鼠标监听器存入，代码如下：

```
//粒子系统：实现在鼠标移动处产生粒子仿真烟花
public class MainUI extends JFrame{
   private ArrayList<Particle>ps=new ArrayList();//保存粒子对象的共享队列

   public void initUI(){
      this.setTitle("群体智能仿真 - 烟花运动");
      this.setSize(800, 500);
      this.setDefaultCloseOperation(2);
      this.setVisible(true);
      this.setBackground(Color.BLACK);
      Graphics g=this.getGraphics();
      //启动粒子系统
      ParThread td=new ParThread(g,ps);
      td.start();
      //加上鼠标拖动监听器，当鼠标拖动时，生成粒子，存入队列
      this.addMouseMotionListener(new MouseAdapter(){
         public void mouseDragged(MouseEvent e) {
            int x=e.getX();
            int y=e.getY();
            Particle tp = new Particle();
            tp.position = new Vec2f(x,y);//初始位置
            tp.velocity = new Vec2f(-5,-15);//速度
            //生成一个随机方向对象
            double theta = Math.random() * 2 * Math.PI;
            Vec2f direc=new Vec2f((Math.cos(theta)), (Math.sin(theta)));
            tp.acceleration = direc;
            tp.life = 50;
            tp.age = 0.1;
            tp.color = new Color(255, 0,0);
            tp.size = 12;
            ps.add(tp);//将粒子对象存入队列，让线程去画
         }
      });
   }

   public static void main(String[] args) {
      MainUI mi=new MainUI();
      mi.initUI();
   }
}
```

现在，你是否看到了满屏的烟花、星星？

4 拓展思考。

粒子系统不仅能很好地帮助我们进行线程队列编程，更能启发我们深入地思考。

比如鱼群运动（见图 3-34）、鸟群运动（见图 3-35），整体看是有一定规律的，那么如何用粒子群来模拟呢？

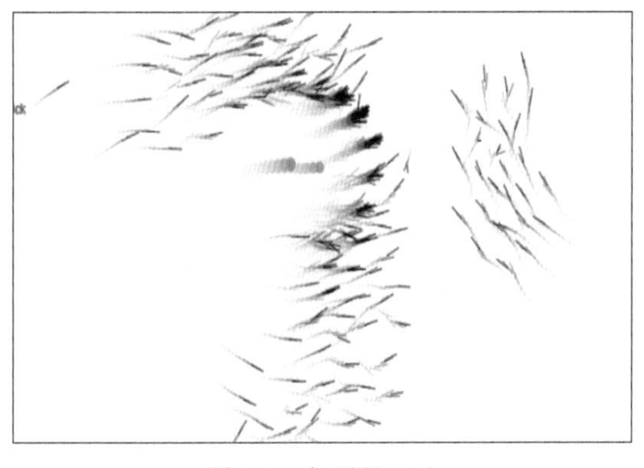

图 3-34 鱼群的运动

图 3-35 鸟群的飞行

如果读者感兴趣，请搜索“群体智能”相关资料进行学习（蚁群、蜂群、人群等），使用代码去“创造”世界，因为这些群体在一定程度上都有粒子群所能模拟的一致行为。

任务

1）实现鼠标单击时发射粒子。

2）实现作品：爆炸效果、烟花、墨水染、鸟群。

3）整合作品：飞机大战、避障游戏、愤怒的小鸟等。

4）进行“群体智能”仿真，请搜索“群体智能”，编写鱼群、蚁群、鸟群的粒子系统。

5）编写手机上的代码，获取手机传感器数据后发送给计算机，用来控制粒子群烟花的运动方向和速度。

第4章 初探数据结构

形式系统早晚都会产生有意义的语句，其真实性只能在系统本身之外得到证明。

——《图灵的大教堂》

本章将讲解数组、常用排序算法、队列原理、集合框架、二叉树结构，从零编写队列、哈希表，带领读者实现“哈夫曼压缩”项目。

4.1 数组的基本用法

程序在运行时数据都存储在内存中，数据结构存储在内存中的示意图如图 4-1 所示。

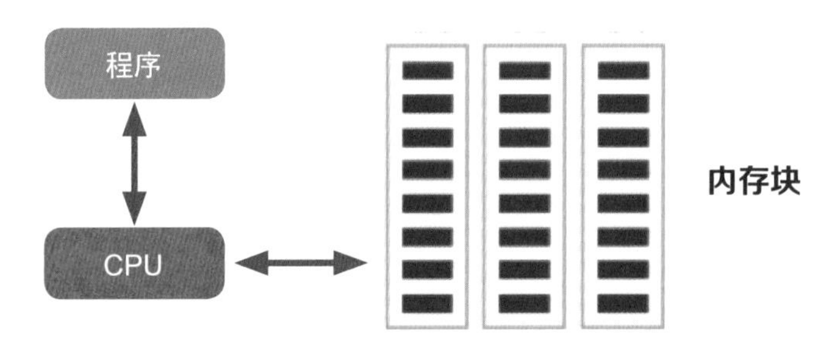

图 4-1 数据结构存储在内存中的示意图

内存的本质结构是数组，将 1、2、3、4、5、6、7、8 每个数字用 8 个 0 或 1 表示，即 bit[8][8] 数组等价于一维数组 byte[8]、二维数组 byte[2][4] 或 int[2]，如图 4-2 所示。所以，一切数据在内存中都是以数组形式存在的。

0	0	0	0	0	0	0	1
0	0	0	0	0	0	1	0
0	0	0	0	0	0	1	1
0	0	0	0	0	1	0	0
0	0	0	0	0	1	0	1
0	0	0	0	0	1	1	0
0	0	0	0	0	1	1	1
0	0	0	0	1	0	0	0

byte 1	byte 2
byte 3	byte 4
byte 5	byte 6
byte 7	byte 8

int 16909060	int 84281096

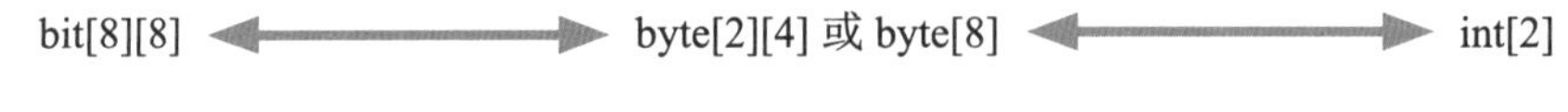

图 4-2 数据形式

定义一个数组，比如 int[] ia=new int[10]，也就是锁定了内存中的 10 个格子。每个格子内又是 32 个保存 0 或 1 的小格子。所以要向数组中插入一个元素或从数组中删除一个元素，就必须新建一个数组，代码如下：

```
public static void main(String[] args) {
    //数组定义格式为：类型 [] 数组变量名 =new 类型 [ 长度 ];
    int[] ia=new int[10];
```

```
    for(int i=0;i<ia.length;i++)//给数组中每个元素赋值
        ia[i]=i*100;
        int[] tem=new int[11];
        for(int i=0;i<ia.length;i++)
            tem[i]=ia[i];
            tem[ia.length]=12;//插入数组末尾的值

        ia=tem;//让原数组指向新的数组
        int len=ia.length;
        System.out.println("ia 的数组已变化，最后的元素是 "+ia[ia.length-1]);
}
```

练习：向数组中插入一个元素、从数组中删除一个元素。

可以得出：数据的插入、删除的时间和空间复杂度都是 n。

在实际使用时，数组可以分为两种类型：

- 原始类型数组：保存 byte、int 等基本数据类型，创建后默认值是 0。
- 对象类型数组：以类 [] 数组名 =new 类 [] 形式定义，默认值是 null。

代码如下：

```
public static void main(String[] args) {

    int[] ia=new int[3];                    //原始类型数组
    for(int i=0;i<ia.length;i++)
        System.out.println("ia["+i+"] 默认值是 "+ia[i]);

    JButton[] bus=new JButton[10];          //对象类型数组
    for(int i=0;i<bus.length;i++)
        System.out.println("bus["+i+"] 默认值是 "+bus[i]);
        bus[3].setText(" 空对象设置 ");      //抛出空指针异常情况
}
```

注意

如果对象类型数组未赋值，则其中保存的是 null 值，这样在调用某个元素对象的方法时会抛出空指针异常。所以对象类型数组在使用前要存入创建的对象中，或在使用元素时进行非空判断。

代码如下：

```
public static void main(String[] args) {
    JButton[] bus=new JButton[10];          //对象类型数组
    for(int i=0;i<bus.length;i++) {         //向数组中存入元素
```

```
        JButton bu=new JButton("按钮"+i);
        bus[i]=bu;
    }
    for(int i=0;i<bus.length;i++)
        System.out.println("bus["+i+"] 默认值是 "+bus[i]);
    bus[3].setText("空对象设置"); //现在不会有空指针了
}
```

调用 out.pringln 输出对象时，默认是调用了对象的 toString 方法。对于自定义类的对象，最好重写其 toString 方法以输入有意义的内容。

任务

1）定义原始类型数组和对象类型数组，存入数据并提取输出。

2）在自己的计算机中进行测试，看看最长可以定义多长的数组，再想想为什么。

4.2 数组排序与时间复杂度

排序不仅是程序中常用的算法，在现实世界中或生活中也无处不在，如高考时按分数排序、工作后按待遇排序、管理时按级别排序等，夸张一点说，人生的过程就是一个不断排序的过程。和生活中不同的排序策略一样，程序代码中也有多种排序方法，常见的、容易编写的莫过于冒泡排序，代码如下：

```
//数组排序测试
    public static int[] create(int len) {                    //生成一个数组
        int[] base = new int[len];
        for (int i = 0; i < base.length; i++) {
            Random ran = new Random();                        //创建一个随机对象
            int value = ran.nextInt(100);
            base[i] = value;                                  //给数组中指定位置赋予随机值
        }
        return base;
    }
    public static void print(int[] ia) {                     //打印出数组中的值
        for (int i = 0; i < ia.length; i++) {
             out.print("    " + ia[i]);
            }
            out.println("");
```

```
    }
    public static int[] maoPao(int[] x) {                    //冒泡排序
        for (int i = 0; i < x.length; i++) {
            for (int j = i + 1; j < x.length; j++) {
                if (x[i] > x[j]) {
                    int temp = x[i];
                    x[i] = x[j];
                    x[j] = temp;
                }
            }
        }
        return x;
    }

    public static void main(String[] args) {                 //测试
        // 取得要排序的原数组
        int[] srcA = create(10);
        out.println("1.冒泡排序前的顺序值：");print(srcA);
        int[] sortA = maoPao(srcA);
        out.println("冒泡排序的结果：");print(sortA);
}
```

无论是抖音数亿用户的播放量还是阿里商户的销量，所有互联网平台的核心功能之一就是排序，所以关于排序还是要继续深究一下。

在上述代码中，冒泡排序需要一个双重 for 循环，有 n 个数据，就要循环 n^2 次。请读者测试一下：生成 999999 个随机数，完成冒泡排序需要多长时间？

首先测试冒泡排序 999、9999、99999 条数据分别所用的时间。

999 条数据排序：
999 长度待排序数组已生成 ...
冒泡排序 999 条数据用时 times 7

9999 条数据排序：
9999 长度待排序数组已生成 ...
冒泡排序 9999 条数据用时 times 249

99999 条数据排序：
99999 长度待排序数组已生成 ...
冒泡排序 99999 条数据用时 times 18188

在笔者的笔记本电脑上，分别对 999、9999、99999 条数据进行冒泡排序，所耗费的时间如下：

冒泡排序数据个数	999	9999	99999
耗时（ms）	7	249	18188

通过这个测试，需要对时间复杂度、非线性两个概念有深刻的理解。

时间复杂度：是描述一个计算过程耗费时间的表达式，一般用 $O()$ 表示。$O(n)$ 表示线性时间复杂度，100 个数据则需要 100 次运算或操作才能完成。显然，冒泡排序的时间复杂度是 $O(n^2)$，这是非线性时间复杂度，例如数据量为 10 个时需要 100 次运算或操作方能完成，如果数据量为 100 个，则用时不是数据量为 10 个时的 10 倍，而是 100 倍。

如果在大量数据的处理过程中出现了 $O(n^2)$ 的时间复杂度，那么这个系统必然会随着数据量的增长而被压垮。和时间复杂度同样重要的是空间复杂度，表示为 $S()$。比如，我们合并如下两个数组：

```
public static void addArray() {
   int[] a1=new int[] {1,2,3,4};
   int[] a2=new int[] {4,5,6,7,8};
   int[] ab=new int[a1.length+a2.length];// 要合并到的数组
   for(int i=0;i<ab.length;i++) {
      if(i<a1.length) {
         ab[i]=a1[i];
      }else {
         ab[i]=a2[ab.length-1-i];
      }
   }
   for(int t=0;t<ab.length;t++) {// 合并结果
      out.print(" "+ab[t]);
   }
}
```

由于数组长度固定，因此以上代码的空间复杂度是 $S(2n)$。

有没有时间复杂度更低的排序算法？请看快速排序。

快速排序

回想一下军训整队时的场景，要按身高整队：

1）教官随意叫一位同学 A 出列。

2）比 A 同学高的站右边，比 A 同学矮的站左边。

3）对左、右两边的同学，重复第 1 步。

下面开始编写快速排序的程序代码：

```
// 快排：left 为起点 0，right 为最后位置
public static void quickSort(int[] arr, int left, int right) {
   if(left > right) {
      return;
   }
   int base = arr[left];// 取第一个数作为基准数，即 base
   int i = left, j = right;
   while(i != j) {
      // 从右开始往左找，直到找到比 base 值小的数
      while(arr[j] >= base && i < j) {
```

```
                j--;
            }
            // 再从左往右找，直到找到比 base 值大的数
            while(arr[i] <= base && i < j) {
                i++;
            }
            // 上面的循环结束表示找到了，即 i>=j 了，交换两个数在数组中的位置
            if(i < j) {
                int tmp = arr[i];
                arr[i] = arr[j];
                arr[j] = tmp;
            }
        }
        // 将基准数放到中间的位置（基准数归位）
        arr[left] = arr[i];
        arr[i] = base;
        // 递归，继续在基准的左、右两边执行和上面同样的操作
        quickSort(arr, left, i - 1);
        quickSort(arr, i + 1, right);
}

public static void main(String[] args) {
    int[] ia=new int[]{7,1,5,4,2,3,6,9,8};
    quickSort(ia,0,ia.length-1); // 快速排序
    for(int i=0;i<ia.length;i++) {
        out.print(" "+ia[i]);
    }
}
```

理解排序过程的最好办法是用笔在纸上画图。

然后，测试快速排序算法的耗时量：

```
public static void main(String[] args) {
    int count=999999;
    int [] ia=new int[count];
    Random ran=new Random();
    for(int i=0;i<count;i++) {// 生成随机数用于后面的排序
        ia[i]=ran.nextInt(Integer.MAX_VALUE);
    }
    System.out.println(count+" 长度待排序的数组已生成…");
    long start=System.currentTimeMillis();
    quickSort(ia,0,ia.length-1); // 快速排序
    long end=System.currentTimeMillis();
    System.out.println(" 快排排序 "+count+" 条数据用时 times "+(end-start)
                    +"\r\n--"+ia[0]+" "+ia[ia.length-2]+" "+ia[ia.length-1]);
}
```

这是在笔者笔记本电脑上的表现：

```
999999 长度待排序数组已生成…
快排排序 999999 条数据用时 times 246
```

采用冒泡排序，则结果：

```
999999 长度待排序数组已生成…
冒泡排序 999999 条数据用时 times 1273854
```

你会发现：这是火箭和拖拉机速度的差距！

发现差距就是进一步研究的机会点，如果读者再测试插入排序、希尔排序、归并排序，相信会有更多新的发现。其实每种排序方法都能在现实生活中找到对应的例子，比如学院要排序出前 30% 的同学以保研，一种方法是分成 10 个班，在大四时从每班 30 名同学中取前 10 名，另一种方法是从大二就开始把每班的前 10 名放到一个班。这分别是什么排序算法？

进一步想想，人生无处不面临着排序，不同场景时，你应选择哪种算法？

任务

1）在一张白纸上，写出冒泡、快速排序的代码或伪代码。

2）查阅资料，确认快速排序的时间复杂度如何表示。

3）比较插入、归并排序 999999 个数据的耗时。

4）相对归并、快排、希尔、插入等算法，冒泡排序是速度最慢的，那么冒泡算法还有使用的必要吗？

4.3 多维数组

形象地看，将一根绳子折起来就是多维数组，而将一个多维数组拉长就变成了一维数组。本质上，多维数组和一维数组是没有区别的。多维数组其实就是数组的数组，即数组的元素是一个数组，例如：

```
int twoDim [][] = new int [5][8];
```

就是创建一个 5 行 8 列的数组，示例代码如下：

```
public static void main(String[] args) {
   int ia[][] =new int[5][8]; // 定义一个 int 类型的二维数组
```

```
        for(int i=0;i<ia.length;i++){// 给数组中每个元素赋值
            // 数组中的每个元素其实是一维数组
            for(int t=0;t<ia[i].length;t++){
                java.util.Random ran=new java.util.Random();
                int value=ran.nextInt(300)+200;// 生成一个 300~500 间的随机数
                ia[i][t]=value;// 赋给数组中元素的值
            }
        }
        print2DimArray(ia); // 调用打印方法打印数据
    }
    // 遍历数组中每个位置的值
    public static void print2DimArray(int[][] ia){
        for(int i=0;i<ia.length;i++){
            out.println("第 "+i+" 维的数据：");
            for(int t=0;t<ia[i].length;t++){
                int value=ia[i][t];
                out.print(i+""+t+": "+value+"");
            }
            out.println();
        }
    }
}
```

二维数组常用在对应表格的数据结构中，例如格子类游戏（见图 4-3、图 4-4），这类应用都可用二维数组来实现。

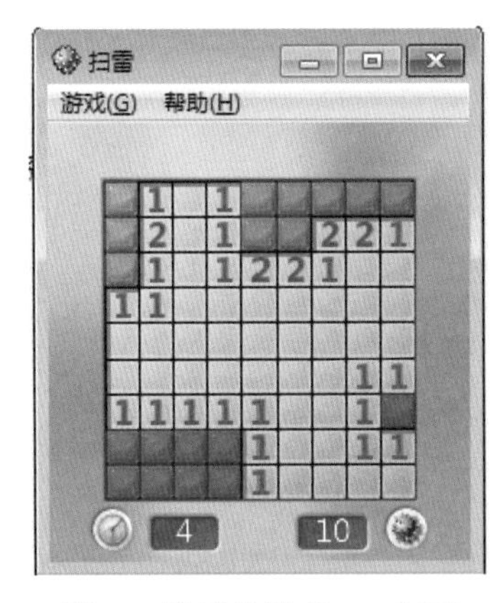

图 4-3 格子类游戏——扫雷

图 4-4 格子类游戏——连连看

数组队列的实现

队列其实可以看作数组的“包装”或“封装”，至于教科书中定义的变长、先进后出等，都只是“封装”代码的不同实现。如下代码是用数组实现一个队列：

```
// 定义队列类
public class MQueue {
// 队列内部使用数组来保存数据
    private Student[] ms=new Student[0];
    // 向队列中加入一个数据对象
    public void add(Student m){
        //1. 先创建一个新数组，是原数组的长度 +1;
        Student[] nms=new Student[ms.
length+1];
        //2. 把原数组中的数据复制到新数组中
        for(int i=0;i<ms.length;i++){
            nms[i]=ms[i];
        }
        //3. 将数据 m 放到新数组的最后一个格子
        nms[ms.length]=m;
        //4. 让原数组变量指向新数组
        ms=nms;
    }

    // 取出队列中 index 位置处的对象
    public Student get(int index){
        Student m=ms[index];
        return m;
    }
    // 得到队列中元素的个数
    public int size(){
        return ms.length;
    }
}
```

```
// 使用队列类
 Public static void main(string args[])
    // 创建一个队列对象
    MQueue queue=new MQueue();
    Student  m=new Student();
    m.age=20;
    m.name=" 千山雪 ";
    queue.add(m); // 加一个
    Student  m2=new Student();
    m2.age=200;
    m2.name=" 万里云 ";
    queue.add(m2); // 再加一个
    // 队列中有几个
    int count=queue.size();
    // 把队列中每个数据都取出来
    for(int i=0;i<count;i++){
       Student stu=queue.get(i);
    out.println(" 名 "+stu.name);
    }
}
```

数组队列很好地体现了“朝三暮四”和“朝四暮三”的意思：内部就是用两个数组来倒换；至于存、取的规则，由编写访问数组的方法而定。

任务

1）给上述队列增加插入、删除方法，再增加随机访问、随机删除方法。

2）给上述队列增加泛型功能、增加预设数组长度并进行每次扩大增量的优化。

3）比较自己的队列和 JDK 中的 ArrayList 插入、删除 100 万条数据的耗时。

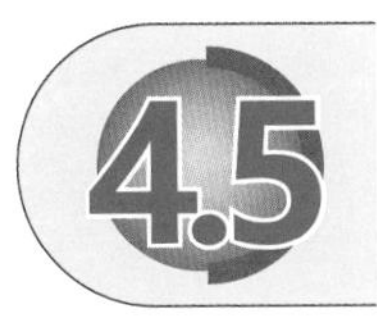

4.5 链表队列

1. 数据存储形式

数据存储有两种基本形式：

1）连续存储，如图 4-5 所示。

0	1	2	3	4	5	6

图 4-5 数据连续存储

2）离散存储，如图 4-6 所示。

图 4-6 数据离散存储

离散存储又称为链表，链表相对数组更为常用。比如，文件目录、一个人和他所认识人的关系网、旅途中的一个个落脚点都是离散的。我们把这些离散的存储方式转换成代码（见图 4-6），每个“圆圈”是一个节点（Node 对象）。

首先定义节点类，示例代码如下：

```
//链表节点类
public class MyLinkNode {
   //指向节点内的数据
   public Object data;
   //到下一个节点的指向
   public MyLinkNode next;
}
```

```
//使用节点，模拟数据创建一个链表
   public MyLinkNode creaeLink(){
      String s1="数据 1";
      MyLinkNode r1=new MyLinkNode();
      r1.data=s1;
      String s2="数据 2";
      MyLinkNode r2=new MyLinkNode();
      r2.data=s2;
      //让节点 1 的下一节点指向节点 2
```

```
        r1.next=r2;

        String s3="数据 3";
        MyLinkNode r3=new MyLinkNode();
        r3.data=s3;
        r3.next=r2;
        return r1;// 返回链表头节点
    }
```

任务

1）用循环和递归两种方式编写打印一个链表的代码。

2）以上示例是单向链表，请编写一个采用双向链表的程序代码。

2. 链表和数组的比较

链表相比数组的优点在于：删除或插入一个节点时不用复制，只修改指向。如图 4-7 所示，删除节点 2 时只需将节点 1 的子节点指向节点 3 即可。

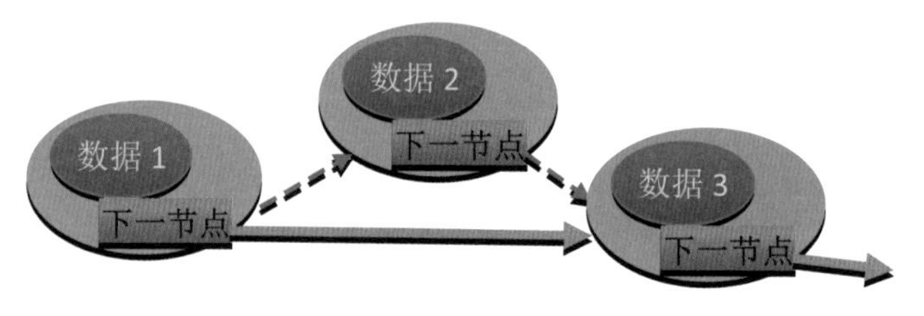

图 4-7 链表修改节点时只修改指向

数组删除时，如果原来是

```
int ia=new int[6];
```

要删除其中一个元素，则是

```
int ia=new int[5];
```

即必须把原数组全部复制一次，如图 4-8 所示。

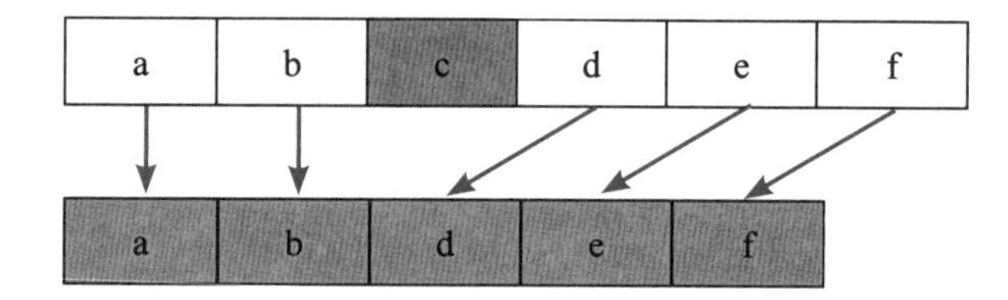

图 4-8 数组中删除数据

链表插入或删除时，时间、空间复杂度分别为 $O(1)$ 和 $S(1)$。

数组插入或删除时，时间、空间复杂度分别为 $O(n)$ 和 $S(n)$，因为要复制数组。

还记得我们用数组实现的队列吗？和数组队列类似，链表队列内部用链表保存数据，然后封装各种访问方法。现在我们用链表实现一个队列，示例代码如下：

```
//用链表实现一个队列
public class LinkQueue {

    private MyLinkNode root;            //队列内部链表的根节点
    private MyLinkNode last;            //标记最后一个节点
    private int count;                  //计数器，累加节点数据的个数

    //向队列中加入一个元素
    public void add(Object o){
        if(root==null){//第一次
            root=new MyLinkNode();
            root.data=o;
            last=root;
        }else{
            MyLinkNode next=new MyLinkNode();
            next.data=o;
            last.next=next;
            last=next;
        }
    }
    //取得队列中指定位置的数据
    public Object get(int index){
        int count=0;
        MyLinkNode tempNode=new MyLinkNode();
        tempNode=root;
        while(count!=index){
            tempNode=tempNode.next;
            count++;
        }
        return tempNode;
    }
    //队列中元素的个数
    public int size(){
        return this.count;
    }
}
```

其实本来无所谓队列、栈，这些都只是数组或链表的代码封装。想定义哪些方法、实现哪些功能、运用什么算法，全都由读者自己来编写具体的代码。

任务

1）测试自己的链表队列，与 JDK 中 LinkedList 的性能进行比较。

2）测试链表队列与数组队列插入或删除 100 万条数据的耗时。

3. 链表队列和数组队列的比较

对于“用 X 好还是用 Y 好”这种形式化的问题，绝对正确的回答就是：

该用（X）时就用（X）好；
该用（Y）时就用（Y）好。

很显然，如果查找频繁，就使用数组实现的队列；如果增删频繁，就使用链表实现的队列。如果两者都要兼顾呢？

---------------------------- 我是华丽的分割线 ----------------------------

技术运用中的时，胜过单纯的术。单纯的一项技术没有优劣之分。抽象的概念、定理只有在具体的场景中运用时才有生命，才会被我们感知是“好的技术或不好的技术”。所谓“死读书”“呆板”，皆属知术不应时而已。借用古人的说法与君共勉：

“望时而待之，孰与应时而使之！”

《荀子 · 天论》

一个问题，你认为是记住答案重要还是设想前提重要？
一种能力，你认为是回答问题强还是提出问题强？
一个答案，你认为是记在头脑中重要还是演绎过程重要？

4.6 哈希表实现

无论是数组队列还是链表队列，都未解决查找慢的问题！如果队列中有上万甚至上千万个数据，查找时需要一个一个地进行比对，或者说时间复杂度为 $O(n)$，如图 4-9 所示。完美的解决方案就是哈希表。

图 4-9 从众多数据中查找

请看题：

腾讯共有 4 亿用户，但经常上线的只有 1000 万 ~1 亿用户，请给出一种较为经济的存储在线用户的模式（注：用户上线指在内存上要保存、查询用户数据或用户下线时删除用户数据，要考虑提高查找的效率）。

A 同学：用数组，把 4 亿用户的数据一起放到内存中，数组形式查找快。

反对方：内存占用太大，且删除或插入时要重新复制数组，效率低。

B 同学：用链表，登录一个就存入一个，下线一个就删除一个。

反对方：用链表只是插入和删除快，要查找一个用户，就必须一个节点一个节点地遍历，如果恰好要查找的是已登录的最后一个用户，就要遍历整个链表，效率太低！

完美方案：使用哈希表，即数组中保存链表，链表上保存数据，如图 4-10 所示。

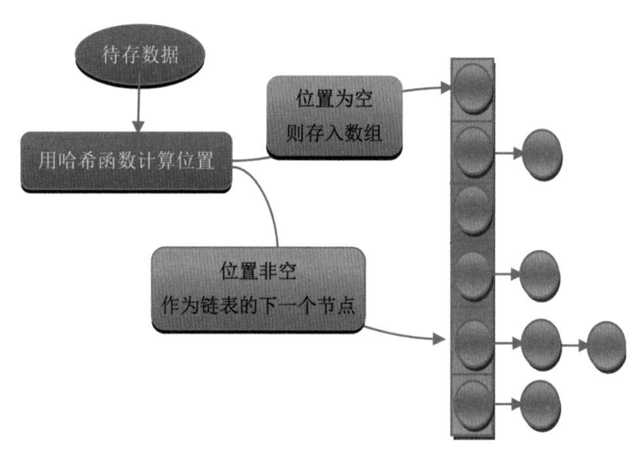

图 4-10 哈希表

示例： 用数组＋链表实现一个哈希表（Hash 表）。

自定义哈希表的代码如下：

```java
//哈希表用的链表节点
class HNode{
   public HNode(Item data){
      this.data=data;
   }
   Item data;
   HNode next;
   HNode parent;
}

//存入的一个 k-v 对，组成一个 item
//每个 item 存入一个链表节点再放入数组
class Item{
   public Item(int key,String value){
      this.key=key;
      this.value=value;
   }
   int key;
   String value;
}
//测试简易 Hash 表的存取
public static void main(String[] a ) {
   MyHash hb=new MyHash();
   int k1=7773;String v1="少年";
   int k2=234;String v2="听雨";
   int k3=1221;String v3="歌楼";
   int k4=343;String v4="上";
   hb.put(k1, v1);
   hb.put(k2, v2);
   hb.put(k3, v3);
   hb.put(k4, v4);

   int count=hb.size();
   out.println("数量:  "+count);
   String tv=hb.get(k2);
   out.println(k2+" get  "+tv);
   tv=hb.get(k4);
   out.println(k4+" get  "+tv);
}
```

```java
//精简哈希表实现
public class MyHash {
   //存放数据的数组
   private HNode[] memo=new HNode[32];
   private int count=0;//存入计数器
   //存入调用
   //1.把 k-v 对创建成一个 item 对象
   //2.item 生成链表节点
   //3.计算 key 的哈希值在数组中的位置
   //4.挂链到数组中
   public void put(int key,String value){
      Item it=new Item(key,value);
      HNode node=new HNode(it);
      int index=hashIndex(key);
         if(memo[index]!=null){
            memo[index].parent=node;
            memo[index]=node;
      }else{memo[index]=node; }
      //5.如果存入过多，扩容，待实现
      count++;
      int t=count/memo.length;
      if(t>3){
         //reHash ();
      }
   }
   //根据 key 取得存入的 value 值
   public String get(int key){
      int index=hashIndex(key);
      Item item=memo[index].data;
      return item.value;
   }

   public int size(){
      return count;
   }
   //取余法的哈希函数，得到 key 存入位置
   private int hashIndex(int key){
      return key%memo.length;
   }
}
```

任务

1）完善上述自定义的哈希表，比如增加 reHash 功能。

2）与统一的 HashMap 测试比较百万级 CRUD（Create、Retrieve、Update、Delete，即增加、查询、更新、删除）的性能差别。

4.7 哈希表的 4 个关键问题

1. 哈希函数的作用

根据数据特征、使用场景等因素确定数据在数组中的位置。例如，如果是整数，则以数据和数组的长度取模，或以百、千、万位分组；如果是学生信息，则可以用学生姓名的首字母序号或年龄对应数组的索引位置；如果是邮箱地址，可以用字母序号对应数组的索引位置；如果是 11 位手机号码，可按 3+4+4 位分组计算等。

2. 继续哈希计算一定发生冲突吗

这是必然的，多个数据经过哈希函数计算指向了同一个数组索引位置就会引发冲突。上述示例中采用“挂链式”来解决冲突，即数组保存链表。读者可以从网上再搜索其他方式，如“开放地址式”。

3. reHash 什么时候发生

在极端情况下，哈希表会出现完全冲突或完全散列（哈希表也称为散列表）。

- 完全冲突：成为一个链表（所有数据经哈希函数计算过后都指向同一个数组位置）。
- 完全散列：成为一个数组（经过哈希函数计算后分别存入数组的不同位置）。

排除极端情况，如果数组中（链表上）保存的数据过多，即冲突严重，就需要扩展数组，重新分布数据，这被称为 reHash，即再哈希。

哈希表为了确定在什么时候再哈希，就需要设定一个指标值，以衡量哈希表内部的冲突程度，这个指标值被称为“冲突阈值”。

4. 冲突阈值如何计算

用户根据具体情况来设置冲突阈值，它表示存入数据个数 N 和数组长度 M（或链表长度）比例。比如数组长度为 50，却已存入 100 个数据，是否冲突严重？当冲突阈值较大时，就需要重新创建数组、重新计算已存数据的哈希值，以便在新建的更长的数组中再哈希计算原来的数据。

这种分析既枯燥又乏味，关键是看不懂！为何不思而行之？有了想法就去编写代码验证。如果技术能看懂，还有必要做练习吗？

任务

编写一份教程，向不懂哈希表的读者讲清楚哈希表的原理。

4.8 集合框架

前面几节一直在“造轮子”，其目的是更好地使用轮子，代码熟练是第一步。

在 JDK 的 java.util 包下提供了队列、Map（映射）、栈等常用数据结构，相当于 C++ 中 STL 库的数据结构。java.util.concurrent 包下定义了支持并发操作的集合，如 ConcurrentHashMap、ArrayBlockingQueue 等，这些统称为集合框架，其用法无非增加、删除、查找、修改。

这些集合类结构分别实现了 Collection 接口、concurrent 包和 Map 接口（见图 4-11）。

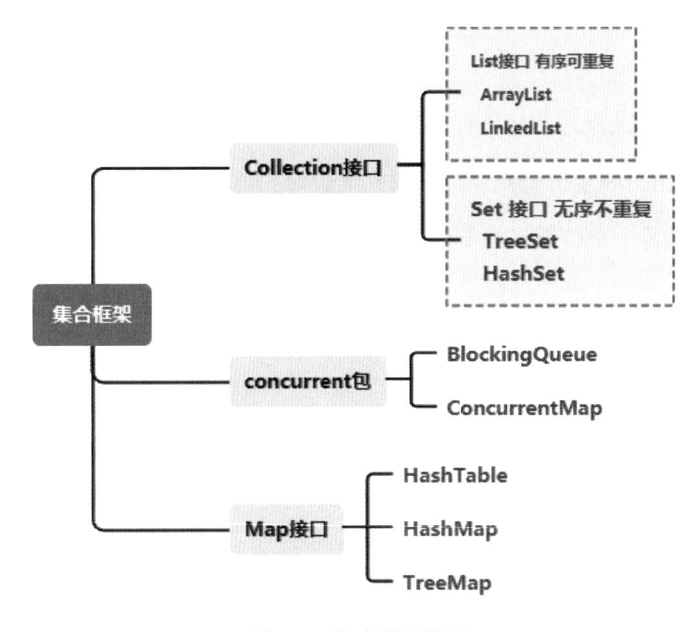

图 4-11 集合类结构图

其中：

java.util.Set 接口及其子类，Set 接口是对无序集合结构的操作。

java.util.List 接口及其子类，List 接口是对有序集合结构的操作。

java.util.Queue 接口及其子类，定义了队列类操作。

java.util.Map 接口及其子类，Map 提供了一个映射（键值对）关系的集合接口。

java.util.concurrent 包中提供并发功能的集合类。

注意

无论是何种结构，内部不外乎用数组或链表保存数据。

掌握这些集合类的最好办法是先自己编写代码去实现，再分析其代码。

任务

1）比较 HashTable 和 HashMap 源码，看其实现策略有何区别。

2）比较 ArrayList 和 LinkedList 在性能上的区别。

4.9 二叉树结构

已经有了队列和哈希表，还有什么不满足的呢？

请设想：

抖音上的视频根据点赞量排序的同时还要快速找到以便推荐；淘宝上的商品不仅要根据销量排序，还要根据用户查找习惯推荐……希望读者能列举出更多需要兼顾排序和查找性能的应用实例。

这时，二叉树开始上场了。先编写代码建一个树形结构：

```
public class TreeTest{
   public TNode  create(){
      TNode root=new TNode("root");
      //左 1 和右 1 两个
      TNode l1=new TNode("左 1");
      TNode r1=new TNode("右 1");
      //左边的两个子节点
      TNode ll1=new TNode("左 1 的左叶 1");
      TNode lr1=new TNode("左 1 的右叶 1");
      //右边的两个子节点
      TNode rl1=new TNode("右 1 的左叶 1");
      TNode rr1=new TNode("右 1 的右叶 1");
```

```
//定义树上的节点
class TNode {
   public TNode(String data){
      this.data=data;
   }
   TNode left; //左子节点
   TNode right; //右子节点
   TNode parent; //父节点
   String data;//节点数据
}
```

```
        l1.left=ll1; l1.right=lr1; ll1.parent=l1;lr1.parent=l1;
        r1.left=rl1;r1.right=rr1;rl1.parent=r1;rr1.parent=r1;
        l1.parent=root; r1.parent=root;
        root.left=l1;root.right=r1;
        // 可继承再加，此例要 8 个节点
        return root;
    }

    Public void printTree(TNode root){// 从根节点输出树上每个节点
        if(null!=root){
            String s=root.data;
            out.println("先序输出节点值：  "+s);
            TNode left=root.left;  printTree(left);
            //out.println("中序输出节点值 :"+s);
            TNode right=root.left; printTree(right);
            //out.println("后序输出节点值："+s);
        }
    }

    public static void main(String[] args) {
        TreeCreater tc=new TreeCreater();
        TNode root=tc.create();
        tc.printTree(root);
    }
}
```

```
此树输出如下：
先序输出节点值：  root
先序输出节点值：  左 1
先序输出节点值：  左 1 的左叶 1
先序输出节点值：  左 1 的左叶 1
先序输出节点值：  左 1
先序输出节点值：  左 1 的左叶 1
先序输出节点值：  左 1 的左叶 1
```

马上动手

1）编写如上代码，创建一个具有 3 层的二叉树。

2）测试用循环、递归两种方式遍历二叉树。

3）观察先序、中序、后序遍历的输出结果。

读者应该能够看出，二叉树只是链表的一种变形：一个链表节点内保存有多个链表，就是一个多叉树。数据结构的较好学习方式就是熟练这些转换，自己去发现万变不离其宗的本质在哪里，而不是死记理论。参见如下代码：

```
// 定义树上的节点
class TNode {
    public TNode(String data){
        this.data=data;
    }
    TNode left; // 左子节点
    TNode right; // 右子节点
    TNode parent; // 父节点
    String data;// 节点数据
```

```
}

public class TestTree{
    //将数组转成一个平衡二叉树
    public static TNode toTree() {
        return null;//由读者来实现
    }

    //将给定的二叉树根节点转成一个数组
    public static int[] toArray(TNode root) {
        return null;//由读者来实现
    }

    //打印输出二叉树的节点
    private static void printTree(TNode root) {
        //由读者来实现
    }

    public static void main(String[] args) {
        int[] ia=new int[] {23,32,2,5,2,234,23,2332,6};
        TNode root=toTree();
        printTree(root);
        int[] arr=toArray(root);
        //输出数组
    }
}
```

空白处由读者来实现！

4.10 使用 JTree 组件

二叉树等的学习难度在于抽象的逻辑和代码，而难以看到可视化的形象。幸好，在 javax.swing 包下提供了 JTree 组件，这是一个多叉树或目录结构，可用于项目案例中。

1. JTree 应用示例

创建 QQ 好友列表或文件目录结构，使用 javax.swing 包下的 JTree 和 javax.swing.tree 包下的 TreeNode 组件，代码如下：

```
//JTree 应用示例
public class TestJTree extends JFrame {
    public static void main(String[] args) {
        TestJTree tj = new TestJTree();
        tj.init();
    }

    public void init() {
        this.setTitle("JTree 结构示例 ");
        this.setSize(300, 400);
        this.setLayout(new FlowLayout());
        // 将自己创建的树加到界面上
        JTree tree = createTree();
        this.add(tree);
        this.setVisible(true);
    }

    // 创建一个自定义树
    public javax.swing.JTree createTree() {
        DefaultMutableTreeNode rootNode = new DefaultMutableTreeNode();
        rootNode.setUserObject(" 我的通信录 ");//1. 创建根节点
        JTree tree = new JTree(rootNode);//2. 创建默认树，设置根节点
        for (int i = 0; i< 5; i++) {//3. 根节点下有 5 个子节点
            DefaultMutableTreeNode teamNode = new DefaultMutableTreeNode();
            teamNode.setUserObject(" 第 " + i + " 组 ");
            rootNode.add(teamNode);
            for (int t = 0; t< 6; t++) {//4. 子节点下还加上子节点
                DefaultMutableTreeNode userNode = new DefaultMutableTreeNode();
                userNode.setUserObject(" 第 " + t + " 个用户 ");
                teamNode.add(userNode);
            }
        }
        return tree;
    }
}
```

任务

创建一个显示目录结构的树形界面。

2. JTree 响应用户事件

JTree 响应用户事件一般是鼠标单击时弹出菜单，在选中的节点上执行添加、查找、删除和修改操作。如下代码将在 JTree 上弹出菜单并指定事件处理。

```
{
    JTree tree = // 上例代码中，调用 createTree() 创建的树
    //2. 创建树上的弹出菜单并指定事件处理
    javax.swing.JPopupMenu pop=createPopMenu(tree);
    tree.setComponentPopupMenu(pop);//3. 指定树上的弹出菜单
    }

    // 创建传入的 JTree 对象上的弹出菜单并指定事件处理，返回弹出菜单对象
    private JPopupMenu createPopMenu(final JTree tree) {
       JPopupMenu popMenu = new JPopupMenu();//1. 创建弹出菜单对象
       JMenuItem mi_open = new JMenuItem("add");//2. 弹出的菜单项
       JMenuItem mi_new = new JMenuItem("del");
       JMenuItem mi_exit = new JMenuItem("mod");
       ActionListener lis = new ActionListener() {//3. 菜单上的监听器
          public void actionPerformed(ActionEvent e) {
             treeMenuAction(e, tree);// 当事件发生时，调用事件处理方法
          }
       };
       mi_open.addActionListener(lis);//4. 给菜单项加上事件监听器
       mi_new.addActionListener(lis);
       mi_exit.addActionListener(lis);
       popMenu.add(mi_open);//5. 将菜单项加到弹出菜单对象上
       popMenu.add(mi_new);
       popMenu.add(mi_exit);
       return popMenu;
    }

    // 响应树上的弹出菜单事件 e: 事件对象  tree: 事件发生所在的树
    private void treeMenuAction(ActionEvent e, JTree tree) {
       String cm = e.getActionCommand();// 选中菜单的命令
       TreePath tp = tree.getSelectionPath();// 得到在树上选中的路径
       if (null != tp) {// 如果选中了树上的某个节点:
          // 得到选中的节点都是 DefaultMutableTreeNode 对象
          DefaultMutableTreeNode selectNode = (DefaultMutableTreeNode)
tp.getLastPathComponent();
          // 取得选中节点内的对象，即 setUserObject 传入的对象
          Object uo = selectNode.getUserObject();
          javax.swing.JOptionPane.showMessageDialog(this, cm + "选中的是" + uo);
       } else {
          javax.swing.JOptionPane.showMessageDialog(this, "请选中树上的节点! ");
       }
    }
```

上面程序代码的运行结果如图 4-12 所示。

运行以上程序代码，请读者看看自己实现的树形结构是否可以执行添加、查找、删除和修改操作。

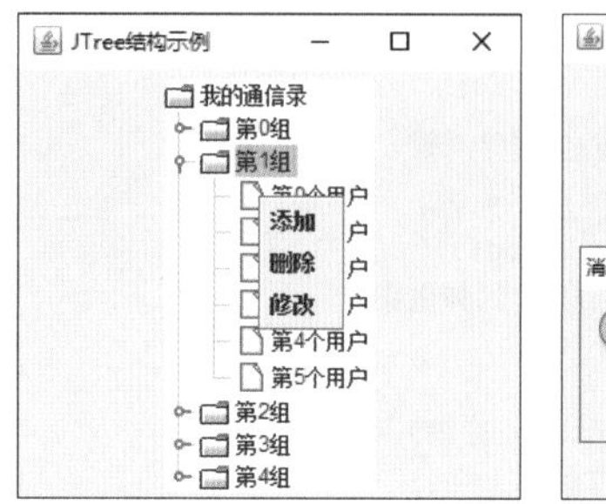

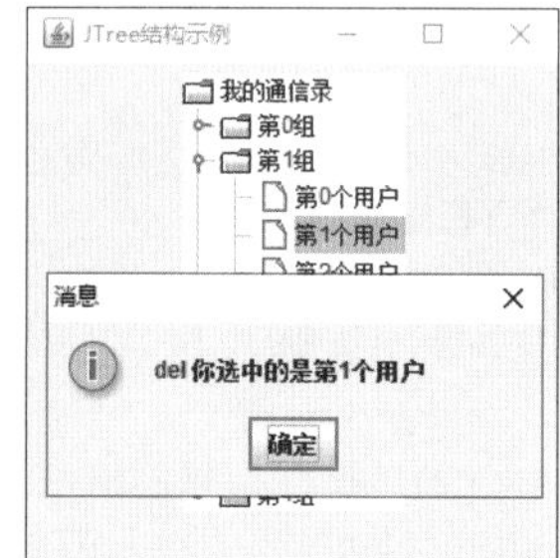

图 4-12 代码运行结果

接下来读者应该考虑如何将树形组件应用到项目中。

4.11 哈夫曼树应用

1. 哈夫曼树是什么

哈夫曼树又称最优树（二叉树），最优的意思是加权路径最短。

什么叫加权路径呢？

哈夫曼树只用叶节点存储数据，每个节点 Key 是带权值的，每个 Key 的加权路径算法就是 Key 的权值 × 从根节点经历的路径数量，总的加权路径总长度（WPL）就是叶节点加权路径长度的总和。

按哈夫曼规则创建的二叉树，就能做到加权路径总和最短。

表 4-1 是节点 Key 与其权值对应表，这 4 个节点可以构建三种二叉树，如图 4-13 所示。

表 4-1 Key 与其权值对应表

Key	a	b	c	d
权值	7	5	2	4

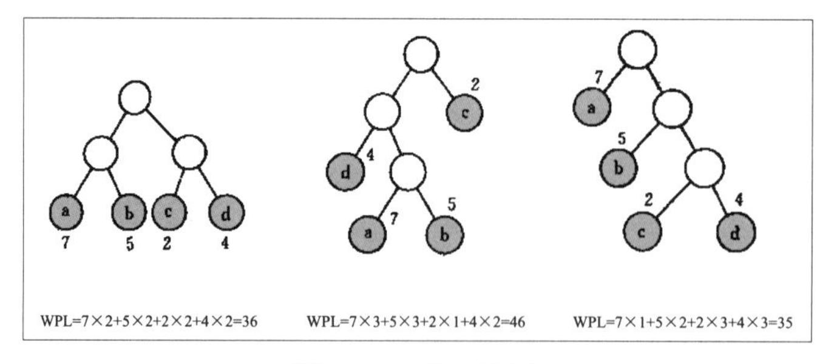

图 4-13 三种二叉树

读者是否能对以上数据创建出总路径更短的树？

其实哈夫曼树的思路和我们日常生活很贴近：熟悉的人，我们会时常想起；常用的物件，会摆放在离手最近的地方。假如以同学、朋友或伙伴对我们的学习发展的贡献为权值，建一个最优二叉树，应该如何分布呢？

2. 哈夫曼树的手动编码

哈夫曼树的编码规则只有 3 条：

1）仅在叶节点存储数据。

2）从序列中取权值最小的两个节点组成子树，其父节点权值为子节点权值之和。

3）将父节点权值放回序列中，继续第 2 条。

1 取表 4-2 中的 c、e 建树，然后移除 c、e，存入父节点 3（见表 4-3）。

表 4-2 Key 与其权值对应表（1）

Key	a	b	c	d	e
权值	9	5	2	4	1

表 4-3 Key 与其权值对应表（2）

Key	a	b	d	
权值	9	5	4	3

c-2
e-1

2 取 4、3 建树，然后移除 d，存入父节点 7（见表 4-4）。

表 4-4 Key 与其权值对应表（3）

Key	a	b	
权值	9	5	7

d-4
3
c-2
e-1

3 取 7、5 建树，然后移除 b，存入父节点 12（见表 4-5）。

表 4-5 Key 与其权值对应表（4）

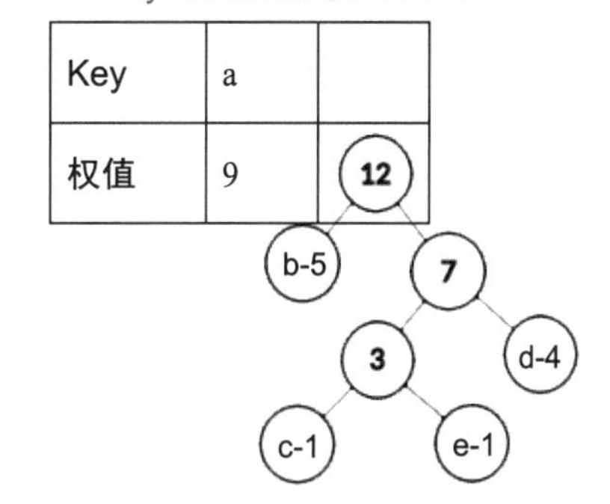

Key	a	
权值	9	12

4 取 9、12 建树，然后移除 a，存入父节点 21，此时建树完毕（见表 4-6）。

练习：在纸上对序列{2，9，7，1，3，3，5}建哈夫曼树。

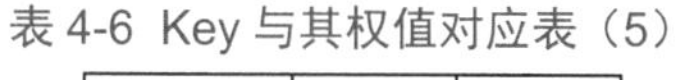
表 4-6 Key 与其权值对应表（5）

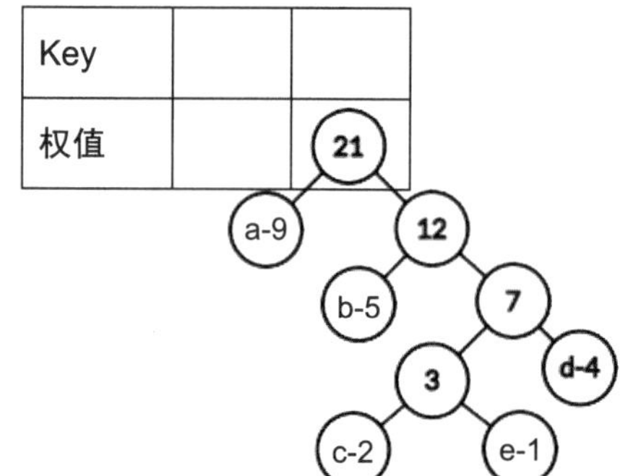

3. 哈夫曼编码

从哈夫曼树根节点开始，对左子树分配代码 1、右子树分配代码 0，一直到达叶节点为止，如图 4-14 所示，然后将从树根沿每条路径到达叶节点的代码排列起来，就得到了哈夫曼编码，如图 4-15 所示。

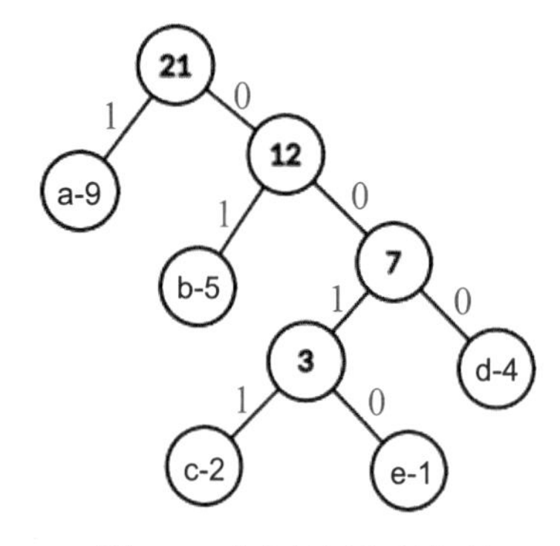

图 4-14 哈夫曼树分配代码

a : 1
b : 0 1
c : 0 0 1 1
d : 0 0 0
e : 0 0 1 0

图 4-15 哈夫曼编码

利用哈夫曼编码这一特性，即可实现文件压缩功能。

通常情况下，每个英文字符（或每一字节）在磁盘上保存为 8 位，即 8 个 0 或 1 的比特（bit）。这种均衡编码分配的好处是可以统一适配所有系统，但并不考虑某个特定文件中不同字节出现频率的差别。例如，极端情况是，一个文件共 1 万个字符，但某个字符出现了 8000 次，另一个字符出现了一次，这种情况就为压缩提供了机会。

例如某文件中的字符和字符出现次数如表 4-7 所示，则文件长度是：

$8\times(9+5+2+4+1)=8\times21$（bit）

表 4-7 字符与其出现次数

字符	a	b	c	d	e
次数	9	5	2	4	1

采用哈夫曼编码的基本思路就像老师的因材施教一样，出现次数多的字符分配的编码长度就短。在上例中，a 出现最多，只用 1 位表示；e 出现最少，则用 4 位表示。又如，图 4-15 中输出的哈夫曼编码，其文件长度为：

```
a 9 次  b 5 次  c 2 次  d 4 次  e 1 次
1×9 + 2×5 + 4×2 + 3×4 +4×1=43（bit）
```

4. 哈夫曼编码实现

给定一组权值序列（见表 4-8）。

表 4-8 Key 与其权值对应表

Key	a	b	c	d	e
权值	9	5	2	4	1

输出每个字符的哈夫曼编码（见图 4-16）。

```
a  :  1
b  :  0 1
c  :  0 0 1 1
d  :  0 0 0
e  :  0 0 1 0
```

图 4-16 哈夫曼编码

哈夫曼树的完整代码实现：首先定义节点，然后根据给定数据建立哈夫曼树并输出编码。代码如下：

```java
// 哈夫曼树的 Node 类
class Node{
    Node left;
    Node right;
// 此节点的哈夫曼编码
    String code;
// 此节点的字符
    String str;
// 定义数据的权值 int weight;
}
```

```java
// 输出哈夫曼编码
public class HFM {

   // 根据权值建树，返回根节点
   public Node createHFM (String[] strs, int [] weights){
      // 转化成 Node 数组
      Node [] nodes = new Node[strs.length];
      for(int i = 0;i<strs.length;i++){
         nodes[i]=new Node();
         nodes[i].weight = weights[i];
         nodes[i].str= strs[i];
      }
      while(nodes.length>1){
         sort(nodes); // 排序
         Node n1 = nodes[0];
         Node n2 = nodes[1];

         Node node = new Node();
         node.left = n1;
         node.right = n2;
         node.weight = n1.weight +n2.weight;    // 加入父节点的权值
         // 把 n1 和 n2 删除，加入父节点
```

```
            Node[] nodes2 = new Node[nodes.length-1];
            for(int i = 2; i<nodes.length;i++){
                nodes2[i-2]=nodes[i];
            }
            nodes2[nodes2.length-1]=node;
            nodes = nodes2;
        }
        Node root = nodes[0];
        return root;
    }

    //冒泡排序法对 Node[] 数组进行排序
    public void sort(Node[] nodes){
        for(int i = 0;i<nodes.length;i++){
            for(int j = i+1;j<nodes.length;j++){
                if(nodes[i].weight>nodes[j].weight){
                    //如果 nodes[i].data>nodes[j].data，则交换两个节点位置
                    Node temp = new Node();
                    temp=nodes[i];
                    nodes[i]=nodes[j];
                    nodes[j]=temp;
                }
            }
        }
    }

    //打印哈夫曼编码
    public void printCode(Node node,String code){
        if(node!=null){
            //先序遍历，有了条件只打印叶节点
            if(node.left==null&&node.right==null){
                String msg=node.str+" 权值 :"+node.weight+" HFM 编码: "+code;
                System.out.println(msg);
            }
            //打印左节点编码
            printCode(node.left,code+"0");
            //打印右节点编码
            printCode(node.right,code+"1");
        }
    }

    public static void main(String[] args) {
        HFM hfm = new HFM();
        //1. 模拟字符及其对应权值数据
        String[] strs=   {"A","B","C","D","E","F"};
        int[] weights = {4,   6,   1,   9,   8,   2};
        //2. 创建哈夫曼树，得到根节点
        Node root =hfm.createHFM(strs,weights);
        //3. 打印，输出每个节点的编码
```

```
        hfm.printCode(root, "");
    }
}
```

其中 strs 数组为字符，weights 数组为每个字符对应的权值，输出结果如图 4-17 所示。

```
B权值:6 HFM编码: 00
C权值:1 HFM编码: 0100
F权值:2 HFM编码: 0101
A权值:4 HFM编码: 011
E权值:8 HFM编码: 10
D权值:9 HFM编码: 11
```

图 4-17 输出结果

任务

给定一个字符串，输出其每个字符的哈夫曼编码。

5. 哈夫曼压缩软件的实现

基本思路是：在文件中出现频率高的符号使用短的位序列，而那些很少出现的符号则用较长的位序列。

计算机中存储一个字节型数据的时候一般是占用了长度为 8 的二进制位（bit），因为计算机中所有的数据都是转化为二进制位去存储的。经过哈夫曼重新编码后，出现频率高的字符占用短的二进制位，频率低的字符占用长的二进制位，这就实现了压缩效果。

要想知道压缩的数据是否正确，还得将压缩之后的数据进行解压，解压之后如果能够还原，则证明压缩过程是正确的。

解压缩是压缩的逆运算，只要读者尝试，肯定能够实现。

任务

1）完成哈夫曼压缩与解压缩，采用命令行输入文件名或在用户界面选择文件。

2）用 C++ 或 Go 语言实现哈夫曼编码输出。

3）哈夫曼压缩基于静态统计模型，对于流式数据（比如网络视频通信数据）则无能为力，实现 LZW（字典压缩算法）和哈夫曼压缩，以便进行比较。

4）在什么情况下一个文件将不可能再被压缩？

软件正在定义世界。

——佚名

本章将从零开始实现仿腾讯视频会议的“迷你视频会议”项目，讲解基于TCP的socket通信编程和网络字节协议制定，帮助读者快速掌握通信编程。

第5章 迷你视频会议项目的实现

5.1 上手编写通信服务器

先动手实践，再讲理论。在编写基本的客户端与服务器互相通信的代码之前，需要了解以下基本概念：

1）客户端和服务器是两个独立的应用程序，需要创建两个项目。

2）主动发起服务请求的一方，被称为客户端；等待对方的服务请求并建立连接和提供服务的一方，被称为服务器。

3）客户端通过服务器的 IP 地址和端口号（0~65535 的数）来识别服务器。

4）所谓通信，就是客户端和服务器之间通过网络连接，收发字节序列的过程。

编写基本的服务器代码如下：

```
package com.meetingServerV1;
import static java.lang.System.out;
import java.io.InputStream;
import java.io.OutputStream;
import java.net.ServerSocket;
import java.net.Socket;
// 基本服务器
public class MeetingServer {

   public void upServer(int port) throws Exception{
      ServerSocket server=new ServerSocket(port);// 创建服务器对象
      out.println("1- 服务器创建成功 "+port);
      Socket socket=server.accept();// 此处阻塞，等待客户端连接进入
      out.println("2- 客户端进入 "+socket.getRemoteSocketAddress().toString());
      InputStream ins=socket.getInputStream();// 从连接上取得输入 / 输出流对象
      OutputStream ous=socket.getOutputStream();
      // 通过网络，读写数据
      for(byte b=0;b<6;b++) {
          ous.write(b*8);// 写出一个字节给服务器
          out.println(" 客户端发出一个字节 :"+b);
          Thread.sleep(100);
      }
      while(true) {
         int t =ins.read();// 从服务器读取数据
         out.println(" 读到服务器发来的字节 "+t);
      }
   }
```

```
    public static void main(String[] args) throws Exception{
        MeetingServer ms=new MeetingServer();
        ms.upServer(9999);
    }
}
```

启动这个服务器，使用系统自带的 telnet 程序测试。

Windows 系统自带了一个非常简洁的命令行客户端，即 telnet。打开“命令提示符”（CMD）窗口，输入 telnet 服务器 IP 端口号后按回车键，如图 5-1 所示。

提示

如果“命令提示符”窗口中显示“telnet 是未知命令”，则到“计算机管理”配置中启用 telnet 程序。

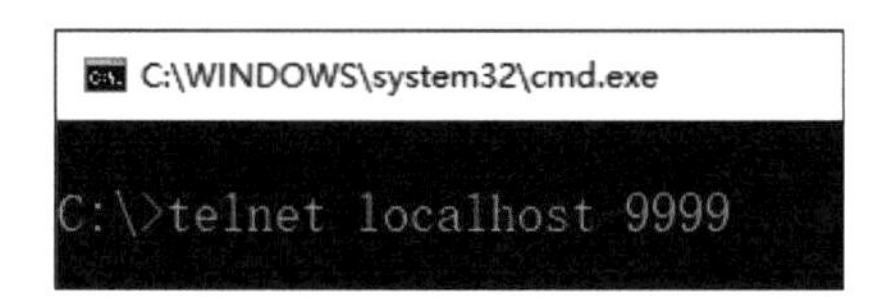

图 5-1 输入命令

正常情况下就可以连接上服务器，看到如图 5-2 所示的输出。

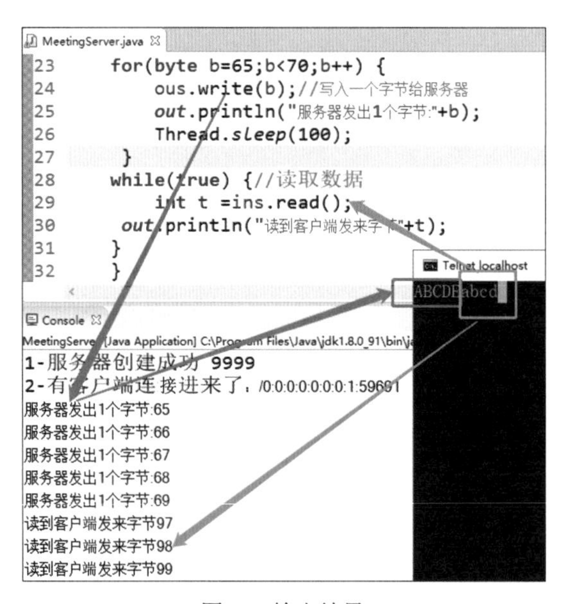

图 5-2 输出结果

telnet 连接成功后，自动将服务器发来的 65、66、67、68、69 这 5 个数字转换成 ASCII 码对应的字符并显示出来。而我们输入的 abcd 字符也被转换为对应的 ASCII 码值发送给了服务器。

编写代码的过程中注意图 5-3 标注的 5 点即可，读者以后编写服务器代码出错的原因基本涵盖在这 5 点之中。

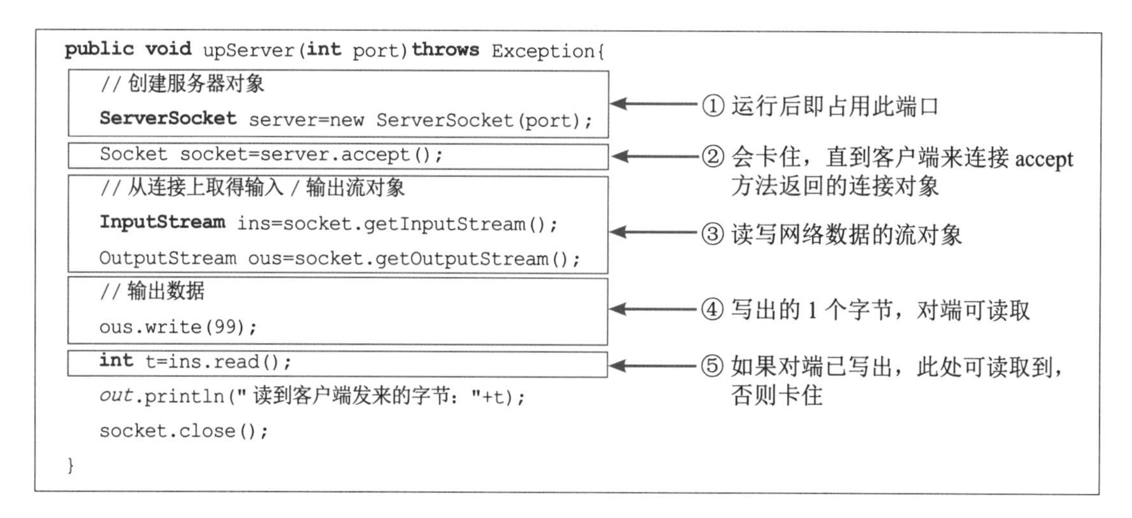

图 5-3 注意事项

5.2 基本客户端

编写基本客户端和服务器的唯一不同之处是：服务器创建一个 ServerSocket 后阻塞在 server.accept()方法上，当有客户端来连接时，该方法返回一个 socket 对象，代表与这个客户端的连接；而基本客户端只需要 Socket socket=new Socket(ip, port) 来创建一个指向服务器 IP 和端口的 socket 对象，后续操作和服务器是一样的。

```
package com.meetingClientV1;
import static java.lang.System.out;
import java.io.InputStream;
import java.io.OutputStream;
import java.net.Socket;

//基本客户端
public class MeetingClient   {
   public void conn2Server() throws Exception{          //连接上服务器，发送、接收字节
      Socket socket=new Socket("localhost",9999);
      out.println("1-连接服务器成功");
      InputStream ins=socket.getInputStream();           //得到输入 / 输出流对象
      OutputStream ous=socket.getOutputStream();
      for(byte b=0;b<5;b++) {                            //输出数据
```

```
            ous.write(b*10);// 写入一个字节给服务器
            out.println(" 客户端发出一个字节 :"+b);
          Thread.sleep(100);
        }
        while(true){// 读取数据
            int t =ins.read();
            out.println(" 读到服务器发来的字节 "+t+" char "+(char)t);
        }
    }
    public static void main(String[] args)
        throws Exception{
            MeetingClient ms=new MeetingClient();
            ms.conn2Server();
    }
}
```

启动服务器，用如上所编写的客户端连接测试，观察输出后请回答：服务器和客户端流程都停止在哪一行代码，为什么？

5.3 项目编码规范

不走弯路，就是捷径。遵守基本规范是我们稳健前行的保障。接下来，在从零开始到实现网络会议平台的过程中，请一定遵守以下规范：

1）将服务器和客户端代码分开，程序代码编写在两个项目中，这是两个程序，运行在不同的计算机上。

2）每次增加的功能都放在新的程序包中，比如 com.meeting.clientv1、com.meeting.clientv2（见图 5-4），切勿总在一个程序包中进行代码的改进。

3）尽可能多地编写打印输出语句，输出明晰的描述，这样才能实际观测代码的运行。没有什么 bug 是用打印输出语句找不到的。

4）不必编写复杂的代码，但编写每行代码都要经过思考。要思考一下为什么要这样编写，再思考一下还能不能换个方式编写，又会起什么作用。

5）只要编译能够通过，读者可以修改流程和程序语句的先后次序，想办法让这些简单的代码运行时报尽可能多的错。通过实际测试来理解原理会更有效果。下面这些运行时的异常，你都出现过吗？

图 5-4 增加的功能放在新的程序包中

Exception in thread "main" java.net.SocketException: Socket is not bound yet
Exception in thread "main" java.lang.IllegalArgumentException: Port value out of range: -10
Exception in thread "main" java.net.BindException: Address already in use: JVM_Bindat java.net.DualStackPlainSocketImpl.bind0(Native Method)
Exception in thread "main" java.net.ConnectException: Connection refused: connect at java.net.DualStackPlainSocketImpl.connect0(Native Method)
Exception in thread "main" java.net.SocketException: Software caused connection abort: socket write error
Exception in thread "main" java.net.UnknownHostException: localhost
还有吗?

任务

实现客户端发送一个数字 n，服务器返回斐波那契数列的 1 ～ n 项。

再次练习客户端—服务器模型代码

“HelloWorld”这一条消息是如何被发送到网络另一端的计算机上的呢？其实就是通过网络 TCP/IP 通信建立起连接，然后读写字节而已。

```
//1. 和指定 IP、端口的服务器建立连接
Socket so=new  Socket("目标IP", 端口号);
println("与服务器端的连接建立成功! ");
//2. 取得输入/输出流对象（类似电话的听筒和麦克风）
InputStream ins=so.getInputStream();
OutputStream ous=so.getOutputStream();
String s="helloWorld\n";//要发送的内容
//3. 将字符串转换成字节数组
byte[] data=s.getBytes();
//4. 一个字节一个字节地发送
for(int i=0;i<data.length;i++){
   ous.write(data[i]);
}
//5. 等待读取服务器发来的一个字节
int t=ins.read();
while(t!=13){
   println("收到一个字节: "+t);
   t=ins.read();
}
//6. 挂机，关闭连接
so.close();
```

```
//1. 创建服务器对象
ServerSocket ss=new ServerSocket(端口);
while(true){
   //2. 等待客户端连接进入，返回连接对象
   Socket so=ss.accept();
   //3. 取得输入/输出流对象(类似电话的听筒和麦克风)
   InputStream ins=so.getInputStream();
   OutputStream ous = so.getOutputStream();
   //4. 等待读取服务器发来的一个字节
   int t=ins.read();
   while(t!=13){
      println("收到一个字节: "+t);
      t=ins.read();
   }
   //要发送的内容
   String s="我是服务器\n";
   //5. 将字符串转换成字节数组
   byte[] data=s.getBytes();
   //6. 一个字节一个字节地发送
   for(int i=0;i<data.length;i++){
      ous.write(data[i]);
   }
   //7. 关闭与这个客户端的连接
   so.close();
   //8. 返回循环等待下一个连接
}//end while
```

左边是客户端程序，右边是服务器程序，其中关键代码是什么？

这些代码可能在哪一行运行时会抛出异常，是什么样的异常？

5.4 网络画板

有了以上练习的基础，考虑实现如下目标：

1）客户端显示一个 JFrame 界面后连接服务器。

2）当在客户端界面用鼠标画一条线后发送 4 个数字坐标给服务器。

3）服务器读到这 4 个数字后画同样一条线在自己的界面上。

其效果如图 5-5 所示。

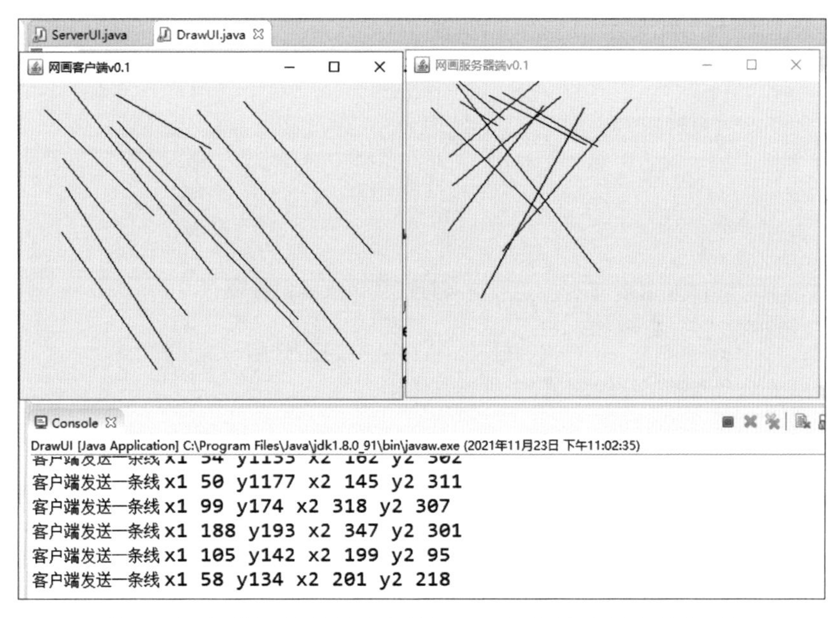

图 5-5　客户端在界面画线后服务器在自己的界面上画相同的线

编写代码的思路如下：

1）在编写客户端的程序时考虑程序的结构，客户端代码由界面和通信收发功能两部分组成，如图 5-6 所示。

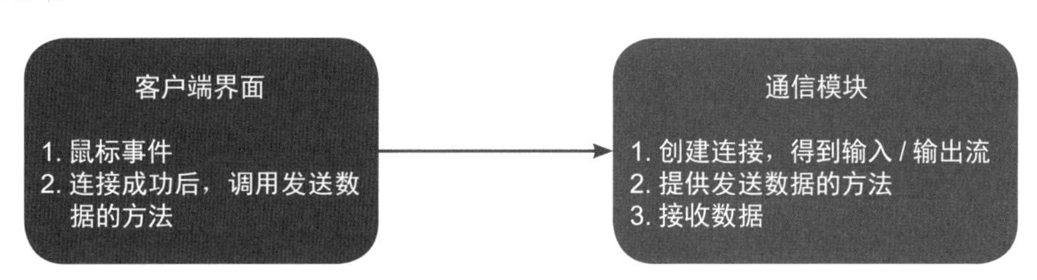

图 5-6　客户端代码组成部分

2）所谓“发送一条线给服务器”，从通信层面看，是客户端向网络输出流中写入鼠标监听器监听到的鼠标按键被按下和放开后所得到的两对坐标（即 4 个坐标值）。在服务器上读取 4 次，再用这 4 个坐标数字在服务器界面上画线。

3）客户端必须与服务器连接成功之后方能发送坐标值，因而服务器只是被动等待连接建立，此时服务器就“阻塞”在输入流上，等待读取数据。

1 首先编写服务器的代码。

服务器代码流程是：等待连接→读取数据→画到界面上。具体代码如下：

```
//服务器：接收客户端连接，接收发来的数字坐标进行画图
public class NetServer extends Thread {
   private Graphics g;
   public NetServer(Graphics g) {
      this.g=g;
   }

public void run(){
   try {
      ServerSocket server=new ServerSocket(9999);//创建服务器对象
      Socket socket=server.accept();
      InputStream ins=socket.getInputStream();//从连接上取得输入/输出流对象
      OutputStream ous=socket.getOutputStream();
      while(true) {
         int x1=ins.read(); int y1=ins.read();
         int x2=ins.read(); int y2=ins.read();
         out.println("服务器收到1条线 x1 "+x1+" y1"+y1+" x2 "+x2+" y2 "+y2);
         g.drawLine(x1, y1, x2, y2);
      }
      }catch(Exception ef)
      {   ef.printStackTrace();out.println("服务器出错～！ ");}
   }

}
```

由于服务器启动后 accept() 方法会产生阻塞，因此将服务器的启动放在一个线程中，这样在界面调用时就不会卡住界面的代码流程。

2 编写服务器界面的代码。

服务器界面代码十分简单：显示一个 JFrame →启动服务器→传入画布对象。具体代码如下：

```
public class ServerUI extends JFrame{
   public void initUI() {
      this.setTitle("网画服务器端 v0.1");
      this.setDefaultCloseOperation(3);
      this.setSize(500, 400);
      this.setVisible(true);
      Graphics g=this.getGraphics();
      NetServer ns=new NetServer(g);//启动服务器线程，传入界面上的画布
      ns.start();
      out.println("服务器线程已启动");
   }
```

```
    public static void main(String[] args) {
        ServerUI su=new ServerUI();
        su.initUI();
    }
}
```

注意

获取界面的 Graphics 对象，一定要放在窗体的 Visible 之后。

5.5 客户端实现

1. 编写通信模块代码

编写通信模块，将输入 / 输出流设置为写属性即可在定义的发送方法中调用，具体代码如下：

```
// 基本客户端
public class NetConn{
    private OutputStream ous;
    private InputStream ins;

    public boolean conn2Server() {
        try {
            Socket socket=new Socket("localhost",9999);
        out.println("1- 连接服务器成功，取得输入 / 输出流 ");
            ins=socket.getInputStream();
            ous=socket.getOutputStream();
        out.println("2. 客户端连接服务器 OK");
            return true;
        }catch(Exception  ef) {ef.printStackTrace();}
        return false;
    }

    // 发送一条线给服务器：向输出流中写入 4 个坐标
    public void sendLine(int x1,int y1,int x2,int y2) {
        try {
            ous.write(x1);
            ous.write(y1);
            ous.write(x2);
```

```
            ous.write(y2);
        out.println("客户端发送一条线 x1 "+x1+" y1"+y1+" x2 "+x2+" y2 "+y2);
            }catch(Exception ef) { ef.printStackTrace();
        out.println("客户端发送一条线 x1 "+x1+" y1"+y1+"  失败 ");
            }
        }
    }
```

有了以上通信模块，在界面上调用 conn2Server 连接成功后，即可随时调用 sendLine 方法发送线条数据。

2. 编写客户端界面代码

客户端界面的代码如下：

```
public class DrawUI extends JFrame{
    private NetConn conn=new NetConn();// 连接服务器的通信模块
    public void initUI() {
        this.setTitle("网画客户端 v0.1");
        this.setDefaultCloseOperation(3);
        this.setSize(500, 400);
        this.setVisible(true);
        if(conn.conn2Server()) {// 连接服务器
            out.println("客户端连接成功！");
        }
        Graphics g=this.getGraphics(); // 界面画布
        // 加上鼠标监听器，在监听器中发送坐标
        this.addMouseListener(new MouseAdapter() {
            int x1,y1,x2,y2;
            public void mousePressed(MouseEvent e) {
                x1=e.getX();y1=e.getY();
            }
            public void mouseReleased(MouseEvent e) {
                x2=e.getX();y2=e.getY();
                g.drawLine(x1, y1, x2, y2);
                conn.sendLine(x1,y1,x2,y2); // 把 4 个坐标数字发送给服务器
            }
        });
    }

    public static void main(String[] args) {
        DrawUI du=new DrawUI();
        du.initUI();
    }
}
```

请读者测试自己的代码是否大功告成？特别注意：将客户端代码和服务器代码分别编写到两个项目中。

任务

1）实现发送线、方形、圆形。

2）实现发送带颜色的图形。

线是可以画了，但是总会出现奇怪的线：客户端明明画得很长，但是到了服务器就短了、偏了。

画偏的线都有一个共同点：在客户端时其坐标值超过了 255，如图 5-7 所示。

重点：通信就是通过网络收发字节序列。

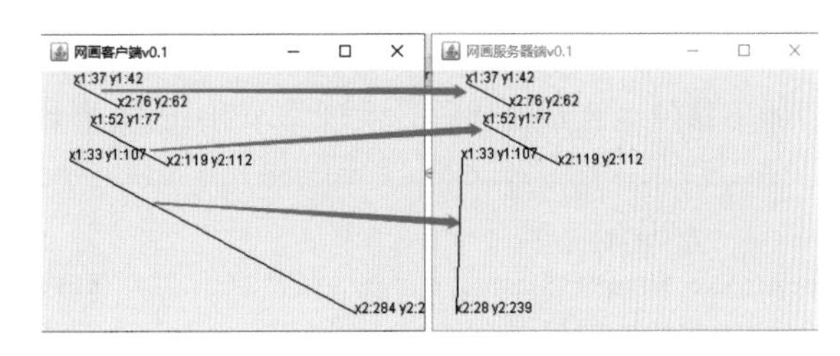

图 5-7　画偏的线

我们查看一下输出流 OutputStream.write(int i) 方法的源码（见图 5-8）。

```
//发送一条线给服务器，向
public void sendLine(in
    try {
      ous.write(x1);
      ous.write(y1);
      ous.write(x2);
      ous.write(y2);
      out.println("客户端
    }catch(Exception ef
      out.println("客户端
```

```
54     * Subclasses of <code>OutputStream</code> must provid
55     * implementation for this method.
56     *
57     * @param      b   the <code>byte</code>.
58     * @exception  IOException  if an I/O error occurs. I
59     *             an <code>IOException</code> may be thro
60     *             output stream has been closed.
61     */
62    public abstract void write(int b) throws IOException;
63
```

图 5-8　输出流方法的源码

同样，再查看一下输入流 int i=InputStream.read()方法的源码（见图 5-9）。

```
/**
 * Reads the next byte of data from the inp
 * returned as an <code>int</code> in the r
 * <code>255</code>. If no byte is availabl
 * has been reached, the value <code>-1</cc
 * blocks until input data is available, th
 * or an exception is thrown.
 *
 * <p> A subclass must provide an implement
 *
 * @return     the next byte of data, or <c
 *             stream is reached.
 * @exception  IOException  if an I/O error
 */
public abstract int read() throws IOExcept:
```

```
26        Socket socket=server.accep
27        //从连结上取得输入输出流对
28        InputStream ins=socket.get
29        OutputStream ous=socket.ge
30        while(true) {
31             int x1=ins.read();
32             int y1=ins.read();
33             int x2=ins.read();
34             int y2=ins.read();
35     out.println("服务器收到一条线 x1 "+
36     g.drawLine(x1, y1, x2, y2);
37     g.drawString("x2:"+x2+" y2:"+
38     g.drawString("x1:"+x1+" y1:"+
39          }
40        }catch(Exception ef) {
41            ef.printStackTrace
```

图 5-9　输入流方法的源码

这两处都说明每次写入或读取的是 1 个字节（byte），就是 8 位（bit），是一个 0~255 的整数。虽然这个标量是 int 类型（整数类型），但是不会一次读写占有 4 个字节存储空间的 int 类型。

这个问题应该如何解决呢？

首先理解一下，既然读写的都是一个字节，为何还要把数据类型定义为 int 类型呢？

这是因为，在 Java 中的字节是有符号数值，其取值区间为－128~127，而输出流读写的负值（比如－1）通常有内置的定义，转换成 int 类型后就可以读写 0~255 的数值，而不会与内置定义相混淆，比如读文件结束，返回－1，如果用户数据也是－1，就无法区分了。

如何一次读写 4 个字节的 int 类型？数据类型的结构已定义，1 个 int 类型的数据由 4 个字节组成（见图 5-10），因而需要编写转换方法，也就是在发送时将 1 个 int 类型的数据拆成 4 个字节（byte），接收时将 4 个字节组装为 1 个 int 类型的数据。

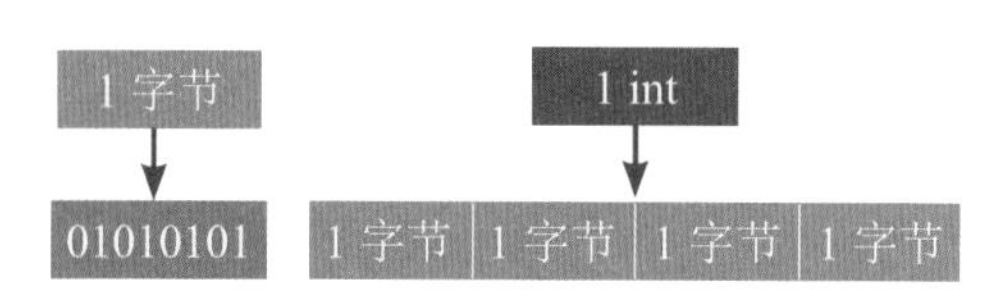

图 5-10 int 类型数据的存储结构图

参考如下移位运算示例代码，实现字节和 int 类型数据的互相转换：

```
// 将一个 int 类型的数据拆成 4 个字节
private static byte[] int4byte(int v) {
   byte[] bs=new byte[4];
   bs[0]=(byte)((v>>> 24) & 0xFF);
   bs[1]=(byte)((v>>> 16) & 0xFF);
   bs[2]=(byte)((v>>>  8) & 0xFF);
   bs[3]=(byte)((v>>>  0) & 0xFF);
   return bs;
}
// 将 4 个字节组装成一个 int 类型的数据
private static int byte4int(byte[] b4) {
   return ((b4[0] << 24) + (b4[1] << 16)
      + (b4[2] << 8) + (b4[3] << 0));
}

public static void main(String[] a) {
   int v=123456;
   byte[] bs=int4byte(v);
   out.println(v+" 拆成 4 个 byte: ");
      for(byte b:bs) {
         out.print(""+b);
   }
   out.println("\r\n4 个 byte 组成 1 个 int: ");
   int nv=byte4int(bs);
   out.println("nv: "+nv);
}
```

```
123456 拆成4个byte:
 0 1 -30 64
4个byte组成1个int:
nv: 57920
```

```
// 将一个 int 类型的数据拆成 4 个字节
private static byte[] int4byte(int v) {
   byte[] bs=new byte[4];
   bs[0]=(byte)((v>>> 24) & 0xFF);
   bs[1]=(byte)((v>>> 16) & 0xFF);
   bs[2]=(byte)((v>>>  8) & 0xFF);
   bs[3]=(byte)((v>>>  0) & 0xFF);
   return bs;
}
// 将 4 个字节组装成一个 int 类型的数据
private static int byte4int(byte[] b4) {
   return ((b4[0] << 24) + (b4[1] << 16)
      + (b4[2] << 8) + (b4[3] << 0));
}

public static void main(String[] args) {
   int v=123456;
   byte[] bs=int4byte(v);
   out.println(v+" 拆成 4 个 byte: ");
   for(byte b:bs) {
      out.print(""+b);
}
   out.println("\r\n4 个 byte 组成 1 个 int: ");
   int nv=byte4int(bs);
   out.println("nv: "+nv);
}
```

```
123456 拆成4个byte:
 0 1 226 64
4个byte组成1个int:
nv: 123456
```

自己动手测试为何上面左、右两边的代码会输出不同的转换结果？

“相信有聪明人存在”是编程的一条原则。我们能碰到的问题都已经有聪明人提供了完善的解决方案，所以我们主要是发现问题。

在接收端接收 4 个字节，再组装成 1 个 int 类型的数据，这样发送一组 4 个 int 类型的坐标值，需要写入 16 次。读取也是如此。幸好 JDK 中提供了 DataInputSteam/DataOutputStream 可以轻松实现这个功能。

```
// 得到网络连接对象 socket
InputStream  ins=socket.getInputStream();
OutputStream  ous=socket.getOutputStream();
// 包装成为 Data 流
   DataInputStream dins=new DataInputStream(ins);
   DataOutputStream dous=new DataOutputStream(ous);

   int t=dins.readInt();// 内部读取了 4 个字节装成一个 int
   dous.writeInt(996);// 将一个数字在内部拆成 4 个字节发送
```

查看源码可以看到：

```
 * @see        java.io.FilterInputStream#in
 */
public final int readInt() throws IOException {
    int ch1 = in.read();
    int ch2 = in.read();
    int ch3 = in.read();
    int ch4 = in.read();
    if ((ch1 | ch2 | ch3 | ch4) < 0)
        throw new EOFException();
    return ((ch1 << 24) + (ch2 << 16) + (ch3 << 8) + (ch4 << 0));
}
```

```
/**
 * Writes an <code>int</code> to the underlying output stream as four
 * bytes, high byte first. If no exception is thrown, the counter
 * <code>written</code> is incremented by <code>4</code>.
 *
 * @param      v   an <code>int</code> to be written.
 * @exception  IOException  if an I/O error occurs.
 * @see        java.io.FilterOutputStream#out
 */
public final void writeInt(int v) throws IOException {
    out.write((v >>> 24) & 0xFF);
    out.write((v >>> 16) & 0xFF);
    out.write((v >>>  8) & 0xFF);
    out.write((v >>>  0) & 0xFF);
    incCount(4);
}
```

当然，读者不应止步于此，练习一下读取 / 写入不同的数据类型（比如 long、short、float 等），最终会明白，万物皆为 byte（字节）。

思考一下如何把一头大象的图片通过网络来发送（见图 5-11）。

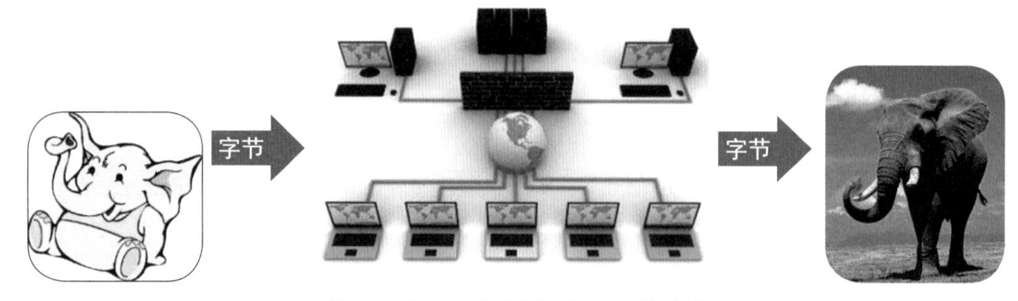

图 5-11 将一头大象图片通过网络发送

5.6 字画同屏

多线程服务器流程分析

首先，将服务器端改进为多线程服务器，可以支持多个客户端同时连上服务器并与服务器通信。以前的代码仅支持一个客户端连接，如图 5-12 所示。

1. 服务器的 server 对象创建成功后，调用 accept 方法进入阻塞等待状态。
2. 当客户端连接时，accept 方法返回连接对象 socket。
3. 调用输入流的 read 方法进入阻塞等待状态，以读取这个客户端的数据。
4. 读取需要的数据，处理完毕这个客户端连接后返回 accept 方法，从第 1 步开始执行。

```
ServerSocket server=new ServerSocket(port);
// 等待连接进入
Socket socket=server.accept();
// 进入一个客户端连接，即得到一个 socket
// 以下在这个 socket 上操作
InputStream ins=socket.getInputStream();
OutputStream ous=socket.getOutputStream();
while(true) {
    // 阻塞，等待读取数据
    int x1=ins.read();
    // 读取、接收数据
}
// 至此，这个客户端读取数据处理完毕，去连接下一个客户端
```

图 5-12 仅支持一个客户端连接

解决方案是：每进入一个客户端连接，就启动一个线程对象去处理这个连接。

```
//创建服务器对象
ServerSocket server=new ServerSocket(port);
while{
   Socket socket=server.accept();
   //启动一个线程去处理这个客户端
   ProcClient pc=new ProcClient(socket);
   pc.start();
   //去等待下一个客户端连接
}
```

```
public class ProcClient extends Thread{
public ProcClient(Socket socket) {
   this.socket=socket;
}

public void run() {
  1. 从连接中得到输入/输出流
   while{
      2. 循环读取数据进行处理
      byte type=dins.readByte();
      //其他处理
   }
}
}
```

上述代码模型每进入一个客户端，在服务器就生成一个线程对象，这个线程对象在服务器中代表 1 个客户端。

通信协议制定

服务器要接收到客户端发来的线条和文本这两种消息的前提是：要能分辨收到的是哪一种消息，要能明确知道每个字节代表什么含义？该如何进行处理？这就是通信协议要规定的。如果没有通信协议，两台计算机即使收发到数据也是无意义的字节序列（见图 5-13），能有什么用？想象两个没有共同语言文化背景的人聊天，互相只知道对方发的是语音，但是根本听不懂对方说话的含义。

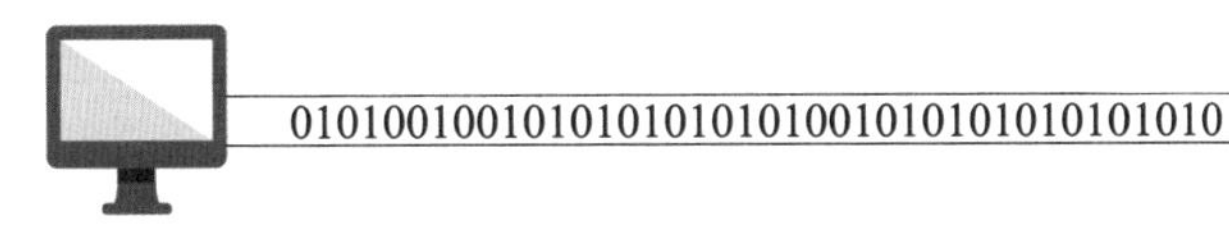

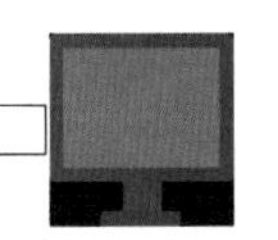

图 5-13 没有通信协议，数据就是无意义的字节序列

我们规定：对方端每次先读取 1 个字节，表示本条消息的类型，1 为线，2 为字符串。

如果是 1，后面必有 4 个 int 类型的数据表示坐标，1 个 int 是颜色值；如果是 2，接下来的 1 个字节 *n* 表示文本字节的个数，后面 *n* 个字节是文本内容。

对照图 5-14，寻找如下代码的对应关系：

图 5-14 发送线和文本

```
// 发送一条线给服务器：向输出流中写入 4 个 int 类型的坐标值
void sendLine(int x1,int y1,int x2,int y2) {
    dous.writeByte(1);// 切记先写入消息头
    dous.writeInt(x1);
    dous.writeInt(y1);
    dous.writeInt(x2);
    dous.writeInt(y2);
}
```

```
// 发送一条文本消息给服务器
void sendText(String text) {
byte[] data=text.getBytes();
    int len=data.length;
    dous.writeByte(2);// 切记先写入消息头
    dous.writeInt(len);// 消息字节长度
    dous.write(data);
    out.println("C 发送文本成功，长度为:"+len);
}
```

```
InpuStream ins=socket.getInput();
while(true) {
    byte type=dins.readByte();
    out.println(" 收到消息类型是 type:"+type);
    if(type==1) { prodessLine(); }
    if(type==2) { prodessText(); }
    else { out.println("unknown  type "+type);}
} //end while
// 读线条消息体的 4 个 int 类型的数据，最后一个 int 类型的数据是颜色值
private void prodessLine(){
    int x1=dins.readInt();
    int y1=dins.readInt();
    int x2=dins.readInt();
    int y2=dins.readInt();
    int c=dins.readInt();// 读取颜色值
}
// 读取字符串消息体的长度与内容
private void prodessText(){
    int byteLen=dins.readInt();// 长度
    byte[] data=new byte[byteLen];// 内容
    dins.read(data);
}
```

有了这种“消息头标 + 消息体”的通信协议，那么编写代码的本质就是对通信协议进行翻译。

5.8 网络画板服务器代码

服务器端有三个类：

1）ServerUI 类：界面和事件监听、输入 / 输出框与发送按钮。

2）NetServer 类：服务器启动类，由于 accept() 会阻塞，因此放在线程中。

3）ProcClient 类：在得到客户端 socket 对象后启动的处理线程类。

1 按照这 3 个类的依赖关系，先编写处理客户端的线程 ProcClient 类。代码如下：

切记：复制新版本的程序包，编写详尽的输出信息！

```
package com.meetingServerV3;
// import ...
// 每个进入服务器的连接启动一个线程来处理
public class ProcClient extends Thread{
private Socket socket;
private DataInputStream dins;
private DataOutputStream dous;
private Graphics g=null; // 界面画布
//private JTextArea jta=null; // 界面显示框

public ProcClient(Socket socket, Graphics g) {// 给线程传入连接对象、画布
   this.socket=socket;
   this.g=g;
}

public void run() {
   try {
      out.println("1- 连接服务器成功: ");
      dins=new DataInputStream(socket.getInputStream()); // 封装成为 Data 流
      dous=new DataOutputStream(socket.getOutputStream());
      while(true) {// 读取一个字节，消息类型
         byte type=dins.readByte();
         out.println(" 客户端收到消息类型是 type: "+type);
         if(type==1) { prodessLine(); }
         else if(type==2) { prodessText(); }
         else { out.println("unknown msg type "+type);}
      }  //end while
      }catch(Exception ef) { ef.printStackTrace();}
   }

   // 根据协议：接收端读取线条消息体中的 4 个 int 类型的数据，最后一个 int 类型的数据是颜色值
   private void prodessLine() throws Exception{
      int x1=dins.readInt();int y1=dins.readInt();
      int x2=dins.readInt();int y2=dins.readInt();
      int c=dins.readInt();// 读取 color 值
      Color cn=new Color(c);
      g.setColor(cn);
      g.drawLine(x1, y1, x2, y2);
      out.println("S 收到一条线 x1 "+x1+" y1"+y1 +" x2 "+x2+" y2 "+y2+" color "+c);
   }

   // 根据协议：接收一条文本消息
   private void prodessText() throws Exception{
```

```
        int byteLen=dins.readInt();
        out.println("C 收到文本消息字节长度 "+byteLen);
        byte[] data=new byte[byteLen];
        dins.read(data);
        String msg=new String(data);
        out.println("S 收到文本消息内容 "+msg);// 读者的任务：将这个字符串显示到界面上
    }

    // 根据协议：调用此方法，发送一条文本消息给客户端
    public void sendText(String text) {
        try {
            byte[] data=text.getBytes();
            int len=data.length;
            dous.writeByte(2);// 切记先写入消息头
            dous.writeInt(len);// 消息字节长度
            dous.write(data);
            out.println("S 发送文本成功，长度为 :"+len);
        }catch(Exception ef) {ef.printStackTrace();
            out.println("S 发送文本失败，text:"+text);}
        }

    // 调用此方法，发送一条线给对方：向输出流中写入 4 个 int 类型的坐标值 +1 个 int 类型的颜色值
    public void sendLine(int x1,int y1,int x2,int y2,int c) {
        try {
            dous.writeByte(1);// 切记先写入消息头
            dous.writeInt(x1);dous.writeInt(y1);
            dous.writeInt(x2);dous.writeInt(y2);
            dous.writeInt(c);// 写入颜色值
            out.println("S 发送一条线 x1 "+x1+" y1"+y1+" x2 "+x2+" y2 "+y2);
        }catch(Exception ef) {ef.printStackTrace();
            out.println("S 发送一条线 x1 "+x1+" y1"+y1+"  失败 ");
        }
    }
}
```

上面服务器的通信处理线程特别注意如下几点：

1）读取会阻塞，对端不发送 read()方法就不会返回。

2）读取数据必须遵守通信协议，多读或少读一个字节都不行。

3）读取到的字符串暂时输出显示，下一版本将改进为显示到界面上。

2 接下来是服务器启动类，这个类只负责两个功能：

1）创建 ServerSocket 对象，等待客户端连接进入。

2）待客户端进入连接后创建一个 ProcClient（线程）对象，启动处理线程。

代码如下：

```
// 服务器：接收客户端连接，接收发来的数字坐标并画图
public class NetServer extends Thread {
   private Graphics g;// 界面画布

   public NetServer(Graphics g) {
      this.g=g;
   }

   public void run() {
      upServer(9999);
   }

   public void upServer(int port){
      try {
         // 创建服务器对象
         ServerSocket server=new ServerSocket(port);
         Socket socket=server.accept();
         out.println(" 进入了一个客户端连接 ");
         // 进入一个连接，启动一个线程对象去处理
         ProcClient pc=new ProcClient(socket,g);
         pc.start();
         out.println(" 启动了一个处理线程 ");
         }catch(Exception ef) {
            ef.printStackTrace();
            out.println(" 服务器运行出错 ~！ ");
         }
      }
   }
}
```

注意，在这种模式下：

1）每进入一个客户端连接，服务器就生成一个 ProcClient 线程对象去处理。

2）现在服务器的 ProcClient 线程对象封装了对应客户端的通信。

3）ProcClient 线程对象何时退出呢？

4）是否有必要将创建的 ProcClient 线程对象存入一个队列，实现删除客户端、群发消息的操作？

3 完成服务器的三个类后，我们再编写一个服务器界面类，虽然代码多，但是逻辑简单，读者可以通过这个练习来熟悉界面事件的编码。

编写服务器界面类的代码如下：

```
//服务器界面
public class ServerUI extends JFrame{

   public void initUI() {
      this.setTitle(" 网画服务器端 v0.3");
      this.setDefaultCloseOperation(3);
      this.setSize(500, 400);
      this.setLayout(new FlowLayout());
      JTextField jtfSend=new JTextField(15);// 发送消息框
      this.add(jtfSend);
      JButton bu=new JButton("send");// 发送按钮
      this.add(bu);

      JTextArea jta=new JTextArea(5,20);// 显示接收到的消息
      this.add(jta);
      this.setDefaultCloseOperation(3);
      this.setVisible(true);

      Graphics g=this.getGraphics();
      NetServer ns=new NetServer(g);// 启动服务器线程，传入界面上的画布
      ns.start();
      out.println(" 服务器线程已启动 ");
   }

   public static void main(String[] args) {//starup
      ServerUI su=new ServerUI();
      su.initUI();
   }
}
```

自己编写代码时，不可追求像本书中这样的一步到位！这也是初学者最容易犯的错！要尽可能地编写一步就测试一步。先测试多线程版，然后测试画线是否成功，最后测试发送文本是否成功，在每个关键方法前打印输出接收的参数和处理后的结果。

还有一个好办法就是：自己动手，多画一些如图 5-15 所示的流程图。

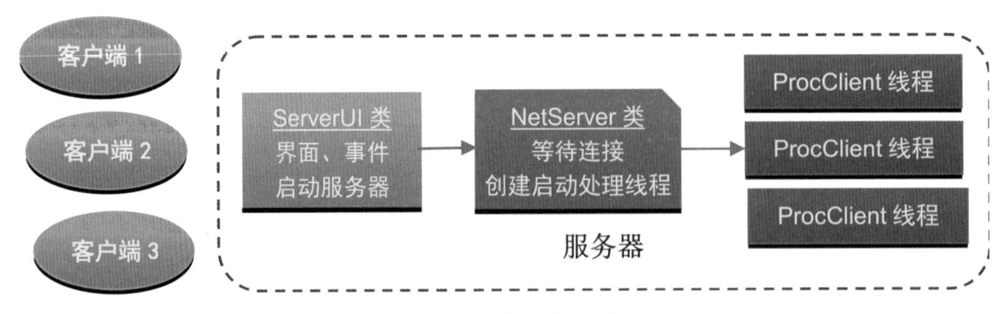

图 5-15 服务器流程图

5.9 网络画板客户端代码

客户端由界面 DrawUI 类和通信收发模块 NetConn 类组成。由于读取数据的 read()方法会进入阻塞状态，因此通信模块要放在一个线程对象中读取，如图 5-16 所示。

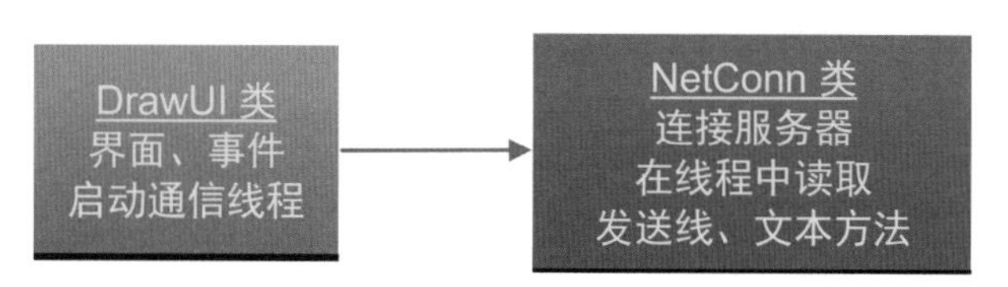

图 5-16 客户端流程图

1 首先，编写通信模块 NetConn 类的代码。

```
// 客户端通信模块
public class NetConn extends Thread{

   private DataInputStream dins;
   private DataOutputStream dous;

   public void run() {
      try {
         Socket socket=new Socket("localhost",9999);
         out.println("1- 连接服务器成功: ");
         // 封装成为 Data 流
         dins=new DataInputStream(socket.getInputStream());
         dous=new DataOutputStream(socket.getOutputStream());
         // 读取一个字节，消息类型
         while(true) {
            byte type=dins.readByte();
            out.println(" 客户端收到消息类型是 type: "+type);
            if(type==1) { prodessLine(); }
            else if(type==2) { prodessText(); }
            else { out.println("unknown msg type "+type);}
         }  //end while
      }catch(Exception ef) { ef.printStackTrace();}
   }

   // 读取线条消息体，最后一个 int 类型的数据是颜色值
   private void prodessLine() throws Exception{
      int x1=dins.readInt(); int y1=dins.readInt();
      int x2=dins.readInt(); int y2=dins.readInt();
```

```
        int c=dins.readInt();// 读取颜色值
        out.println("C 收到一条线 x1 "+x1+" y1"+y1+" x2 "+x2+" y2 "+y2+" color "+c);
    }
    // 读取字符串消息体
    private void prodessText() throws Exception{
        int byteLen=dins.readInt();
        out.println("C 收到文本消息字节长度 "+byteLen);
        byte[] data=new byte[byteLen];
        dins.read(data);
        String msg=new String(data);
        out.println("C 收到文本消息内容 "+msg);
    }
    // 发送一条文本消息给服务器
    public void sendText(String text) {
        try {
            byte[] data=text.getBytes();
            int len=data.length;
            dous.writeByte(2);// 切记先写入消息头
            dous.writeInt(len);// 消息字节长度
            dous.write(data);
            out.println("C 发送文本成功，长度为 :"+len);
        }catch(Exception ef) {ef.printStackTrace();}
            out.println("C 发送文本失败，text:"+text);
        }
    }
    // 发送一条线给服务器：向输出流中写入 4 个 int 类型的坐标值
    public void sendLine(int x1,int y1,int x2,int y2,int c) {
        try {
            dous.writeByte(1);// 切记先写入消息头
            dous.writeInt(x1);dous.writeInt(y1);
            dous.writeInt(x2);dous.writeInt(y2);
            dous.writeInt(c);// 写入颜色值
            out.println(" 客户端发送一条线 x1 "+x1+" y1"+y1+" x2 "+x2+" y2 "+y2);
        }catch(Exception ef) {ef.printStackTrace();
            out.println(" 客户端发送一条线 x1 "+x1+" y1"+y1+"  失败 ");
        }
    }
}
```

有没有发现，这个类的代码和服务器端处理用户线程的 ProcClient 类中的代码大部分是相同的！服务器与客户端在建立连接后，两端的通信是对等的，都是从一个 socket 对象上读取数据，遵守相同的协议。

客户端如何发送，服务器端就必须如何接收，差一个字节都不行。

2 编写客户端的界面，代码如下：

```
//客户端主界面：发送线、文本
public class DrawUI extends JFrame{
    //连接服务器的通信模块
    private NetConn conn=new NetConn();

    public void initUI() {//初始化界面
        this.setTitle("网画客户端v0.3");
        this.setDefaultCloseOperation(3);
        this.setSize(500, 400);
        this.setLayout(new FlowLayout());
        JTextField jtfSend=new JTextField(15);
        this.add(jtfSend);
        JButton buSend=new JButton("send");
        this.add(buSend);

        JTextArea jtaRecv=new JTextArea(5,20);
        this.add(jtaRecv);
        this.setDefaultCloseOperation(3);
        this.setVisible(true);

        NetConn conn=new NetConn();//连接服务器，启动读取线程
        conn.start();
        out.println("客户端连接，接收线程启动！");
        Graphics g=this.getGraphics(); //界面画布
        //加上鼠标监听器，在监听器中发送坐标
        this.addMouseListener(new MouseAdapter() {
            int x1,y1,x2,y2;
            public void mousePressed(MouseEvent e) {
                x1=e.getX();y1=e.getY();
            }
            int t=10;
            public void mouseReleased(MouseEvent e) {
                x2=e.getX();y2=e.getY();
                Color c=new Color(225,t,t++);
                g.setColor(c);
                g.drawLine(x1, y1, x2, y2);
                g.drawString("x1:"+x1+" y1:"+y1, x1, y1);
                g.drawString("x2:"+x2+" y2:"+y2, x2, y2);
                //把4个坐标值发送给服务器
                 conn.sendLine(x1,y1,x2,y2,c.getRGB());
            }
        });

        buSend.addActionListener(new ActionListener() {
            public void actionPerformed(ActionEvent e) {
                String text=jtfSend.getText();
                //取得输入框的文字，发送
```

```
            conn.sendText(text);
            jtfSend.setText("");
        }
    });
}

public static void main(String[] args) {
    DrawUI du=new DrawUI();
    du.initUI();
}
}
```

编码一步就测试一步，直至实现如图 5-17 所示的结果。

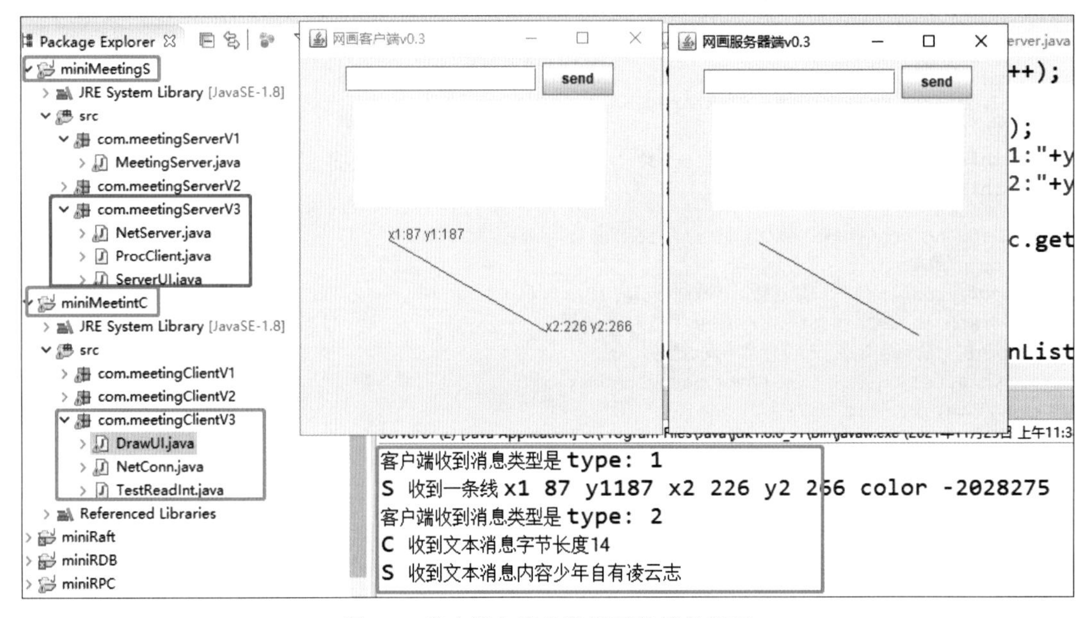

图 5-17 客户端与服务器端画的线条相同

在本例中，我们并未实现：

1）服务器发送文本、线条消息给客户端。

2）服务器将接收到的消息显示在界面上。

3）客户端接收服务器发来的线条、文本消息。

4）加上圆形、方形消息的收发功能。

5）现在实现一个网络版五子棋，没有难度了吧？

以上这些都是读者动手编码进行实践的机会！

5.10 视频通信实现

1. 获取视频

获取视频使用 webCam 库，从官方网站中下载后导入 lib 库，具体代码如下：

```
public class TestVideo extends JFrame{

   public void showFrame() {
      this.setTitle("webCam 视频测试 ");
      this.setSize(500, 600);
      this.setVisible(true);
      this.setDefaultCloseOperation(3);
      this.showVedio(); // 显示视频
   }

   public void showVedio(){
      //1. 调用 webCam 库，取得摄像头
      Webcam webcam =Webcam.getDefault();
      webcam.open();
      Graphics g=this.getGraphics();
      while(true){
         //2. 从摄像头上获取一张照片，画出来
         BufferedImage im=webcam.getImage();
         g.drawImage(im, 0, 0, null);
      }
   }
   public static void main(String[] args) {
      TestVideo tf=new TestVideo();
      tf.showFrame();
   }

}
```

所谓视频不过是一张张连续的图片而已（也可以考虑加上马赛克或哈哈镜特效）。

发送视频的本质就是将 BufferedImage im=webcam.getImage() 取得的图片 im 对象转换成二维数组，将其中的数据发送给服务器。基本流程如下：

1）循环取得摄像头传来的图片，转换成二维数组，将宽（w）、高（h）发送给服务器。

2）数组中 $w\times h$ 个 int 类型的数据按顺序发送给服务器。

3）服务器读取 w、h 两个 int 类型的整数，再读取 $w \times h$ 个 int 类型的数据，将这个二维数组画出来。

2. 视频通信服务器端代码

我们规定视频包的协议为：

视频消息标志为 3，接下来是两个 int 类型的数据，代表视频像素的宽（w）和高（h），也就是把图片转化为二维数组的二维值，最后是 $w \times h$ 个 int 类型的数据，是每个像素点上的颜色值。

1 编写通信模块类。

实现服务器端接收视频和线条的基本功能，具体代码如下：

```
// 每个进入服务器的连接，都启动一个线程进行处理
public class NetServer extends Thread{
private DataInputStream dins;
private DataOutputStream dous;
private Graphics g=null;// 界面画布

public NetServer(Graphics g) {
      this.g=g;
}

public void run() {
   try {
      ServerSocket server=new ServerSocket(9999);// 创建服务器对象
      Socket socket=server.accept();
      out.println(" 进入了一个客户端连接 ");
      dins=new DataInputStream(socket.getInputStream());  // 包装成为 Data 流
      dous=new DataOutputStream(socket.getOutputStream());
      while(true) {// 读取一个字节，消息类型
         byte type=dins.readByte();
         out.println(" 客户端收到消息类型是 type: "+type);
              if(type==1) { readLine(); }
         else if(type==3) { readImage(); }
         else { out.println("unknown msg type "+type);}
      }  // 结束循环
   }catch(Exception ef) { ef.printStackTrace();}
}

// 根据协议：服务器端读取线条消息体中的 4 个 int 类型的数据，最后一个 int 类型的数据是颜色值
private void readLine() throws Exception{
   int x1=dins.readInt();int y1=dins.readInt();
   int x2=dins.readInt();int y2=dins.readInt();
   int c=dins.readInt();// 读取颜色值
   Color cn=new Color(c);
```

```
    g.setColor(cn);
    g.drawLine(x1, y1, x2, y2);
    out.println("S 收到一条线 x1 "+x1+" y1"+y1+" x2 "+x2+" y2 "+y2+" color "+c);
}

// 根据协议，读取一张图片数据
public void readImage( ) {
    try {
        int w=dins.readInt(); // 第 1 个 int 类型的数据是宽
        int h=dins.readInt(); // 第 2 个 int 类型的数据是高
        // 读取 w×h 个像素值
        for(int i=0;i<w;i++) {
            for(int j=0;j<h;j++) {
                int v=dins.readInt(); // 读取这个点上的像素
                Color c=new Color(v);
                g.setColor(c);// 一定要有颜色
                g.drawLine(i, j, i, j); // 将这个像素点画到界面上
            }
        }
        out.println("S 读取一张图片成功，长度为 w: "+w+" h "+h);
    }catch(Exception ef) {
        ef.printStackTrace();
        out.println("S 读取一张图片失败，text:");
    }
}
}
```

2 编写服务器界面类。

编写服务器界面将画布传入通信模块，当接收到图片时画出来，代码如下：

```
// 视频通信服务器界面
public class ServerUI extends JFrame{

    public void initUI() {
        this.setTitle(" 视频通信服务器端 v0.3");
        this.setDefaultCloseOperation(3);
        this.setSize(500, 400);

        this.setDefaultCloseOperation(3);
        this.setVisible(true);
        Graphics g=this.getGraphics();

        NetServer ns=new NetServer(g);// 启动服务器线程，传入界面上的画布
        ns.start();
        out.println(" 服务器线程已启动 ");
    }

    public static void main(String[] args) {
        ServerUI su=new ServerUI();
```

```
        su.initUI();
    }
}
```

视频通信客户端代码

1. 编写通信模块类

客户端通信模块连接服务器，提供按照协议发送视频的调用，具体代码如下：

```
// 客户端通信模块
public class NetConn extends Thread{
    private DataInputStream dins;
    private DataOutputStream dous;

    public boolean connOK() { // 成功连接服务器
        try {
            Socket socket=new Socket("localhost",9999);
            out.println("1- 连接服务器成功: ");
            dins=new DataInputStream(socket.getInputStream()); // 封装成为 Data 流
            dous=new DataOutputStream(socket.getOutputStream());
            return true;
        }catch(Exception ef) {ef.printStackTrace();}
            return false;
        }

    // 在线程中读取服务器发来的数据: 暂时未启用
    public void run() {
        try {
            while(true) {
                byte type=dins.readByte(); // 读取一个字节, 消息类型
                out.println("C 客户端收到消息类型是 type: "+type);
                // 客户端接收到消息的处理, 此处省略
            } //end while
        }catch(Exception ef) { ef.printStackTrace();}
    }

    // 发送一张视频上的图片给服务器
    public void sendImage(BufferedImage image) {
        try {
            int w=image.getWidth();
```

```
            int h=image.getHeight();
            // 图片消息头标志
            dous.writeByte(3);//3 表示是一张图片消息
            dous.writeInt(w);
            dous.writeInt(h);
            for(int i=0;i<w;i++) {
                for(int j=0;j<h;j++) {
                    dous.writeInt(image.getRGB(i, j));
            }
        }
        out.println("C 一张图片发送成功，长度为 w: "+w+" h "+h);
        }catch(Exception ef) {ef.printStackTrace();
        out.println("C 一张图片发送失败，text:");   }
    }
    // 发送一条线给服务器：向输出流中写入 4 个 int 类型的坐标值
    public void sendLine(int x1,int y1,int x2,int y2,int c) {
        try {
            dous.writeByte(1);// 切记先写入消息头
            dous.writeInt(x1);dous.writeInt(y1);
            dous.writeInt(x2);dous.writeInt(y2);
            dous.writeInt(c);// 写入颜色值
            out.println("C 发送一条线 x1 "+x1+" y1"+y1+" x2 "+x2+" y2 "+y2);
        }catch(Exception ef) {ef.printStackTrace();
            out.println("C 发送一条线 x1 "+x1+" y1"+y1+"  失败 ");
        }
    }
    //1. 请实现：读取线条图形
    //2. 请实现：读取聊天文本信息
    //3. 请实现：读取视频图片
}
```

2. 编写客户端界面类

客户端除了用鼠标监听器发送线条外，还要启动一个线程来抓取摄像头上的图像，并调用通信模块 sendImage()发送图片，具体代码如下：

```
// 客户端主界面：线、文本、视频通信
public class DrawUI extends JFrame{
    private NetConn conn=new NetConn();// 连接服务器的通信模块
    private Graphics g=null;

    public void initUI() {// 初始化界面
        this.setTitle(" 视频客户端 v0.5- 视频发送 ");
        this.setDefaultCloseOperation(3);
        this.setSize(500, 400);
        this.setDefaultCloseOperation(3);
```

```
        this.setVisible(true);
        this.g=this.getGraphics();

        if(conn.connOK()) {// 启动通信模块
            conn.start();
            out.println(" 客户端连接，接收线程启动 !");
            startVideoThread(); // 启动抓取视频的模块
            out.println(" 发送视频图片的线程启动 !");
        }
        Graphics g=this.getGraphics(); // 界面画布
        // 加上 Mouse 监听器，在监听器中发送坐标
        this.addMouseListener(new MouseAdapter() {
        // 鼠标释放时，将 4 个坐标值发送给服务器，此处省略
        });

    }
    // 启动一个线程，发送视频中的每一张图片
    private void startVideoThread() {
        Thread t=new Thread() {
            public void run() {
                Webcam webcam =Webcam.getDefault();
                webcam.open();
                BufferedImage image;
                while(true){
                    image=webcam.getImage();
                    g.drawImage(image, 0, 0, null);// 取一张图片，先画到自己界面上
                    conn.sendImage(image);// 再发送给服务器端
                    out.println("C 发送了一张 "+System.currentTimeMillis());
                }
            }
        };
        t.start();
    }

    public static void main(String[] args) {
        DrawUI du=new DrawUI();
        du.initUI();
    }
}
```

收发视频的核心代码依旧是客户端与服务器的协议一致。

注意，对比如下客户端发送图片和服务器端读取图片的代码：

```
//客户端发送一张视频图片给服务器端
public void send(BufferedImage image){
    int w=image.getWidth();
    int h=image.getHeight();
    //图片头标志，3 表示一张图片
    dous.writeByte(3);
    //写入 w、h 这两个 int 值
    dous.writeInt(w);
    dous.writeInt(h);
    //写入 w×h 个 int 值
    for(int i=0;i<w;i++) {
        for(int j=0;j<h;j++) {
            dous.writeInt(image.getRGB(i, j));
        }
    }
}
```

```
  //服务器端接收

  首先读取了一个字节，判断类型是图片
  //读取 w、h 这两个 int 类型的数据
  int w=dins.readInt(); //第 1 个 int 类型的数据表
示宽
  int h=dins.readInt();//第 2 个 int 类型的数据表
示高
  //读取 w×h 个 int 值
  for(int i=0;i<w;i++) {
      for(int j=0;j<h;j++) {
          //读取这个点上的像素
          int v=dins.readInt();
          Color c=new Color(v);
          g.setColor(c);//设置颜色
          //将这个像素点画到界面上
          g.drawLine(i, j, i, j);
      }
  }
```

上面的程序代码运行后也收到了“视频”，但是问题比较多。该怎么解决呢？

5.12 视频通信的性能优化

视频通信非常慢，是无法忍受的慢！问题出在哪里呢？

首先，我们打印出来：

1）客户端从视频上取得一张图片的时间。

2）客户端发送这张图片的时间（见图 5-18）。

3）服务器端收到这张图片的时间。

现在，我们开始分析原因。

第 1 个原因：发送一张图片的本质是通过网络发送 320×240 个 int 类型的数据。

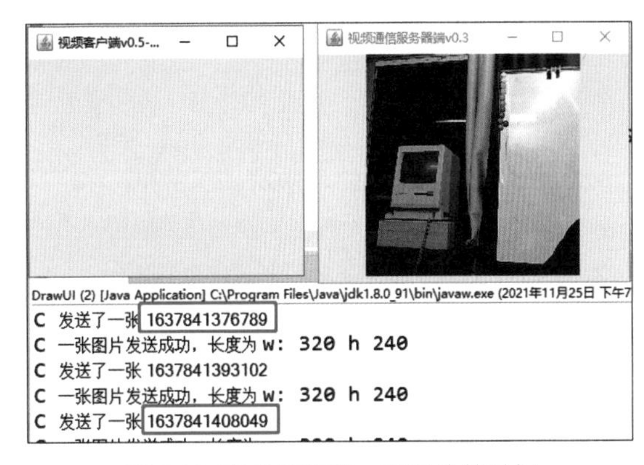

图 5-18　客户端发送一张图片的时间

读者可以算一算这是多少个字节？我们该如何压缩图片呢？

第 2 个原因：在客户端和服务器端都要写入、读取 320×240 次 int 类型的数据。

```
for(int i=0;i<w;i++) {
    for(int j=0;j<h;j++){
        dous.writeInt(1 个 int 像素值);
    }
}
```

```
for(int i=0;i<w;i++) {
for(int j=0;j<h;j++){
        int v=dins.readInt( );
    }
}
```

对操作系统有关知识有一些了解的读者应该知道，每写入一个 int 类型的数据，都要通过从应用程序到操作系统，再到网卡缓冲区这样一个来回，关键是还要等待一次操作系统的中断。

能不能在应用程序中一次性写入 320×240 个int 类型的数据呢？能不能从输入流中一次性读取 320×240 个 int 类型的数据呢？

当然是可以的，且有很多种办法，因为一切皆字节！

1. 第 1 种办法

将图片像素的二维 int 类型的数组转为字节数组；在读取方，首先读取 2 个 int 类型的数据，分别对应 w 和 h，再读取（$w \times h$）个字节转换为图片的二维数组。

发送方和接收方的示例代码如下：

```
//图片转换为字节数组，一次性发送
public void image2Byte(BufferedImage image) {
    int w=image.getWidth();
    int h=image.getHeight();
    //创建一个字节数组，长度对应于图像的长度（用 int 类型的数值表示）
    byte[] data=new byte[w*4+h*4+(w*h)*4];    //将 image 中 w×h 个 int 类型的数据转换成字节，然后再存入
data 对应的位置
        //一次性发送
          dous.write(data);
}

//一次性读取 w×h×4 个字节，它们是图片数据
public void byte2Image(byte[] data){
    int w=dins.readInt();
    int h=dins.readInt();
    byte[] data=new byte[w*h*4];
    dins.read(data);
    // 参考“客户端实现”一节中有关字节和 int 类型数据的转换方法
    // int[][] image=将 data 字节数组转换为 int 类型的二维数组
}
```

读者自己来测试怎样采用这种思路进行改进。切记，在每个长耗时方法的前、后都打印出计算所耗费的时间，就能一点一点地找到提升程序性能的办法。

2. 第 2 种办法

第 2 种办法就比较有意思了，还能做成一个录屏软件。

使用 JDK 中的 API 对图片进行压缩。Javax.imageio.ImageIO 类内置了保存图片的方法，可测试如下两段代码，将从摄像头取得的图片存入文件并读取文件，代码如下：

```
// 将图片默认以 0.75 压缩率保存成 JPG 文件
public void saveImage(intid,BufferedImage image)throws Exception {
    FileOutputStream fous=new FileOutputStream(id+"-video.jpg");
    ImageIO.write(image, "jpg", fous);
    fous.flush();
    fous.close();
}
// 从文件读取图片
public void loadImage() throws Exception{
    FileInputStream fins=new FileInputStream("-video.jpg");
    BufferedImage image=ImageIO.read(fins);
    g.drawImage(image, 100, 100, null);
}
```

测试以上的程序代码，结果显示每张图片大约为 14000 字节，如图 5-19 所示。这远远小于未压缩之前的 320×240×4=307200 字节。

然后，我们就可以从文件中再次读取一个字节数组，再进行发送；接收方逆向即可！

图 5-19 代码运行结果

请测试按照此种方案改进后的传送一张图片要耗费多少毫秒？

看了这种方法，读者应该明白如何实现视频的录像、自定义视频格式、快进或慢放……。

5.13 简版录像播放器

所谓录像就是顺序保存视频的多张图片，播放就是读图并画出来。现在考虑一下如何编码实现如图 5-20 所示的效果。

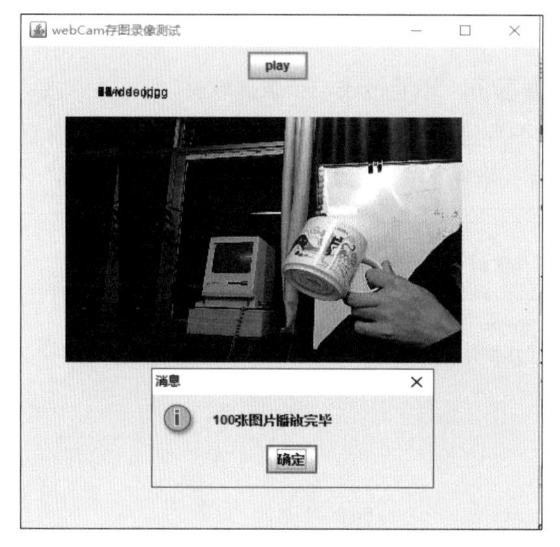

图 5-20 简版录像播放器

先编写基本代码：

```
// 使用 webCamp 显示视频测试
// 录制视频：保存 100 张图片 播放视频：读取图片显示
public class VideoRecord extends JFrame{
   private Graphics g;

   public void showFrame() {
      this.setTitle("webCam 保存录像测试 ");
      this.setSize(500, 600);
      this.setLayout(new FlowLayout());
      JButton buPlay=new JButton("play");
      this.add(buPlay);
      this.setDefaultCloseOperation(3);

      this.setVisible(true);
      g=this.getGraphics();
      // 显示视频并保存 100 张图片
      this.showSaveVedio();
      // 读取图片播放的按钮事件
      buPlay.addActionListener(new ActionListener() {
         public void actionPerformed(ActionEvent e) {
            loadImage();
         }
      });
   }

   //1. 调用 webCam 库，获取摄像头
   public void showSaveVedio(){
```

```
        Webcam webcam =Webcam.getDefault();
        webcam.open();
        Graphics g=this.getGraphics();
        int count=0;
        System.out.println(" 开始截取并保存图片 ...");
        while(count<100){
            BufferedImage image=webcam.getImage();//2.从摄像头上获取一张图片，画出来
            g.drawImage(image, 50, 100, null);
            saveImage(count++,image); // 保存 100 张图片
            try { Thread.sleep(100);}catch(Exception ef) {};}
            javax.swing.JOptionPane.showMessageDialog(this, "100 张图片录制完毕");
        }
    }
    // 图片压缩到文件（保存）
    public void saveImage(int id,BufferedImage image) {
        try {
            FileOutputStream fous=new FileOutputStream(id+"-video.jpg");
            ImageIO.write(image, "jpg", fous);
            fous.flush();
            fous.close();
        }catch(Exception ef) {ef.printStackTrace();}
    }
    // 读取与加载连续的图片
    public void loadImage() {
        try {
            for(int id=0;id<100;id++) {
                FileInputStream fins=new FileInputStream(id+"-video.jpg");
                BufferedImage image=ImageIO.read(fins);
                g.drawImage(image, 100, 100, null);
                g.drawString(id+"-video.jpg", 80, 80);
                Thread.sleep(10);
            }
        }catch(Exception ef) {ef.printStackTrace();}
        javax.swing.JOptionPane.showMessageDialog(this, "100 张图片播放完毕");
    }
    public static void main(String[] args) {
        VideoRecord tf=new VideoRecord();
        tf.showFrame();
    }
}
```

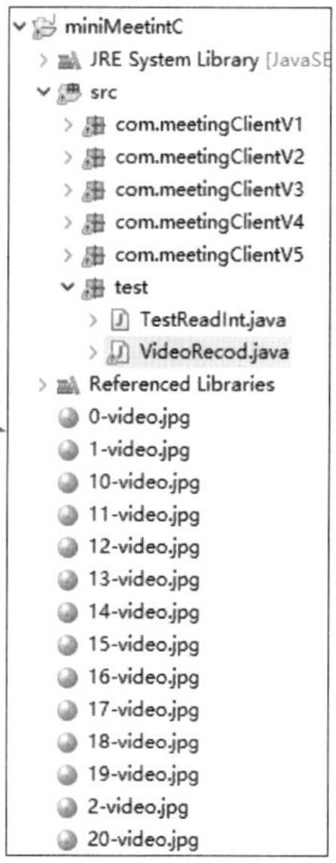

miniMeetintC
JRE System Library [JavaSE
src
com.meetingClientV1
com.meetingClientV2
com.meetingClientV3
com.meetingClientV4
com.meetingClientV5
test
TestReadInt.java
VideoRecod.java
Referenced Libraries
0-video.jpg
1-video.jpg
10-video.jpg
11-video.jpg
12-video.jpg
13-video.jpg
14-video.jpg
15-video.jpg
16-video.jpg
17-video.jpg
18-video.jpg
19-video.jpg
2-video.jpg
20-video.jpg

在以上代码基础上可以扩展实现：

1）给界面加上功能实现不调速播放。

2）给界面加上功能实现视频的叠加、动态特效。

3）考虑保存二维数组，实现自定义加密功能。

4）在通信服务器中实现视频保存功能。

通过压缩到文件再来读取字节并发送，这中间多了两个环节：保存到文件和从文件中读取。如果只是为了得到图片压缩后的字节，能不能在内存中完成这个过程呢？

我们说过，要相信聪明人的存在！

5.14 使用内存字节流

使用 java.io.ByteArrayInputStream 与 java.io.ByteArrayOutputStream 这两个类即可实现在内存中对图片的压缩转换，具体代码如下：

```
//发送一张视频上的图片给服务器
public void sendImage(BufferedImage image) {
    try {
        //把图片数据转换为字节数组
        java.io.ByteArrayOutputStream bous=new ByteArrayOutputStream();
        ImageIO.write(image, "jpg", bous);
        byte[] data=bous.toByteArray();
        int len=data.length;
        dous.writeByte(3);//3 表示是一张图片消息
        dous.writeInt(len);// 压缩后图片字节个数的长度，该值为 int 类型
        dous.write(data); // 图片数据
        out.println("C 一张图片发送成功，字节个数 : "+len);
    }catch(Exception ef) {ef.printStackTrace();
    out.println("C 一张图片发送失败 :");    }
}

//根据协议，读取一张图片的数据
public void readImage( ) {
    try {
        int len=dins.readInt();// 图片字节的长度
        out.println("S 读取到图片长度为 : "+len);
        byte[] data=new byte[len];
        dins.read(data);
        //把图片转换为数据流
        ByteArrayInputStream bins=new ByteArrayInputStream(data);
        BufferedImage bi=ImageIO.read(bins);
        //画到界面上
        g.drawImage(bi, 0, 0, null);
```

```
        out.println("S 读取一张图片成功，字节长度为： "+len);
    }catch(Exception ef) {ef.printStackTrace();
    out.println("S 读取一张图片失败 :");    }
}
```

以上两种方法分别用于发送视频图片和接收视频图片，发送与接收时一定能体会到，“传送视频也能如此顺畅！”

下面动手改造客户端与服务器视频通信项目。

5.15 群发功能服务器实现

通常服务器的首要功能是转发，就像我们用的微信、QQ 等聊天工具一样。服务器接收到信息后转发给另一个用户（前提是另一个用户也连接服务器），专业术语称为“点对点通信”。

本节将实现群聊服务器，即服务器收到的信息转发给所有客户端，视频也是如此。这很符合一个视频会议的场景功能。

在实现群发功能前要进一步理解：在服务器上，每进入一个客户端就启动一个线程对象，这个线程对象内部封装了对这个客户端发送信息的方法。这个对应关系掌握了，群发就是一个“遍历服务器端处理线程对象”的过程。

1 编写一个工具类（之所以叫工具类，是因为只需要调用其内部的方法，当然工具类的方法都会声明为 static 类型——是不是就成了面向过程编程。）。工具类 GroupTools 中有一个队列对象，并提供了加入队列和向队列中线程对象（代表每一个客户端）群发消息的方法。

工具类 GroupTools 的代码如下：

```
//为服务器提供工具方法以便调用
public class GroupTools {
    //保存对应每个客户端的线程对象
    private static LinkedList<ProcClient>pcs=new LinkedList();
    //将一个线程对象加入队列
    public static void addClient(ProcClient pc) {
        pcs.add(pc);
    }
    //群发一张视频图片给所有客户端
    public static void gSendVideo(byte[] data) {
```

```
        for(ProcClient pc: pcs)
            pc.sendVideo(data);
    }
    //群发一条线的数据给所有客户端
    public static void gSendLine(int ...ia) {
        for(ProcClient pc: pcs)
            pc.sendLine(ia);
        }
    }
}
```

GroupTools 中的方法将在两处调用，一处是一个客户端的线程对象收到消息时调用群发方法；另一处是当有客户连接成功创建处理线程对象后，调用 addClient 方法存入队列。

2 服务器接收、发送信息类的代码如下：

```
//每个进入服务器的连接都会启动一个线程进行处理
public class ProcClient extends Thread{
    private DataInputStream dins;
    private DataOutputStream dous;

    public ProcClient(Socket client) {
        try {
            dins=new DataInputStream(client.getInputStream());
            dous=new DataOutputStream(client.getOutputStream());
        }catch(Exception ef) {}
    }

    public void run() {
        try {
            while(true) {// 读取一个字节，消息类型
                byte type=dins.readByte();
                out.println("客户端收到消息类型是 type: "+type);
                if(type==1) { // 读取线的数据并转发
                    int x1=dins.readInt(); int y1=dins.readInt();
                    int x2=dins.readInt(); int y2=dins.readInt();
                    int c=dins.readInt();
                    out.println("S 收到一条线 x1 "+x1+" y1"+y1+" x2 "+x2+" y2 "+y2+" color "+c);
                    GroupTools.gSendLine(x1,y1,x2,y2,c);// 群发
                }
                else if(type==3) {// 读取图片数据并转发
                    int len=dins.readInt();// 图片字节的长度
                    out.println("S 读取到图片长度为： "+len);
                    byte[] data=new byte[len];
                    dins.readFully(data);
                    GroupTools.gSendVideo(data);// 群发
                }
```

```
            else { out.println("unknown msg type "+type);}
        } //结束 while 循环
    }catch(Exception ef) { ef.printStackTrace();}
}

//发送一条线
public void sendLine(int ...ia) {
    try {
        synchronized(dous) {
            dous.writeByte(1);
            for(int iv:ia) {
                dous.writeInt(iv); //图片数据，第 2 个 int 类型的数据表示长度
            }
        }
    }catch(Exception ef) {}
}
//发送某种类型的一条消息给自己的客户端
public void sendVideo(byte[] data) {
    try {
        synchronized(dous) {
            dous.writeByte(3);
            dous.writeInt(data.length); //图片数据，第 2 个 int 类型的数据表示长度
            dous.write(data);
        }
        out.println("S 一条图片消息转发长度 : "+data.length);
    }catch(Exception ef) {}
}
}
```

这段代码要注意以下 4 点：

1）目前服务器只需要转发，所以不用对图片进行解析，按协议读取字节转发即可。

2）可变参数 public void sendLine(int ...ia) 相当于 int[] ia，实际传入的是一个数组，在方法体内也是将 ia 当作数组使用的。

3）为什么要执行 synchronized(dous)，因为发送视频是一个线程，界面监听器发送鼠标坐标是另一个线程，就可能出现两个线程同时向输出流中写入数据的情况，这样会导致写入的数据混乱，不符合协议的规范，是一种“坏包”或“粘包”情况。

4）如下这段代码：

```
byte[] data=new byte[len];
dins.readFully(data);
```

请先查看 read(byte[]) 和 readFully() 的源码之间的区别，这个笔者也没弄明白，不过使用的经验是：在一次性发送大量数据到对端时，对端应调用 readFully 方法；如果调用 read 方法，可能导致预期的数据还没有读完，方法就已经提前返回了。

3 转发服务器启动类。

不需要界面，创建启动服务器即可，代码如下：

```
public class Main {    //在线程中创建服务器，等客户端连接进入
   public static void main(String[] args) {
      ServerSocket server=new ServerSocket(9999);
      while(true) {
         Socket socket=server.accept();
         ProcClient pc=new ProcClient(socket);  //进入一个连接，启动一个线程去收发
         pc.start();
         GroupTools.addClient(pc);//将创建的线程对象存入队列备用
      }
   }
}
```

这里只需要注意：服务器在进入一个客户端连接后创建的线程对象，要调用 GroupTools.addClient 加入队列，这样在收到信息群发时服务器才可以找到这个客户端。

群发功能配合内存字节流、改进视频性能的方法，可以初步实现简化版会议平台（或迷你会议平台），如图 5-21 所示。当然此时还是无声的。

图 5-21 简化版的会议平台

如果要加上声音，编写代码的思路是：

1）找到录取声音的 API，在客户端录制一段声音，转换成字节发送给服务器。

2）由服务器转发给其他客户端播放。

3）服务器应新建一个 ServerSocket 绑定端口，这个端口专门用来接收语音通信的连接。当然，客户端还需要再启动一个连接线程。

编码的实践机会又来了，请读者加上语音功能吧！

5.16 迷你会议项目拓展

至此，我们的迷你会议可以基本实现视频、文本、图形（白板）的发送功能，当然这只是个雏形。我们要本着创造作品而不是应付作业的态度去优化它。

提出一些需要改进的地方供读者参考：

1）代码中异常的处理。在示例中，只是为了简洁和明晰流程，许多地方“粗犷”地将多个异常放在一个 try-catch 程序区块中。这不是好的学习态度。读者在编写 try-catch 时一定要停下来自问，这个异常是应当 throws，还是在这里 try-catch，还是放在一个大程序区块中？每一行代码，都值得思考。

2）优化细节。技术能力的提升体现在精益求精上，在不断发现问题、解决问题的实践过程中，训练出自己严谨的态度和思考周全的能力。比如：

- 客户端连接服务器的 IP 地址和端口号能以输入方式输入，而不应写“死”在代码中。
- 因外部情况导致网络断线，客户端应在网络恢复后自动重连服务器。
- 服务器队列中保存的已掉线的客户处理线程，如何进行清理？
- 客户端有必要加上控制是否传送视频的功能。
- 实现客户端与另一客户端点对点聊天的功能。
- 给服务器加上登录、注册、保存用户账号的功能。
- 使用 Java Sound API 实现语音和画面同步的功能。
- 加上视频特效，比如用户可以让自己的视频以油画风格显示。

……

只要读者愿意思考、愿意实践，就一定能实现一款精致的作品。

第6章 迷你RPC框架的实现

我居北海君南海，寄雁传书谢不能。

——黄庭坚《寄黄几复》

本章将从零开始实现远程调用框架的“迷你RPC”项目，讲解RPC框架原理、客户端和服务器端代码实现、XML配置，帮助读者掌握RPC原理及应用场景。

6.1 为了简单地生活

从数据层面看，计算机之间的所有通信无非是基于TCP/IP 协议中的字节流传输，如图 6-1 所示。

从项目功能实现层面看，计算机之间的通信类似于对象方法的调用。

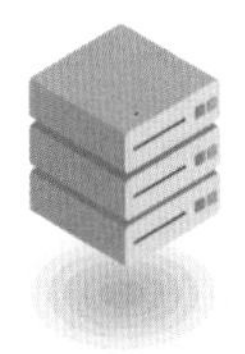

0x12-0x5-0xa3-0x12-0xca-0xd3

图 6-1 基于 TCP/IP 协议通信

实现一个通信（调用）练习：客户端给服务器发送一个 int 类型的数值（比如 20），服务器则返回从第 1 项开始到第 20 项的斐波那契数列。客户端代码如下：

```
public void testC()throws Exception {
    Socket s=new Socket("Host",9999);
    DataInputStream dins=new DataInputStream(s.getInputStream());
    DataOutputStream dous=new DataOutputStream(s.getOutputStream());
    // 请求服务器计算从第 1 项起到第 20 项斐波那契数列的各项
    dous.writeInt(50);
    int r=dins.readInt();
    out.println(" 客户端读到的结果是 "+r);
}
```

接下来实现服务器，此时就可以说：自己在开发一个“大数据计算中心”！

服务器的代码如下：

```
public void testS()throws Exception {
    ServerSocket ss=new ServerSocket(9999);
    Socket s=ss.accept();
    DataInputStream dins=new DataInputStream(s.getInputStream());
    DataOutputStream dous=new DataOutputStream(s.getOutputStream());
    int r=f(dins.readInt());
    dous.writeInt(r);
    out.println(" 服务器写入的结果是 "+r);
}
public static int f(int n) {// 取得第 n 项 fb 数列的项
    if ((n == 0) || (n == 1))return n;
    else return f(n - 1) + f(n - 2);
}
```

实现如上练习，读者会发现多么希望客户端只是这样一行代码：

```
int result = Server.getCount(20);
```

只需调用对象的一个方法就能获得在服务器中需要的数据和远程计算能力！没错，这就是 RPC（Remote Procedure Call Protocol，远程过程调用协议）。

6.2 迷你 RPC 框架分析

远程过程调用就是客户端调用一个对象的方法获取返回值，而这个方法的实际执行是在远端服务器上完成，而后通过网络把结果返回给调用者。

基本结构：

对客户端而言，不需要考虑网络通信的细节过程，一切服务器端功能的获得都像本地独立程序一样，调用对象的方法取得返回值即可，如图 6-2 所示。

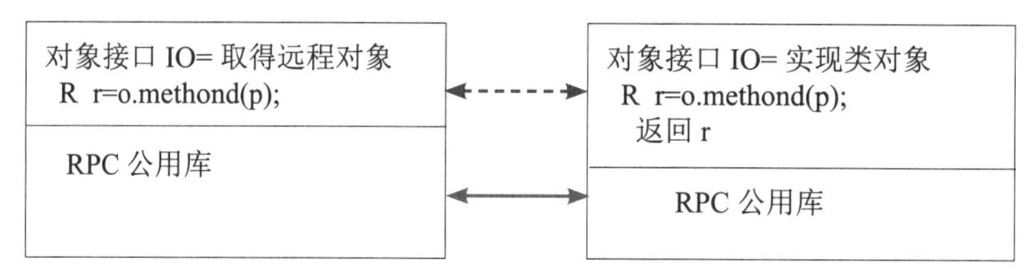

图 6-2 RPC 基本结构

1）共享接口。RPC 调用的关键前提是客户端和服务器端共享一个接口：客户端根据接口调用，服务器端根据请求参数定位到实现类对应的方法。比如根据用户 id 获取用户名这样一个场景：

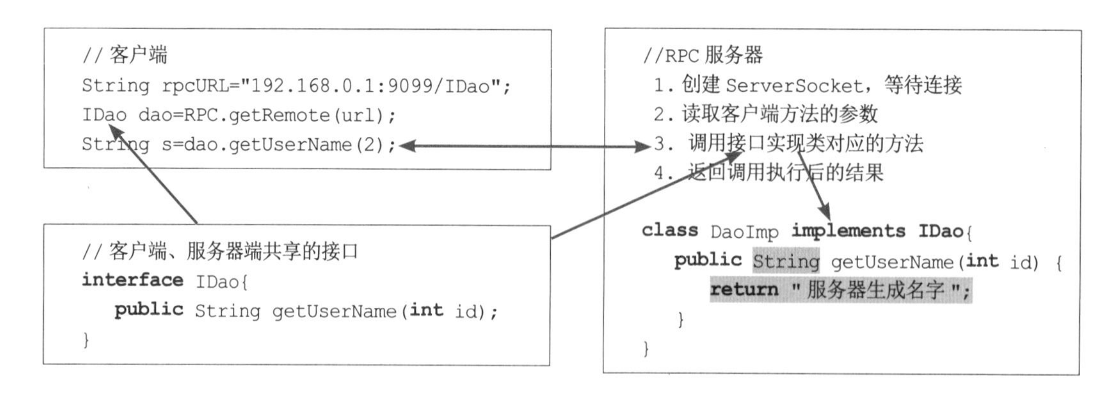

2）客户端代理调用。客户端调用时对接口 IDao 进行代理封装，当实际调用方法时截获方法对象并发送给服务器。实现方法是调用 JDK 的代理类 Proxy java.lang.reflect.Proxy.newProxyInstance()。

3）服务器反射创建对象。服务器根据配置动态加载实现类，创建对象调用方法。

4）读写对象。方法对象和调用结果的网络传送使用 ObjectStream 以简化通信。

6.3 RPC 公共代码实现

1. 编写客户端发送给服务器的参数对象类

客户端将调用的方法名、方法参数类型（形参）、方法参数实际值（实参）和接口名都封装在这个类中，以对象的形式发送给服务器。

```
package miniRPCUtil;
//RPC 客户端和服务器通信传送的方法对象类，保存调用方法的所有数据
public class RPCPara implements java.io.Serializable{
    // 服务器名：与客户端共享的接口名
    public String interFaceName;
    // 远程调用的方法名
    public String methodName;
    // 方法参数对象（值）
    public Object[] methodArgsValue;
    // 方法参数类型
    public Class[] methodArgsTypes;

    public String toString() {
        return" 输出方法对象的所有值，便于打印调试 ";
    }
}
```

2. 编写客户端和服务器端共享的调用接口

本例中该接口为 IDao。

```
package miniRPCUtil;
// 客户端调用接口，服务器端实现
public interface IDao {
```

```
    public String getName(int id);
}
```

3. 编写 IDao 接口的实现类

IDao 接口的实现类是在服务器中，代码如下：

```
package miniImp;

//在服务器端的实现类中实现了IDao接口
public class DaoImp implements miniRPCUtil.IDao{
    @Override
    public String getName(int id) {
        return"服务器端成功-"+System.currentTimeMillis();
    }
}
```

在编写完 RPC 服务器主体代码后，将把 IDao、RPCPara 分发给客户端使用。接下来，用不到 50 行代码实现 RPC 服务器。

6.4 迷你 RPC 服务器代码实现

直接看下面的代码：

```
//RPC服务器
//1. 启动服务器，接收方法对象
//2. 反射创建对象，调用方法，返回结果
public class RPCServer {
    public static void startServer(int port) {
        try {
            //1.创建RPC服务器并绑定端口
            ServerSocket ss = new ServerSocket(port);
            out.println("RPC server启动:"+port);
            while (true){
                //2.客户端连接进入
                Socket socket = ss.accept();
```

```
            //封装为对象输入 / 输出流
            ObjectInputStream ois = new ObjectInputStream(socket.getInputStream());
            ObjectOutputStream oos = new ObjectOutputStream(socket.getOutputStream());

            Object obj= ois.readObject();//读取请求对象
            //是否为 RPC 方法对象请求
            if(obj instanceof RPCPara) {
               RPCPara paras=(RPCPara)obj;
               if(paras.interFaceName.equals("miniRPCUtil.IDao")) {//是否指定接口的调用

                  Class clazz=Class.forName("miniImp.DaoImp");//动态加载实现类
                  Object impObj=clazz.newInstance();//调用无参构造器创建对象
                  //根据传来的方法名、方法参数反射到这个方法对象
                  Method method = clazz.getMethod(paras.methodName, paras.methodArgsTypes);
                  //在对象上调用方法，传入方法实参
                  Object result = method.invoke(impObj,paras.methodArgsValue);

                  oos.writeObject(result);//将调用结果发送给客户端
                  oos.flush();
                  socket.close();
               }
               else { out.println("unknown inName: "+paras.interFaceName); } }
            else {out.println("unknown obj: "+obj); }}
         }catch(Exception ef) {ef.printStackTrace();}
      }
   public static void main(String[] args) {//启动
      startServer(9901);
   }
}
```

现在可以让这个 RPC 服务器运行起来，再编写客户端。

6.5 分发公用库给客户端

客户端想知道哪些远程方法可以调用，需要持有 miniRPCUtil.IDao 接口；客户端要发送方法参数给服务器，需要持有 miniRPCUtil.RPCPara 类。

当然可以简单地把这两个类的源码复制到客户端项目中，但这不是好办法，如果有更多的接口定义呢？请查看程序包分发的方法。

1 用鼠标右击 miniRPCUtil 程序包，在弹出的快捷菜单中选择 Export 选项，如图 6-3 所示。

2 在 Export 对话框的列表中依次选择“Java → JAR file”选项（见图 6-4），然后单击 Next 按钮。

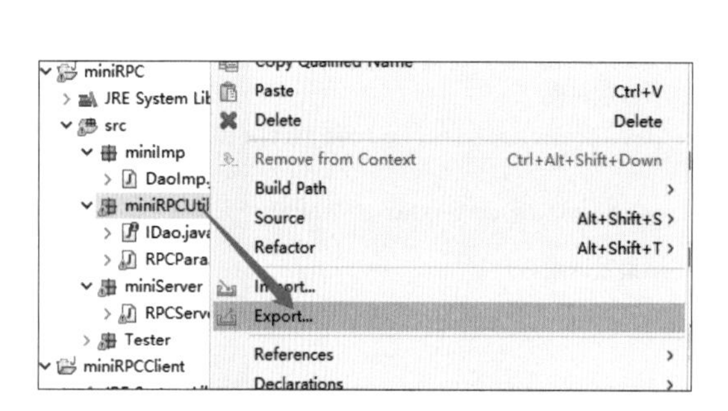

图 6-3 选择 Export 选项

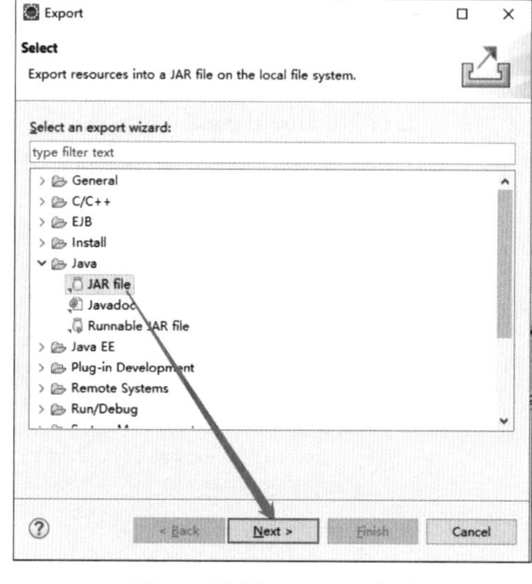

图 6-4 选择 JAR file 选项

3 新建目录 rpcLib，将该程序包保存到该目录下并命名为 serverLib.jar，如图 6-5 所示。

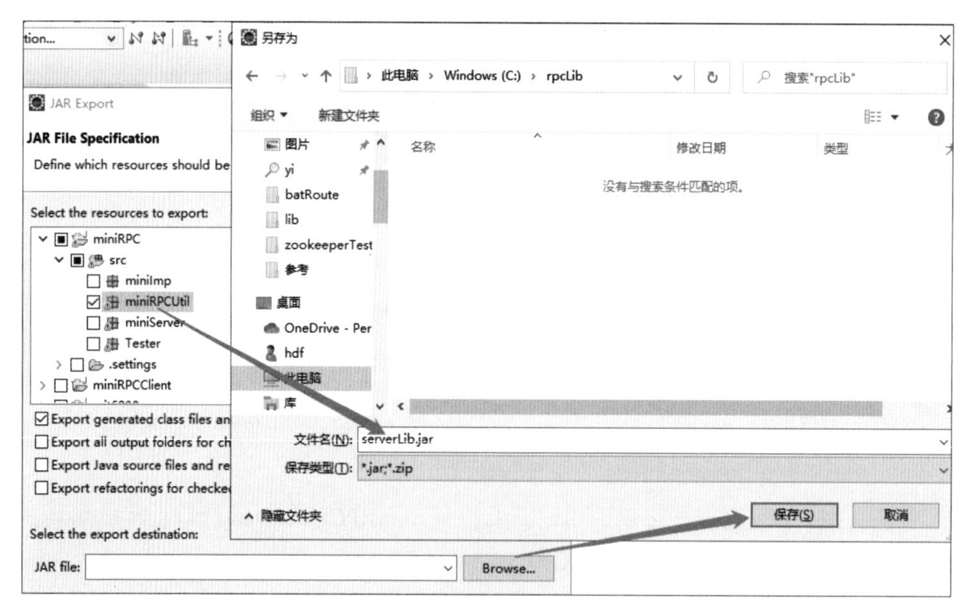

图 6-5 另存为 serverLib.jar

serverLib.jar 中包含 IDao.class 和 RPCPara.class 这两个类，并且保持了包结构的一致性，将这个 JAR 文件复制给客户端以完成程序包的分发。

6.6 客户端编码实现

在客户端项目中导入服务器分发的 serverLib.jar 程序包后编码，代码如下：

```
import miniRPCUtil.IDao;
import miniRPCUtil.RPCPara;
public class rpcClient {

   public static void main(String[] args) {
      miniRPCUtil.IDao dao = (IDao) getRemote(IDao.class); //1.得到远程对象
      String name = dao.getName(100);//2.调用服务器上的方法
      System.out.println("服务器返回 :"+name);
   }

   //得到代理对象，设置代理中的处理器类
   public static Object getRemote(Class inface){
      //1.代理的处理器对象类
      InvocationHandler handler=new InvocationHandler() {
      //2.在接口上调用方法时，执行的是 invoke
      public Object invoke(Object proxy, Method method, Object[] args)
         throws Throwable {
            //3.解析调用方法，封装成请求参数对象
            miniRPCUtil.RPCPara para=new RPCPara();
            para.interFaceName=inface.getName();
            para.methodArgsTypes=method.getParameterTypes();
            para.methodArgsValue=args;
            para.methodName=method.getName();
            Object result=sendRead(para); //4.发送给服务器，读取服务器返回结果
            return result;
         }
      };
      //5.用处理器对象生成代理类
      return Proxy.newProxyInstance(inface.getClassLoader(),new Class[]{inface},handler);
   }

   //网络连接服务器，读写对象
   private static Object sendRead(Object obj)throws Exception {
      Socket socket = new Socket("localhost",9901);
      ObjectOutputStream oos = new ObjectOutputStream(socket.getOutputStream());
      ObjectInputStream ois = new ObjectInputStream(socket.getInputStream());

      oos.writeObject(obj); //收发
      Object result=ois.readObject();
```

```
        socket.close();
        return result;
    }
}
```

6.7 注意事项

1）客户端调用共享接口类的 getName() 方法，返回的是全包路径名。服务器判断时，也必须是全包路径名方可成功。

2）运用 java.lang.reflect.Proxy、java.lang.reflect.InvocationHandler 类先做练习，十分有助于理解 RPC 的运作机制。若对此不了解，请看 6.2 节。

3）拓展任务：

❶ 在编写、测试、理解以上代码的基础上，编写如下代码扩展 IDao 接口，并实现客户端的调用测试。

```
//客户端调用接口，服务器端实现
public interface IDao {

    public String getName(int id);
```

```
    // 任务：从服务器获取一组用户对象，自己编写 User 类多写几个属性
    public List<User> getAll();

     // 任务：向服务器保存一组用户对象
     public boolean saveAll(List<User>us);
}
```

❷ 将服务器端的单线程改进为多线程或 NIO 模型？用 XML 配置文件实现 RPC 服务器接口分发和类对应的动态配置；进一步用 ZooKeeper 分布业务提供给客户端进行订阅。

6.8 配置文件设计

在使用开源框架时，经常看到用 XML 作为配置文件，把代码中一些常量数据定义在 XML 文件中，甚至一些业务逻辑也定义在 XML 文件中，这给代码带来了极大的灵活性。本节我们解析 XML，用来配置自己的迷你 RPC 服务。

在 XML 之前，多使用以 .ini 或以 .propertieso 为扩展名的参数文件来配置程序，比如 cfg.ini，参数文件每行以名一值对形式写入，在代码中解析如下：

```
#cfg.ini
server.ip= localhost
server.port=9090
dbURL=mysql://192.168.0.2:3306/userDB
dbUser=root
dbPWD=666
```

在代码中解析 cfg.ini 配置的值：

```
// 指向当前目录下的配置文件 cfg.ini
FileInputStream fis = new FileInputStream("cfg.ini");
// 载入配置文件
Properties prop = new Properties();
prop.load(fis);

   String port= prop.getProperty("server.port");
   String dbUser= prop.getProperty("dbUser");
   // 取一个不存在的值，会得到 null
   String foo=prop.getProperty("foo");
```

```
// 输出测试
out.println("port:"+port+" dbUser: "+dbUser+" foo: "+foo);
```

可以看出，参数文件规定为“=”隔开的键值对，每一行配置一个参数的键值对。代码加载成的 Properties 对象，其实是一个 Map。这种一行一行键值对的形式只能进行简单的配置。

如果配置复杂，就要使用 XML 格式。XML 也是文本文件，可以用任意文本编辑器打开。与键值对行式的配置文件相比，XML 可以配置多层次、结构明显的复杂结构。

JDK 本身提供了解析 XML 的类，但它使用麻烦，因此推荐使用第三方开源库 Dom4j。在开始解析一个 XML 文件之前，请先下载 Dom4j 库。

6.9 XML 配置格式设计

使用 XML 文件，需注意编码基本格式的 3 点约定：

1）特定的 XML 文件有自己严格的格式定义，在代码解析时必须和定义一致，否则会出错。XML 格式定义称为 schema，请读者自行拓展了解。

2）一个 XML 文件在代码中称为一个 document，document 中包含多个元素，与 HTML 类似，每个元素必须包含在一对 < 元素名 ></ 元素名 > 之间。每个元素可以定义多个键值对的特性。

3）XML 中注解格式是 <!-- 这里是注解 -->。

本节中我们的 RPC 服务器从扩展需求看，有如下参数需要进行配置：

1）服务器启动绑定的端口号。

2）服务器可以暴露的接口名字、实现类。

3）日志文件路径是否输出等。

可以从设计简洁的 miniRPCServer.xml 文件格式来配置 RMI 服务器，代码如下：

```
<rpcServer>
<serverport="9989" threadCount="100" logLevel="Debug"/>
<!-- 配置一个接口，实现类的名字可能变动，发布到 ZooKeeper 上，-->
<service>
<rmBean serviceName="miniRPCUtil.IDao" inFace="miniRPCUtil.IDao" imp="miniImp.DaoImp"/>
<rmBean serviceName="miniRPCUtil.IMsg" inFace="miniRPCUtil.IDao" imp="miniImp.MsgImp"/>
```

```
</service>
</rpcServer>
```

设计 RMI 客户端的配置文件 miniRPCClient.xml，格式如下：

```
<rpcClient>
<server ip="localhost" port="9989"/>
<rmBean serviceName="miniRPCUtil.IDao" interface="miniRPCUtil.IDao"/>
<rmBean serviceName="miniRPCUtil.IMsg" interface="miniRPCUtil.IMsg"/>
</rpcClient>
```

在调用 Dom4j 库解析 XML 文件前，得确认配置参数的意义。

其中，<rmBean> 可以配置多个，每一个代表一个远程调用接口，其中配置了服务名、接口类名和实现类名，这里必须写全包限定名。

接下来就开始编码测试输出以上两个 XML 文件中配置的键值对。

6.10 使用 Dom4j 解析 XML

将 Dom4j.jar 导入项目第三方库，然后编写代码，观察输出情况。

```
public static void main(String[] args) throws DocumentException{
   TestXMLParser parser=new TestXMLParser();
   String xmlFile="miniRPCServer.xml";// 要解析的 XML 文件名
   SAXReader reader = new SAXReader();
   Document document = reader.read(xmlFile);
   Element root = document.getRootElement();
   // 第一级目录
   for (Iterator<Element>it = root.elementIterator(); it.hasNext();) {
      Element e = it.next();
      if(e.getName().equals("server")) {// 得到 server 的属性
         String port=  e.attributeValue("port");
         String tc=  e.attributeValue("threadCount");
         String logLevel=  e.attributeValue("logLevel");
         out.println("port:"+port+"logLevel:"+logLevel+"threadCount: "+tc);
   }
   if(e.getName().equals("service")) { //service 中可能有多个 Element
      for (Iterator<Element>ite = e.elementIterator(); ite.hasNext();) {
```

```
            Element service = ite.next();
            String sn= service.attributeValue("serviceName");
            String inFace= service.attributeValue("inFace");
            String imp= service.attributeValue("imp");
            out.println("serviceName:"+sn+"inFace:"+inFace+"imp:"+imp);
        }
    }
}
```

注意代码中取得的元素、属性名的字符串和 XML 中一致，解析成功后的输出为：

```
port:9989 logLevel:DebugthreadCount: 100
serviceName:miniRPCUtil.IDao inFace:miniRPCUtil.IDaoimp:miniImp.DaoImp
serviceName:miniRPCUtil.IMsg inFace:miniRPCUtil.IDaoimp:miniImp.MsgImp
```

注意

Dom4j 库和 JDK 库中许多类重名，比如 Document，如图 6-6 所示，在导入时注意仔细分辨。

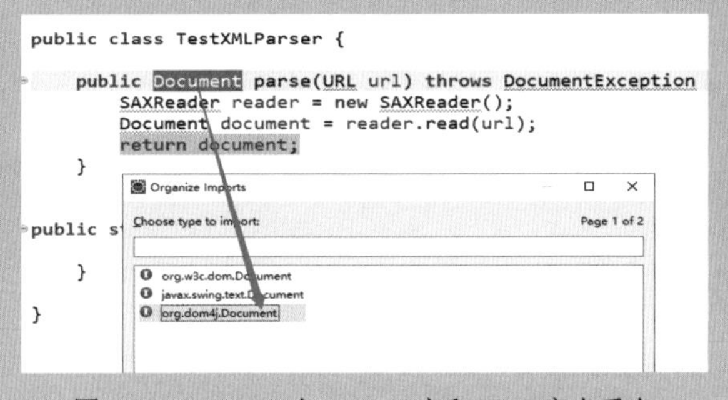

图 6-6 Document 在 Dom4j 库和 JDK 库中重名

RPC 服务器发布设计

RPC 服务器需要改进如下几点：

1）从 XML 读取可配置的远程服务接口和实现类。

2）当客户端请求到来时，启动一个线程处理。

3）在客户端线程中根据调用服务名和接口名查找配置参数。

4）动态创建参数中指定的实现类，调用方法并返回。

1 编写一个类保存从 XML 中读到的配置。代码如下：

```
public class CfgData {

    public static int port;// 服务器端口
    public static int threadCount; // 最多线程数
    public static String logLevel;// 日志输出级别
    //rpc 服务接口名和对应的实现类名保存在这个 Map 对象中
    public static Map<String,String>interAndImp=new HashMap();
}
```

注意其中的 interAndImp 是 Map 结构，用以保存接口的实现的类名，必须包含全部 package 名字。

2 把 XML 配置读取到这个类中。代码如下：

```
public class ParseXML {
    private static String xmlFile="miniRPCServer.xml";// 要解析的 XML 文件名
    // 解析 XML 配置数据到 CfgData 类中
    public static boolean initXML() throws DocumentException{
        Document document = new SAXReader().read(xmlFile);
        Element root = document.getRootElement();
        for (Iterator<Element>it = root.elementIterator(); it.hasNext();) {
            Element e = it.next();
            if(e.getName().equals("server")) {// 得到 server 属性
                CfgData.port=Integer.parseInt(e.attributeValue("port"));
                CfgData.threadCount=Integer.parseInt(e.attributeValue("threadCount"));
                CfgData.logLevel=  e.attributeValue("logLevel");
            }
            if(e.getName().equals("service")) { //service 中可能有多个 Element
                for (Iterator<Element>ite = e.elementIterator(); ite.hasNext();){
                    Element service = ite.next();
                    String sn= service.attributeValue("serviceName");
                    String inFace= service.attributeValue("inFace");
                    String imp= service.attributeValue("imp");
                    CfgData.interAndImp.put(inFace, imp); // 存入 Map 中备查
                }
            }
        }
        return true;
    }
}
```

此时 RPC 服务器端代码比上一个版本要更加清晰一些。

3 改进多线程支持和根据用户请求接口查询配置表，代码如下：

```
// 多线程，可配置 RPC 服务器
public class RPCServer extends Thread{
// 启动 RPC 服务器
    public static void main(String[] args) throws Exception{
        if(ParseXML.initXML()) {
            RPCServer server=new RPCServer(CfgData.port);
            server.start();
            out.println("RPC 服务器启动成功，将处理如下接口：");
            out.println(CfgData.interAndImp);
        } else {
            out.println(" 初始化 XML 失败 ");
        }
    }

    private int port=0;
    public RPCServer(int port) {
        this.port=port;
    }

    public void run() {
        startRPC();
    }

    private void startRPC() {
        try {
            ServerSocket ss = new ServerSocket(this.port);//1. 创建 RPC 服务器，绑定端口
            out.println("RPC server 启动 :"+port);
            while (true){
                Socket socket = ss.accept();//2. 客户端连接进入
                out.println(" ... 客户端进入 :"+port);
                process(socket);
            }
        }catch(Exception ef) {ef.printStackTrace();}
    }
    // 启动一个线程，去处理客户端请求
    private void process(Socket socket) {
        new Thread() {public void run() {
            try {
                // 封装为对象输入 / 输出流
                ObjectInputStream ois = new ObjectInputStream(socket.getInputStream());
                ObjectOutputStream oos = new ObjectOutputStream(socket.getOutputStream());
                Object obj= ois.readObject();// 读取请求对象
                out.println(" 服务器读到请求对象 ..."+obj);
                if(obj instanceof RPCPara) { // 是否为 RPC 方法对象请求
                    RPCPara paras=(RPCPara)obj;
```

```
                Object result=getResult(paras);
                oos.writeObject(result);// 将调用结果发送给客户端
                oos.flush();
            } else {
                out.println("unKonw inName: "+obj);
            }
            socket.close(); // 关闭连接
            }catch(Exception ef) {}
        }
    }.start();
  }
  // 查找配置中接口对应的实现类
  public Object getResult(RPCPara paras) throws Exception{
    String impClass=CfgData.interAndImp.get(paras.interFaceName);
    out.println(" 调用接口是 "+paras.interFaceName+" 得到实现类 : "+impClass);
    Class clazz=Class.forName(impClass); // 动态加载实现类
    Object impObj=clazz.newInstance(); // 调用无参构造器创建对象
    // 根据传来的方法名、方法参数反射到这个方法对象
    Method method = clazz.getMethod(paras.methodName, paras.methodArgsTypes);
    // 在对象上调用方法，传入方法实参
    Object result = method.invoke(impObj,paras.methodArgsValue);
    return result;
  }
}
```

在本例中用到的接口、实现类、请求对象类和上一个版本一致，在此就不再列出了。

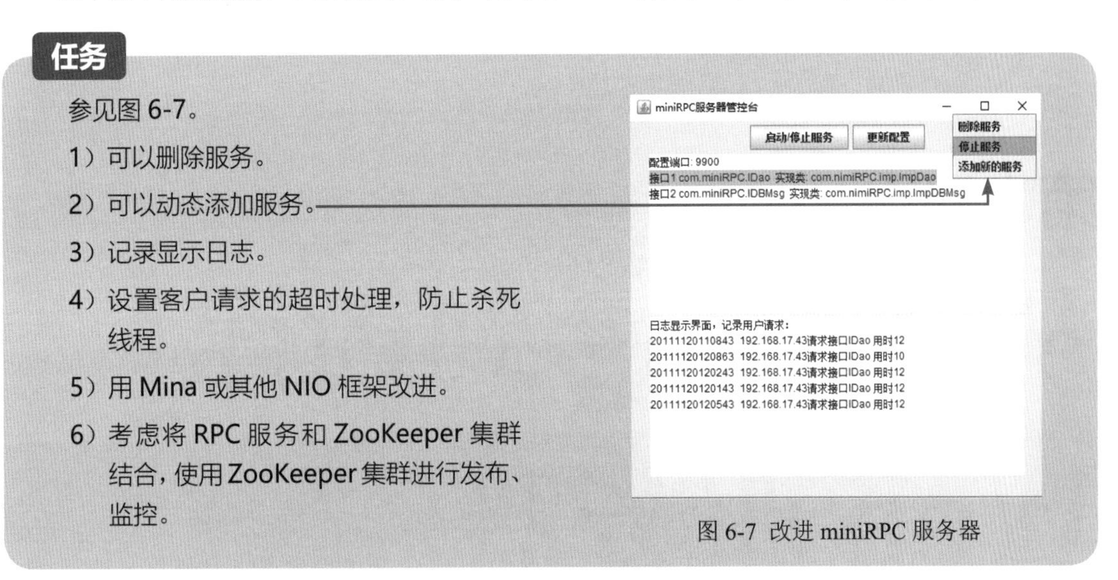

任务

参见图 6-7。

1）可以删除服务。

2）可以动态添加服务。

3）记录显示日志。

4）设置客户请求的超时处理，防止杀死线程。

5）用 Mina 或其他 NIO 框架改进。

6）考虑将 RPC 服务和 ZooKeeper 集群结合，使用 ZooKeeper 集群进行发布、监控。

图 6-7　改进 miniRPC 服务器

大展拳脚的机会啊！

Web可以给梦想者一个启示——你能够拥有梦想，而且梦想能够实现。

——伯纳斯·李

本章通过上手使用springBoot，引出其内部的Tomcat+Servlet结构，再带读者从零到初步实现web服务器的“迷你Web项目”，帮助读者掌握HTTP协议、MVC(Servlet分发机制)、Session原理等Web核心概念。

第7章 从Spring到迷你Web服务器

7.1 Spring 初体验

1. 下载 Spring

1 在官方网址 https://start.spring.io 下载 Spring 模板，如图 7-1 所示（顺手加上 Web 模块），然后进行解压缩。

解压缩后的文件目录如图 7-2 所示。

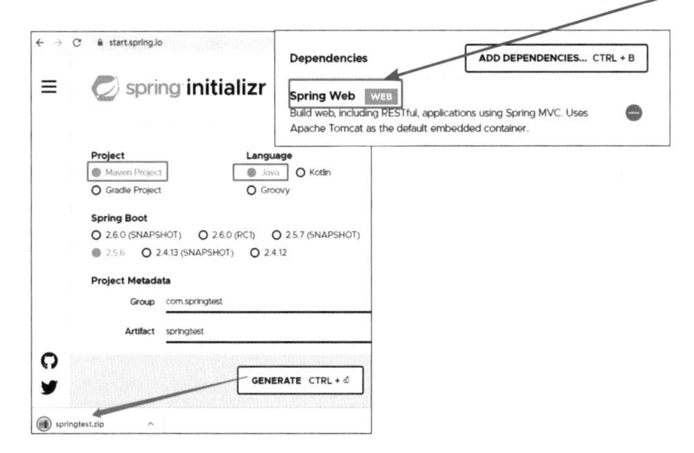

图 7-1 Spring 模板

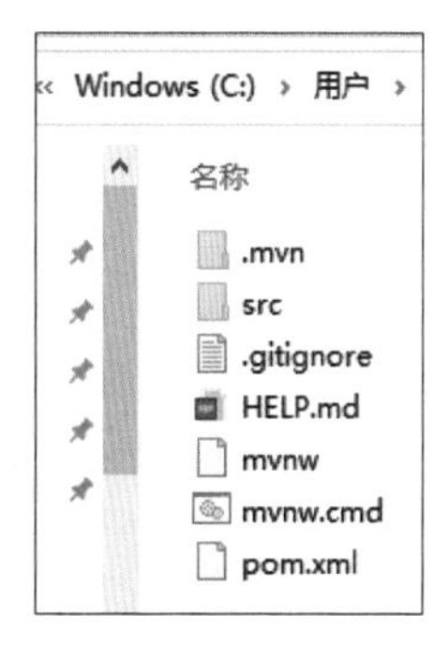

图 7-2 解压缩后的文件目录

2 在 Eclipse 中导入 Spring 模板，如图 7-3 所示。

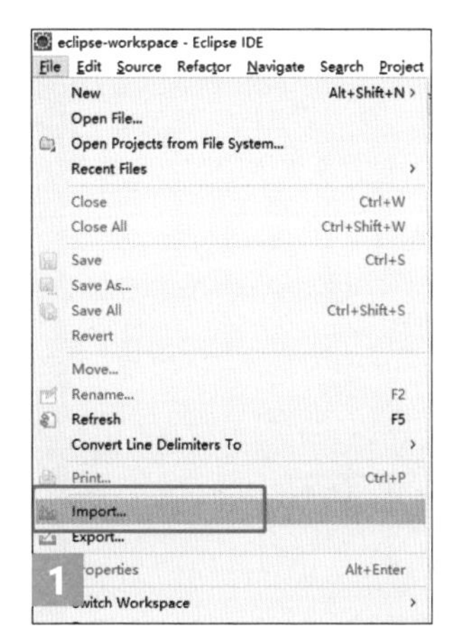

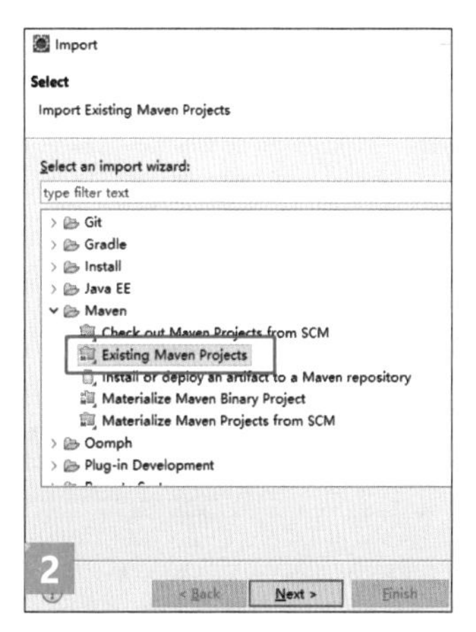

图 7-3 在 Ellipse 中导入 Spring 模板

图 7-3 在 Ellipse 中导入 Spring 模板（续）

2. Spring 初运行

1 跳转到页面 https://spring.io/quickstart 并复制 DemoApplication 类到 Eclipse 中（在官网下载并导入的项目中），如图 7-4 所示。

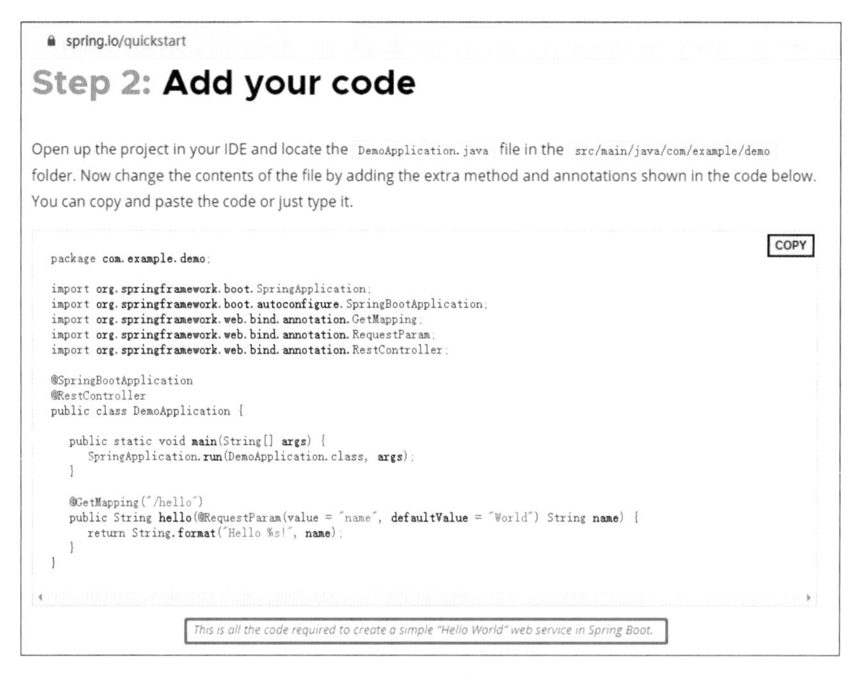

图 7-4 复制代码

2 在 Eclipse 中运行 DemoApplication 并在浏览器上访问，如图 7-5 所示。

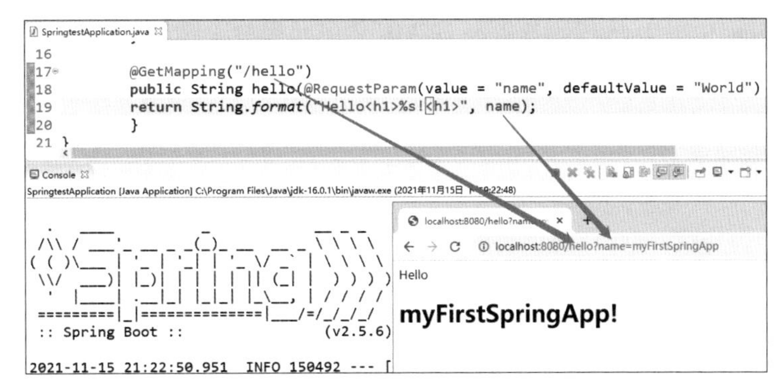

图 7-5　在浏览器上访问

找找对应关系：就是下面这个方法在起作用。

```
@GetMapping("/hello")
public String hello(@RequestParam( value = "name", defaultValue = "World")
          String name) {
          return String.format("Hello<h1>%s!<h1>", name);
          }
```

就是这么简单。接下来，就可以用 Spring 发布网站了。

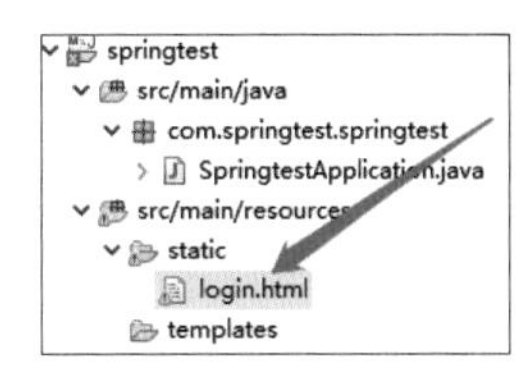

图 7-6　新建 login.html

1 编写 login.html 文件并存放在 static 目录下，如图 7-6 所示。

2 启动项目并在浏览器上请求这个地址，如图 7-7 所示。

图 7-7　启动项目

注意观察 Spring 中的 Java 代码参数和 HTML 页面元素参数的对应关系。这就是框架开发的核心思想：

约定大于配置！

现在，应该找一本 Spring 配置手册大全了，看看都有哪些约定，以进行高效开发。可以动手实现一个包含增加、查找、修改、删除的 Web 小网站。

读者一定会好奇，Spring 这样的框架库是如何实现的呢？

简单地说，Spring 内部封装了 Tomcat 和 Servlet 请求模型，等下一节写完 Spring 客户端调用后，再来上手 Tomcat+Servlet，即实现 Web 开发。

7.2 Spring RPC 客户端调用

使用 Spring 可以很方便地导出 HTTP 地址的访问接口，接收客户端（浏览器）发来的键值对参数，Spring 中代码接收这些参数后，根据业务处理再返回结果，这其实就是一个 RPC 接口，是基于 HTTP 的 RPC 调用接口。

前面我们实现了基于 Socket 传送 Java 对象的 RPC 框架，不足之处在于：客户端必须和服务器端使用相同的编程语言。而通过 HTTP 发布的 RPC 接口，客户端可以采用任意一种语言来实现，甚至一个浏览器都可以看作一个 RPC 客户端。

在 7.1 节中使用的 SpringtestApplication 类中增加一个 login，并添加对请求参数的注解约定，代码如下：

```
@SpringBootApplication
@RestController
public class SpringtestApplication {
   public static void main(String[] args) {
      SpringApplication.run(SpringtestApplication.class, args);
   }
   @GetMapping("/hello")
   public String hello(@RequestParam( value = "name") String name) {
      return String.format("Hello<h1>%s!<h1>", name);
   }
   @RequestMapping(value="/userLogin",method=RequestMethod.GET)
   public String login(
      @RequestParam("userName") String uName,@RequestParam("pwd") String pwd)
```

```
        {
            if(uName.equals("spring")&&pwd.equals("rmi")){
                return "loginOK";
            }
            return "loginFalse";
        }
}
```

使用浏览器测试，输入网址 http://localhost:8080/userLogin?userName=spring&&pwd=mpc，如图 7-8 所示。

```
25
26          @RequestMapping(value="/userLogin",method=RequestMethod.GET)
27 public String login(
28         @RequestParam("userName") String uName,@RequestParam("pwd") String pwd) {
29         System.out.println("uName "+uName+" pwd "+pwd);
30         if(uName.equals("spring")&&pwd.equals("rmi")){
31             return "loginOK";
32          }
33          return "loginFalse";
34     }
35
36 }
```

localhost:8080/userLogin?userName=spring&&pwd=mpc

loginFalse

图 7-8 浏览器测试结果

7.3 应用 Apache HttpClient

Apache HttpClient 是一个功能强大的 Web 客户端开源库，它可以实现类似浏览器的各种请求操作，并且是通过编程形式来实现的。本节将介绍 Apache HttpClient 的使用。

1 在官方网站下载 HttpClient 库，如图 7-9 所示。

2 解压后，将 HttpClient 的 lib 目录下的 JAR 程序包导入 Eclipse 项目中，如图 7-10 所示。

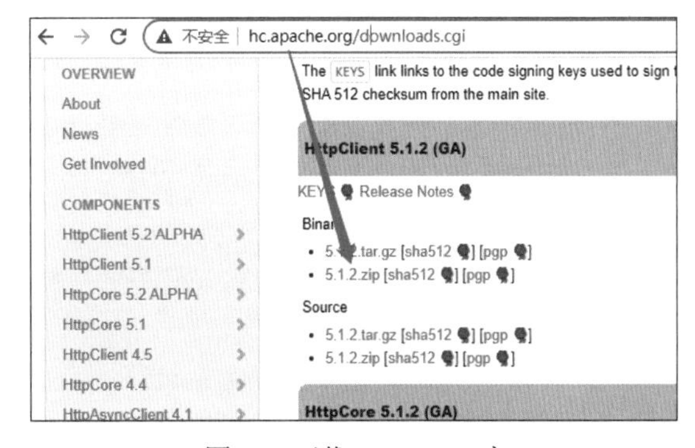

图 7-9 下载 HttpClient 库

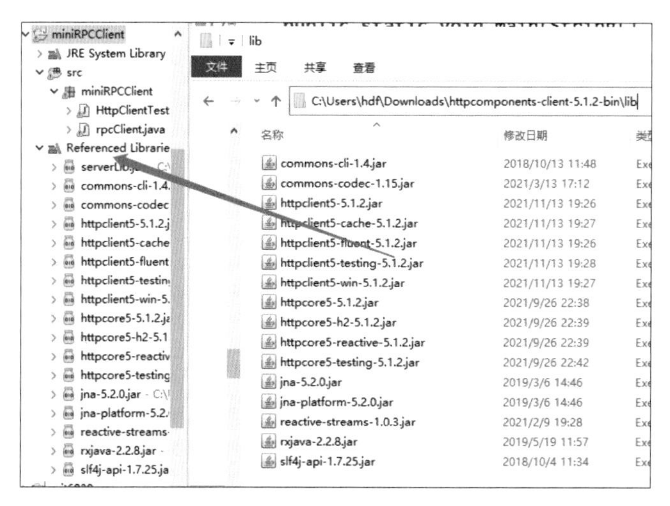

图 7-10 将 lib 目录下的 JAR 程序包导入 Eclipse 项目中

3 编写请求 Spring 发布 URL 地址的代码：

```
//使用 HttpClient 组件，请求 URL 地址
public static void main(String[] args) throws Exception{
    Scanner sc=new Scanner(System.in);
    System.out.println("请输入用户名：");
    String uName=sc.next();
    System.out.println("请输入请求密码：");
    String pwd=sc.next();

    String destAdd="http://localhost:8080/userLogin?userName="+uName+ "&&pwd="+pwd;
    System.out.println("完整的请求串是："+destAdd);
    System.out.println(" 请求将发送给服务器...");
    //创建 HTTP 对象
    CloseableHttpClient httpclient = HttpClients.createDefault();
    HttpGet httpget = new HttpGet(destAdd);
    //实现一个 HTTP 返回结果处理器
    final HttpClientResponseHandler<String>responseHandler = new HttpClientResponseHandler<
String>() {
        @Override
        public String handleResponse(final ClassicHttpResponse response) throws IOException {
            final int status = response.getCode();
            //如果结果成功
            if (status>= HttpStatus.SC_SUCCESS && status< HttpStatus.SC_REDIRECTION) {
                final HttpEntity entity = response.getEntity();
                try {
                    return entity != null ? EntityUtils.toString(entity) : null;
                }catch(Exception ef) {ef.printStackTrace();}
                }
```

```
            System.out.println("请求失败：  错误码 "+status);
            return "错误："+status;
        }
    };
    String resp = httpclient.execute(httpget, responseHandler);
    System.out.println(" Spring RMI 服务器返回结果：  "+resp);
}
```

确认 Spring 项目已启动，运行下面这段代码：

```
请输入用户名：
spring
请输入请求密码：
rmi
完整的请求串是：http://localhost:8080/userLogin?userName=spring&&pwd=rmi
 请求将发送给服务器...
 Spring RMI 服务器返回结果：  loginOK
```

可以看到，这也是一个典型的 RPC 调用过程。通过 Web URL 形式发布的 RPC 服务器，在客户端可以用 Go、Python 等多种语言调用。

在实际应用中，HTTP 形式的 RPC 服务器通常返回一段格式化字符串，XML 格式和 JSON 格式都可以通过 HttpClient 解析取值。

注意

Apache HttpClient 是一个功能强大的 Web 客户端开源库，它可以实现类似浏览器的各种请求操作，且是通过编程形式实现的。如果要快速编写一个抓取网页内容的小爬虫，只要你动手练习即可！试一试？

7.4 Tomcat 快速上手

1. Tomcat 基本概念

在上手 Spring 之后，先讲解 Spring 的内部结构。Spring 内部包装了一个 Tomcat 服务器，可以将浏览器发送的请求根据参数通过动态反射映射到 Spring 加载的对应类的对象和方法上。这个过程可以说是在 Tomcat 上开发 Web 应用的包装，那么 Tomcat 怎么使用呢？

首先要明白，Tomcat 是一个 Web 服务器，用于处理浏览器发起的请求，并给用户返回 HTML 页面，即用户看到的网页。在动手编写之前，先掌握几个基本概念。

- 静态页面：指 HTML、CSS、JavaScript 内容，即在浏览器页面上通过鼠标右击可以看到的代码，一般统称为静态内容。这个静态通常有两种意思：第一种是页面在服务器端是以一个 .html 文件的形式存在；第二种意思是用户看到的浏览器上的网页只能响应简单事件，比如提交（由 HTML 标签完成）。
- 动态页面：浏览器收到的 HTML 是通过浏览器与服务器建立 socket 连接，然后服务器发送 HTML 字符串到浏览器上，浏览器再解析并显示。所以页面上看到的 HTML、CSS、JavaScript（包括图片）等内容，都可能是由服务器动态生成的，即根据用户请求而创建的，所以本质上一切页面都是动态页面。根据惯例，如果服务器只是简单读取了自己目录下的 .html 文件发送给浏览器，则该页面称为静态页面。
- 页面的动态：在浏览器页面上有动画、有动态，但这些都是浏览器解析运行 HTML 中的 JavaScript 产生的，既可以是原生 JavaScript，也可以是 Vue.js、jQuery 等封装后的 JavaScript。而后端（服务器端）由 Java、Go、Python 等语言编写的程序，是不会跑到页面上运行的（它们负责在后台处理请求、返回 HTML 内容）。

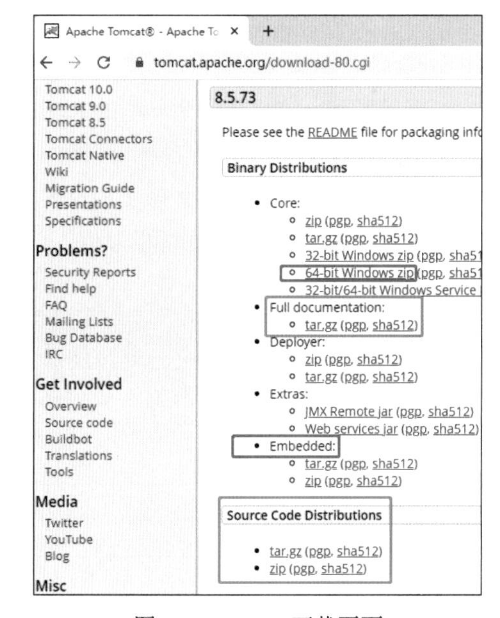

图 7-11 Tomcat 下载页面

说这么多，不如上手一试！

2. 下载安装 Tomcat

1 打开 Tomcat 的官方网址 https://tomcat.apache.org，找到下载页面，如图 7-11 所示。

可以看到下载页面上有源码、有教程文档、有安装包（ZIP 格式），解压即可，关键还是免费的。

2 启动 Tomcat：到其 home 下的 bin 目录下，双击 startup.bat，如图 7-12 所示。

此时在读者的计算机上大概率是一个黑窗口一闪而过，这是因为还需要配置 Tomcat 指向的 JDK。

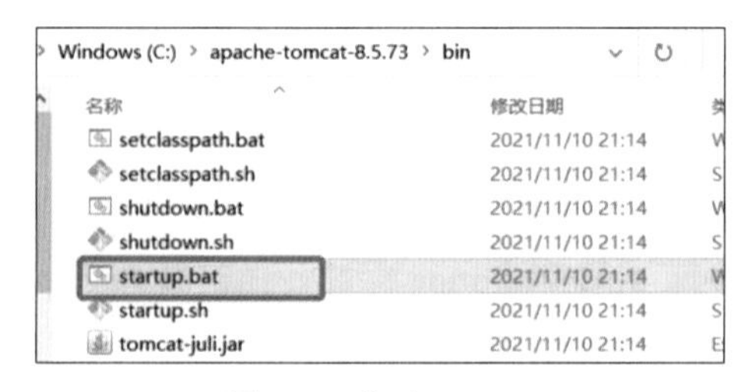

图 7-12 启动 Tomcat

在配置之前要明白 Tomcat 这个 Web 服务器是用 Java 编写的，其运行程序和以后加载 Servlet 都需要用到 JDK 中的基础库，所以要到计算机的环境变量中配置 java_home 参数，如图 7-13 所示。

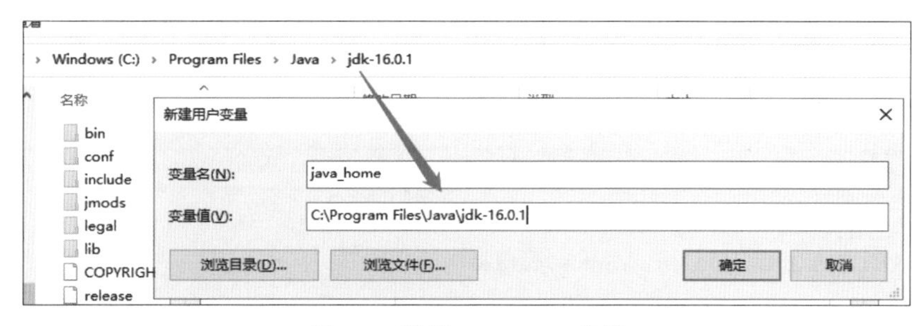

图 7-13　配置 java_home 参数

配置完成后再双击 startup.bat，此时命令行界面不再退出，且有如图 7-14 所示的字样，表示启动成功。

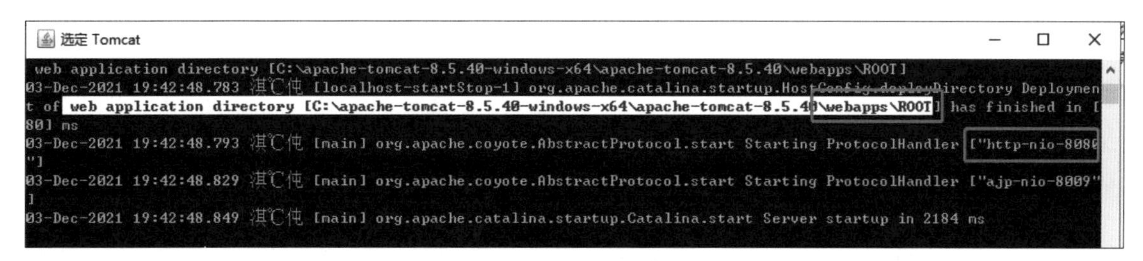

图 7-14　命令行界面

3 打开浏览器，在地址栏中输入 http://localhost:8080，而后就会看到如图 7-15 所示的界面。

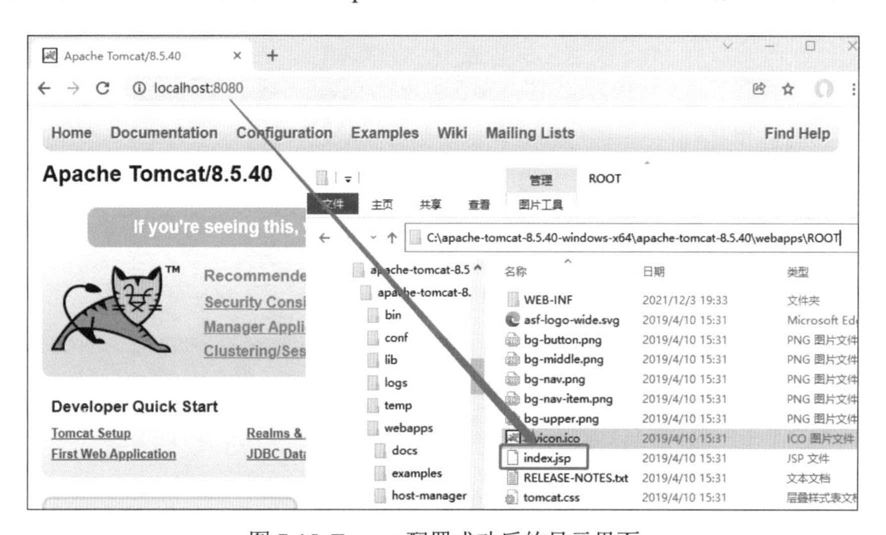

图 7-15　Tomcat 配置成功后的显示界面

浏览器上看到的页面其实是 Tomcat 下 webapps\ROOT\index.jsp 的输出。至此，Tomcat 安装并配置成功，读者可以开始编写网页程序了。

3. 编写 HTML 页面

先编写一个 HTML 页面，网页程序的代码如下：

```
<html>
<head><meta charset="UTF-8">
    <title> 你好，欢迎登录，测试 login.html</title>
</head>
<body>
    <br><br><h3> 登录测试，静态 HTML 页面 <br>
    <form action="/login"method="GET">
        <br> 用户名 <input type="text"name="name"/>
        <br> 密码 <input type="password"name="pwd"/>
        <br><input type="submit"vlaue="login"/>
    </form>
    </h3>
</body>
</html>
```

把上述网页程序保存为 login.html，然后放到 Tomcat 下面的 webapps\ROOT 目录下。在浏览器上输入 http://localhost:8080/login.html，看看是否可以看到自己编写的页面。在页面上填写用户名和密码后单击“提交”按钮，如图 7-16 所示。

图 7-16 HTML 页面

此时，将看到知名度极高的 HTTP Status 404 页面，如图 7-17 所示。将这个页面弄懂就能够解决以后在 Web 开发中会碰到的大部分问题。

我们先来解释地址栏，如图 7-18 所示。

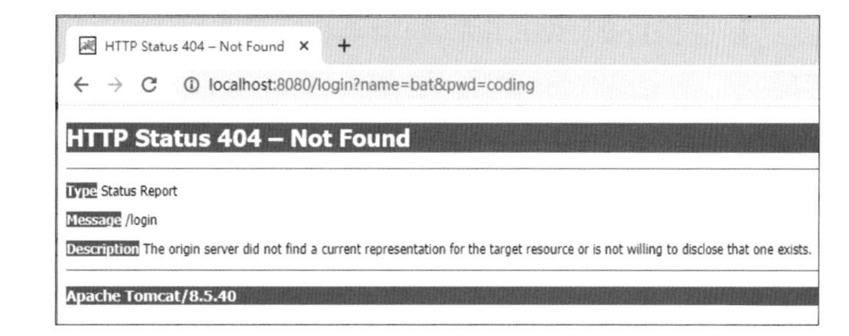

图 7-17 HTTP Status 404 页面

服务器地址，可以是域名或 ip:port

页面发送给后台的参数组
① 在 ? 之后，又称查询串
② 多组参数由 & 隔开
③ 每组参数为“名 = 值”格式
④ Get 发送的会显示在地址栏
⑤ Post 发送的不会显示在地址栏

http://localhost:8080/login?name=bat&pwd=coding

请求路径，在页面上设置，可以多级

图 7-18 地址栏解释

前台与后端核心交互数据在请求路径和查询串这两处。

掌握了这一点，就掌握了 99% 的 Web 编程技术，余下 1% 就是后台根据不同请求路径处理不同请求参数，再返回一段 HTML 的过程。

至于大名鼎鼎的 404，是说服务器后台找不到请求地址 /login 所对应的资源（网页、处理器、接收者）。

如何才能找到后台的处理程序呢？

编写 Servlet

编写后台代码的本质就是对 /login?name=bat&pwd=coding 这一串内容中的请求路径、查询串的键值对进行解析与处理。为了简便起见，我们使用 Eclipse+Tomcat 联动开发进行如下配置。

1 在 Eclipse（Web 开发版）中新建项目，选择 Dynamic Web Project 项目，如图 7-19 和图 7-20 所示。

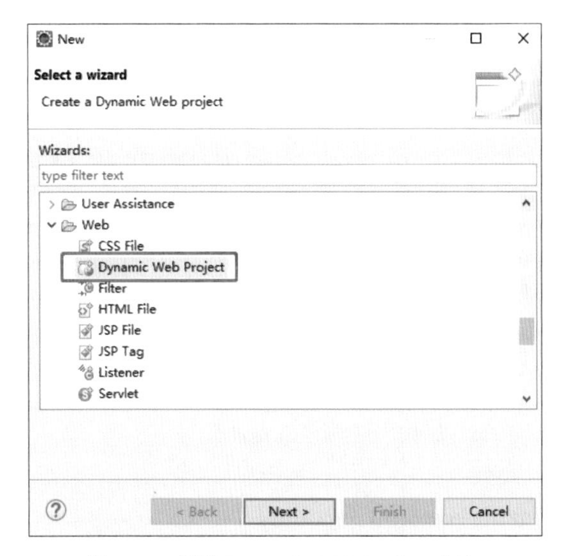

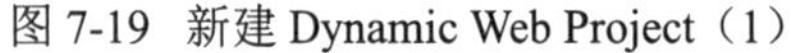

图 7-19　新建 Dynamic Web Project（1）

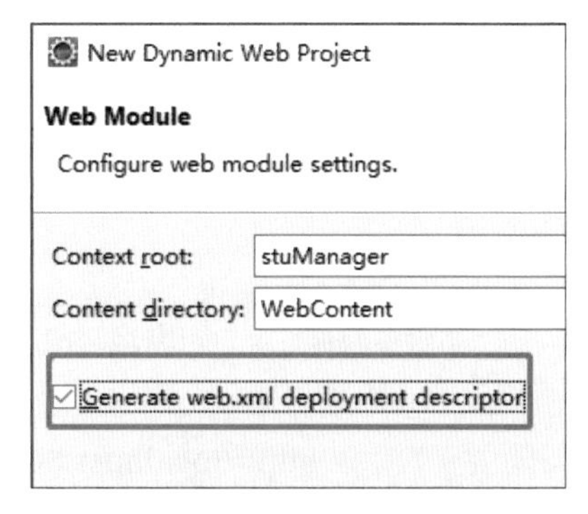

图 7-20　新建 Dynamic Web Project（2）

项目建成后，先了解几个关键的目录用途，如图 7-21 所示。

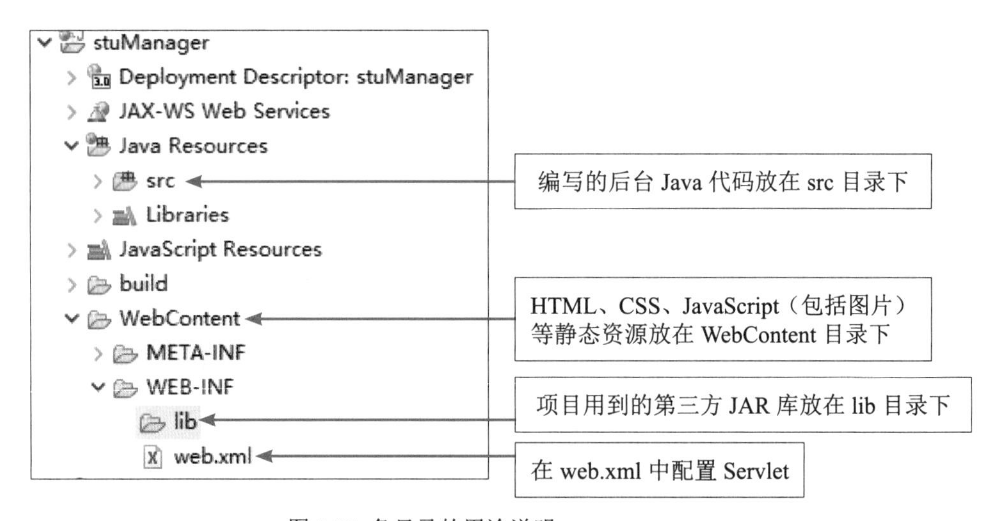

图 7-21　各目录的用途说明

2 接下来当然是运行了。将刚才编写的 login.html 复制到静态资源目录 WebContent 下（不同平台的名字可能不同，比如在 Spring 项目中放在 static 目录下），单击项目名 stuManager，再依次单击“Run As → Run on Server”，接着选择刚才解压缩的 Tomcat 目录（见图 7-22）。

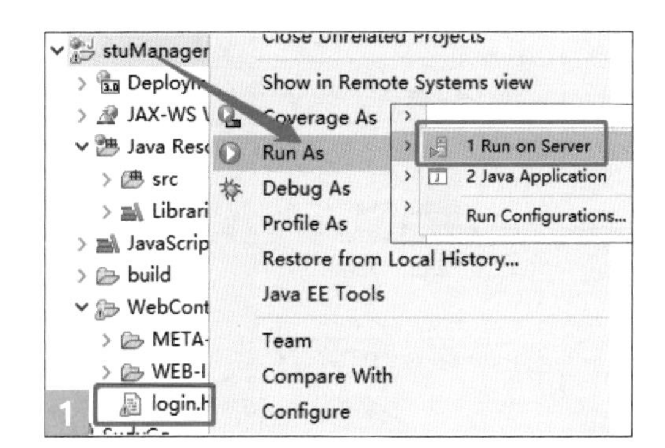

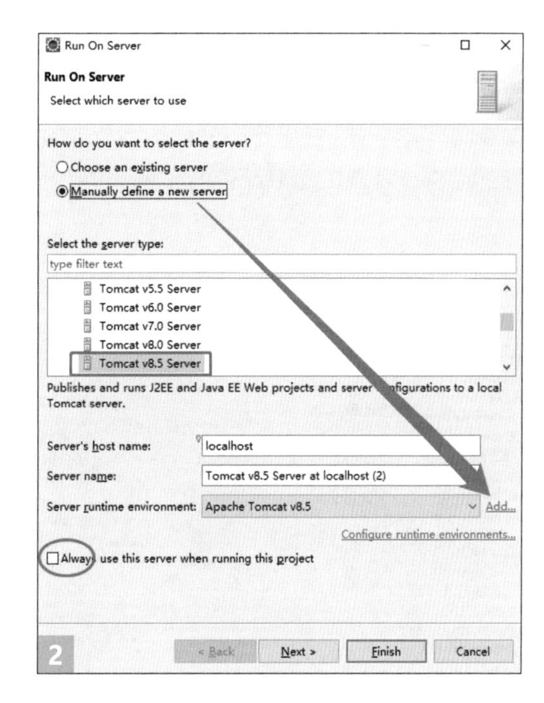

图 7-22　设置启动 Tomcat

我们将看到 Tomcat 在 Eclipse 中运行，并有熟悉的 404 页面，如图 7-23 所示。

图 7-23　Tomcat 在 Eclipse 中运行

3 在浏览器上请求 http://localhost:8080/stuManager/login.html，或在 Eclipse 内置的浏览器上面的 stuManager/ 后面加上 login.html。

4 到了这一步，终于可以开始编写 Servlet 的 Java 代码了，就是编写一个 Servlet 类（见图 7-24）。填写新建 Servlet 类的包名、类名（见图 7-25）。

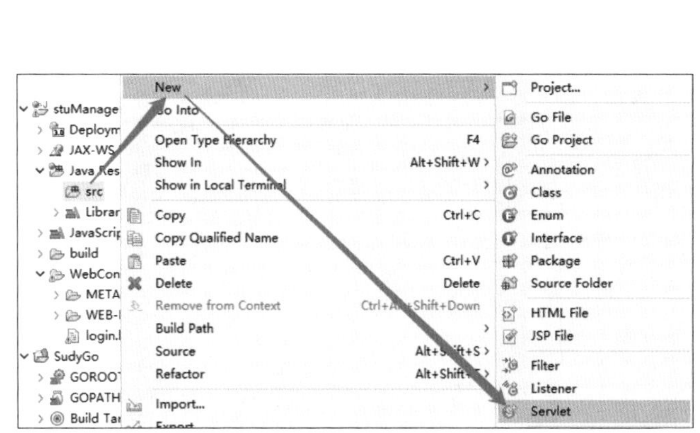

图 7-24 新建 Servlet 类

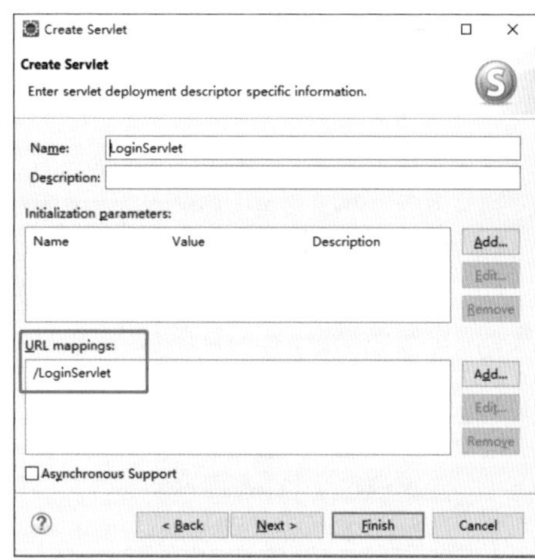

图 7-25 设置 Servlet 类

注意，URL mappings 所指向的 /LoginServlet 和 Spring 中的 Mapping 注解：

```
@RequestMapping(value="/userLogin",method=RequestMethod.GET)
```

是不是非常相似？相信读者已经猜到了它的作用：在这个 LoginServlet 中将接收前端页面 login.html 发来的请求。

图 7-26 是 HttpServlet 子类源码（如果报错，请导入 Tomcat 的 lib 目录下的 JAR 包）。

```
*LoginServlet.java
 1 package com.servlet;
 2
 3 import java.io.IOException;
 9
10 // Servlet implementation class LoginServlet
11 @WebServlet("/LoginServlet")
12 public class LoginServlet extends HttpServlet {
13
14     protected void doGet(HttpServletRequest request, HttpServletResponse response) {
15         response.getWriter().append("Served at: ").append(request.getContextPath());
16     }
17
18
19     protected void doPost(HttpServletRequest request, HttpServletResponse response)
20         doGet(request, response);
21     }
22
23 }
```

图 7-26 HttpServlet 子类的源码

7.6 在 Servlet 中接收请求

在 LoginServlet 类中有注解 @WebServlet("/LoginServlet")，也可以在 Web.xml 中加上 Servlet 请求路径配置，如图 7-27 所示。

```
*web.xml
<?xml version="1.0" encoding="UTF-8"?>
<web-app xmlns:xsi="http://www.w3.org/2001/XMLSchema-instance
  <display-name>stuManager</display-name>
  <welcome-file-list>
  <servlet>
    <servlet-name>login</servlet-name>
    <servlet-class>com.servlet.loginServlet</servlet-class>
  </servlet>

  <servlet-mapping>
    <servlet-name>login</servlet-name>
    <url-pattern>/login</url-pattern>
  </servlet-mapping>


</web-app>
```

图 7-27 在 Web.xml 中加上 Servlet 请求路径配置

这些配置说明一件事：login.html 中提交的用户名和密码都发送给服务器端的 com.servlet.LoginServlet 中的 doGet 方法去处理。注意对应关系即可，如图 7-28 所示。

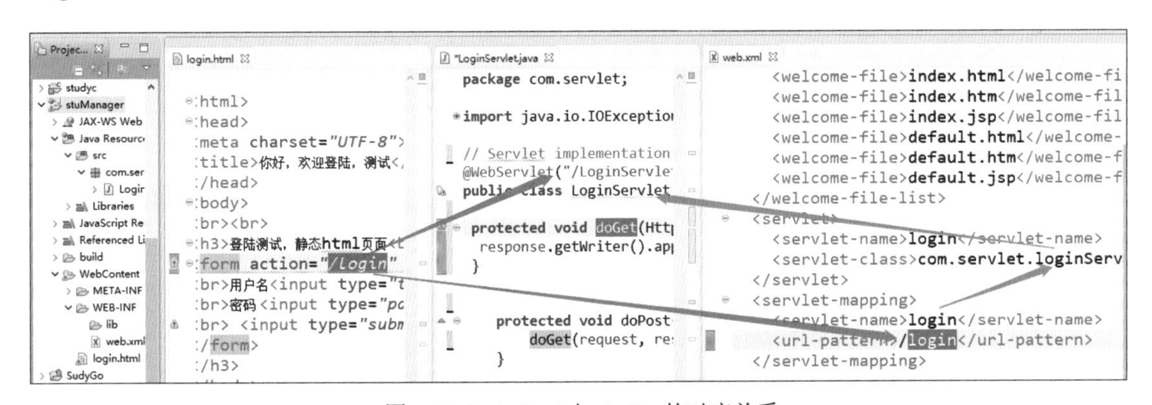

图 7-28 login.html 与 doGet 的对应关系

在 Servlet 中编码取得客户端提交的参数并测试，代码如下：

```
public class LoginServlet extends HttpServlet {
    protected void doGet(HttpServletRequest request, HttpServletResponse response) throws
ServletException, IOException {
    //取得客户端提交的参数
        String name=request.getParameter("name");
        String pwd=request.getParameter("pwd");
        System.out.println("后台打印出 name: "+name+" pwd "+pwd);

        String html="<h1>你请求的用户名是 "+name+"<br>密码是： "+pwd
                +"<br>请求时间是 "+System.currentTimeMillis()+"</h1>";
        response.getWriter().append(html); //输出给浏览器
  }
  }
```

如果浏览器出现乱码，先改用英文，当然也可以忽略它，接下来讲解关键部分。

用 session 保存用户数据

HTTP 是无状态协议，用户在浏览器上发送一个请求，得到一个返回页面后，底层的 socket 连接就断开。这会导致一个问题：如果一个用户登录成功，下一次再来请求，服务器如何知道这是刚才登录成功的那个用户呢？使用 session 即可实现。

```
public class LoginServlet extends HttpServlet {

    protected void doGet(HttpServletRequest request, HttpServletResponse response) throws
ServletException, IOException {
        //取得客户端提交的参数
        String name=request.getParameter("name");
        String pwd=request.getParameter("pwd");
        System.out.println("后台打印出 name: "+name+" pwd "+pwd);
        //取得服务器的 session 对象
        HttpSession session=request.getSession();
        //查看 session 中是否有标志
        String loginState=(String)session.getAttribute("loginState");
        //如果无标志，且用户名正确
        if(null==loginState) {
            if(name!=null&&name.equals("bat")) {
                session.setAttribute("loginState", "login-OK");
                session.setAttribute("loginTime", ""+System.currentTimeMillis());
                //认为用户登录成功
                String html="<h1>login ok~!<br>server save session!</h1>";
                response.getWriter().append(html);
            }
        }
        else {
```

```
            String loginTime=(String)(String)session.getAttribute("loginTime");
            String html="<h1>already loginok, <br>lasst time: "+loginTime+"</h1>";
            response.getWriter().append(html);
        }
    }

}
```

只要服务器不重启或者浏览器不关闭重启，服务器存储在 session 中的数据就不会丢失——试试在第一次登录成功和第二次请求之间拔掉网线（这样确认网络断开了）。

这是不是很神奇？无状态、基于请求 / 响应模型的 HTTP 服务是如何“记”住后来的用户呢？有一个办法可以弄清楚其中的原因：我们自己从零编写一个迷你 Web 服务器。

当然，Web 上还有许多有趣的功能，我们可以继续探索，比如 JavaScript、JSP（Java Server Pages）的编写，连接数据库等。

开发 Web 应用要特别注意的是对应关系。后台要得到前端提交的用户名和密码，则路径、参数名、方法都必须对应，如图 7-29 所示。

```
*login.html
<br><br>
<h3>登陆测试，静态html页面<br>
<form action="Login" method="GET">
    <br>用户名<input type="text" name="name" />
  <br>密码<input type="password" name="pwd"/>
<br> <input type="submit" vlaue="login" />

LoginServlet.java
// Servlet implementation class LoginServlet
@WebServlet("/Login")
public class LoginServlet extends HttpServlet {

 protected void doGet(HttpServletRequest request, HttpServletRespo
      //取得客户端提交的参数
     String name=request.getParameter("name");
    String pwd=request.getParameter("pwd");
    System.out.println("后台打印出name: "+name+" pwd "+pwd);

    String html="<h1>你请求的用户名是 "+name
            +"<br>密码是: "+pwd
```

图 7-29 保持对应关系

还有键值对的对应、请求 URL 路径与后台处理程序的对应、存入 session 参数名的对应、配置文件中 XML 参数与运行时常量的配置对应……对于新手来说，Web 上 99% 的出错都是由于对应关系的出错而导致的。

从零实现 WebServer 项目

先看如下代码，实现一个 WebServer。

```
public class WebServer {// 实现迷你 WebServer 项目
   public static void main(String[] args) throws Exception {
      ServerSocket ss = new ServerSocket(8080);
      while (true) {
         Socket so = ss.accept();
         new Thread(() -> {
            System.out.println(" 进入一个 HTTP client 请求：");
            try {
               InputStream ins = so.getInputStream();
               OutputStream ous = so.getOutputStream();
               byte[] data = new byte[1024];// 仅支持 Get 请求，读取不超过 1024 个字节
               ins.read(data);
               String inMsg = new String(data);
               System.out.println("HTT client 请求内容 " + inMsg);
               // 给浏览器发送响应成功的 HTTP 报文头
               String head = "HTTP/1.0 200 OK\r\n"
                     + "Server:batMimiServer/1.0\r\n"
                     + "Content-Type: text/html\r\n"
                     + "\r\n";
               ous.write(head.getBytes());
               String s = "<html><h1> 我收到你的请求 "
                     + " 系统时间： "
                     + System.currentTimeMillis()+ "</h1></html>";
               ous.write(s.getBytes());// 构造一段 HTML 内容，发送到客户端
               ous.flush();
               so.close();// 关闭连接
               System.out.println(" 一个请求 HTTP 结束 ！ ");
            } catch (Exception ef) {   ef.printStackTrace();}
         }).start();
      }
   }
}
```

运行程序，在浏览器中输入任意请求地址，运行结果是否如图 7-30 所示？

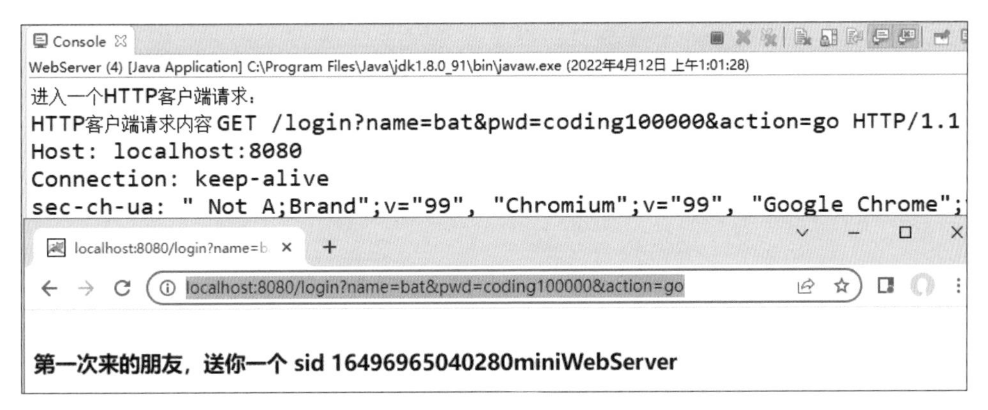

图 7-30 运行结果

7.8 HTTP 分析

Tomcat 或其他的 Web 服务器底层首先是一个 ServerSocket，即浏览器先通过 Socket s=new Socket（服务器地址，端口）与 Web 服务器建立连接，再发送数据并读取应答。浏览器与服务器通信的前提是遵守 HTTP。HTTP 是基于字符串的协议，这一点从程序输出即可看出。

1. 浏览器发送的数据

WebServer 接收浏览器的请求数据并输出。只要我们有耐心，对用户请求数据 /logn?aaa=bbb&ccc=ddd 进行解析和处理，就可以实现类似 Tomcat、Spring 响应浏览器请求的相同功能。

```
HTT client 请求内容 GET /logn?aaa=bbb&ccc=ddd HTTP/1.1
Host: localhost:8080
Connection: keep-alive
sec-ch-ua: " Not A;Brand";v="99", "Chromium";v="96", "Google Chrome";v="96"
sec-ch-ua-mobile: ?0
sec-ch-ua-platform: "Windows"
```

2. 服务器响应浏览器消息

关键是服务器响应的报文头，只有这个格式是固定的。现在可以试着将 200 改成 404 了。

```
//给浏览器发送响应成功的 HTTP 报文头
String head = "HTTP/1.0 200 OK\r\n"
      + "Server:batMimiServer/1.0\r\n"
      + "Content-Type: text/html\r\n"
      + "\r\n";
ous.write(head.getBytes());

//构造一段 HTML 内容发送给客户端浏览器并在浏览器上显示
String s = "<html><h1>我收到你的请求"
      + " 系统时间： " + System.CurrentTimeMillis()+ "</h1></html>";
   ous.write(s.getBytes());
```

而浏览器上显示的 HTML 页面，在服务器端只是简单的 HTML 字符串拼接而已，符合 HTML 基本格式即可。

3. 结束请求响应

HTTP 消息结束的标志是“\r\n”，浏览器发起的请求常用的有 Get 和 Post 请求，这两个请求最大的区别在于：Get 在浏览器上会把请求查询串显示在地址栏中，而 Post 不会。如果服务器发送完字符串而不关闭 Socket，试试在浏览器上会看到什么。

7.9 session 原理测试

如何识别同一用户的后续请求？服务器通过在 HTTP 应答报文头中设置 Cookie 或 sessionID 来实现。这两者的区别在于：前者是浏览器会将服务器的标识数据保存在硬盘上，可留痕迹；后者是保存在浏览器内存中，浏览器关闭就消失了。后面出现 session 或 Cookie 时，当作同样的内容进行处理。

Web 服务器设置的 Cookie 会被浏览器在下一次请求对应网站、地址时放在 HTTP 请求报文头中并发送给服务器，服务器解析后，比对出是同一个 Cookie，即可认为是刚才的用户（这也是许多网站安全漏洞的源头之一），如图 7-31 所示。

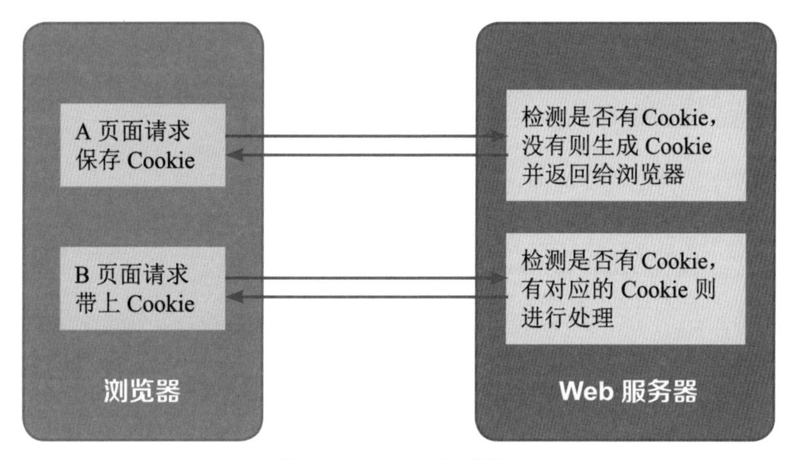

图 7-31 Cookie 应用原理

讲千遍理论也不如编写一遍代码：

```
// 加上 session 功能
public class WebServer {
   public static void main(String[] args) throws Exception {
      ServerSocket ss = new ServerSocket(8080);
      while (true) {
         Socket so = ss.accept();
         process(so);
      }
   }
   // 生成一个全局唯一的 session 流水号
   private static int count=0;
   public static String getSeq() {
      return System.currentTimeMillis()+""+(count++)+"miniWebServer";
   }

   // 以下是处理请求的主流程：老用户还是新朋友？用 session 判断
   // 处理用户请求的 Socket
   private static void process(Socket so) {
      new Thread(() -> {
         System.out.println(" 进入一个 HTTP client 请求：");
         try {
            InputStream ins = so.getInputStream();
            OutputStream ous = so.getOutputStream();

            byte[] data = new byte[1024];// 仅支持 Get 请求，读取不超过 1024 个字节
            ins.read(data);
            String inMsg = new String(data);
            System.out.println("HTTP client 请求内容 " + inMsg);
            String html="";// 等待发送给浏览器的 HTML 串
```

```
            if(inMsg.indexOf("SessionminiWeb")>0) {// 已有 sessionid，报文头不必设置
            String head = "HTTP/1.0 200 OK\r\n"
                  + "Server:batMimiServer/1.0\r\n"
                  + "Content-Type: text/html\r\n"
                  + "\r\n";
            ous.write(head.getBytes());

            int start=inMsg.indexOf("SessionminiWeb");
            int end=inMsg.indexOf("miniWebServer");
            String sessionStr=inMsg.substring(start, end);
            html= "<html><h1><br> 老朋友，我记得你的 sid "+sessionStr+ "</h1></html>";
            }else {
               String sid=getSeq();
               //给浏览器发送响应成功报文头，带 sessionID 的
               String head = "HTTP/1.0 200 OK\r\n"
                     +"Set-Cookie:SessionminiWeb="+sid+"\r\n"
                     + "Server:batMimiServer/1.0\r\n"
                     + "Content-Type: text/html\r\n"
                     + "\r\n";
               ous.write(head.getBytes());
               html= "<html><h1><br> 第一次来的朋友，送你一个 sid "+sid+ "</h1></html>";
            }
            ous.write(html.getBytes());
            ous.flush();
            ous.close();
            so.close();// 关闭连接
            System.out.println(" 一个请求 HTTP 结束 ！ ");
         } catch (Exception ef) {
            ef.printStackTrace();
         }
      }).start();
   }
}
```

浏览器第一次发起请求（在地址栏只要主机和端口号输入正确即可），如图 7-32 所示。

图 7-32 浏览器第一次发起请求

浏览器第二次发起请求，我们看到服务器拿到了上一次浏览器送来的 session 数据，如图 7-33 所示。

图 7-33 浏览器第二次发起请求

session 机制是 Web 开发中比较核心的一个概念，为了进一步掌握 session 原理，也为了初步完善迷你 Web 服务器，还需要继续编码。

注意

此处的“用户”相对服务器而言是一个“浏览器进程”，服务器本身并不知道用户是什么，只知道用一个 sessionID 来识别、关联不同时间到来的请求。

当关闭浏览器时，sessionID 即会消失（读者网查资料时会让浏览器将内容保存到硬盘上吗？）。所以，请注意上述的第二次请求，服务器要拿到 sessionID 的前提是不关闭浏览器。

当然，也可以阻止 Cookie，Cookie 通常被视作隐私。图 7-34 以 Chrome 浏览器为例演示如何在浏览器中查看 Cookie 设置。

图 7-34 在 Chrome 浏览器中查看 Cookie 设置

7.10 迷你 Web 服务器实现

实现迷你 Web 服务器的过程其实就是模仿 Tomcat 的过程。有了基本思路就为我们继续编写代码创造了机会。Tomcat 有以下 5 个基本功能。

1. HTML 文件输出

这个最简单，读取目录下的一个 HTML 文件，将其写到 socket 上的输出流即可。

2. 查询串键值对提取

这是对用户请求路径如 path?key1=value1&key2=value2 中，将“?”后的查询串分解成键值对并存入一个 Map 中的过程，解析字符串即可。

3. 会话跟踪

Tomcat 中的 session 对象是 Map 结构，可以存取键值对的数据。其机制是在用户首次访问该网站时就创建一个 sessionID 和一个对应的 userMap，组成一个键值对，存入全局的一个 Map 中。

对后来的请求，再提取 sessionID 到全局的 Map 中查找对应的 userMap，这个 userMap 用来保存用户数据。所以服务器关闭后前次请求的 sessionID 就消失了。

4. Servlet 分发机制

如何将用户请求路径 path1 和 path2 映射并指定到对应的 Servlet 中的方法去处理？可设计一个接口类，根据请求路径名动态加载对应的 Servlet 来进行处理。

5. 请求封装

在 Tomcat 中，Servlet 处理请求的方法中封装了 Request 和 Response 两个对象，代表了 HTTP 请求和应答，并在其中封装了功能和方法，这更多的是 OOP 设计思路的体现。在下面的例子中用 Response 类初步封装了输出数据的功能。

为了加深了解，就要阅读代码、编写代码、调试代码，在代码运行中解决问题。

1 首先，封装一个 Response 类。

```
//迷你 Web 服务器的 HTTP 应答对象的封装，输出数据给浏览器
public class Response {
   private java.io.OutputStream ous;
```

```
    public Response(OutputStream ous) {
        this.ous=ous;
    }

    //发送数据
    public void write(String msg) {
        try {
            ous.write(msg.getBytes());
            ous.flush();
        }catch(Exception ef) {ef.printStackTrace();}
    }
}
```

2 再编写一个 Servlet 的父类，所有处理请求的 Servlet 都是继承了这个类。

```
//所有 Servlet 的父类
public abstract class IHttpServlet {
    //属于一个用户的 session 对象
    protected Map<String,String> session;
    //保存一次请求的键值对
    protected Map<String,String>parameters;
    //在此方法中实现响应用户从浏览器发起的 Get 方法请求
    public abstract void service(Response res);
}
```

IHttpServlet 定义为抽象类，在创建对象时会传入这个用户（浏览器进程）对应的 session 对象，和分解查询串为键值对后存入 Map 的 parameters 对象。

3 接下来编写迷你 Web 服务器的主体。读者要有心理准备，这次代码稍微多一点，毕竟是一个小型的 Web 服务器。

```
//1.创建保持 session
//2.匹配请求 Servlet
//3.发送静态 HTML
public class WebServer {
    //服务器端保存所有用户的 session
    private static Map<String, HashMap<String, String>>sessions = new HashMap();

    //为了频繁测试，每次生成不同的 session 后缀
    private static String sessionEnd = "AAAAA";
    private static int count = 0;
    private static String creaateSessionID() {
        count++;
        String s = System.currentTimeMillis() + "";
        return s + count + sessionEnd;
```

```java
}

// 带上了 sessionID 的 HTTP 头
public static void main(String[] args) throws Exception {
    ServerSocket ss = new ServerSocket(8080);
    while (true) {
        Socket so = ss.accept();
        new Thread(() -> {
            System.out.println(" 进入一个 HTTP client 请求：");
            try {
                InputStream ins = so.getInputStream();
                OutputStream ous = so.getOutputStream();
                Response res = new Response(ous);
                byte[] data = new byte[1024];
                ins.read(data);
                String inMsg = new String(data);
                if (inMsg.indexOf("/favicon.ico") > 0) {
                    System.out.println(" 获取浏览器图标的请求，先忽略 ");
                    so.close();
                    return;
                }
                //1. 解析 HTTP 请求头中的 sessionID
                String sessionID = parseSessionID(inMsg);
                System.out.println("1. 解析到的 sessionID 是 " + sessionID);
                // 即将查找的用户 session 对象
                HashMap<String, String>userSession;
                if (null == sessionID) {// 肯定是第一次访问
                    // 新建一个 sessionID
                    sessionID = creaateSessionID();
                    // 新建一个此用户的 session 对象，存入服务器全局 session 容器
                    userSession = new HashMap();
                    // userSession 是某一个用户的，用 sessionID 关联；sessions 是服务器全局的
                    sessions.put(sessionID, userSession);
                    System.out.println("2. 新建用户 sessionID，存入全局 sessions " + sessionID);
                } else {
                    userSession = sessions.get(sessionID);
                    System.out.println("2-1 来过，找到 session" + sessionID + " -" + userSession);
                }
                // 不管怎么样，先应答是正确的
                String head = "HTTP/1.0 200 OK\r\n"
                        + "Set-Cookie: JSESSIONID=" + sessionID
                        + "\r\n" + "Server: batMimiServer/1.0\r\n"
                        + "Content-Type: text/html\r\n" + "\r\n";
                ous.write(head.getBytes());
                if (!inMsg.startsWith("GET")) {// 非 GET 请求
                    res.write("this miniWebServer need GET request! ");
                    so.close();
                    return;
                }
```

```
                //读取静态HTML文件，此处只发login.html
                if (inMsg.indexOf("login.html") > 0) {
                    sendHtml("login.html", ous);
                    ous.flush();
                    so.close();
                    return;
                }
                try {//解析，匹配，映射到Servlet
                    toServlet(inMsg, userSession, res);
                    ous.flush();
                    so.close();
                    return;
                } catch (Exception ef) {
                    ef.printStackTrace();
                    String errMsg = ef.getMessage();
                    String s = "<html><h1>toServlet收到请求<br>" + errMsg
                            + "<br>系统时间： " + System.currentTimeMillis()
                            + "</h1></html>";
                    ous.write(s.getBytes());
                } finally {
                    ins.close();
                    so.close();
                    System.out.println("一个请求结束 ！ ");
                }
            } catch (Exception ef) {
                ef.printStackTrace();
            }
        }).start();
    }
}

//处理对Servlet的请求
private static boolean toServlet(String inMsg, HashMap<String, String>userSession, Response
res) throws Exception {
    int start = inMsg.indexOf("GET");
    int end = inMsg.indexOf("\r\n");
    String surl = inMsg.substring(start, end);
    //截取Servlet请求路径，提取查询串
    String destUrl = parseServletPath(surl);
    System.out.println("3.解析到的请求目标ServletUrl:" + destUrl);
    //截取queryString查询的键值对name=hdf&&dest=bat
    Map<String, String>paras = new HashMap();
    try {
        //解析？后面的查询串，但可能没有查询串
        paras = parseQueryString(surl);
    } catch (Exception ef) {
        System.out.println("3.1 此请求没有queryString");
    }
    //根据destUrl，判断要加载哪个Servlet
```

```
        if (destUrl.equals("/login")) { // 请求 LoginServlet
            String servletClass = "miniWeb.servlet.LoginServlet";
            Classc = Class.forName(servletClass);
            Object o = c.newInstance();
            IHttpServlet servlet = (IHttpServlet) o;
            // 传入请求参数表
            servlet.session = userSession;
            servlet.parameters = paras;
            servlet.service(res);
            System.out.println("4. 目标 Servlet 执行完毕 :" + servletClass);
        } else if (destUrl.equals("register")) {// 请求 RegServlet
            String servletClass = "miniWeb.servlet.RegServlet";
            // 加载并调用，留给读者实现
        } else {// 没有匹配 URL
            // 为浏览器输出不匹配 URL 地址的错误提示
            // 留给读者实现
            throw new Exception(" 未找到对应 servlet<br> 你的请求地址是：<br>" + destUrl);
        }
        return false;
    }

    // 发送静态 HTML 文件请求：文件需存放在当前目录下
    public static void sendHtml(String fileName, OutputStream ous) {
        try {
            // 默认都读取 login.html
            FileInputStream fins = new FileInputStream(fileName);
            int len = fins.available();
            byte[] htmlData = new byte[len];
            fins.read(htmlData);
            ous.write(htmlData);
            fins.close();
        } catch (Exception ef) {
            ef.printStackTrace();
        }
    }

    // 解析请求头中的 sessionID Cookie: JSESSIONID=16385081721531
    // 解析到则返回 ID，未解析到则返回 null
    private static String parseSessionID(String inHead) {
        int start = inHead.indexOf("JSESSIONID=") + "JSESSIONID=".length();
        int end = inHead.indexOf(sessionEnd);
        if (start> 0 &&end> 0) {
            String sid = inHead.substring(start, end + sessionEnd.length());
            return sid;
        }
        return null;
    }

    // 请求路径中解析出 Servlet 路径
```

```java
    private static String parseServletPath(String surl) {
        int start = surl.indexOf("/");
        int end = surl.indexOf("?");
        if (end<= 0) {
            end = surl.length();
        }
        String destUrl = surl.substring(start, end);
        return destUrl;
    }

    //解析出请求中的键值对
    private static Map<String, String> parseQueryString(String surl) {
        //保存查询串的键值对 name=hdf&&dest=bat
        Map<String, String>paras = new HashMap();
        //截取 queryString 查询的键值对
        int start = surl.indexOf("?") + 1;//去掉“？”
        int end = surl.indexOf("HTTP");
        String querStr = surl.substring(start, end).trim();
        StringTokenizer stk = new StringTokenizer(querStr, "&");
        while (stk.hasMoreTokens()) {
        String kvStr = stk.nextToken();
        String[] kv = kvStr.split("=");
        System.out.println(" 解析到的请求 Name:" + kv[0] + " 请求 value:" + kv[1]);
        paras.put(kv[0], kv[1]);//将请求参数存入，供 Servlet 提取
        }
        return paras;
    }
}
```

事实上，笔者在编写上面的迷你 Web 服务器时至少经过三十次测试，如果读者要编写自己的 Web 服务器，也应如此：

1）解析请求路径，要测试正确。

2）解析查询串生成的键值对，要测试正确。

3）生成并找到 session 对象，要测试正确。

尤其是解析查询串时极容易出错，读者从头编写就能体会到。笔者建议读者在此暂停，先编码测试，确保自己切实掌握了流程，理解了请求路径、查询串、session 对象、sessionID 等关键概念后再进行下一步。毕竟，我们不是为了交个作业。

4 为了完整测试，要实现自己的 Servlet。为了简化代码，在 Web 服务器中硬编码了请求路径和实现了 Servlet 的关联，代码如下：

```
// 根据 destUrl，判断要加载哪个 Servlet
   if (destUrl.equals("/login")) { // 请求 LoginServlet
      String servletClass = "miniWeb.servlet.LoginServlet";
      Classc = Class.forName(servletClass);
      Object o = c.newInstance();
      IHttpServlet servlet = (IHttpServlet) o;
      // 传入请求参数表
      servlet.session = userSession;
      servlet.parameters = paras;
      servlet.service(res);
      System.out.println("4. 目标 Servlet 执行完毕 :" + servletClass);
   }
```

5 实现 IHttpServlet 抽象类，负责 Login 请求的 Servlet 代码如下：

```
// 实现一个 Servlet
public class LoginServlet extends IHttpServlet {

   // 在这个 Servlet 上，响应客户端的方法
   public void service(Response res) {
      //1. 到 session 中查看是否已登录过
      String loginState = this.session.get("loginState");
      //2. 得到用户的操作指令
      String ac=paramaters.get("action");
      // 显示用户登录状态
      res.write("<h1> 你好，你的登录状态是 " + loginState + "</h1>");
      // 未登录且是第一次来，认为是注册
      if (null == loginState) {
         String name = this.parameters.get("name");
         String pwd = this.parameters.get("pwd");
         System.out.println("LoginServlet 中，请求参数 name: " + name + " pwd " + pwd);
         if (name != null && name.equals("bat")) {
            session.put("loginState", "loginOK");
            session.put("LastLogin", System.currentTimeMillis() + "");
            res.write("<h1> 欢迎你 " + name + " 你已登录成功 </h1>");
         } else {res.write("<h1> 用户名不对 ~ ! 登录失败 </h1>");}
      }
      else {// 之前登录成功过
         String lt = session.get("LastLogin");
         res.write("<h1> 欢迎回来，你曾来过 " + "<br> 你上次登录时间是 <br>" + lt + "</h1>");
      }
   }
}
```

6 最后，将 login.html 放在目录中以启动迷你 Web 服务器，代码如下：

```
<html><head><meta charset="UTF-8">
<title>你好，欢迎登录，测试 login.html</title>
</head>
<body>
<br><br><h3>登录测试，静态 HTML 页面 <br>
<form action="/login" method="GET">
   <br>用户名 <input type="text" name="name"/>
   <br>密码 <input type="password" name="pwd"/>
   <br><input type="submit" value="login"/>
</form>
</h3></body></html>
```

提交这个 HTML 即可将登录用户名和密码发送给上面的 Servlet。

任务

在此基础上，实现一个基本完善的 Web 服务器，比如：

1）完善的异常处理、报错机制，根据不同情况给客户端反馈比较明确的消息。

2）定位、读取静态资源，如 HTML、图片、CSS、JavaScript 文件。

3）使用 XML 规范 Servlet 及其映射路径的配置。

4）映射的前端请求和后端操作更加符合 MVC（Model-View-Controller）思路。

5）考虑数据库操作，封装 ORM（Object Relational Mapping，对象关系映射）模块以简化开发。

6）提出自己的想法。

这样做，读者离编写 10 万行代码的小目标又近了！

初极狭，才通人。复行数十步，豁然开朗。

——陶渊明《桃花源记》

第 8 章

再探二叉树

本章将讲解搜索树、堆排序树、红黑树、B+树的结构及演进过程，通过多个手工推导、图示和拓展编码练习，帮助读者快速掌握二叉树的复杂结构。

8.1 二叉树分类

任何学习都不是一步到位的，是在实践中不断地去深化理解的。本节将详细介绍二叉树及其种类以及常用算法编码。

二叉树是由顶点和边组成的且不存在环路的一种数据结构，如图 8-1 中（1）和（2）都是二叉树，但（3）却不是。

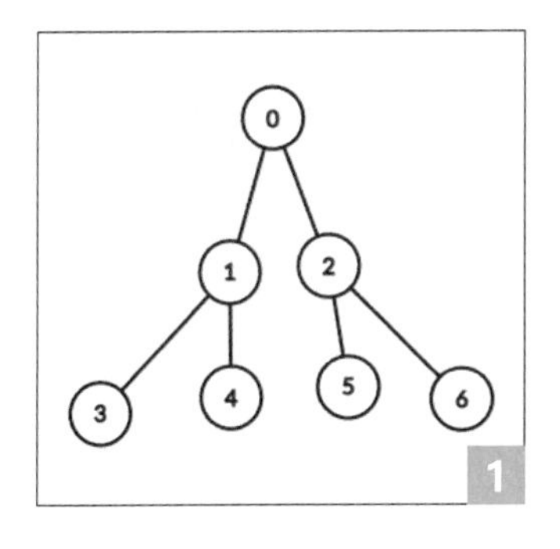

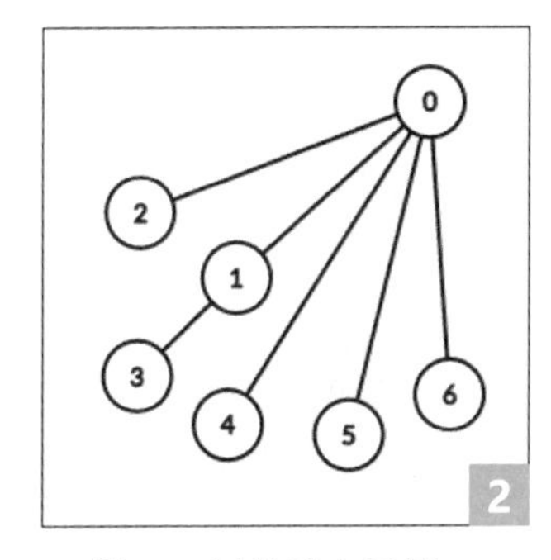

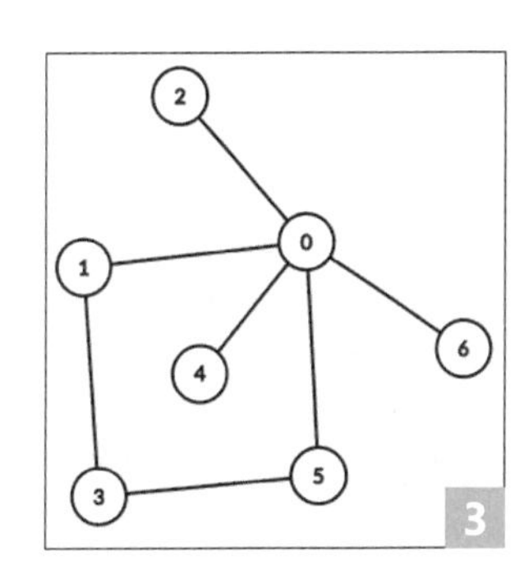

图 8-1 树的形态示例

二叉树的几个关键术语列举如下：

- 节点深度：从根节点到该节点唯一的路径长度，一般在第几层就表示深度是几。
- 树的深度：从根节点到最远一个叶节点的深度。
- 子节点：不再包含子节点的节点，否则被称为父节点。
- 树的层次：根节点为第一层，根的子节点为第二层，以此类推。
- 树的度数：直接子节点的数目，指该节点的度数。
- 森林：多个互不相交的树构成的集合就是森林。

图 8-2 列举了一些常用的二叉树（切不可拘泥于此分类）。

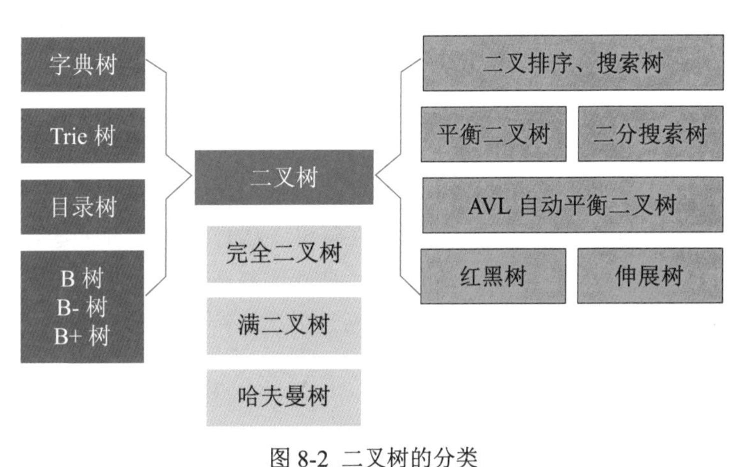

图 8-2 二叉树的分类

8.2 图解二叉树

1. 满二叉树

满二叉树（见图 8-3）的所有叶节点都在最后一层，节点总数为 2n－1（其中 n 为树的高度）。

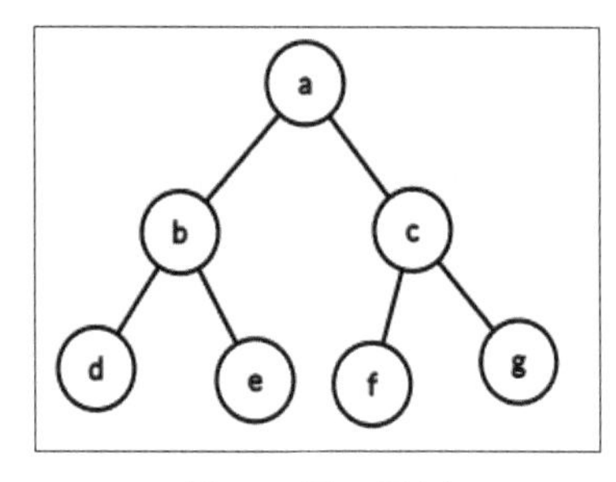

图 8-3 满二叉树

2. 完全二叉树

完全二叉树的所有叶节点都在最后一层或倒数第二层；最后一层的叶节点在左边连续，如果叶节点在右边连续，则不是完全二叉树。如图 8-4 所示为完全二叉树，图 8-5 则不是完全二叉树。

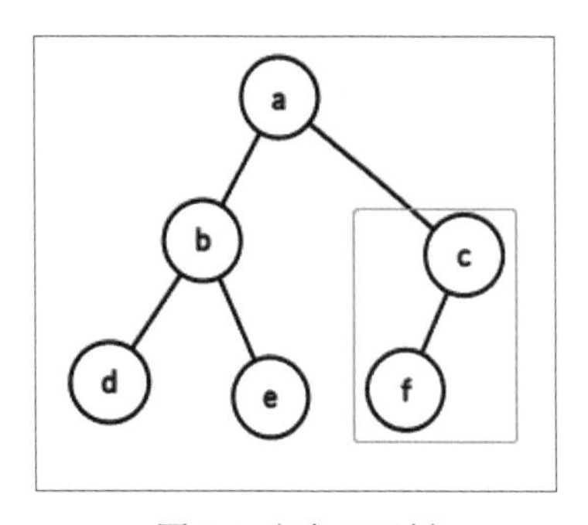

图 8-4 完全二叉树

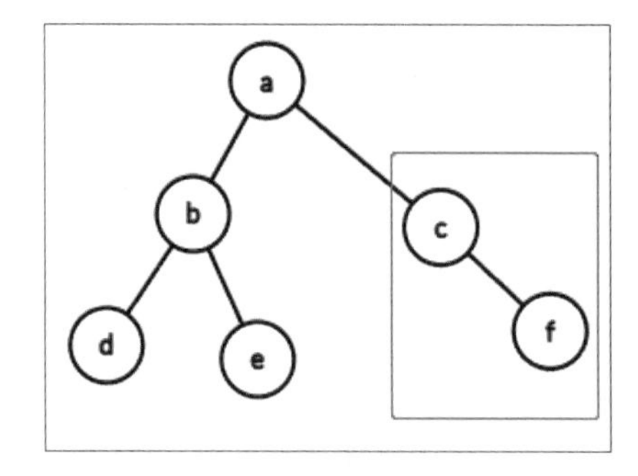

图 8-5 非完全二叉树

3. 平衡树

平衡树（见图 8-6）也叫 AVL，是指左右两个子树的高度差不超过 1，所以也称为高度平衡树。AVL 是常用的搜索树（也称为查找树），其查找、插入、删除的复杂度为 $O(\log n)$。AVL 在插入、删除数据时可能要通过多次旋转，以便调整树的高度使之平衡。

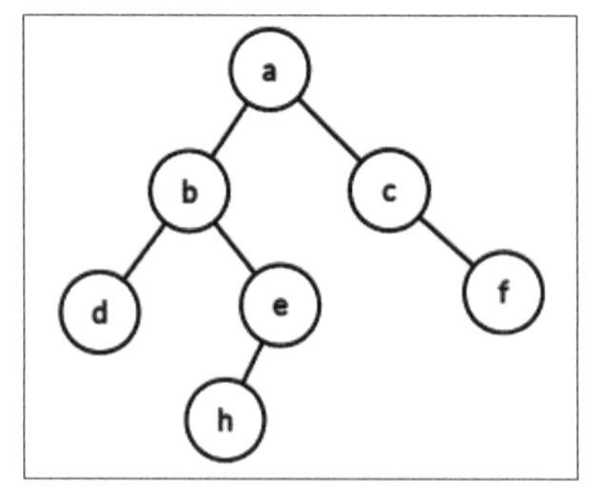

图 8-6 平衡树

8.3 二叉搜索树

二叉搜索树是平衡树的一种。二叉搜索树的规则是：左子树上所有节点的值小于根节点的值，右子树上所有节点的值大于根节点的值。如下编码实现将一个顺序数组转换成一棵二叉搜索树：

```
class Node {  //二叉树节点定义
   public int value;
   public Node left, right;
   public Node(int value) {
      this.value = value;
   }
}
public class BSTree {
   //递归方法，用顺序数组中的数据创建一个二叉搜索树
   public static  Node array2Tree(int[] data,int start,int end) {
      Node root=null;
      if(end>=start) {// 二分，注意传入数组长度要 -1
         int mid=(start+end+1)/2;// 为什么要 +1
         root=new Node(data[mid]);
         root.left=array2Tree(data,start,mid-1);
         root.right=array2Tree(data,mid+1,end);
      }
      return root;
   }

   //中序输出树节点：中左右
   public static void printTree(Node root) {
      if (null != root) {
         int s = root.value;out.println(" 先序输出节点值：  " + s);
         Node left = root.left;printTree(left);
         Node right = root.right;printTree(right);
      }
   }

   public static void main(String[] args) {
      int[] ia = new int[] {1,2,3,5,6,9};
      Node root=array2Tree(ia,0,ia.length-1);
      //printTree(root);
      out.println("root.value "+root.value);// 只为验证，手动固定输出
      out.println("root.left.value "+root.left.value);
      out.println("root.left.left.value "+root.left.left.value);
      out.println("root.left.right.value "+root.left.right.value);
```

```
        out.println("root.right.value "+root.right.value);
        out.println("root.right.left.value "+root.right.left.value);
    }
}
```

运行结果如图 8-7 所示。

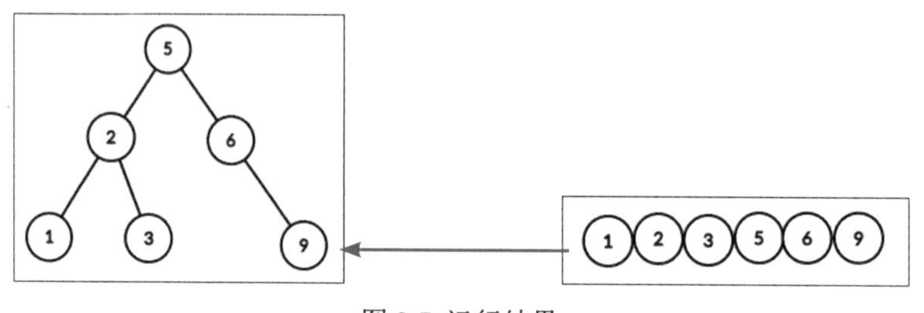

图 8-7 运行结果

切记：新手检验代码的有效方法就是每输出一行数据就验证一次！

小测试

图 8-8 所示为根据顺序数组创建的一棵二叉搜索树，编写熟练后尝试：

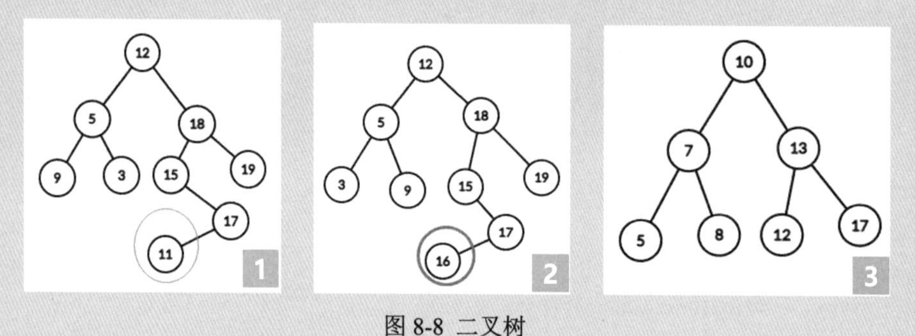

图 8-8 二叉树

1）以上是用二叉树保存数据，现更换为使用数组保存一棵二叉搜索树。

2）向一棵二叉搜索树中插入一个数字（这时就需要旋转树，重新调整节点）。

3）从一棵二叉搜索树中删除某一节点，如果插入数字已经实现，则删除节点将很容易。

希望看到你胜利的笑容！

8.4 堆排序树

堆的定义是：一个完全二叉树，每个节点的值都小于或等于其左、右子节点的值，就被称为小顶堆；反之则被称为大顶堆。小顶堆如图 8-9 所示。

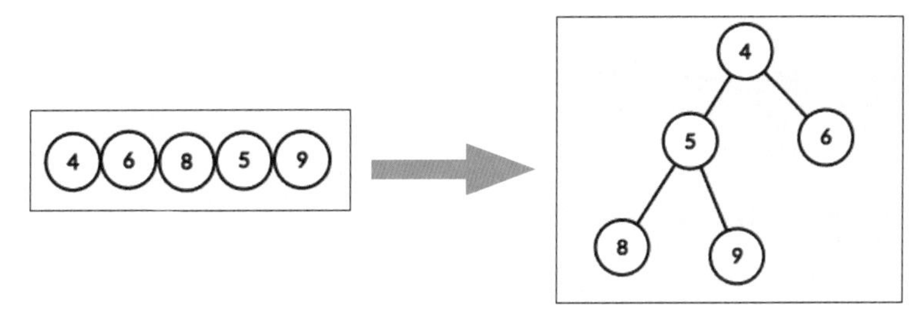

图 8-9　小顶堆

边看图边推导一遍排序过程：

1 将数组按自然顺序转换成一棵完全二叉树，如图 8-10 所示。

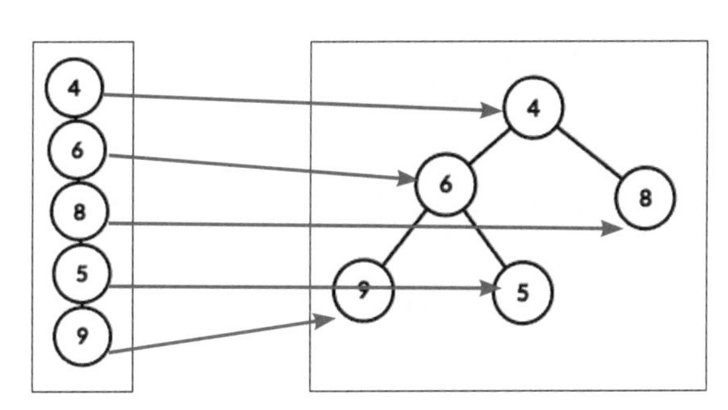

图 8-10　将数组按自然顺序转换成一棵完全二叉树

堆排序的思路：

有 n 个节点，从最后一个叶节点开始向上比较，直至根节点（此时根节点较大）；再将根节点与最后一个叶节点交换；然后将余下的 $n-1$ 个叶节点重新构造成一个堆，执行交换；直到最后根节点。这样就完成了排序，堆排序的时间复杂度为 $O(n \log n)$。

2 编写代码。

堆排序的完整代码如下：

```
public class HeapSortArray {
    public static void main(String[] args) {
        int[] data = {4,6,8,5,9}; // 要排序的原始数组
        heapSort(data);  // 排序
        for (int i : data) {// 输出
            out.print(i + "");
        }
        private static void heapSort(int[] arr) {
            for (int i = (arr.length - 1) / 2; i>= 0; i--) {
                adjustHeap(arr, i, arr.length);// 从下到上，从右到左调整结构
            }
            for (int i = arr.length - 1; i> 0; i--) {
                int temp = arr[i];// 调整堆结构+交换堆顶元素与末尾元素
                arr[i] = arr[0];
                arr[0] = temp;
                adjustHeap(arr, 0, i);// 重新对堆进行调整
            }
        }

        // 堆排序调整过程——parent：父节点，index：待排序的数据
        private static void adjustHeap(int[] arr, int parent, int index) {
            int temp = arr[parent];
            int left = 2 * parent + 1; // 左节点
            while (left<index) {
                int right = left + 1;// 右节点
                // 左节点小于右节点，则取右节点值
                if (right<index&&arr[left] <arr[right]) {
                    left++;
                }
                if (temp>= arr[left]) {// 父节点的值已是最大了，完成
                    break;
                }
                arr[parent] = arr[left];  // 和父节点交换
                parent = left;
                left = 2 * left + 1;
            }
            arr[parent] = temp;
        }
    }
}
```

任务

1）参考代码，实现大顶推排序，在命令行输出树形结构。

2）实现一个小顶推排序。

3）如果再做一个可视化的二叉树堆排序演示，那么就彻底了解堆排序树了。

8.5 红黑树

为了兼顾排序、搜索（查找）的效率，提出了二叉树（平衡树、二叉排序树、堆排序等结构），但在插入、删除数据时可能会出现倾斜的树（见图 8-11），这就需要树的大量旋转操作，十分耗时。

图 8-11 搜索树

为了解决这个问题，提出了红黑树（RBTree，见图 8-12）的方案（当然，改名为白蓝树亦可）。RBTree 的定义如下：

- 任何一个节点都有颜色，黑色或者红色。
- 根节点是黑色的。
- 父、子节点之间不能出现两个连续的红节点。
- 任何一个节点向下遍历到其所有的叶节点，所经过的黑节点个数必须相等。
- 空节点被认为是黑色的。

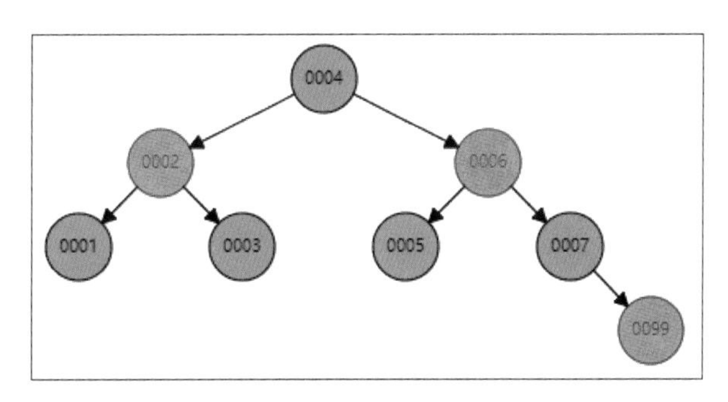

图 8-12 一棵红黑树

红黑树还是一棵平衡二叉树，每个节点用红或黑标志，避免插入数据时频繁地旋转。虽然这样也耗费一些时间，但比起 AVL 的旋转所耗费的时间还是少很多。

要掌握红黑树只有一种好途径：动手练习！

8.6 手建红黑树

手工建树：拿一张纸在上面一边画一边对着规则调整（见图 8-13），规则如下：

1）根节点是黑色，每个叶节点是黑色或者是红色。

2）每个叶节点都带有两个空的黑色节点（被称为黑哨兵），如果一个节点 n 只有一个左孩子，那么 n 的右孩子是一个黑哨兵；如果节点 n 只有一个右孩子，那么 n 的左孩子是一个黑哨兵。

3）每个红节点的两个子节点是黑色的，即一条路径上不能出现相邻的两个红色节点。

4）从任一节点到它的每个叶节点的所有路径都包含相同数目的黑色节点。

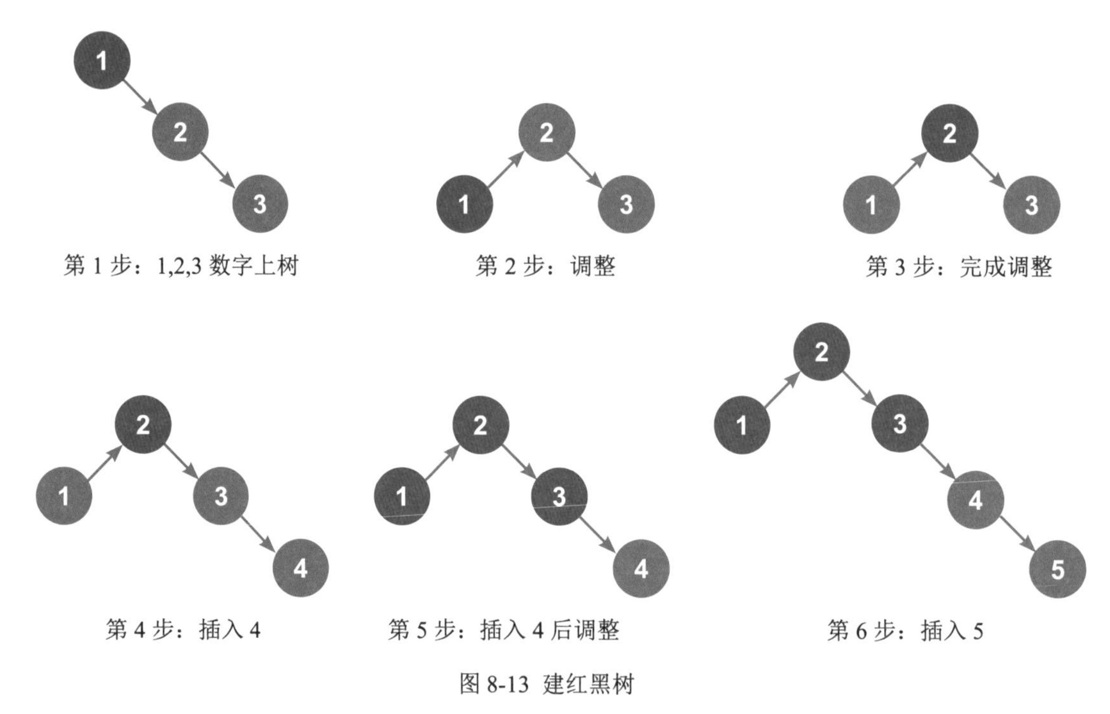

图 8-13 建红黑树

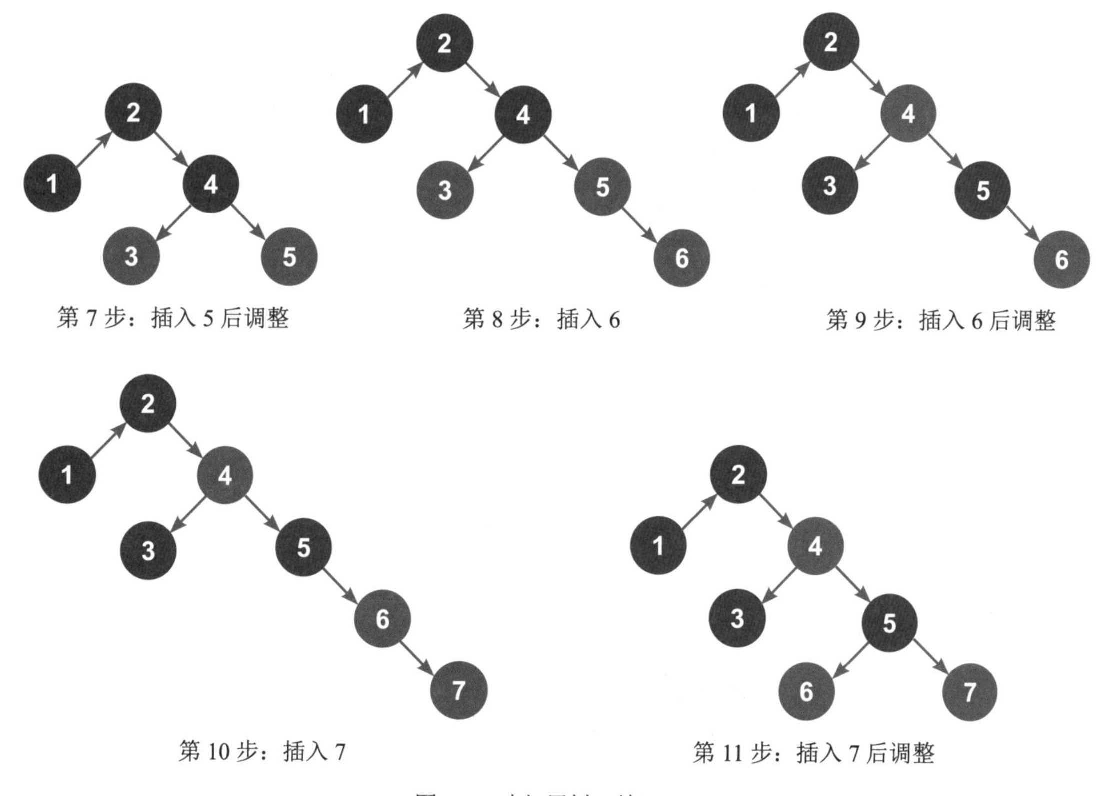

第 7 步：插入 5 后调整　　第 8 步：插入 6　　第 9 步：插入 6 后调整

第 10 步：插入 7　　第 11 步：插入 7 后调整

图 8-13 建红黑树（续）

是不是长叹了一口气？下面再来掌握几个基本概念！

8.7 树的旋转

往红黑树上插入节点后，通常要执行旋转（Rotate）操作使节点颜色符合定义，让 RBTree 的高度达到平衡。Rotate 分为 Left-Rotate（左旋）和 Right-Rotate（右旋），区分左旋和右旋的方法是：待旋转的节点从左边上升到父节点就是右旋（见图 8-14），待旋转的节点从右边上升到父节点就是左旋（见图 8-15）。

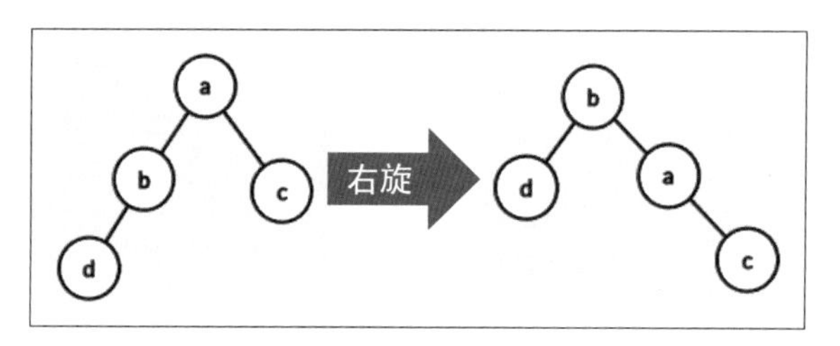

图 8-14 右旋

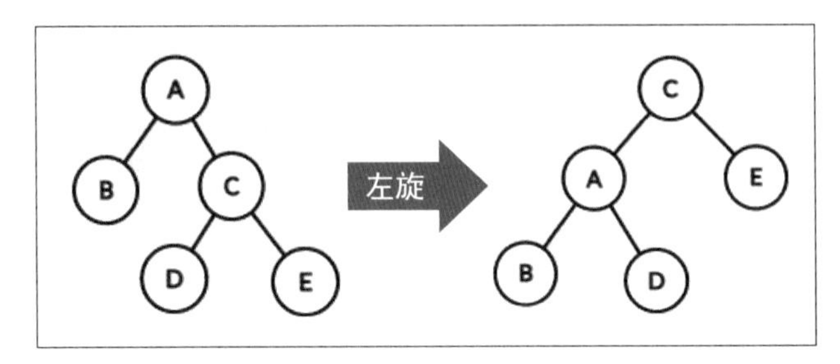

图 8-15 左旋

请拿出一张纸和一支笔，手动画出树的两种旋转流程。

此外，二叉树常用许多拟人称呼，叔叔、伯伯、兄弟等，如图 8-16 所示。

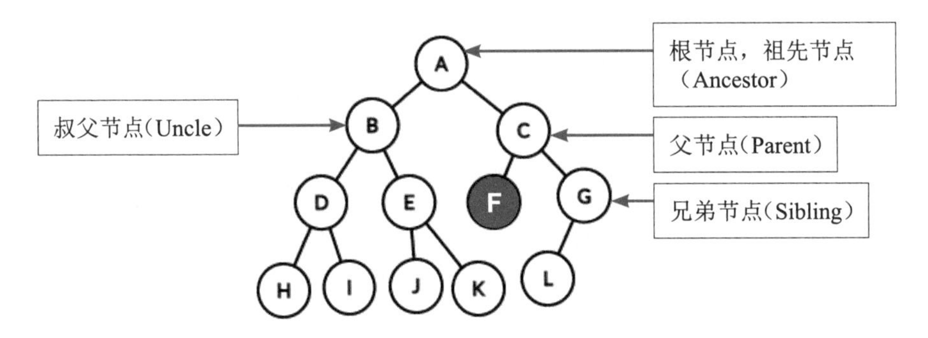

图 8-16 二叉树常用的称呼

有了这些准备工作，可以动手编写代码啦！

以下代码实现树的左、右旋转（代码摘自 JDK 中 HashMap 源码）：

```
// 从节点 p 处左旋 root 树，返回旋转后的树，选自 java.util.HashMap 2170 行
TreeNode rotateLeft(TreeNode root, TreeNode p) {
   TreeNode r, pp, rl;
   if (p != null && (r = p.right) != null) {
      if ((rl = p.right = r.left) != null)
         rl.parent = p;
      if ((pp = r.parent = p.parent) == null)
         (root = r).red = false;
      else if (pp.left == p)
         pp.left = r;
      else
         pp.right = r;
         r.left = p;
         p.parent = r;
   }
   return root;
}
```

```
// 从节点p处右旋root树，返回旋转后的树，选自java.util.HashMap 2188行
TreeNode rotateRight(TreeNode root, TreeNode p) {
   TreeNode l, pp, lr;
   if (p != null && (l = p.left) != null) {
      if ((lr = p.left = l.right) != null)
         lr.parent = p;
         if ((pp = l.parent = p.parent) == null)
            (root = l).red = false;
         else if (pp.right == p)
            pp.right = l;
         else
            pp.left = l;
            l.right = p;
           p.parent = l;
   }
   return root;
}
```

编写树的旋转及各种二叉树代码，实际上是为了锻炼我们的编码能力，能眼到、手到、心到，码随人心。

练习：创建一棵二叉树，使用以上两种方法旋转，并验证是否正确。

接下来，我们完整地编写红黑树的代码！

8.8 编码极简红黑树

1 编写红黑树节点 RBNode 类：

```
//红黑树节点定义
public class RBNode  {
   public int value;
   private RBNode  left;
   private RBNode  right;
   private RBNode  parent;
   private boolean red;
   //get/setter:
   public RBNode(int value){ this.value=value;}
   RBNode  getLeft() {return left;}
```

```
    void setLeft(RBNode  left) { this.left = left;}
    RBNode  getRight() { return right; }
    void setRight(RBNode  right) { this.right = right;  }
    RBNode  getParent() {        return parent;   }
    void setParent(RBNode  parent) {            this.parent = parent;    }
    boolean isRed()  {           return red;      }
    boolean isBlack(){           return !red;     }
    boolean isLeaf() {           return left==null&&right==null; }
    void    setRed(boolean red) {  this.red = red;      }

    void makeRed(){              red=true;        }
    void makeBlack(){            red=false;       }
    public String toString(){return (red==true?"红":"黑")+"-值:"+value+"";}
}
```

2 实现关键部分，在 RBTree 类中加入节点，调整树使其符合红黑规则：

```
public class RBTree {
    //预定义根节点变量
    //为满足第 3 条规则：每个叶节点都带有两个空的黑色节点（被称为黑哨兵）
    private final RBNode  rootTemp= new RBNode(-1);

    //向红黑树中插入节点测试，输出测试
    public static void main(String[] args) {
        RBTree  bst = new RBTree();//创建对象
        int[] ia=new int[] {8,2,6,7,4,3,5,1};
        for(int i:ia) {
            bst.addNode(i);
        }
    outTree(bst.rootTemp.getLeft());
    // RBTree  bst = new RBTree();//创建对象
    // for(int i=0;i<100;i++) {
    //          Random ran=new Random();
    //          int t=ran.nextInt(100000);
    //          bst.addNode(t);
    // }
    // outTree(bst.rootTemp.getLeft());
    }

    //中序遍历,"左中右"
    public static void outTree(RBNode node){
        if (node != null){
            out.print(""+node);
            outTree(node.getLeft());
            outTree(node.getRight());
        }
    }
```

```
// 加入数据作为树上的节点
public void addNode(int v){
   RBNode node = new RBNode(v);
   node.setLeft(null);
   node.setRight(null);
   node.setRed(true);
   setParent(node,null);
   if(rootTemp.getLeft()==null){
      rootTemp.setLeft(node);
   // 第 3 条规则：每个叶节点都带有两个空的黑色节点（被称为黑哨兵）
      node.setRed(false);
   }else{
      RBNode  x = findParentNode(node);
      setParent(node,x);
      if(x.value>node.value){
         x.setLeft(node);
      }else{
         x.setRight(node);
      }
      fixInsert(node);
   }
}

// 找到节点 x 的父节点
private RBNode  findParentNode(RBNode  x){
   RBNode  dataRoot = this.rootTemp.getLeft();
   RBNode  child = dataRoot;

   while(child!=null){
      if(child.value==x.value){
         return child;
      }
      else if(child.value>x.value){
         dataRoot = child;
         child = child.getLeft();
      }else{
         dataRoot = child;
         child = child.getRight();
      }
   }
   return dataRoot;
}

// 根据插入节点左 / 右旋转来调整树
private void fixInsert(RBNode  x){
   RBNode  parent = x.getParent();
   while(parent!=null && parent.isRed()){
      RBNode  uncle = getUncle(x);
      if(uncle==null){// 需要旋转
         RBNode  ancestor = parent.getParent();
```

```
                //取得爷爷节点
                if(parent == ancestor.getLeft()){
                    boolean isRight = x == parent.getRight();
                    if(isRight){
                        rotateLeft(parent);
                    }
                    rotateRight(ancestor);

                    if(isRight){
                        x.setRed(false);
                        parent=null;//结束循环
                    }else{
                        parent.setRed(false);
                    }
                    ancestor.setRed(true);
                }else{
                    boolean isLeft = x == parent.getLeft();
                    if(isLeft){
                        rotateRight(parent);
                    }
                    rotateLeft(ancestor);
                    if(isLeft){
                        x.setRed(false);
                        parent=null;//结束循环
                    }else{
                        parent.setRed(false);
                    }
                    ancestor.setRed(true);
                }
            }else{//叔节点是红色的
                parent.setRed(false);
                uncle.setRed(false);
                parent.getParent().setRed(true);
                x=parent.getParent();
                parent = x.getParent();
            }
        }
        this.rootTemp.getLeft().makeBlack();
        this.rootTemp.setParent(null);
    }

    //取得叔节点
    private RBNode  getUncle(RBNode  node){
        RBNode  parent = node.getParent();
        RBNode  ancestor = parent.getParent();
        if(ancestor==null){
            return null;
        }
        if(parent == ancestor.getLeft()){
```

```
            return ancestor.getRight();
        }else{
            return ancestor.getLeft();
        }
    }

    //左旋操作
    private void rotateLeft(RBNode  node){
        RBNode  right = node.getRight();
        RBNode  parent = node.getParent();
        node.setRight(right.getLeft());
        setParent(right.getLeft(),node);

        right.setLeft(node);
        setParent(node,right);
        if(parent==null){
            rootTemp.setLeft(right);
            setParent(right,null);
        }else{
            if(parent.getLeft()==node){
                parent.setLeft(right);
            }else{
                parent.setRight(right);
            }
            setParent(right,parent);
        }
    }

    //右旋操作
    private void rotateRight(RBNode  node){
        RBNode  left = node.getLeft();
        RBNode  parent = node.getParent();
        node.setLeft(left.getRight());
        setParent(left.getRight(),node);

        left.setRight(node);
        setParent(node,left);
        if(parent==null){
            rootTemp.setLeft(left);
            setParent(left,null);
        }else{
            if(parent.getLeft()==node){
                parent.setLeft(left);
            }else{
                parent.setRight(left);
            }
            setParent(left,parent);
        }
    }

    //设为父节点
```

```
    private void setParent(RBNode  node,RBNode  parent){
        if(node!=null){
            node.setParent(parent);
            if(parent==rootTemp){
                node.setParent(null);
            }
        }
    }
}
```

这可能是本章最长的代码了。新手面对这些代码时容易犯的错误是：从头看到尾，认为看“懂”后自己就能行云流水般地编写出来。

这种方法在许多时候是不可行的。可行的方法是：

1）把这些代码照着编写，掌握一些基本的思路和概念。

2）单独测试每个功能和方法的作用，以理解其执行过程。

3）在方法体中多编写详细的输出语句，处理较少数据，观察输出变化。

4）在此基础上增加查询方法，从树上查找某个数据，输出查找流程。

5）从树上删除某个数据，输出删除该数据之后树的结构。

6）删除后，此红黑树需要调整以符合规则，编写调整方法进行测试。

7）对红黑树与其他数据结构的 CRUD（增删改查）性能进行比较。

8）比以上 7 种办法都高效的是：给一位同学去讲或听他讲红黑树。

8.9 B+ 树

1. B+ 树的特点

世界上没有无缘无故的数据结构：

- 因为数组长度固定，所以封装成队列，提供变长存取。
- 数组插入、删除的时间、空间复杂度均为 $O(n)$，而用链表对应的复杂度近似 $O(1)$。
- 无论数组还是链表，查找都需要遍历，而构造哈希表查找时间复杂度为 $O(1)$。
- 为了兼顾插入与查找性能，出现了平衡二叉树。
- 应对平衡二叉树插入、删除时旋转、倾斜导致性能差的问题，出现了红黑树。

现在又提出 B+ 树（见图 8-17），是为什么呢？

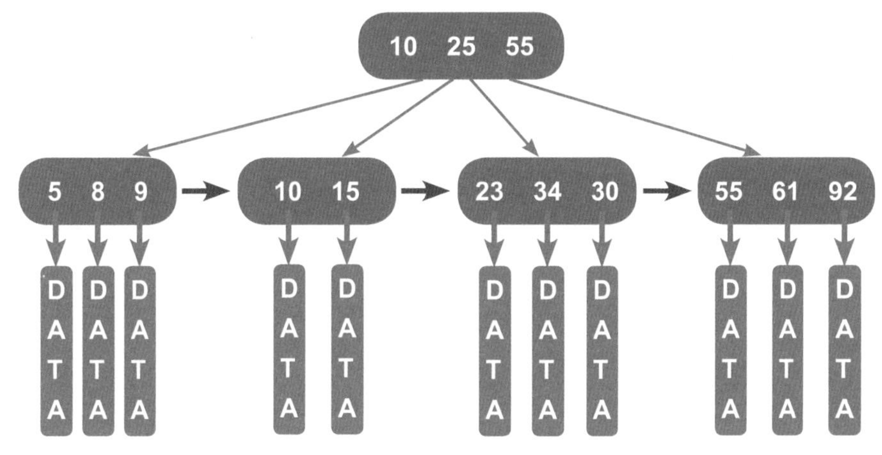

图 8-17 B+ 树

B+ 树有 4 个特点：

1）中间元素不保存数据只是当作索引使用，所有数据都保存在叶节点中。

2）所有的中间节点在子节点中要么是最大的元素要么是最小的元素。

3）叶节点包含所有的数据，而且叶节点的元素形成了自小向大的链表。

4）B+ 树仅叶节点存储或指向数据，叶节点作为 key（键），数据作为 value（值）。

注意 B+ 树有一个变形，即枝节点是否保存叶节点的最大值（区别不大）。

B+ 树看起来更像个目录或索引，这其实就是 B+ 树的应用场景。红黑树虽快，但当数据量过多时树的层数就会太高，这在某些应用场景不适用，比如在读取磁盘文件的应用中，树的层数高，就意味着 I/O 次数多。像数据库软件动辄数十亿条记录，如何快速定位一条记录？

B+ 树的查找分为单个元素查找和范围查找，单个元素查找是从根节点一直查找到叶节点，即使中间节点有这个元素也要查找到叶节点，因为中间节点只是索引，不保存数据；范围查找是直接从叶节点查找，即链表查找，因为叶节点是已排序的。

2. B+ 树的分类

掌握 B+ 树的结构，需要了解下面这两点：

1）非叶节点仅有索引作用，具体信息均存放在叶节点。

2）树的所有叶节点构成一个有序链表，可以按照键的排序遍历全部记录。

B+ 树分为以下两种：

第一种：节点内有 n 个元素，此节点下就有 n 个子节点；每个元素是子节点中的最大值或最小值。如图 8-18 所示，取子节点元素中的最大值构成父节点。

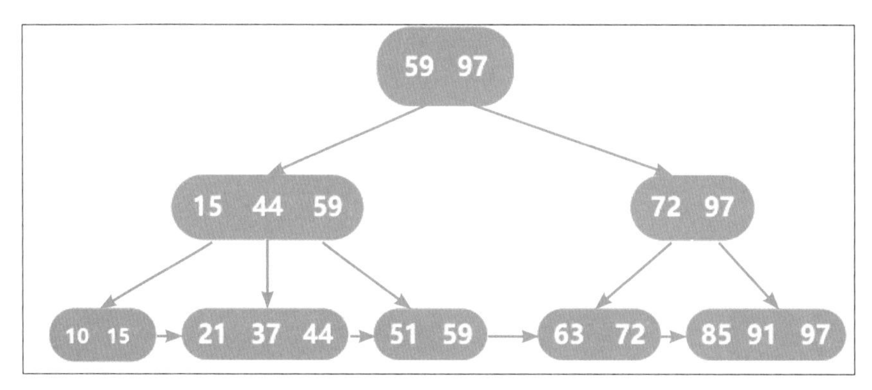

图 8-18 取子节点元素中的最大值构成父节点

第二种：节点内有 n 个元素，就有 n+1 个子节点；该节点最左边的元素小于最右边的元素，如图 8-19 所示。

小于节点 10 的子节点在最左边；第二个子节点是 10~23 之间的元素；第三个子节点是 23~55 之间的元素；第四个子节点保存大于等于 55 的元素。

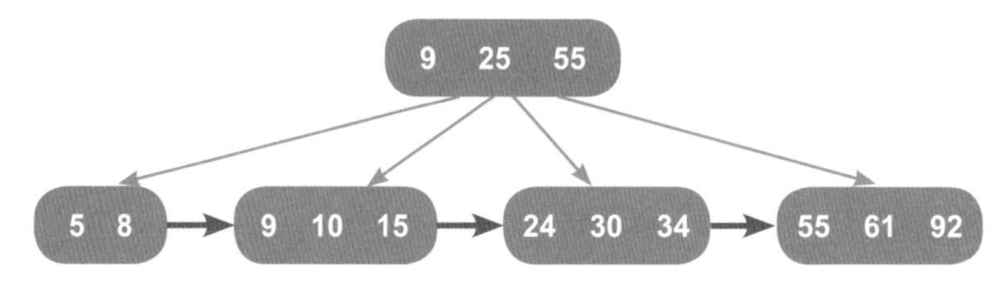

图 8-19 节点中最左边的元素小于最右边的元素

一个 M 阶的 B+ 树，其叶节点必须在同一层，每一个节点的子节点数目和键的数量都是有规定的。

聪明的读者肯定能想到，既然有 B+ 树就应该还有 B－树。确实如此！只要搞清 B+ 树，那么理解 B－、B*、B 树等就很容易了。

3. 手动建立 B+ 树

一个 M 阶的 B+ 树的定义为：

1）每个节点最多有 M 个子节点。

2）每个非叶节点（除根节点）至少有 ceil(M/2) 个子节点。

3）有 k 个子节点的非叶节点拥有 $k-1$ 个键，键按照升序排列。

4）所有叶节点在同一层。

根据定义，请手动将如下数字序列插入 B+ 树，如图 8-20 所示。

```
int[] ia=new int[] {9,2,1,5,10,8,3,4,6,7};
```

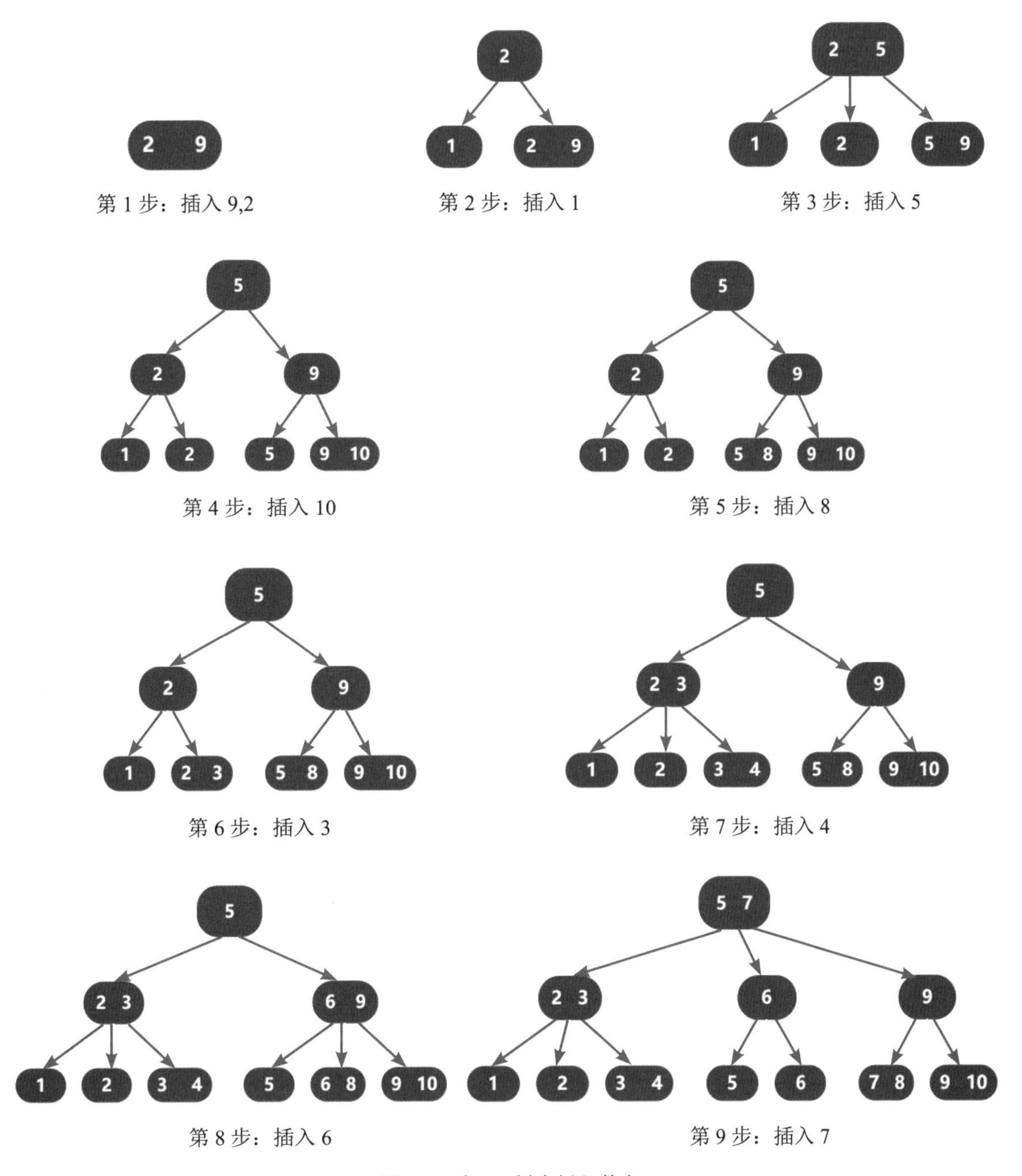

图 8-20 在 B+ 树中插入数字

B+ 树代码实现

1 编写 B+ 树的节点类，代码如下：

```
//B+ 树的节点类
//1. 不像二叉树下有多个子节点
//2.B+ 树的节点是一个双向链表
public class BPNode {
    public List<BPNode>nodes; // 存放多个子节点的队列
    public List<Integer>keys;// 节点内保存数据的队列，叶节点一般为 K:V 对
    public BPNode next;// 后节点
    public BPNode pre;// 前节点
    public BPNode parent;// 父节点指向
    // 创建一个树的节点
    public BPNode( List<BPNode>nodes, List<Integer>keys, BPNode next,BPNode pre, BPNode parent) {
        this.nodes = nodes;
        this.keys = keys;
        this.next = next;
        this.parent = parent;
        this.pre = pre;
    }
    // 判断是否为叶节点：叶节点可存 key+Value，枝节点仅存 key
    boolean isLeaf() {
        return nodes==null;
    }
}
```

B+ 树的节点有以下 4 个注意事项：

1）每个节点都是一个双向链表，分别指向其左、右，即 pre、next。

2）一个 B+ 树节点下有 0~$M-1$ 个子节点，都存放在 nodes 队列中。

3）存放子节点考虑用数组，比用队列更为节省空间。

4）B+ 树的叶节点一般保存 K:V 对；子节点仅保存 K 值。在本例中简化为只保存 int 类型的 K 值，即 List<Integer>keys。

任务

试用以上节点类编码组建一个如图 8-21 所示的 B+ 树节点。

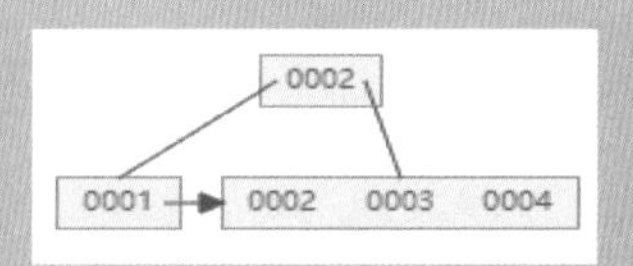

图 8-21 B+ 树节点

2 编写 B+ 树的构建实现 BPTree 类。

BPTree 类中关键的是以下 3 个方法：

- insert(int key)：向树中插入一个 key 值。
- splidNode(BPNode node, int key)：根据 key 值分裂节点。
- printBtree(BPNode root)：遍历输出 B+ 树及其节点内的数据。

```
// 构造 B+ 树实现 BPTree 的对象
public class BPTree {
   private int rank;//B+ 树的阶数
   private BPNode root; // 树的根节点
   private BPNode head;// 树的头节点
   public BPTree(int rank) {this.rank = rank;}// 构造时传入 B+ 树的阶数
   public BPNode getRoot() { return root;    }// 对外调用取得根节点

   // 实现向树中插入一个 key 的方法以便调用
   // 如果是第一次插入，则创建根节点；如果是重复的 key，则结束返回
   // 然后找到最后一个节点，调用 splidNode 方法，执行分裂插入
   public void insert(int key) {
      if (head == null) {// 如果是第一次插入
         List<Integer>insertKeys = new ArrayList<>();
         insertKeys.add(key);
         head = new BPNode(null, insertKeys, null, null, null);
         root = new BPNode(null, insertKeys, null, null, null);
      } else {
         BPNode node = head;
         while (node != null) {
            List<Integer>keys = node.keys;
            for (int KV : keys) {
               if (KV  == key ) {// 如果插入的 key 已存在，则结束插入
                  System.out.println(" 暂不支持插入重复的 key "+key);
                  return ;
               }
            }
            // 如果是当前节点的最后一个元素，且小于下一个节点的第一个元素，则分裂树
            if (node.next== null || node.next.keys.get(0) >= key) {
```

```
                splidNode(node, key);
                break;
            }
            node = node.next;// 执行下一层
        }
    }
}

// 拆分节点：当前节点数量已达 rank 限制
// 对新插入的 key 和节点中的值进行排序比较
// 如果本节点的 key 的数量未超过 rank 限制，则排序后直接存入 keys 队列，否则进行树的分裂
private void splidNode(BPNode node, int key) {
    List<Integer>keys = node.keys;
    if (keys.size() ==rank-1) {
        keys.add(key);// 插入待添加的节点
        Collections.sort(keys);// 排序
        int mid = keys.size() / 2;// 取出中间位置的值
        int midKey = keys.get(mid);
        // 左节点的 keys 集：实际上叶节点只存储 key
        List<Integer>leftKeys = new ArrayList<>();
        for (int i = 0; i<mid; i++) {
            leftKeys.add(keys.get(i));
        }
        List<Integer>rightKeys = new ArrayList<>();// 右节点的 keys 集
        int k;
        if (node.isLeaf()) {k = mid;    }
            else {k = mid + 1;}
        for (int i = k; i<rank; i++) {
            rightKeys.add(keys.get(i));
        }
        // 对左、右两边的元素重新排序
        Collections.sort(leftKeys);
        Collections.sort(rightKeys);
        // 构造新的树节点
        BPNode rightNode;
        BPNode leftNode;
        rightNode = new BPNode(null, rightKeys, node.next, null, node.parent);
        leftNode = new BPNode(null, leftKeys, rightNode, node.pre, node.parent);
        rightNode.pre=leftNode;// 设置新节点的父子节点关系
        if (node.nodes != null) {
            List<BPNode>nodes = node.nodes;// 取得所有的子节点
            List<BPNode>leftNodes = new ArrayList<>();
            List<BPNode>rightNodes = new ArrayList<>();
            for (BPNode childNode : nodes) {
                // 取得当前子节点的最大键值
                int max = childNode.keys.get(childNode.keys.size() - 1);
                if (max<midKey) {
                    // 小于 mid 处的键的数是左节点的子节点
                    leftNodes.add(childNode);
```

```
                childNode.parent=leftNode;
            } else {
                rightNodes.add(childNode); // 大于 mid 处的键的数是右节点的子节点
                childNode.parent=rightNode;
            }
        }
        leftNode.nodes=leftNodes;
        rightNode.nodes=rightNodes;
    }
    BPNode preNode = node.pre;// 当前节点的前节点
    if (preNode != null) {// 分裂节点后将分裂节点的前节点的后节点设置为左节点
        preNode.next=leftNode;
    }
    BPNode nextNode = node.next; // 当前节点的后节点
    // 分裂节点后将分裂节点的后节点的前节点设置为右节点
    if (nextNode != null) {
        nextNode.pre=rightNode;
    }
    if (node == head) {// 如果由头节点分裂，则分裂后左边的节点为头节点
        head = leftNode;
    }
    List<BPNode>childNodes = new ArrayList<>();// 父节点的子节点
    childNodes.add(rightNode);
    childNodes.add(leftNode);
    if (node.parent == null) {
        List<Integer>parentKey= new ArrayList<>();
        parentKey.add(midKey);
        // 构造父节点
        BPNode parentNode = new BPNode(childNodes, parentKey, null, null, null);
        rightNode.parent=parentNode;// 将子节点与父节点关联
        leftNode.parent=parentNode;
        root = parentNode;// 当前节点为根节点
    } else {
        BPNode parentNode = node.parent;
        // 将原来的子节点和新的子节点（左子节点和右子节点）合并之后与父节点关联
        childNodes.addAll(parentNode.nodes);
        childNodes.remove(node);// 移除正在被拆分的节点
        parentNode.nodes=childNodes; // 将子节点与父节点关联
        rightNode.parent=parentNode;
        leftNode.parent=parentNode;
        if (parentNode.parent == null) {
            root = parentNode;
        }
        splidNode(parentNode, midKey);// 递归调用拆分的方法，将父节点拆分
    }
} else {
    keys.add(key);
    Collections.sort(keys);// 排序
}
```

```
    }

    // 打印两层 B+ 树：一层打印树的节点，另一层打印节点的 key 集
    // B+ 树类似一个目录，每个节点下有多个子节点
    // 叶节点的 keys 队列中，可能保存有 0~m 个 key 值
    // 所以是一个递归中的双层队列遍历过程
    public void printBtree(BPNode root) {
        if (root == this.root) {
            printKeys(root);// 打印根节点内的元素
            System.out.println();
        }
        if (root == null) {
            return;
        }
        // 遍历打印子节点的元素
        if (root.nodes!= null) {
            BPNode leftNode = null;
            BPNode tmpNode = null;
            List<BPNode>childNodes = root.nodes;
            for (BPNode node : childNodes) {
                if (node.pre == null) {
                    leftNode = node;
                    tmpNode = node;
                }
            }

            while (leftNode != null) {// 打印节点中的 key 集
                printKeys(leftNode);
                System.out.print(" | ");
                leftNode = leftNode.next;
            }
            System.out.println();
            printBtree(tmpNode);
        }
    }
    // 打印树节点内的 key 集
    private void printKeys(BPNode node) {
        for (int key: node.keys) {
            System.out.print(key+"");
        }
    }
}
```

3 编写测试方法，验证插入、分裂、打印。

在 Main 类中测试向 B+ 树插入数据后遍历输出 B+ 树：

```
//构建 B+ 树后，再遍历输出
public class Main {
      public static void main(String[] args) {
              BPTree btree = new BPTree(3);
              int[] ia=new int[] {9,2,1,5,10,8,3,4,6,7};
              for(int i:ia) {
                      btree.insert(i);
               }
              btree.printBtree(btree.getRoot());
          }
   }
```

测试结果如图 8-22 所示。

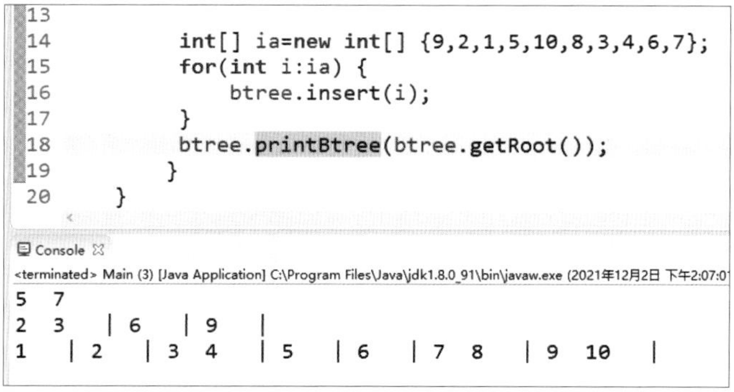

```
13
14          int[] ia=new int[] {9,2,1,5,10,8,3,4,6,7};
15          for(int i:ia) {
16              btree.insert(i);
17          }
18          btree.printBtree(btree.getRoot());
19      }
20  }
```

```
Console
<terminated> Main (3) [Java Application] C:\Program Files\Java\jdk1.8.0_91\bin\javaw.exe (2021年12月2日 下午2:07:0
5  7
2  3   | 6   | 9   |
1   | 2   | 3  4   | 5   | 6   | 7  8   | 9  10   |
```

图 8-22　测试结果

掌握这种流程复杂的代码的技巧是：手工将 {9,2,1,5,10,8,3,4,6,7} 建成一个 B+ 树，再比对代码的流程，在关键流程中输出数据。

任务

1）在以上建树的代码中插入 20 条以上的输出语句，观察具体流程。

2）在代码中添加可视化界面，将建成的 B+ 树在界面中画出。

3）给以上代码添加 B+ 树的删除节点、删除 key 的功能。

4）说明测试百万组数据时 B+ 树和红黑树的性能差别。

5）搜索资料，推导出 MySQL 的 InnoDB 中一个 B+ 树可保存多少行数据。

行至水穷处，坐看云起时。

——王维《终南别业》

本章将从零开始编码实现类似Robocode（仿真对战平台）的“迷你Robocode”项目，在此过程中讲解类的动态装载、卸载、对象代理机制、动态编译方法，引导读者初涉JVM源码，分析JVM的学习路线，最后编码演示类ACM网站代码编译的实现流程和要点。

第9章 类的动态装载

9.1 三分钟上手 Robocode

没玩过 Robocode？ 3 分钟你就能开智能坦克。

1 从 Robocode 官网上下载 Robocode，启动后依次选择“Robot → Source Editor”菜单选项，如图 9-1 所示。

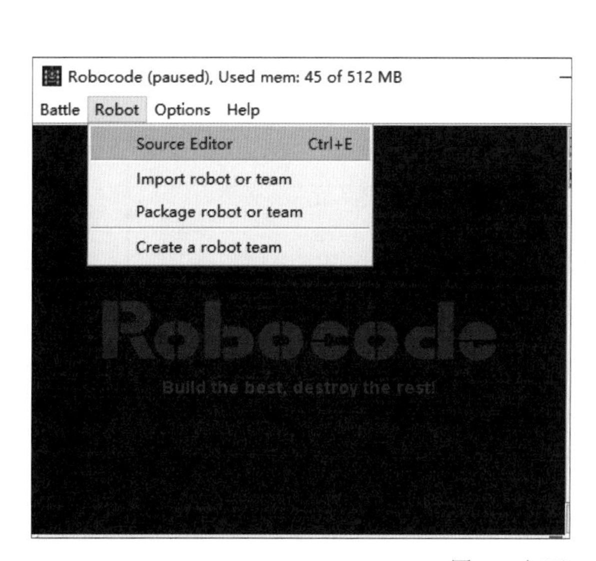

Robot Editor
File Edit View Compiler Window Help
Editing - C:\RobocodeIBM\robocode-1.9.3.7-setup\rob...

```
1  package com.test;
2  import robocode.*;
3  //import java.awt.Color;
4  public class HeroGo extends Robot
5  {
6      // run: HeroGo's default behavior
7      public void run() {
8          // Robot main loop
9          while(true) {
10             // Replace the next 4 lines with any behavi
11             ahead(100);
12             turnGunRight(90);
13             back(100);
14             turnGunRight(60);
15         }
16     }
17
18     /**
19      * onScannedRobot: What to do when you see another
20      */
21     public void onScannedRobot(ScannedRobotEvent e) {
```

图 9-1　打开 Source Editor

如图 9-1 的右图所示，机器人运动的命令（方法调用）都写在 run 方法中。在本例中，机器人将在平台上：ahead(100)，前进 100 个单位；turnGunRight(90)，炮台旋转 90º。

onScannedRobot 是雷达扫描到其他机器人时的事件方法，其中只需要一行代码：this.fire(3)，即开炮。编写了以上代码后（其实模板已全部生成了），单击 Robot Editor 上的 Compiler 以开始编译。

2 依次选择“Battle → New”菜单选项，选择刚编写的代码，即可与另外几个机器人开战，如图 9-2 所示。

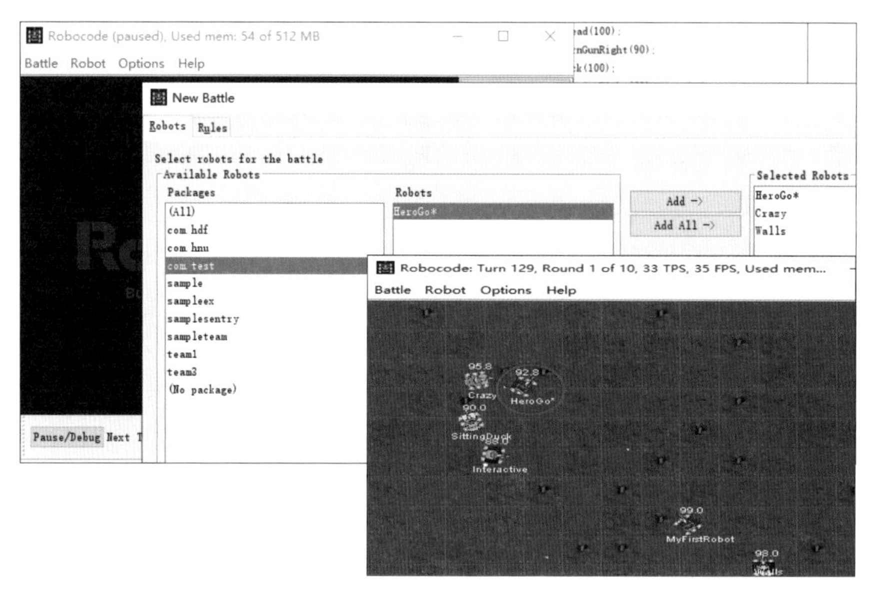

图 9-2 新建 Battle

9.2 迷你 Robocode 初步实现

我们的目标：实现一个迷你版 Robocode。Robocode 是一个仿真战斗引擎的开源平台，可以从官方网址下载源码、教程文档。更加丰富的 Robot 调用命令都在文档 robocode.Robot 类中介绍。

编写代码来实现坦克和机器人的运动与开炮策略。在游戏中学习，在编码中战斗，就是 Robocode 的魅力所在。

在笔者看来，Robocode 是一个精彩的学习案例：线程调度、设计模式、动态加载、动态卸载、动态编译等都在这个精巧的项目中有所体现。当然，更好的方法是模拟实现。

1 快速搭建一个架子，编写一个坦克类，代码如下：

```
class RobotTank{

    private String name;                    //名字
    private int x=200,y=200;                //初始坐标
    private int w,h;                        //战区的宽和高
    RobotTank(String name,int w,int h){
       this.name=name;
```

```
        Random ran=new Random();
        x=ran.nextInt(100)+100;
        y=ran.nextInt(100)+100;
        this.w=w; this.h=h;
    }

    public void move() {                     // 简单的移动策略
        x+=2;y+=1;
        if(x>w) { x=-x; }
        if(y>h) { y=-y; }
    }

    public void drawMe(Graphics g) {         // 将这个坦克绘制到界面上
        g.fillOval(x, y, 30,30);
        g.drawString(name, x, y);
    }
}
```

温故知新

编写主界面、绘制线程实现以下两点：

1）程序启动后创建一个 RobotTank 类的对象，存入队列，绘制线程每 30 毫秒遍历一次队列，调用 Tank.move、Tank.drawMe() 方法。

2）绘制时创建内存缓冲区绘图，可以避免抖动。

2 迷你 Robocode 主界面的代码如下：

```
public class MiniRobot extends JFrame {
    private List<RobotTank>robots=new ArrayList();            // 保存坦克对象
    private Graphics  g=null;                                 // 画布对象
    private int interval=10;                                  // 用拉杆控制线程休眠时间

    public void initUI(){                                     // 初始化界面
        this.setTitle("miniRobot-0.1");
        this.setSize(700, 500);
        this.setLayout(new FlowLayout());
        JSlider js=new JSlider();
        js.setMaximum(300); js.setMinimum(1); js.setName(" 绘制速度 ");
        this.add(js);
        js.addChangeListener(new ChangeListener() {
            public void stateChanged(ChangeEvent e) {
                interval=js.getValue();
            }    });
        this.setVisible(true);
        this.g=(Graphics2D)this.getGraphics();
```

```
        RobotTank rt=new RobotTank("MHT",600,400);        // 创建一个坦克对象
        this.robots.add(rt);                              // 加入绘制队列
        loopDraw();                                       // 启动绘制线程
    }

    public static void main(String[] args) {
        MiniRobot ro=new MiniRobot();
        ro.initUI();
    }

    // 启动绘制线程：从队列中取出、移动与绘制坦克
    public void loopDraw() {
        Thread drawT=new Thread() {
            public void run() {
                while(true) {
                    BufferedImage bu=new BufferedImage(600,400, BufferedImage.TYPE_INT_RGB);
                    Graphics temg=bu.getGraphics();
                    for(int i=0;i<robots.size();i++) {        // 遍历队列中的对象，绘制
                        RobotTank rt=robots.get(i);
                        rt.move();
                        rt.drawMe(temg);
                    }
                    g.drawImage(bu, 30,60,null);
                    try { Thread.sleep(interval); }
                    catch(Exception ef) {}
            }
            }
        };
        drawT.start();
    }
}
```

相信每位读者都能轻松编写出这段代码，在此基础上提出问题才是关键。

9.3 动态添加机器人

使用 Robocode 时观察到当 Robocode 平台启动后才通过实现 robocode.Robot 类编写一个自己的机器人代码，且不需要重启游戏即可编译刚才编写的机器人代码并将其加入平台执行。更具体地说就是：

如何在一个已运行的程序中通过动态加载来载入新编写的类来执行？

1 要实现动态加载，首先是定义需要加载类的接口，代码如下：

```
public interface IRobot {
    public void setName();              // 设置名字
    public String getName();            // 取得名字
    public void move();                 // 运动策略
    public void drawMe(Graphics g);     // 将这个机器人画到界面上
}
```

2 实现 IRobot 接口的类，在移动（move）、绘制（draw）方法中定义不同实现方法，代码如下：

```
// 实现一个机器人
public class RobotA implements IRobot{

    private String name;
    private int x=10,y=10;// 初始坐标

    //getter、setter
    public String getName() {return name}
    public void setName(String n) {name=n}

    public void move() {
        x++;y+=2;
        out.println(name+" 移动到 "+x+"-"+y);
    }
    // 待实现
    public void draw(Graphics g) {
        out.println(name+" 画出图像 ");
    }
}
```

```
public class RobotB implements IRobot{

    private String name;
    private int x=110,y=210;// 初始坐标

    //getter、setter
    public String getName() {return name}
    public void setName(String n) {name=n}

    public void move() {
        x+=5;y-=2;
        out.println(name+" 移动到 "+x+"-"+y);
    }
    // 待实现
    public void draw(Graphics g) {
        out.println(name+" 画出图像 ");
    }
}
```

以上示例实现了两个简单的机器人，在命令行输出字符串来演示机器人在界面上实际的移动过程。

有接口类、有实现类，将这两个类编程后就可以载入运行中的游戏平台了。

3 编写一个简单的小程序来模拟游戏平台，代码如下（程序启动后需要用户从命令行输入已编译好的类的全包名）：

```
public static void main(String[] args)throws Exception{
    Scanner sc=new  Scanner(System.in); // 创建命令行输入接收器
    while(true) {
        out.println(" 请输入你要运行的机器人的名字 ：");
```

```
        String input=sc.next();// 用户输入类名，全包名
        // 加载类，创建对象
        Classc=Class.forName(input);
        Object o=c.newInstance();
        IRobot robot=(IRobot)o;
        out.println("1 个机器人已创建，请输入名字 : ");
        String name=sc.next();
        robot.setName(name);
        robot.move();
        robot.draw(null);
        out.println(robot.getName()+" 运行完毕 ");
    }
}
```

```
TestIRobot [Java Application] C:\Program Files\Java\jdk1.8.(
com.robot.RobotA
1个机器人已经创建，请输入名字：
张三
张三 移动到 11-12
张三画出图像
张三运行完毕
请输入你要运行的机器人的名字：
com.robot.RobotB
1个机器人已经创建，请输入名字：
李四
李四 移动到 201-301
李四画出图像
李四运行完毕
请输入你要运行的机器人的名字：
```

如果编写好了新的 IRobot 接口实现类，那么已经在运行的 main 方法（代表游戏平台）并不需要退出和重新编译再启动，即可使用新编写的类。神不神奇？

在此之前，我们编写的程序都是经过“编译→加载→运行”这个过程，如果需要修改源码，就要重新执行这个过程。想象一下：阿里、腾讯的开发人员夜以继日地编写代码，这些代码都需要更新到正在运行的平台上，如果不使用动态加载、热插拔、在线部署技术，那么每改一行代码，淘宝网站或者王者游戏的系统都得重启一次。

其实 Java、Go、C++ 等各种编程语言都有动态加载的实现方式，基本都大同小异，迷你 Robocode 的实现是动态加载的一个典型应用场景。

任务

1）给迷你 Robocode 平台的机器人定义接口。

2）实现几个在界面上画出自己不同运动方式的机器人。

3）给界面加上菜单，实现“加载机器人”的功能。

9.4 理解动态加载

有了前面编写代码的实践，再来分析理论就容易得多。试着比较如下代码：

```
public static void main(String[] args)throws Exception{
//静态绑定
    RobotMHT ro=new RobotMHT();                             // 1
//调用 ro 的方法. . .

//动态绑定
    Class c=Class.forName("com.robot.RobotMHT");            // 2
    Object o=c.newInstance();                               // 3
    IRobot robot=(IRobot)o;                                 // 4
//调用 robot 的方法. . .
}
```

1）第 1 行代码是静态绑定，创建对象。main 方法执行时，RobotMHT 这个类是必须已经编写好的（编译通过后在 classPath 上可以找到）。以后要对 RobotMHT 做任何修改都必须重新编译，重启程序。

2）第 2、3、4 行代码是典型动态加载的过程：

❶ 第 2 行调用系统的 Class 类的静态方法 forMame(String cName)，传入一个字符串常量，这个字符串代表程序执行到此时要加载的类的文件名，只要在 classPath 中存在 RobotMHT.class，并且程序包名是 com.robot，即可执行成功。

也就是说，加载这个类时程序已经运行了。在程序（平台）运行前、编译时或运行后，com.robot.RobotMHT 这个类是否存在都不影响。在程序运行期间，可以采用网络发送、配置文件等任何方式传入要加载的类名。

```
String cName=用户输入、网络发送、文件配置、数据库中提取
Class c=Class.forName(cName);
Object o=c.newInstance();
IRobot robot=(IRobot)o;
```

想象一下，程序将变得多么灵活！

❷ 第 3 行调用类对象 c 的 newInstance() 方法，其内部是调用了加载的类的默认无参构造器，创建了对象。（如果这个类含有有参构造器呢？）

❸ 第 4 行是必需的约定。加载对象可以动态，但接口类型必须事先约定，只有在编码时知道对象所属的接口类型才能随后调用其方法。

试着总结一下，静态绑定和动态绑定的区别。

9.5 面向接口编程

设计和编写代码与设计盖房子的本质区别在于：设计的房子希望成为经典，永不改变；而代码是为未来而编的，要考虑今天编写的代码如何应对未来的变化，且在未来依旧可用。

要做什么事情比事情如何去做更加重要！提出问题远比解决问题更加重要！

初学者以为程序员的工作就是每天不停地编写代码，事实并非如此。微信每年都会发布多个新版本，难道每个新版本的所有代码都要从头编写吗？当然不是！那一定是某人在 3 年前编写代码时就预见到了今天可用的场景。这需要何等的思考能力？下面就来慢慢“戏说”。首先要明白，一位优秀程序员的核心能力是思考问题、提出问题、表达问题的能力。

这里讲一点面向对象编程语言的历史，据说起源是 1979 年乔布斯参观施乐 Palo Alto 研究中心时看到了面向对象编程项目，然后在苹果内部就诞生了 Objective-C 编程语言，就有了苹果生态圈。是乔布斯将面向对象程序设计发扬光大的！

我们考虑编程实现一个鸟类，很容易就能写出如下代码：

```
Class 鸟 {
    翅膀、爪子、头、嘴等各种属性
    飞翔 ( );      // 各种动作
    掠食 ( );
}
```

如果考虑到这种鸟类未来可能的进化、变异，比如鸟不一定在天上飞，可能会在水底游，就把这些变化也写进这个类中。这个类中任何写定的值，今天一过就会作废。

“实际上，最有能力的开发者一开始先定义接口，然后编写说明清晰的注解”。

如果代码中多是 A 类“ao=new A 类 ( );”这种形式，以后对 A 类的任何修改都可能会影响到原来代码中使用 ao 的地方。

面向未来，编写一种能应对变化的鸟类，首要是定义接口（见图 9-3）。

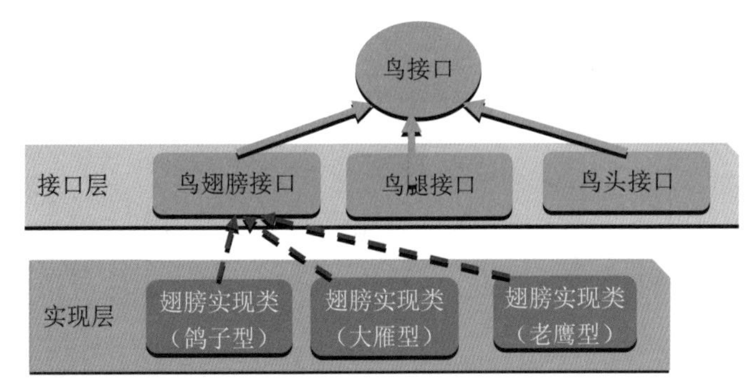

图 9-3　定义接口

未来根据具体场景的需要使用不同鸟翅膀的实现类：需要时再实现！图 9-3 的结构用专业术语称为低耦合、高内聚、接口隔离。

在这个结构中，面向对象具有三大特性（封装、继承、多态）和五大原则（单一职责、开放封闭、里氏替换、依赖倒置、接口分离）。读者愿意扩展实践，才会对这个结构理解透彻。

与其看设计思想的长篇大论，不如编写 10 万行代码后领悟：菜鸟设计的代码多呈网状结构（见图 9-4），而良好设计的代码应呈星型结构（见图 9-5）。

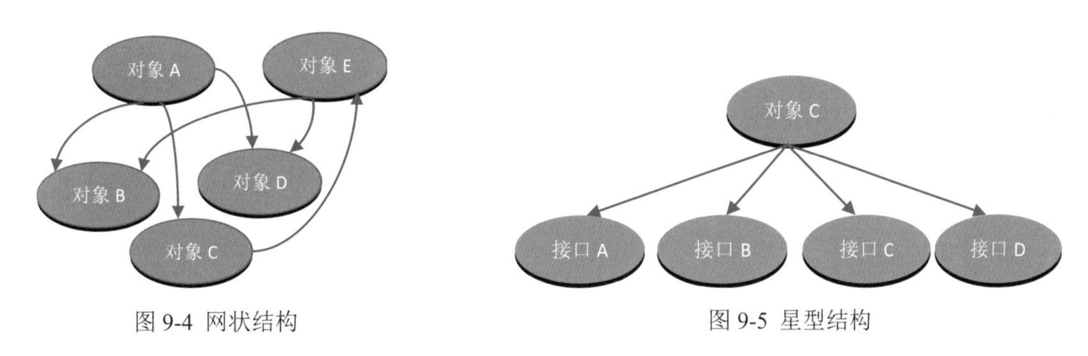

图 9-4　网状结构

图 9-5　星型结构

设计之道就是：将网状结构改造成为星型结构。

9.6 工厂设计模式的改进

比如用代码创建一辆汽车对象：

```
Vehicle v=new Vehicle();
v.go();
```

这样给调用者提供了一辆静态的车。车有保时捷和宝马之分，为了设计灵活，可以改为：

```
IVehicle v=new BMW();
v.go();
```

显然，定义了 IVeh 接口，以后任意车只要实现这个接口，就可以被用户代码调用而不必修改，即使这样，实现类的代码依旧与用户代码粘在一起！结合刚练习的动态加载，不如更进一步，定义一个车厂来生成汽车，代码如下：

```
//汽车接口
public interface IVeh{
   public void go();
}

//汽车工厂
public class BMFactory{
   //动态生成汽车
   public void getVeh(String name) {
      Class c=Class.forName("com.veh.BMW");
      Object o=c.newInstance();
      IVeh veh=(IVeh)o;
      return veh;
   }
}

public class BMW implements IVeh{
   public void go() {
      out.println("开宝马");
   }
}
```

聪明的读者肯定能想到：每个牌子的汽车工厂只有一个。是的，这就是单实例设计模式。使用上面的代码，用户可以创建多个 BMFactory 类对象，且如果多个线程同时调用其 getVeh 方法会产生同步问题。

这就是留给读者的任务：继续用单实例模式改进上述代码，并应用在“迷你 Robocode”中。

9.7 反射 Class 对象

一切皆对象！ Class（类）就是一个对象。创建对象前，需要一个编译过的类；反过来，通过类可以得到这个类的对象。代码如下：

```
package com.reftest;
import java.io.Serializable;
import javax.swing.JFrame;
import static java.lang.System.out;
//这个类中各种方法、属性用来测试反射调用
public class User extends JFrame implements Serializable{
   public static String flag="BytePeople";
   private String name;
   public int id;

   public User(String name) {this.name=name;}

   public User(String name,int id) {
      this.name=name;
      this.id=100;
   }

   public String getScore(String s,int t) {
      if(t>s.length())
         return s+" 名字成功 ";  else return s+" 名字失败 ";
   }

   public void work()throws Exception{//to do someThing throw ex
}

   //测试 3 种得到类对象的方法
   User u=new User("PDD");
   java.lang.Class nc=u.getClass();//1. 从对象得到类
   out.println("nc--"+nc);

   Class uc=User.class;  //2. 从类名得到类
   out.println("uc--"+uc);
   Class dc=java.lang.Class.forName("com.reftest.User");//3. 动态加载得到类
   out.println("dc--"+dc);
}
```

编码测试上面 3 种方式，可以得到一个类对象；为了全面演示，上面还编写了多种方法、属性、构造器的 User 类，得到类对象后，就能得到一个对象的所有信息了。

反射方法、属性、构造器

反射功能的强大之处在于得到这个类（对象）的一切信息。当然，也是因为对象、方法、属性、异常、构造器等这些都被类定义在 java.lang.reflect 包下。代码如下：

```
//传入一个类对象，尽可能多地得到这个类的信息
public static void refPrint(Class c) {
   Method[] ms=c.getMethods();//1. 得到这个类中的所有方法
```

```
    for(Method m:ms) {                                   // 得到方法的具体信息
        String methodName=m.getName();
        out.println("name:"+methodName);                 // 得到方法的名字
        out.println("Modifier:"+m.getModifiers());        // 得到方法的访问限定
        out.println("ParameterCount:"+m.getParameterCount());

        Class[] ps=m.getParameterTypes();                // 方法的参数
        for(Class p:ps) {
            out.println(" "+methodName+""+p.getSimpleName());
        }
        Class[] excs=m.getExceptionTypes();
        for(Class exc:excs) {
            out.println(" "+methodName+""+exc.getSimpleName());
        }
    }
    Field[] fies= c.getFields();
    out.println("\t 得到属性的相关信息：");
    for(Field f:fies) {
        String fName=f.getName();
        out.println(fName+" type:"+ f.getType());
    }
    out.println("\t 得到构造器的相关信息：");
    Constructor[] cons=c.getConstructors();
    for(Constructor c:cons) {
        out.println("构造器参数个数:"+c.getParameterCount());
    }
}
```

练习以上代码，仔细查看 java.lang.reflect 包下 Method 类、Constructor 类、Field 类的 get 和 set 方法，读者会发现更多的功能。

如果读者惊讶一个简单的 User 类为什么会输出那么多方法和属性，那么就去掉 User 类继承的 JFrame 试试？

也一定测试一下如何得到 User 类所继承或实现的父类、接口。递归测试就可以把一个类“寻根问祖了”。

除了输出这些信息，反射还能干什么？

9.8 动态创建对象

创建对象就是 new 类名 ()，我们已经很熟悉了。这里要说的是动态创建对象。

```
Class c=Class.forName(类名);
Object o=c.newInstance();
```

还记得在动态加载机器人类对象时使用的代码吗？

我们说过：调用 c.newInstance() 就是调用类的无参构造器来创建对象。如果这个类有一个或多个有参构造器呢？在本例中，User 类有两个有参构造器，如果使用如下语句来直接创建：

```
Class dc=java.lang.Class.forName("com.reftest.User");
Object o=dc.newInstance();
```

则会抛出两个内部异常，说明没有这个无参方法（<init>() 表示构造器），具体代码如下：

```
Exception in thread "main" java.lang.InstantiationException: com.reftest.User
    at java.lang.Class.newInstance(Class.java:427)
    at com.reftest.RefTest.main(RefTest.java:90)
Caused by: java.lang.NoSuchMethodException: com.reftest.User.<init>()
    at java.lang.Class.getConstructor0(Class.java:3082)
    at java.lang.Class.newInstance(Class.java:412)
    ... 1 more
```

当一个类重写了有参构造器时，除非再显式定义，否则默认的无参构造器无效。这就导致在有参构造器的类对象上调用 newInstance() 来创建对象时，会抛出 noSuchMethodException 异常。

即使动态加载的类也习惯于用构造器传递、初始化对象的相关属性。要解决这个问题，就要利用 Class 对象取得所有构造器及其参数个数和类型，以此来选择用哪个构造器去创建对象，具体代码如下：

```
public static void main(String[] args) throws Exception{
    Object o=dynamicCreater();
    if(null!=o) {
        if(o instanceof com.reftest.User) {
            //得到对象，调用重写的 toString 输出信息
            out.println("是动态得到的对象啊！："+o.toString());
        }
    }
}
//调用某个构造器，动态创建对象
public static Object dynamicCreater() throws Exception{
    Class dc=java.lang.Class.forName("com.reftest.User");
    //得到构造器对象数组
    Constructor[] cons=dc.getConstructors();
    for(int i=0;i<cons.length;i++) {
        Constructor con=cons[i];
        Class[] pc= con.getParameterTypes();
        //得到两个数组的构造器
```

```
        if(pc.length==2) {
            String p1Type=pc[0].getSimpleName();
            String p2Type=pc[1].getSimpleName();
            //两个参数的类型
            out.println("p1Type "+p1Type+" p2Type: "+p2Type);
            //使用构造器对象创建一个对象
            Object o=con.newInstance("江左明月",30);
            return o;
        }
    }
    return null;
}
```

换一种方法，可以直接通过匹配构造器参数得到构造器对象来创建，代码如下：

```
Class dc=java.lang.Class.forName("com.reftest.User");
    //根据参数类型匹配对应的构造器
    Constructor constr=dc.getConstructor(String.Class,int.Class);
    //传入参数，则调用了对应的构造器
    Object sso=constr.newInstance("西城桃花",50);
    out.println("通过参数匹配到的构造器创建的对象:"+sso);
```

现在，读者是否明白通过 new 关键字创建对象和动态创建对象的区别？是否明白通过构造器创建对象和通过构造器对象创建对象的区别？

思考一下我们的机器人类，每个机器人对象在创建时随机初始化一个位置和字符串名字，通过构造器传入实现。读者来尝试完成。

9.9 动态调用方法

构造器其实是一种特殊方法，在 JVM（Java 虚拟机）中表示为“类.<init>()”方法，既然对象可以动态创建，那么方法当然也可以，代码如下：

```
//调用某个构造器，动态创建对象
public static void dynamicInvoke() throws Exception{
    Class dc=java.lang.Class.forName("com.reftest.User");

    //创建对象，方法要在这个对象上调用
    Constructor constr=dc.getConstructor(String.class,int.class);
```

```
    //传入参数，调用了对应的构造器
    Object sso=constr.newInstance("西城桃花",50);

    //要调用的方法名
    String methodName="getScore";
    //匹配到对应的方法
    Method m=dc.getMethod(methodName,String.class,int.class);
    //方法的返回值类型
    Class rc=m.getReturnType();
    //方法的返回值
    Object result=m.invoke(sso, "人面何处",666);
    out.println("调用结果： "+rc+" result "+result);
}
```

以前，调用对象的方法：对象 . 方法名（传入参数）。

现在，在对象上调用方法：方法对象 .invoke（对象，传入参数）。

在对象上调用方法，使得方法对象、参数对象、返回值对象和在其上调用对象的对象这 4 个对象可以独立分离，代码能够以更动态、更灵活的方式组装应用（许多框架例如 Spring、Hibernate 就是利用这一点），同时，这也给程序测试带来了难度。

如果读者只是把以上代码照搬运行，知道是这么回事，那是远远不够的。不仅要把代码写对，还要把代码写错：知道什么样的代码会导致什么样的结果才是最重要的。

读者还要这样写：传入一个不是这个类的对象、传入一个不符合的参数，把能想到的可能的出错方式都编写成代码试一遍：

```
JButton bu=new JButton();
Object result=m.invoke(bu, "谢家黄花");
```

相比不出错，知道都会出哪些错才是更大的收获！

9.10 代理一个对象

代码源自生活。暑假买机票回家，我们不会直接去机场售票处，而是通过一个第三方机构购买，这个第三方机构就叫代理机构；高考报志愿时，面临繁复的数据选项，许多同学会选择一家填报顾问机构，这个顾问机构也叫代理高报。代理机构的价值在于：帮用户处理那些繁杂的、辅助的事情，让用户只负责本质的调用。

代码中的代理模式亦是此意。例如：预先定义好 IRobot 接口，同时实现 RobotH 类并编译好 RobotH.class。后来由于业务规则变动，需要审计或将 RobotH 中某些方法调用的参数保存到日志，或打印输出。这种情况下就要用到 java.lang.reflect.Proxy 类，这也是实现 AOP（Aspect-Oriented Programing）编程模型的核心技术点。

如下示例：定义 IRobot 接口和实现类，演示对 IRobot 实现类 RobotH 对象的代理调用。

1 定义 IRobot 接口和实现类，代码如下：

```
public interface IRobot{
   public String getScore(String s,int t);
   public void setAge(int t);
}
//这个类中各种方法、属性用来测试反射调用
public class RobotH implements IRobot{
   private int age;
   private String name;

   public void setAge(int a) {
      this.age=a;
   }

   public String getScore(String s,int t) {
      name=s;
      if(t>s.length())  return s+" 名字成功 ";
      else return s+" 名字失败 ";
   }

   public String toString() {
      return name+""+age;
   }
}
```

2 在 ProxyTest 中利用 java.lang.reflect.Proxy 得到实现类的代理类。

代理类中的方法是通过实现 java.lang.reflect.InvocationHandler 接口的方法来调用的，代码如下：

```
public class ProxyTest {

   public static void main(String[] args) {
      IRobot peo=new RobotH();
      IRobot v=(IRobot)PeopleProxy.getProxy(peo);
      v.getScore(" 玉壶光转 ", 160);
      v.setAge(100);
      out.println("v 的调用结果 : "+v.toString());
   }

}
```

```
class IRobotProxy implements java.lang.reflect.InvocationHandler {
    //被代理的对象
    private Object obj;

    //得到代理对象
    public static Object getProxy(Object obj) {
        return java.lang.reflect.Proxy.newProxyInstance(obj.getClass().getClassLoader(), obj.
getClass().getInterfaces(),new PeopleProxy(obj));
    }

    private IRobotProxy(Object obj) {this.obj = obj;    }

    /**
     * 实现 InvocationHandler 中的方法，通过这个方法调用代理类中的方法
     * @param proxy:被调用方法的对象
     * @param m:要调用的方法对象
     * @param args:调用方法的参数列表
    */
    public Object invoke(Object proxy, Method m, Object[] args) throws Throwable
    {
        Object result;
        try {
            System.out.println("debug advice begin:" + m.getName());
            if(m.getName().equals("setAge")) {
                int v=Integer.parseInt(args[0].toString());
                out.println("setAge: age "+v);
                if(v>120) {
                    out.println("Warning!!!! age too larger: "+v);
                    out.println("如果需要记录这些违规行为");
                    args[0]=100;
                }
            }
            if(m.getName().equals("getScore")) {
                args[0]=args[0]+"-风箫声动";
            }
            result = m.invoke(obj, args);//调用实际对象的方法
            } catch (InvocationTargetException e) {
                throw e.getTargetException();
            } catch (Exception e) {
                throw new RuntimeException("invocation : " + e.getMessage());
            } finally {
                System.out.println("debug advice finish:" + m.getName());
            }
            return result;
        }
    }
}
```

把以上代码多编写几遍，然后读者重新定义一个接口和实现类来测试。

现在，我们通过画流程图来分析过程。

1 直接调用对象的方法，其流程图如图 9-6 所示。

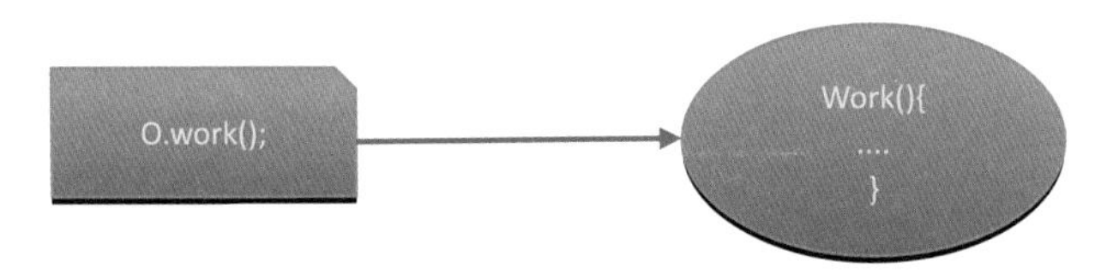

图 9-6 直接调用对象的方法的流程图

2 通过代理对象调用，其流程图如图 9-7 所示。

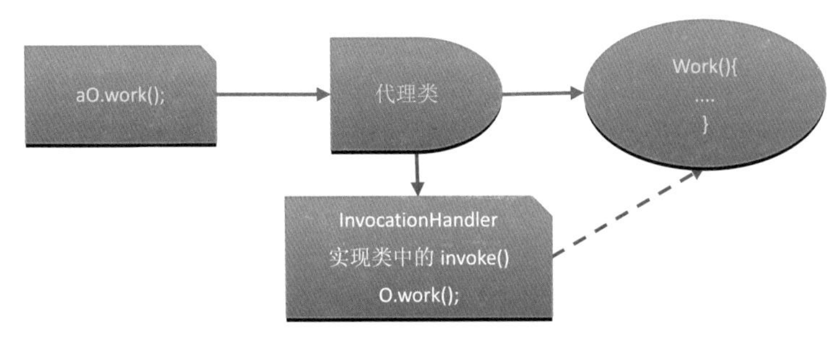

图 9-7 通过代理对象调用的流程图

现在，再回想我们买机票或找代理机构填报高考志愿的过程，是不是和图 9-7 有异曲同工之妙。但是什么样的场景、什么样的需求有必要对对象进行代理呢？

考虑我们的迷你 Robocode 平台，每个机器人都应该有这样一个功能：让用户选择是否输出其运行中的信息？如果这个输出在每个机器人实现类中写多了，就会导致输出混乱；如果不写的话，这个功能又从何而来？那就使用代理吧！这就是 AOP 编程，读者的代码可以切入每个方法中。

9.11 代理接口虚拟调用

一个基本规则：接口中的方法都是虚拟方法，不能直接调用。

在某种场景下，需要编写、编译通过调用接口中方法的代码，而此时实现对象还不知道在哪里！典型场景就是 RPC（远程过程调用）框架的客户端，具体请看迷你 RPC 框架的实现。本例中 IRobot 是接口，但不可能编写 IRobot ro=new IRobot() 这样的代码通过编译。此时 Proxy 派上了用场，这又是一个代理模式。先编写代码吧！

```
public static void main(String[] args) throws Exception{
    Class clazz=com.reftest.IRobot.class;                    // 将要被虚拟调用的接口类
    Object o=virInvoke(clazz);                               // 得到代理对象

    com.reftest.IRobot robo=(com.reftest.IRobot)o;           // 转型为接口类型
    robo.getScore("蓦然回首", 999);                           // 从接口中调用：虚拟调用
}

// 虚拟调用 : 实现 Handler 接口，得到 Proxy 对象
public static Object virInvoke(Class clazz) {
    InvocationHandler handler=new InvocationHandler() { //1. 代理的处理器对象类
    //2. 在接口上调用方法时，执行的是 invoke
        public Object invoke(Object proxy, Method method, Object[] args)
        throws Throwable {
            out.println("接口中方法被调用 :"+method.getName());
            for(Object o:args) {
                out.print("接口中方法参数 : "+o);
            }
            Class rc=method.getReturnType();
            return rc.getSimpleName();
        }
    };

    ClassLoader loader=clazz.getClassLoader();
    Object o=Proxy.newProxyInstance(loader,new Class[]{clazz},handler);
    return o;
}
```

以下总结很短，但十分关键，希望读者仔细钻研：

- OOP（面向对象程序设计），关注如何封装、模块化，出发点是分析系统由哪些对象组成。
- IOC（反转控制），在 Java 中基于反射，考虑实际工程过程中的分工化，要以面向接口编程，通过定义接口尽可能低耦合各模块关系，在实现类中应对变化。
- AOP（面向切面编程），考虑的是代码运行过程中如何动态对所有对象的方法施加新的处理规则，比如安全过滤、日志记录等。

OOP、IOC、AOP 是代码设计模型的核心概念，读者务必深研。

9.12 CLASS 文件探秘

我们从头梳理、测试、验证从源码到程序的运行过程。回到命令行编译一个简单的 Worker 类，

如图 9-8 所示，该源码经过 javac 编译后生成了 CLASS 文件。

在运行过程中，实际运行的就是这个 CLASS 文件。那么 CLASS 文件到底是什么？

1. 打开 CLASS 文件

第 1 种打开方式：使用文本编辑器打开，如图 9-9 所示。

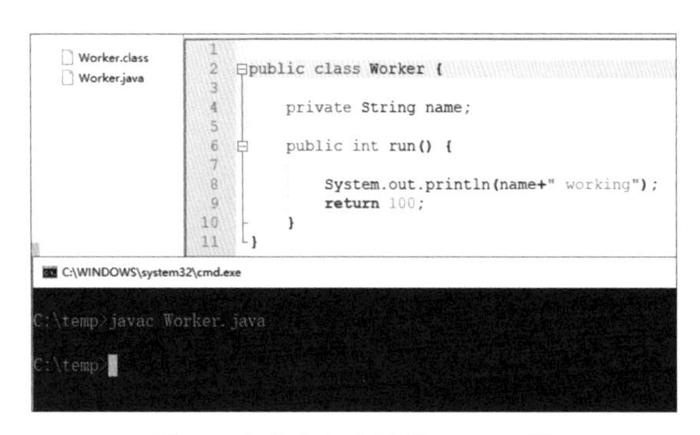

图 9-8 在命令行中编辑 Worker 类

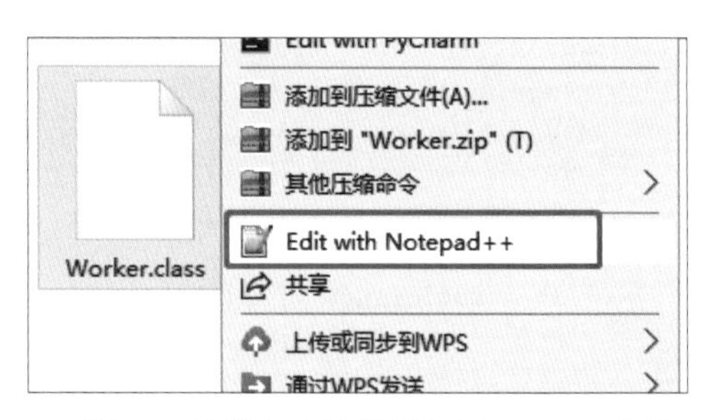

图 9-9 使用文本编辑器打开 CLASS 文件

CLASS 文件打开后显示的内容如图 9-10 所示，是一些字符夹杂着乱码。文件中包含的其实是一些字节序列，但有些字节不能被显示为一个字符，看起来就是乱码。

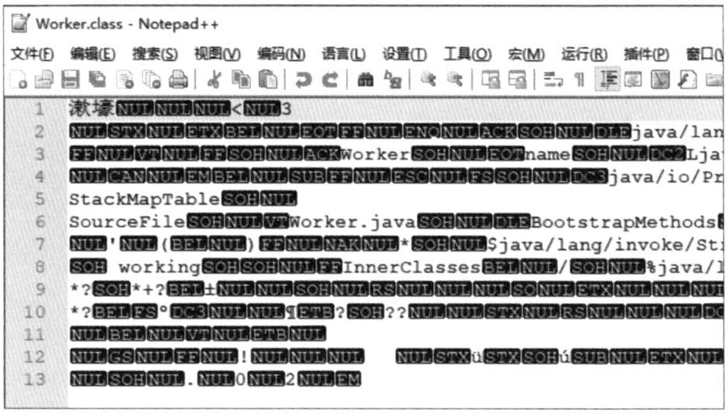

图 9-10 文本编辑器中显示的 CLASS 文件

第 2 种打开方式：自己编写代码读取 CLASS 文件的内容并显示。以下代码是编写以 ASCII 码和字节的十六进制两种格式来显示从文件中读取的内容——时刻为自己动手编写代码创造机会！

```
//读取文件，显示内容
public class ReadDis {

    public static void main(String[] args)throws Exception {
        Scanner sc=new Scanner(System.in);
        out.println("请输入当前目录下要显示的文件名：");
        String fName=sc.next();
        FileInputStream fs=new FileInputStream(fName);
        byte[] data=new byte[fs.available()];
        fs.read(data);
        fs.close();
```

```
        out.println(fName+" 文件中的内容 :");
        showASCII(data);
        showHex(data);
    }
    // 显示为 ASCII 码格式
    private static void showASCII(byte[] data) throws Exception{
        out.println("\r\n\t 文件的 ASCII 内容是 ");
        String fc=new String(data,"ASCII");
        for(int i=0;i<fc.length();i+=40) {
            int t=i+40;
            if(t>fc.length())t=fc.length();
            String len=fc.substring(i,t);
            out.println(len);
        }
    }
    // 以十六进制格式显示
    private static void showHex(byte[] data) {
        out.println("\r\n\t 文件的字节内容是 ");
        for(int i=0;i<data.length;i++) {
            String hex = Integer.toHexString(data[i] & 0xFF);
            if(hex.length() < 2)hex = "0" + hex;
            out.print(hex+"");
            if((i+1)%16==0) out.println();
        }
    }
}
```

显示结果如图 9-11 和图 9-12 所示。

图 9-11 以 ASCII 码来显示

图 9-12 以字节的十六进制来显示

当然，从图中依旧看到有“乱码”混杂其中，除了几个数字、偶尔几个单词能看得懂，其他就是“天书”，这是因为 CLASS 文件内容是给 JVM 读取和执行的。

可以肯定的是，在源文件和 CLASS 文件之间一定存在着某种对应关系。

第 3 种打开方式：在命令行执行 javap -c -s -p Worker.class 命令。

```
Compiled from "Worker.java"
public class Worker {
  private java.lang.String name;
    descriptor: Ljava/lang/String;

  public Worker(java.lang.String);
    descriptor: (Ljava/lang/String;)V
    Code:
       0: aload_0
       1: invokespecial #1     // 方法 java/lang/Object."<init>":()V
       4: aload_0
       5: ldc           #7     // String bat
       7: putfield      #9     // 字段名: Ljava/lang/String;
      10: return

  public int run(int);
    descriptor: (I)I
    Code:
       0: iinc          1, 1
       3: iload_1
       4: ireturn

  public static void main(java.lang.String[]);
    descriptor: ([Ljava/lang/String;)V
    Code:
       0: iconst_4
       1: istore_1
       2: iconst_5
       3: istore_2
       4: bipush        6
       6: istore_3
       7: iload_1
       8: iload_2
       9: iadd
      10: iload_3
      11: iadd
      12: istore        4
      14: return
}
```

```
public class Worker {

private String name="bat";

public Worker(String s){

   }

 public int run(int count) {
   count++;
    return count;
   }

   public static void main(String args[]){
       int a=4,b=5,c=6;
       int d=a+b+c;

   }
}
```

是不是很有代码的感觉？这就是代码，只是是给 JVM 看的代码。javap 命令是 JDK 自带的反编译工具，和之前的源码相比较，读者能发现什么规律吗？

2. CLASS 文件内容

CLASS 文件中提供的是 JVM 执行的指令语言，也叫 JVM 汇编语言。javac 对源文件的编译过程，其实质就是将我们人类编写的逻辑脚本转换成机器可执行的一行行指令，这个过程在使用 C++、Python、Go 等各种编译型语言编写完程序之后都是必不可少的。

编译就是“翻译”的过程，该过程只需要查看一张指令表，比如源码中定义 int i 对应什么指令，给 i 赋值为 10 对应什么指令……这些都能在指令表中找到。示例如下：

1）循环过程的 JVM 指令。

源码：

```
int i;
for (i = 0; i < 100; i++) {
; // Loop body is empty
}
```

编译过后的指令：

```
0 iconst_0 // Push int constant 0
1 istore_1 // Store into local variable 1 (i=0)
2 goto 8 // First time through don't increment
5 iinc 1 1 // Increment local variable 1 by 1 (i++)
8 iload_1 // Push local variable 1 (i)
9 bipush 100 // Push int constant 100
11 if_icmplt 5 // Compare and loop if less than (i < 100)
14 return // Return void when done
```

2）编译调用的方法。

源码：

```
int add12and13() {
   return addTwo(12, 13);
}
```

编译过后的指令：

```
Method int add12and13()
0 aload_0 // Push local variable 0 (this)
1 bipush 12 // Push int constant 12
3 bipush 13 // Push int constant 13
5 invokevirtual #4 // Method Example.addtwo(II)I
8 ireturn // Return int on top of operand stack;
// it is the int result of addTwo()
```

3）synchronized 的编译。

源码：

```
void onlyMe(Foo f) {
   synchronized(f) {
      doSomething();
   }
}
```

编译过后的指令：

```
Method void onlyMe(Foo)
0 aload_1 // Push f
1 dup // Duplicate it on the stack
2 astore_2 // Store duplicate in local variable 2
3 monitorenter // Enter the monitor associated with f
4 aload_0 // Holding the monitor, pass this and...
5 invokevirtual #5 // ...call Example.doSomething()V
8 aload_2 // Push local variable 2 (f)
9 monitorexit // Exit the monitor associated with f
10 goto 18 // Complete the method normally
13 astore_3 // In case of any throw, end up here
14 aload_2 // Push local variable 2 (f)
15 monitorexit // Be sure to exit the monitor!
16 aload_3 // Push thrown value...
17 athrow // ...and rethrow value to the invoker
18 return // Return in the normal case
Exception table:
From To Target Type
4 10 13 any
13 16 13 any
```

4）CLASS 文件中一个类的整体结构。

在 CLASS 文件中，接口、父类、方法、属性、常量等都已经化整为零，类似一个个独立的“对象”来存放。

```
ClassFile {
u4 magic;
u2 minor_version;
u2 major_version;
u2 constant_pool_count;
cp_info constant_pool[constant_pool_count-1];
u2 access_flags;
u2 this_class;
u2 super_class;
```

```
u2 interfaces_count;
u2 interfaces[interfaces_count];
u2 fields_count;
field_info fields[fields_count];
u2 methods_count;
method_info methods[methods_count];
u2 attributes_count;
attribute_info attributes[attributes_count];
}
```

其中的 magic 代表文件标识、版本号、某种识别 id 类的数据。

我们要弄清楚：

1）CLASS 文件中每个字节代表什么意思？其结构如何？

2）CLASS 文件中的指令和源码中的方法、属性、常量等如何一一对应？

3）JVM 将方法栈、对象、全局变量等数据存放在哪里？

这一切都在官方网址站中有明确、详细、最新的说明文档，如图 9-13 所示。

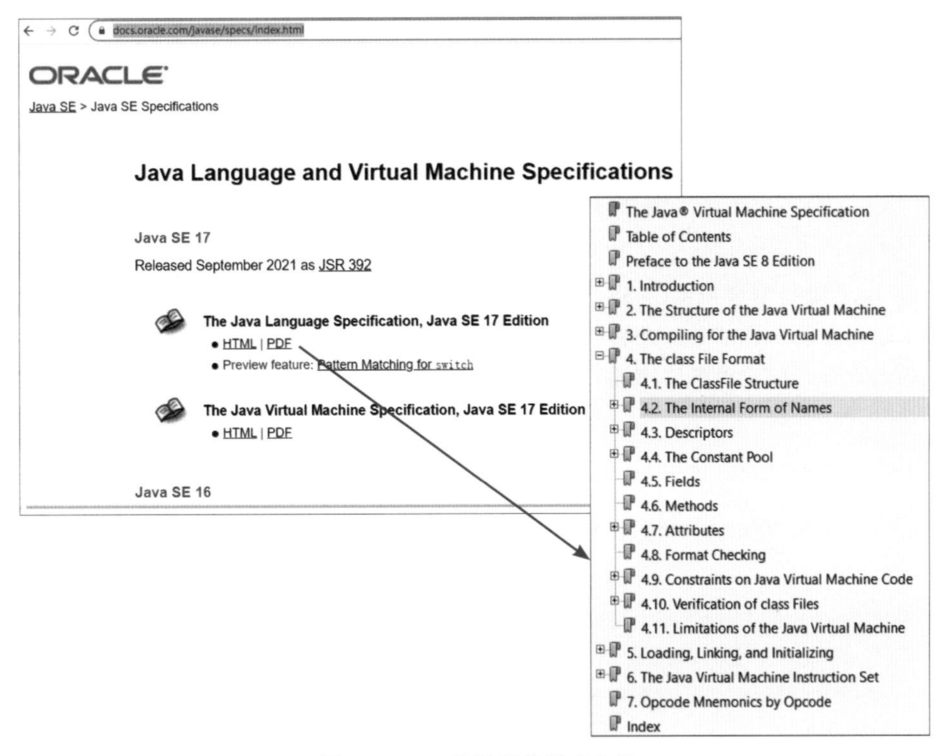

图 9-13　Java 编译器的说明文档

事实上，前面关于类文件的许多例子都在这个官方文档中。

任务

编写一份教程，结合自己的代码测试并讲解关于类文件结构的某一段。

9.13 编写一个 Java 编译器

可以按照图 9-14 所示下载“The Java® Language Specification”文档并仔细阅读。

对于一些技术，我们是需要知道的，比如 JVM 结构，但还要做一些有价值的事，比如用代码编译代码。

用代码编译代码

还记得我们要继续的“迷你 Robocode”平台吗？要实现一个亮眼的功能：将 Java 源码编译成 CLASS 文件。除了根据之前所讲从零开始编写一个编译器之外，还有以下快捷的方式。

使用 javax.tools.JavaCompiler 类动态编译 Java 源码，代码如下：

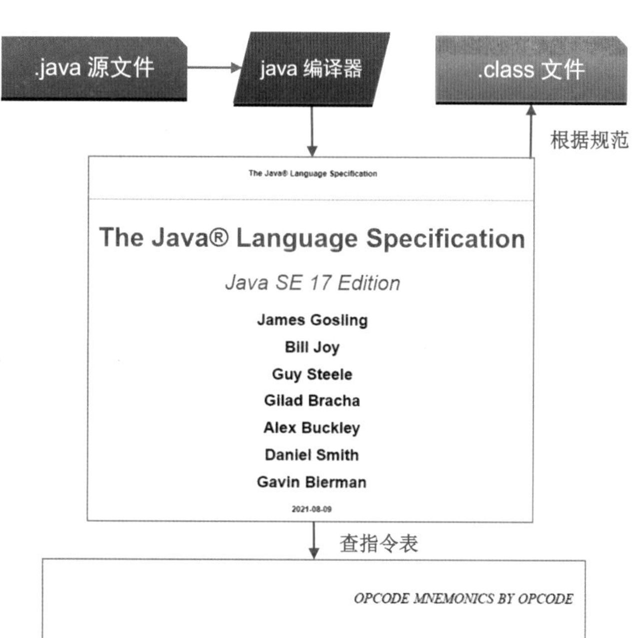

OPCODE MNEMONICS BY OPCODE

Constants			Loads			Stores		
00	(0x00)	*nop*	21	(0x15)	*iload*	54	(0x36)	*istore*
01	(0x01)	*aconst_null*	22	(0x16)	*lload*	55	(0x37)	*lstore*
02	(0x02)	*iconst_m1*	23	(0x17)	*fload*	56	(0x38)	*fstore*
03	(0x03)	*iconst_0*	24	(0x18)	*dload*	57	(0x39)	*dstore*
04	(0x04)	*iconst_1*	25	(0x19)	*aload*	58	(0x3a)	*astore*
05	(0x05)	*iconst_2*	26	(0x1a)	*iload_0*	59	(0x3b)	*istore_0*
06	(0x06)	*iconst_3*	27	(0x1b)	*iload_1*	60	(0x3c)	*istore_1*
07	(0x07)	*iconst_4*	28	(0x1c)	*iload_2*	61	(0x3d)	*istore_2*
08	(0x08)	*iconst_5*	29	(0x1d)	*iload_3*	62	(0x3e)	*istore_3*
09	(0x09)	*lconst_0*	30	(0x1e)	*lload_0*	63	(0x3f)	*lstore_0*
10	(0x0a)	*lconst_1*	31	(0x1f)	*lload_1*	64	(0x40)	*lstore_1*
11	(0x0b)	*fconst_0*	32	(0x20)	*lload_2*	65	(0x41)	*lstore_2*
12	(0x0c)	*fconst_1*	33	(0x21)	*lload_3*	66	(0x42)	*lstore_3*
13	(0x0d)	*fconst_2*	34	(0x22)	*fload_0*	67	(0x43)	*fstore_0*

图 9-14 下载文档并阅读

// 使用 Java 编译器编译源文件

```
public static void main(String[] args)throws Exception {
    Scanner sc=new Scanner(System.in);
    out.println("请输入当前目录下要编译的 java 文件名：");
    String fName=sc.next();
    // 获取 Java 编译器
    JavaCompiler javaCompiler = ToolProvider.getSystemJavaCompiler();
    // 前面两个字符串表示一些编译参数，最后一个是要编译的源文件名
    String[] cmds = {"-d", ".", fName};
    // 链接到源文件的输入流
    java.io.InputStream ins=new FileInputStream(fName);
    // 编译
    int i = javaCompiler.run(System.in, System.out,System.err, cmds);
    System.out.println( i==0? "编译成功" : "编译失败"+i);
}
```

为了显示成效，我们在命令行中测试。当然，先使用 javac 编译器编译这个测试编译器 TestComplier.java，然后就可以用这个类编译其他源文件了，如图 9-15 所示。

图 9-15　使用 javac 编译 TestCompiler.java

如图 9-16 所示，给代码中加点错误会怎样？

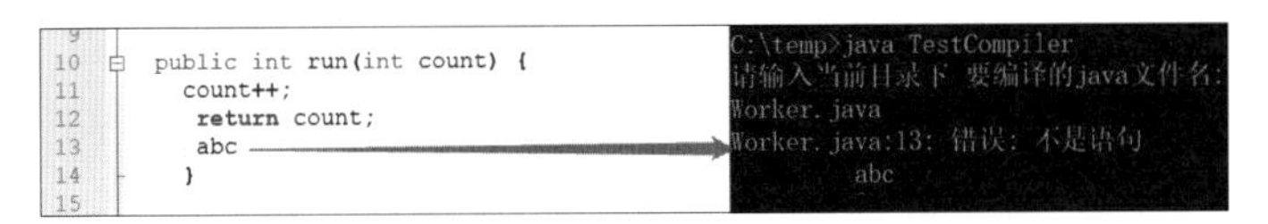

图 9-16　输入错误代码

9.14 类 ACM 网站代码编译

一个动态编译运行的典型应用是 ACM 编程竞赛或在线刷题网站，如果读者要开发一个在线刷题网站，那么实现如下 5 步即可：

1）用户通过网页输入代码段，提交给平台。

2）后台接收后编译为字符串，再拼接成源码的结构。

3）后台调用编译器，将源码编译成 CLASS 文件。

4）后台执行 CLASS 文件，检测代码安全性。

5）后台检验输出结果，记录执行时间，输出到网页上。

当然，完善这个过程需要计时、安全管理、超时等更全面的考虑和功能实现。我们首先实现编译一段字符串形式的 Java 源码：

```
public class TestCompiler {
    public static void main(String[] args) throws Exception{
        // 从网站得到的代码段
        String code="public class Test1{"
                +" public static void main(String[] args){"
                +" for(int i=0;i<4;i++)"
                +" System.out.println(\" code result:\"+i);"
                +"  }  }";
        Class claszz = compile("Test1", code);  // 编译
        executeMain(claszz);   // 执行
        System.out.println("编译，执行完毕！ ");
    }

    // 动态执行编译后代码的 main 方法
    public static void executeMain(Class claszz )throws Exception{
        Method method = claszz.getMethod("main", String[].class);
        System.out.println(method.getName());
        Object obj= method.invoke(null, new Object[] { new String[] {} });
        //main 方法，void 不需要返回值
    }

    // 对 name 类名和 content 代码进行编译
    private static Class<?> compile(String name, String content)
        throws Exception {
            JavaCompiler compiler = ToolProvider.getSystemJavaCompiler();
            StandardJavaFileManager fileManager = compiler.getStandardFileManager(null, null, null);
            Str2Java srcObject = new Str2Java(name, content);
            Iterable<? extends JavaFileObject>fileObjects = Arrays.asList(srcObject);

            File classPath = new File(".");
            String outDir = classPath.getAbsolutePath() + File.separator;
            String flag = "-d";  // 编译参数
            Iterable<String>options = Arrays.asList(flag, outDir);
            CompilationTask task = compiler.getTask(null, fileManager, null, options, null,
fileObjects);
            Boolean result = task.call();
            if (result == true) {
                System.out.println(" 已编译成功，加载这个类 .");
                return Class.forName(name);
            }
```

```
            return null;
        }

        //将字符串转为 javaObject 类对象
        private static class Str2Java extends SimpleJavaFileObject {
            private String content;
            public Str2Java(String name, String content) {
            super(URI.create("string:///" + name.replace('.' , '/') + Kind.SOURCE.extension),
Kind.SOURCE);
            this.content = content;
        }
        public CharSequence getCharContent(boolean ignoreEncodingErrors) {
            return content;
        }
    }
}
```

以上代码执行结果如图 9-17 所示。

```
已编译成功，加载这个类
main
code result : 0
code result : 1
code result : 2
code result : 3
编译，执行完毕!
```

图 9-17　执行结果

可以看到，以字符串形式传入的代码段被编译、运行成功。如果用户上传的字符串中写入这样一段代码呢？

```
java.io.File f=new java.io.File("c:\\");
            f.delete();
```

要解决这个问题，需要了解一点 Java 安全模型“沙箱机制”的用法和结构。

9.15 安全沙箱运行

执行用户输入的代码，可能有删除文件、建立网络连接窃取本地数据、修改操作系统配置、覆盖重要本地文件等重大危害行为，为此 JDK 提供了安全沙箱的编程模型，如图 9-18 所示。

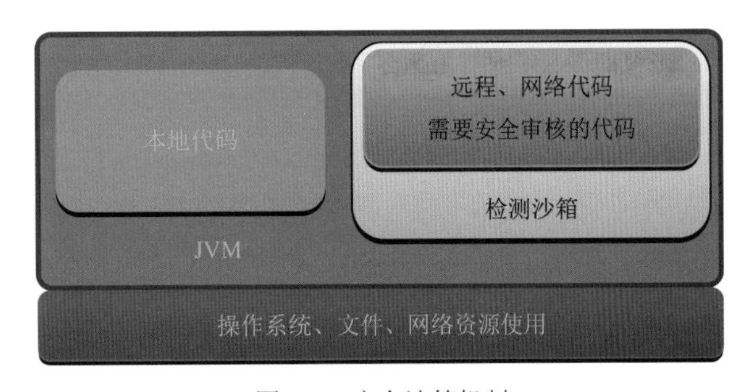

图 9-18　安全沙箱机制

沙箱类似于一个隔离层，可以在其中针对每一个远程代码（类）进行权限检测，比如禁止写文件、禁止连网，如图 9-19 所示。

常用权限有：

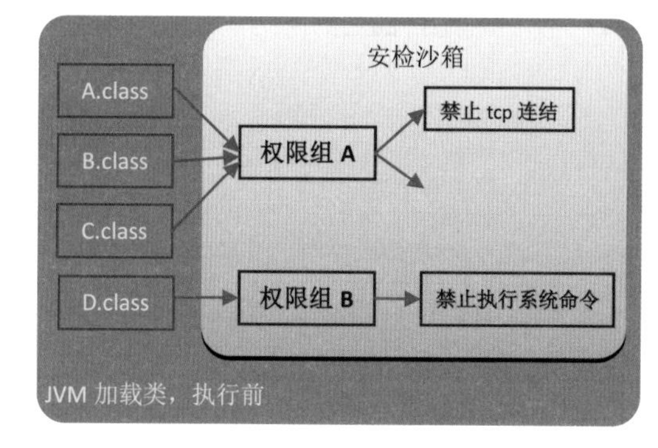

图 9-19 安检沙箱

```
java.security.Permission
java.security.PermissionCollection
java.security.Permissions
java.security.UnresolvedPermission
java.io.FilePermission
java.net.SocketPermission
java.security.BasicPermission
java.util.PropertyPermission
java.lang.RuntimePermission
java.awt.AWTPermission
java.net.NetPermission
```

注意

我们在本地编写的代码直接放在 JVM 上运行，默认是获得所有权限的，即“安全管理器为 null”，所以本地程序是拥有所有权限的。测试代码如下：

```
SecurityManager sec = System.getSecurityManager();
if(null==sec)//这个安全管理器，sec是null
    System.out.println(" sec not set !!!");
```

如果将执行一段来源不明确的代码，只需实现 SecurityManager 的子类，在 checkPermission 方法中审核，即可实现安全策略。

1 首先，编写 SecurityManager 的子类，在其中重写权限检测，代码如下：

```
import java.io.FilePermission;
import java.lang.reflect.ReflectPermission;
import java.security.Permission;
import java.security.SecurityPermission;
import java.util.PropertyPermission;
```

```
// 实现一个简单的权限管理器
public class MySecurity extends SecurityManager {
   @Override
   public void checkPermission(Permission perm) {
      this.sandboxCheck(perm);
   }
   @Override
   public void checkPermission(Permission perm, Object context) {
      this.sandboxCheck(perm);
   }
   // 权限检测，除读取环境配置的几个参数外，其他系统资源权限都不允许
   private void sandboxCheck(Permission perm) throws SecurityException {
      System.out.println(" 将要审核权限： "+perm.getName());
      if (perm instanceof SecurityPermission) {
         if (perm.getName().startsWith("getProperty")) {// 允许只读属性
            return;
         }
      } else if (perm instanceof PropertyPermission) {
         if (perm.getActions().equals("read")) {
            return;
         }
      } else if (perm instanceof FilePermission) {
         if (perm.getActions().equals("read")) {
            return;
         }
      } else if (perm instanceof RuntimePermission || perm instanceof ReflectPermission){
         return;
      }
      throw new SecurityException(perm.toString());// 抛出异常阻止程序执行
   }
}
```

2 这个安全管理器还比较简单，来测试一下效果。

注意，仅在 System.setSecurityManager（管理器）之后的代码会被审核。

```
public static void main(String[] args) throws Exception{
   // 创建我们自己的安全管理器对象
   SecurityManager sec=new MySecurity();
   // 设置给系统
   System.setSecurityManager(sec);
   // 以下为不安全代码，比如删除文件
   try {  File f=new File("abc");
          f.delete();
   }catch(Exception  ef) {ef.printStackTrace();}
   try {  Socket ss=new Socket("baidu.com",80);
   }catch(Exception  ef) {ef.printStackTrace();}
}
```

不安全代码将会触发 MySecurity 类中的 sandboxCheck 方法，抛出以下异常：

```
将要审核权限： user.dir
将要审核权限： C:\Users\hdf\eclipse-workspace\miniIOC\abc
将要审核权限： abc
java.lang.SecurityException: ("java.io.FilePermission""abc""delete")
	at javacompil.MySecurity.sandboxCheck(MySecurity.java:43)
	at javacompil.MySecurity.checkPermission(MySecurity.java:15)
	at java.lang.SecurityManager.checkDelete(SecurityManager.java:1007)
	at java.io.File.delete(File.java:1036)
	at javacompil.TestCompiler.main(TestCompiler.java:28)
将要审核权限： java.net.preferIPv6Addresses
将要审核权限： loadLibrary.net
将要审核权限： C:\Program Files\Java\jdk1.8.0_91\jre\bin\net.dll
将要审核权限： java.net.preferIPv4Stack
将要审核权限： impl.prefix
将要审核权限： suppressAccessChecks
将要审核权限： sun.net.spi.nameservice.provider.1
将要审核权限： baidu.com
java.lang.SecurityException: ("java.net.SocketPermission""baidu.com""resolve")
	at javacompil.MySecurity.sandboxCheck(MySecurity.java:43)
	at javacompil.MySecurity.checkPermission(MySecurity.java:15)
	at java.lang.SecurityManager.checkConnect(SecurityManager.java:1048)
	at java.net.InetAddress.getAllByName0(InetAddress.java:1268)
	at java.net.InetAddress.getAllByName(InetAddress.java:1192)
	at java.net.InetAddress.getAllByName(InetAddress.java:1126)
	at java.net.InetAddress.getByName(InetAddress.java:1076)
	at java.net.InetSocketAddress.<init>(InetSocketAddress.java:220)
	at java.net.Socket.<init>(Socket.java:211)
	at javacompil.TestCompiler.main(TestCompiler.java:33)
```

再次回到我们的迷你 Robocode 平台，读者考虑到了用户提交的机器人代码或因为一不小心或因为过于用心嵌入导致平台崩溃的代码吗？

进一步考虑如下几个问题：

1）用户提交的代码在执行时需要设定超时，如果超过某个时间段还未结束，平台就应强制停止，这个如何实现？

2）用户提交的代码运行时可能占用的内存如何控制？显然，不能允许用户提交的代码无限制地占用系统内存。

3）如果是开发类 ACM 网站，用户提交的代码在动态编译、动态执行后，需要打印输出结果，这个结果如何在代码中获取？

结合前面我们演示的动态反射、IOC、AOP、动态编译和沙箱安全，只需要加上读者的勤奋，肯定可以实现一个较完善的迷你 Robocode 平台或者一个在线编程平台。

Class.forName 源码解析

在前面的代码中，我们通过 Class.forName（类名）将类加载进 JVM。这里查看 Class.forName 的源码，开始一翻“惊险探秘”。

Class.forName 的源码如下：

```
Class.class
 */
@CallerSensitive
public static Class<?> forName(String className)
            throws ClassNotFoundException {
    Class<?> caller = Reflection.getCallerClass();
    return forName0(className, true, ClassLoader.getClassLoader(caller), caller);
}
```

指向了 Native 的 forName0 方法：

```
Class.class
    }
    return forName0(name, initialize, loader, caller);
}

/** Called after security check for system loader access checks have been made. */
private static native Class<?> forName0(String name, boolean initialize,
                                        ClassLoader loader,
                                        Class<?> caller)
    throws ClassNotFoundException;
```

使用 Native 定义的方法，指向 JVM 导出的接口（在 java.lang.Class.c 文件中）。

```
/** 第 86 行起 */
JNIEXPORT void JNICALL
Java_java_lang_Class_registerNatives(JNIEnv *env, jclass cls)
{
   methods[1].fnPtr = (void *)(*env)->GetSuperclass;
   (*env)->RegisterNatives(env, cls,methods,sizeof(methods)/ sizeof(JNINativeMethod));
}

JNIEXPORT jclass JNICALL
Java_java_lang_Class_forName0(JNIEnv *env, jclass this, jstring classname,
              jboolean initialize, jobject loader, jclass caller)
{
   char *clname;
```

```
    jclass cls = 0;
    char buf[128];
    jsize len;
    jsize unicode_len;

    if (classname == NULL) {
        JNU_ThrowNullPointerException(env, 0);
        return 0;
    }

    len = (*env)->GetStringUTFLength(env, classname);
    unicode_len = (*env)->GetStringLength(env, classname);
    if (len >= (jsize)sizeof(buf)) {
        clname = malloc(len + 1);
        if (clname == NULL) {
            JNU_ThrowOutOfMemoryError(env, NULL);
            return NULL;
        }
    } else {
        clname = buf;
    }
    (*env)->GetStringUTFRegion(env, classname, 0, unicode_len, clname);

    if (VerifyFixClassname(clname) == JNI_TRUE) {
        /* slashes present in clname, use name b4 translation for exception */
        (*env)->GetStringUTFRegion(env, classname, 0, unicode_len, clname);
        JNU_ThrowClassNotFoundException(env, clname);
        goto done;
    }

    if (!VerifyClassname(clname, JNI_TRUE)) {  /* expects slashed name */
        JNU_ThrowClassNotFoundException(env, clname);
        goto done;
    }
    cls = JVM_FindClassFromCaller(env, clname, initialize, loader, caller);

 done:
    if (clname != buf) {
        free(clname);
    }
 return cls;
}
```

上面的 JVM_FindClassFromClaller 方法又指向了 jvm.cpp。

```
JVM_ENTRY(jclass, JVM_FindClassFromBootLoader(JNIEnv* env, const char* name))
  JVMWrapper2("JVM_FindClassFromBootLoader %s", name);

  // 确保传入的 Java 库名字不为 null...
```

```
  if (name == NULL || (int)strlen(name) > Symbol::max_length()) {
    // 如果传入不合法的名字，则不会创建这个类对象
    return NULL;
  }

  TempNewSymbol h_name = SymbolTable::new_symbol(name, CHECK_NULL);
  Klass* k = SystemDictionary::resolve_or_null(h_name, CHECK_NULL);
  if (k == NULL) {
    return NULL;
  }

  if (TraceClassResolution) {
    trace_class_resolution(k);
  }
  return (jclass) JNIHandles::make_local(env, k->java_mirror());
JVM_END

// 此方法废弃，用 JVM_FindClassFromCaller 代替
JVM_ENTRY(jclass, JVM_FindClassFromClassLoader(JNIEnv* env, const char* name,
                                              jboolean init, jobject loader,
                                              jboolean throwError))
  JVMWrapper3("JVM_FindClassFromClassLoader %s throw %s", name, throwError ?
              "error" : "exception");
  // 确保传入的 Java 库名字不为 null...
  if (name == NULL || (int)strlen(name) > Symbol::max_length()) {
    // 如果传入不合法的名字，则不会创建这个类对象
    if (throwError) {
      THROW_MSG_0(vmSymbols::java_lang_NoClassDefFoundError(), name);
    } else {
      THROW_MSG_0(vmSymbols::java_lang_ClassNotFoundException(), name);
    }
  }
  TempNewSymbol h_name = SymbolTable::new_symbol(name, CHECK_NULL);
  Handle h_loader(THREAD, JNIHandles::resolve(loader));
  jclass result = find_class_from_class_loader(env, h_name, init, h_loader,Handle(),
                                             throwError, THREAD);

  if (TraceClassResolution && result != NULL) {
  trace_class_resolution(java_lang_Class::as_Klass(JNIHandles::resolve_non_null(result)));
  }
  return result;
JVM_END

// 从调用者的保护域内，使用装载器对象载入名字对应的类
JVM_ENTRY(jclass, JVM_FindClassFromCaller(JNIEnv* env, const char* name,
                                          jboolean init, jobject loader,
                                          jclass caller))
  JVMWrapper2("JVM_FindClassFromCaller %s throws ClassNotFoundException", name);
  // 确保传入的 Java 库名字不为 null...
  if (name == NULL || (int)strlen(name) > Symbol::max_length()) {
    // 如果传入不合法的名字，则不会创建这个类对象
    THROW_MSG_0(vmSymbols::java_lang_ClassNotFoundException(), name);
  }
```

```
    TempNewSymbol h_name = SymbolTable::new_symbol(name, CHECK_NULL);

    oop loader_oop = JNIHandles::resolve(loader);
    oop from_class = JNIHandles::resolve(caller);
    oop protection_domain = NULL;
    // 当 loader 为 null 时，则不应调用 ClassLoader.checkPackageAccess 方法，否则会抛出空指针异常
    // 另外，引导装载类拥有和 JVM 类装载器等价的权限，在调用前，都通过非空检测和安全管理器的检查
    if (from_class != NULL && loader_oop != NULL) {
  protection_domain = java_lang_Class::as_Klass(from_class)->protection_domain();
    }

    Handle h_loader(THREAD, loader_oop);
    Handle h_prot(THREAD, protection_domain);
    jclass result = find_class_from_class_loader(env, h_name, init, h_loader,
                                                 h_prot, false, THREAD);

    if (TraceClassResolution && result != NULL) {
  trace_class_resolution(java_lang_Class::as_Klass(JNIHandles::resolve_non_null(result)));
    }
    return result;
  JVM_END
```

最后，当然少不了 ClassLoader 这个类负责解析编译过后的 CLASS 文件。

classLoader.cpp 共有 1962 行代码，读者可以慢慢研究。

其实闲来无事，翻翻 JVM 的源码，偶有所见，不失为一种较好的、在消遣中学习的办法。

9.17 类的卸载

我们调用 class.forName() 之后，调用了 classLoader 来加载类，之后就可随心所欲地使用对象了。新的问题又来了：如果这个类的源文件重新编译了，能否再次加载呢？

如果再次加载，当然要卸载之前的版本。先来测试吧。

当我们第一次加载后修改实现类 RoboHero 中的方法，编译后再次加载，执行的仍是第一次加载的类对象的代码。这是为什么呢？

一个对象在内存中只要还有可使用对象的引用，就不会被内存回收。在上例中，对象 o 被系统默认的 ClassLoader 引用，而这个 ClassLoader 是 JVM 创建且一直持有的，当然不会销毁了。解决方案就是，继承系统的 ClassLoader，重写一个自己的 ClassLoader。

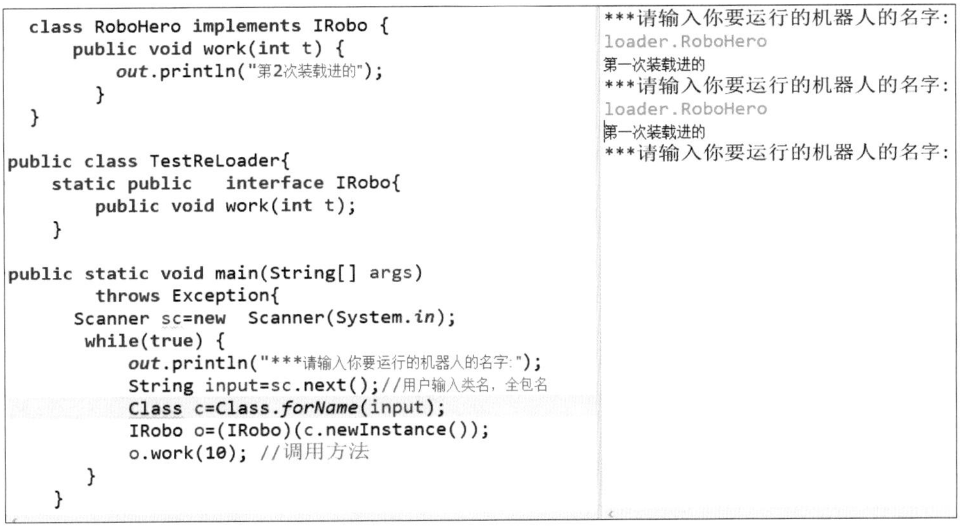

```
class RoboHero implements IRobo {
    public void work(int t) {
        out.println("第2次装载进的");
    }
}

public class TestReLoader{
    static public   interface IRobo{
        public void work(int t);
    }

public static void main(String[] args)
        throws Exception{
    Scanner sc=new  Scanner(System.in);
    while(true) {
        out.println("***请输入你要运行的机器人的名字:");
        String input=sc.next();//用户输入类名，全包名
        Class c=Class.forName(input);
        IRobo o=(IRobo)(c.newInstance());
        o.work(10); //调用方法
    }
}
```

```
***请输入你要运行的机器人的名字:
loader.RoboHero
第一次装载进的
***请输入你要运行的机器人的名字:
loader.RoboHero
第一次装载进的
***请输入你要运行的机器人的名字:
```

具体请自行查阅“类加载的双新委派机制”。JDK 默认的类加载器如何避免加载重复的类？

重写一个自己的加载器，可以从任意数据源装载字节代码转换成内存中的类对象，在每次装载类时都创建新的 ClassLoader 对象。我们先来测试：装载指定类的对象并卸载。

1 编写简单的要加载的类代码：

```
public class RoboHero {
    public void work(int t) {
        out.println(" 第 000 次加载进的 ");
    }
}
```

2 重写一个自己的加载器 MyClassLoader，继承 URLClassLoader，它是 ClassLoader 的子类，这样更简单一些，代码如下：

```
// 自定义类加载器，加载指定路径下的类到 JVM 中
public class MyClassLoader extends URLClassLoader {

    public MyClassLoader() {
        super(getMyURLs());
    }

    private static  URL[] getMyURLs(){
        URL url = null;
        try {
            // 指定自己要加载的类所在的路径：下面是 loader.RoboHero
            String cp="C:\\Users\\hdf\\eclipse-workspace\\miniIOC\\bin";
            url = new File(cp).toURI().toURL();
```

```
        } catch (MalformedURLException e) {e.printStackTrace();}
            return new URL[] { url };
        }

    public Class load(String name) throws Exception{
        return loadClass(name);
    }

    public Class<?> loadClass(String name) throws ClassNotFoundException {
        return loadClass(name,false);
    }
// 重写：以 Java 开头的包名认为是系统类，用系统类加载
public Class<?> loadClass(String name, boolean resolve) throws ClassNotFoundException {
        Class clazz = null;
        clazz = findLoadedClass(name);
        if (clazz != null ) { // 是否已装载过这个类
            if (resolve) {resolveClass(clazz); }
            return (clazz);
        }
        if(name.startsWith("java.")) {// 包名以 java 开头，认为是系统类
        // 使用系统的装载器去装载
        return ClassLoader.getSystemClassLoader().loadClass(name);
                }
        return customLoad(name,this);// 使用自己的装载器，装载类
            }
public Class customLoad(String name,ClassLoader cl) throws ClassNotFoundException {
        return customLoad(name, false,cl);
            }

public Class customLoad(String name, boolean resolve,ClassLoader cl) throws
ClassNotFoundException {
        // 调用自定义类中的装载器方法，直接装载
                Class clazz = ((MyClassLoader)cl).findClass(name);
        return clazz;
            }

protected Class<?> findClass(String name) throws ClassNotFoundException {
        return super.findClass(name);
            }
        }
```

请尝试重写各种方案并测试方案。类的加载机制是一个较为“烧脑”的流程，所有的理论都不如用写代码验证来得实在。

```
public static void main(String[] args)
                throws Exception{
        Scanner sc=new  Scanner(System.in);
```

```
while(true) {
out.println("*** 测试多次装载，是否装载： ");
   String input=sc.next();// 用户输入类名，全包名

   MyClassLoader loader=new MyClassLoader();// 用自定义的类装载
   Class c=loader.loadClass("loader.RoboHero");
        Object o=c.newInstance();
Method m=c.getMethod("work",int.Class);// 反射调用 work 方法
m.invoke(o,10);
 }
}
```

如图 9-20 所示，每次更新了 RoboHero 类的代码，重新加载后都会生效。

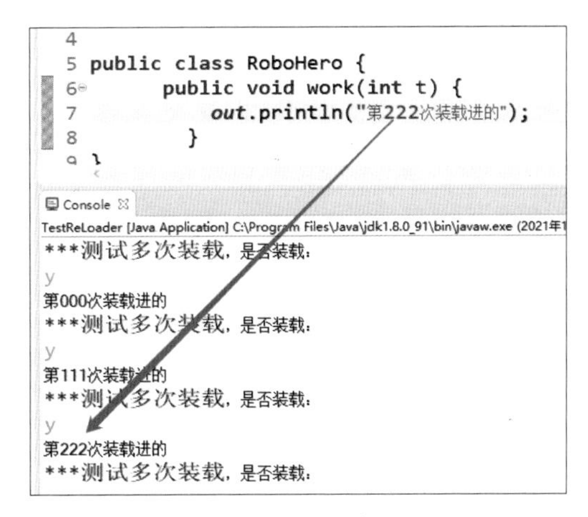

图 9-20　运行结果

在设计平台、框架时，如果加载的类已经更新，可以重新加载以实现热插拔。试一试，将其应用到迷你 Robocode 平台上。

以上使用自定义的类加载器加载类时会出现许多问题。许多场景是：加载好类之后转为其接口类型，通过接口调用。比如以下测试：

```
public interface IRobo {// 定义接口
   public void work(int t) ;
}

public class RoboHero implements IRobo { // 实现 IRobo 接口的类
   public void work(int t) {
      out.println(" 第 aaa 次加载进的 ");
   }
}
// 测试加载，转为接口调用
```

```
public static void main(String[] args) throws Exception{
    Scanner sc=new  Scanner(System.in);
    while(true) {
        out.println("*** 测试多次加载，是否加载：");
        String input=sc.next();// 用户输入类名，全包名
        MyClassLoader loader=new MyClassLoader();// 用自定义的类加载
        Class c=loader.loadClass(input);
        Object o=c.newInstance();
        //Method m=c.getMethod("work",int.class);// 反射调用 work 方法
        //m.invoke(o,10);
        IRobo robo=(IRobo)o; // 转型为接口类型调用
        robo.work(100);
    }
}
```

执行以上代码，奇怪的事发生了：明明实现了接口的子类却无法转型！

```
*** 测试多次加载，是否加载
loader.RoboHero
Exception in thread "main"java.lang.ClassCastException: loader.RoboHero cannot be cast to
loader.IRobo
        at loader.TestReLoader.main(TestReLoader.java:22)
```

这是留给读者的一个任务，想办法去解决它。

9.18 对象的回收

前面讲了对象的加载，也提到了卸载，卸载其实是指这个对象占用的内存空间被 JVM 回收了。如何观测这一点呢？内存中可以创建多少个对象呢？测试如下代码：

```
public class GCTest {
    public static void main(String[] args) {
        class User{
            private String name;
            public User(String name) {this.name=name;}
        }
        // 创建对象，并把对象存入内存
        ArrayList al=new ArrayList();
```

```
        for(int i=0;i<Integer.MAX_VALUE;i++) {
            User u=new User("第"+i+"个用户");
            al.add(u);
            if(i%99999==0) {
                System.out.println("内存中已创建User对象个数 "+i);
            }
        }
    }
}
```

在笔者的笔记本电脑上大约 5 分钟以后就会报错提示内存不足，如图 9-21 所示。

```
内存中已创建User对象 19299807
内存中已创建User对象 19399806
内存中已创建User对象 19499805
Exception in thread "main"java.lang.OutofMemoryError: GC overhead limit exceeded
        at loader.GCTest.main(GCTest.java:18)
```

图 9-21 报错提示内存不足

可用内存有多大呢？测试如下代码：

```
Runtime rt= java.lang.Runtime.getRuntime();
      long mm=rt.maxMemory();
      long fm=rt.freeMemory();
      int pc=rt.availableProcessors();//CPU内核个数
      out.println("mm "+mm/1024+" fm: "+fm/1024+" pc: "+pc);
```

在笔者的笔记本电脑上输出如下结果：

```
maxMemory 1842688 freeMemory: 123955 pc: 4
```

如果程序要占用大量内存，通过指定 JVM 运行时参数来设置可用的内存数。

在 Eclipse 中配置内存，如图 9-22 所示。

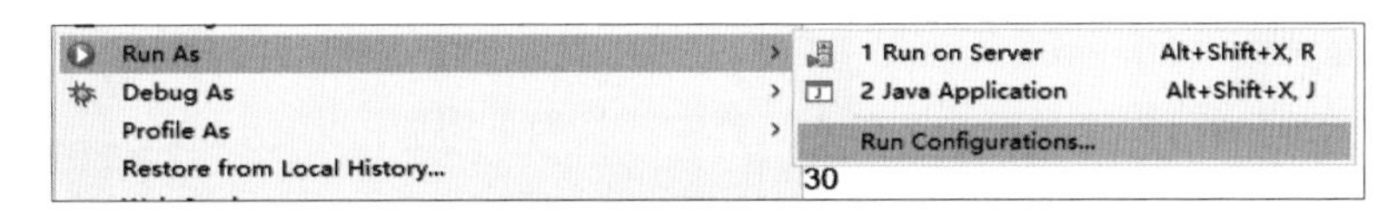

图 9-22 在 Eclipse 中配置内存

图 9-23 中 -Xms 指定 JVM 初始分配的堆内存，-Xmx 指定 JVM 可用的最大堆内存。

现在再测试前面的代码，无限制地向队列中存入创建的对象，查看程序什么时候会因内存不足而报错。

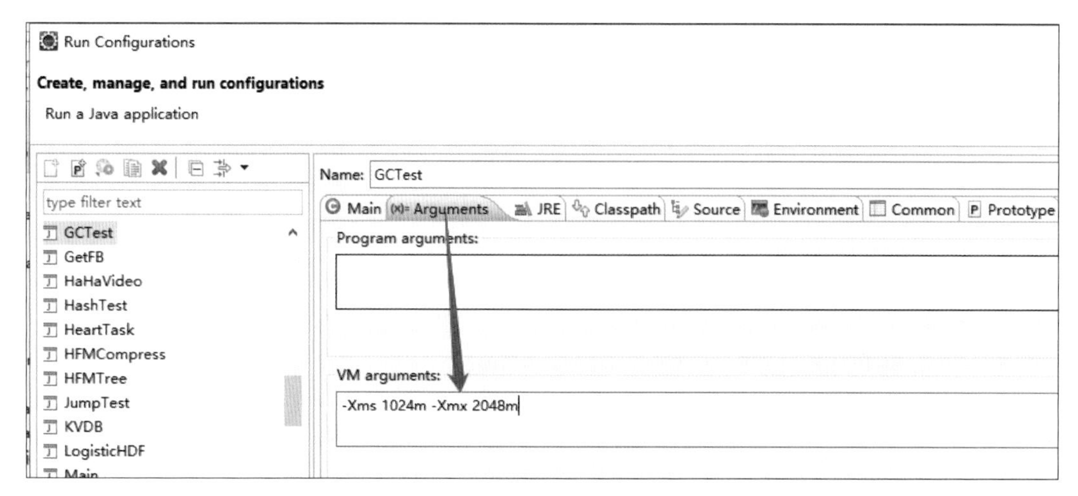

图 9-23 配置内存

如果 Eclipse 崩溃退出，计算机会变得十分卡顿，这时可以到任务管理器中去查看谁占用了大量的内存，如图 9-24 所示。

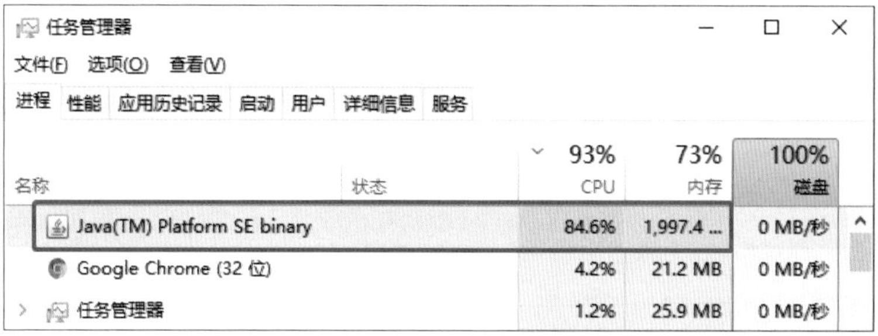

图 9-24 在任务管理器中查看内存占用的情况

所以，并不是内存分配得越大越好，只要无限制地在内存中生成数据就一定会导致内存溢出问题。

其实，只需要下面一行代码即可测试内存溢出的情况：

```
int[][] buffer=new int[1024000][1024000];
```

如果将代码改写为只创建对象并不存入队列中，且为了增加占用的内存，每个对象在创建时内建一个较大的数组，又是什么情况呢？用如下代码进行测试：

```
class User{
   private String name;
   public User(String name) {
      this.name=name;
```

```
            int[] buffer=new int[1024*100];
        }
    }
    //创建对象，并把对象存入内存
    ArrayList al=new ArrayList();
    for(int i=0;i<Integer.MAX_VALUE;i++) {
        User u=new User("第"+i+"个用户");
        // al.add(u);//注解掉这一行，不存入队列
        if(i%99999==0) {
            System.out.println("内存中已创建User对象个数 "+i);
        }
    }
}
```

在命令行中执行 jconsole，使用 JDK 自带的运行时监测工具查看内存，如图 9-25 所示。

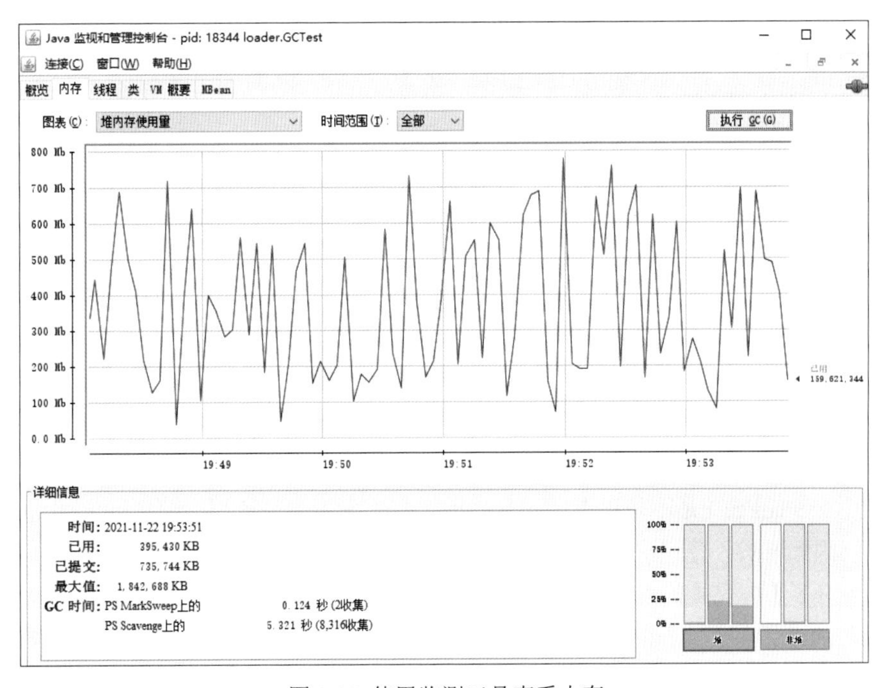

图 9-25 使用监测工具查看内存

如果创建的对象不存入队列中，则永远也等不到内存溢出。这是因为JVM的自动内存回收线程在后台运行，它会将长时间未使用的对象的内存清理掉，所以上面 jconsole 监测工具中的内存占用图才会呈现锯齿状，如果单击图中右上方的“执行 GC”按钮，就会释放出更多内存。

通过重写从 Object 类继承来的 finalize()方法，在代码中观测到对象被回收；通过调用 System.gc() 可以通知 JVM 回收内存，代码如下：

```
class User{
   private String name;
   public User(String name) {
      this.name=name;
      int[] buffer=new int[1024*100];
   }

   // 从 Object 类继承而来的，重写后显示被回收了，在系统执行 GC 时，会被调用
   protected void finalize() throws Throwable {
      out.println(name+" 被回收内存了 "+System.currentTimeMillis());
   }
}
// 创建对象，并把对象存入内存
ArrayList al=new ArrayList();
   for(int i=0;i<Integer.MAX_VALUE;i++) {
      User u=new User(" 第 "+i+" 个用户 ");
      // al.add(u);// 注解掉这一行，对象不存入队列
      if(i%99999==0) {
         System.out.println(" 内存中已创建 User 对象个数 "+i+" 手动清理：");
         Runtime.getRuntime().gc();// 通知 JVM 回收内存
      }
   }
}
```

从如上代码可知，在每创建 99999 个对象后调用了 gc()，会看到控制台输出 finalize 中的内容。如果不注销存入队列中的代码 al.add(u)，则这些对象都不会被回收。

能被 JVM 内存回收器自动回收的对象，首先是先去引用并已执行完自己生命周期的对象。代码中的体现就是：无法用对象变量名再次引用到这个对象。所以对于希望被内存回收的对象，直接做法是："对象变量名＝ null;"。

频繁调用 System.gc() 是不是更有利于释放内存呢？表面上是这样，但实际上调用 gc() 会导致明显的卡顿，因此一般不建议这样做。内存管理这么专业的事，JVM 平台经过数十年的测试、工程验证，已经有了十分完善的策略，JVM 中的回收线程比用户自己实现的更合适。

按照官方的表述："内存回收的自动化管理，目的在于将开发者从手动动态的内存管理中解放出来。开发者无须关注内存的分配与释放，虽然这以为 JVM 带来了一些额外的运行时开销来作为代价。Java HotSpot VM 提供了一系列可供选择的垃圾收集算法。"

JVM 启动时，后台 gc 线程负责清理"不常用对象数据的内存"，基本遵循的原则是"久而忘之"，即最长时间最少使用的对象会被回收（Collection），如图 9-26 所示。

如图 9-27 和图 9-28 所示，JVM 将保存对象的空间分为 young 和 old 两个阶段，并细分出 Eden、Survivor、Virtual 几个堆空间段来存放。

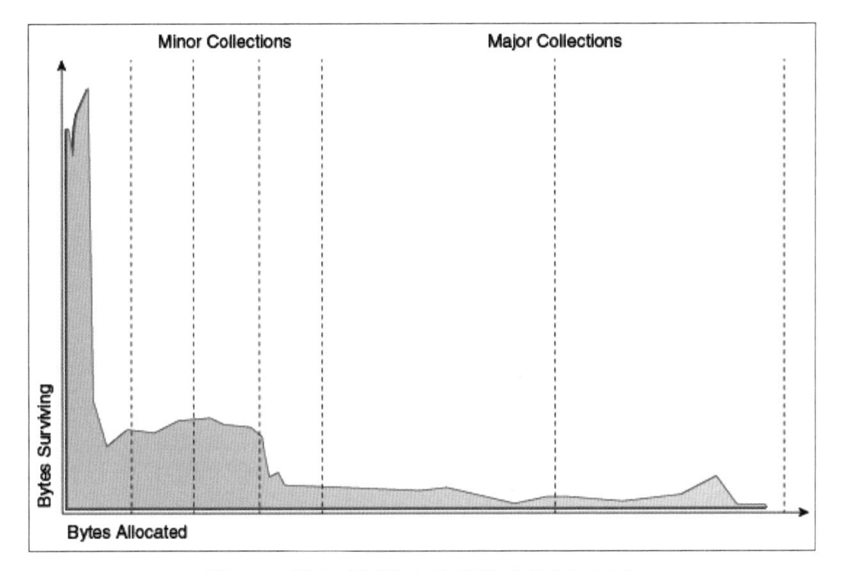

图 9-26　最长时间最少使用的对象会被回收

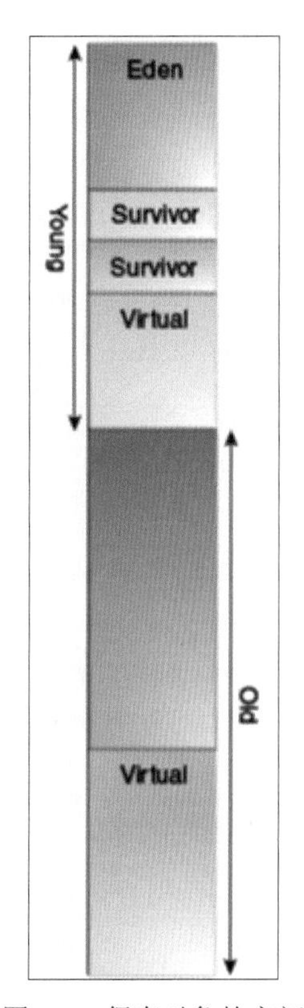

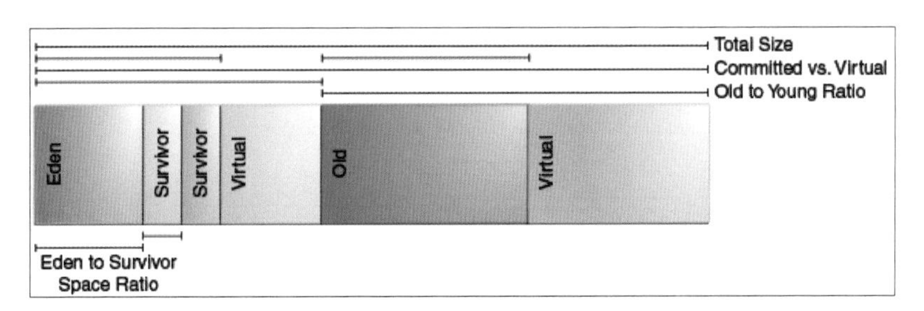

图 9-27　保存对象的空间

图 9-28　保存对象的空间

可以通过 -Xms<min> 和 -Xmx<max> 配置内存大小。

JVM 中有如下几种内存回收器，如 gcName.cpp 中源码所示：

```
class GCNameHelper {
  public:
    static const char* to_string(GCName name) {
      switch(name) {
        case ParallelOld: return "ParallelOld";
        case SerialOld: return "SerialOld";
        case PSMarkSweep: return "PSMarkSweep";
        case ParallelScavenge: return "ParallelScavenge";
        case DefNew: return "DefNew";
        case ParNew: return "ParNew";
        case G1New: return "G1New";
        case ConcurrentMarkSweep: return "ConcurrentMarkSweep";
```

```
            case G1Old: return "G1Old";
            case G1Full: return "G1Full";
            default: ShouldNotReachHere(); return NULL;
        }
    }
};
```

通常发挥作用的是“标记回收器”G1，即按照优先级标记回收，如图 9-29 所示。

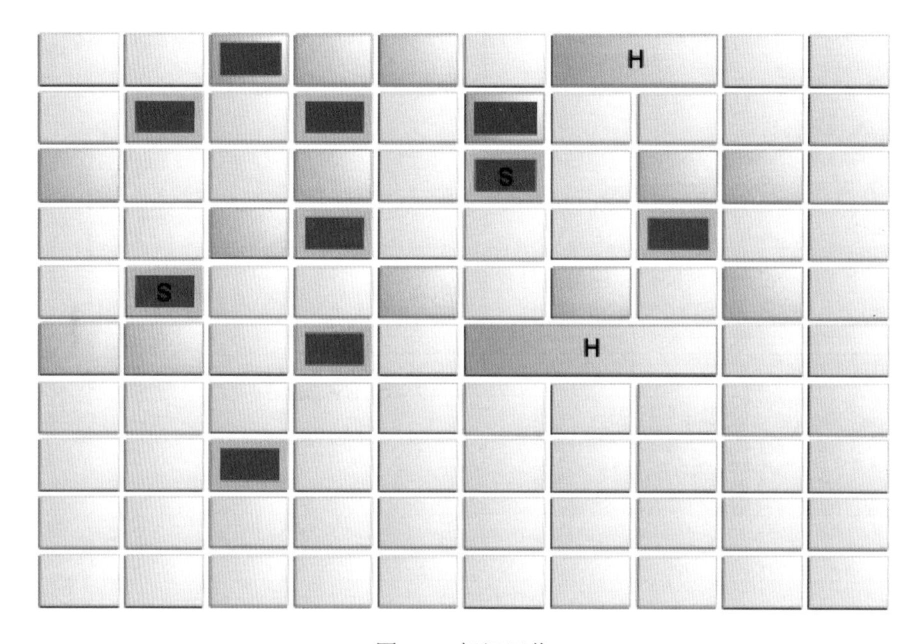

图 9-29 标记回收

给读者的任务是：写一篇教程，介绍 JVM 的自动内存回收机制！

林无静树，川无停流。

——《世说新语·文学》

本章将从零开始编码实现迷你版线程池，讲解不同同步模式下生产消费模型的实现、线程回调、内置线程池的用法。

第10章 深入线程

10.1 无处不在的生产消费模型

只要你来星巴克喝杯咖啡，就能全面“享受”并发编程的乐趣，并可熟练使用 Future、Callable、Runnable、线程池 Executors、阻塞队列、CountDownLatch 等核心 API。

这一切，将从经典、直观的“生产→队列→消费”模型开始：一些线程向队列中存入数据，一些线程从队列中取出数据。下面先画图，再写代码。

最简单的生产消费模型结构如下：

一个生产线程和一个消费线程，这两个线程共享一个队列对象，如图 10-1 所示。当队列中对象小于某个数字时，生产线程不停地向队列中存入对象；当队列中有对象时，消费线程从队列中移走对象后再去处理。

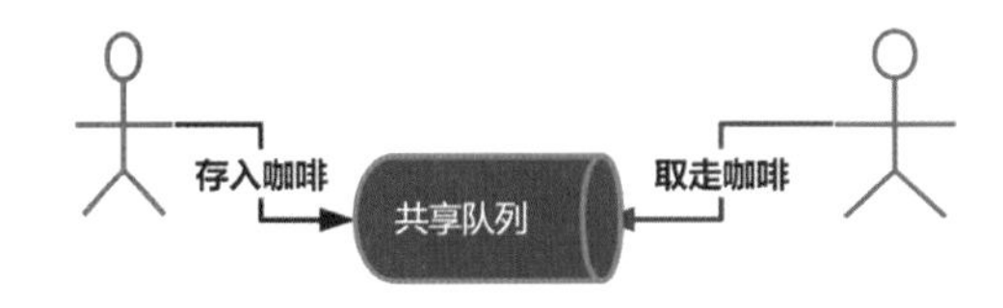

图 10-1 生产消费模型

比如之前编写的飞机大战游戏，一个线程负责画出飞机，一个线程负责计算位置、碰撞，这就是一个典型的生产消费模型；比如微信平台，数以亿计的用户向平台发送消息，这就是消息生产者，平台就是消息队列，后端程序负责对这些消息进行处理，即是消息消费者。

从本质上看，生产消费模型能够描述数据交换、进程线程通信、同步和异步任务分发、前台后端交互，小到两个线程间的数据通信，大到集群的任务分发与结果收集等一切项目、平台模型。

可以说，“吃透”生产消费模型，即可深通并发编程（见图 10-2）。

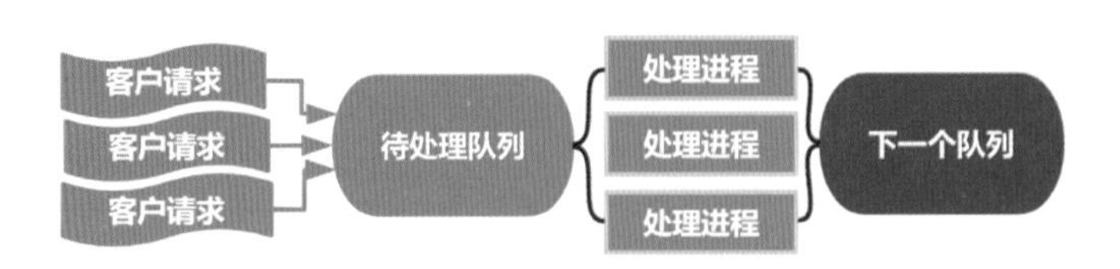

图 10-2 并发编程

10.2 简单生产消费模型

下面将创建一个简单生产消费模型，代码如下：

1 定义一个咖啡类，用它创建对象，代表一杯咖啡。

```
// 代表要生成的咖啡
public class Coffe {
   public int id; String v;// 咖啡 id，品名
   public Coffe(int id, String v) {this.id=id; this.v=v;}
   public String toString() {   return id+"-"+v;}
}
```

2 创建两个线程对象，共享一个队列对象 foos，一个线程存入数据，一个线程在队列中有数据时移除数据。

```
// 消费者线程
public class TCustomer extends Thread {
   // 指向共享队列
   public List<Coffe> foos;
   public void run() {
      out.println(" 消费者启动 ...");
      while(true) {
         if(foos.size()>1) {
            Coffe f=foos.remove(0);
            out.println("-》 顾客喝: "+f);
         }
      }
   }
}
```

```
// 生产者线程
public class TProduce extends Thread  {
   // 指向共享队列
   public List<Coffe > foos;
   public void run() {
      out.println(" 生产者启动 ...");
      int id=0;// 商品 ID
      while(true) {
         if(foos.size()<2) {
            Coffe f=new Coffe(id++," 好咖啡 ");
            foos.add(f);
            out.println(" 生产一杯咖啡 "+f);
         }
      }
   }
}
```

3 创建队列对象，启动这两个线程，观察它们的输出结果。

```
public static void main(String[] args) {
   List<Coffe> foos=new LinkedList();// 生产者和消费者共享的队列
   // 启动生产消费者线程
   TCustomer tc=new TCustomer(foos); tc.start();
   TProduce tp=new TProduce(foos); tp.start();
}
```

如果读者一行不差地照搬了代码，程序的运行结果将并非如你所愿。

这是为什么？查看一下 CPU 占用率是不是超高？

是不是考虑应该在线程中加上 sleep 语句，暂停 10 毫秒也行啊。

10.3 基于 wait/notify 的生产消费模型

现实的应用场景可能是：当没有顾客来时，员工就等待；当咖啡还没做好时，顾客就等待；当员工做好咖啡时，就通知顾客来取。不应像上一节那样，一刻不停地制作和取走咖啡。

Java 中每个对象继承 Object 类时，都内置了 wait() 和 notify() 方法，顾名思义，就是让对象进入等待状态和让对象发出通知（给等待者接收）。源码说明如图 10-3 和图 10-4 所示。

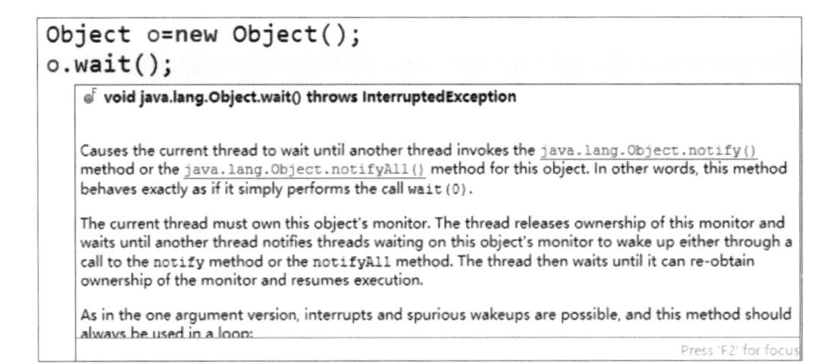

```
Object o=new Object();
o.wait();
```

void java.lang.Object.wait() throws InterruptedException

Causes the current thread to wait until another thread invokes the java.lang.Object.notify() method or the java.lang.Object.notifyAll() method for this object. In other words, this method behaves exactly as if it simply performs the call wait(0).

The current thread must own this object's monitor. The thread releases ownership of this monitor and waits until another thread notifies threads waiting on this object's monitor to wake up either through a call to the notify method or the notifyAll method. The thread then waits until it can re-obtain ownership of the monitor and resumes execution.

As in the one argument version, interrupts and spurious wakeups are possible, and this method should always be used in a loop:

Press 'F2' for focus

图 10-3 wait()方法的源码说明

```
Object o=new Object();
o.notify();
```

void java.lang.Object.notify()

Wakes up a single thread that is waiting on this object's monitor. If any threads are waiting on this object, one of them is chosen to be awakened. The choice is arbitrary and occurs at the discretion of the implementation. A thread waits on an object's monitor by calling one of the wait methods.

The awakened thread will not be able to proceed until the current thread relinquishes the lock on this object. The awakened thread will compete in the usual manner with any other threads that might be actively competing to synchronize on this object; for example, the awakened thread enjoys no reliable privilege or disadvantage in being the next thread to lock this object.

This method should only be called by a thread that is the owner of this object's monitor. A thread becomes the owner of the object's monitor in one of three ways:

图 10-4 notify()方法的源码说明

这两个源码看不明白？这就对了，代码不是看明白的，而是写出来并运行起作用的。

隐隐约约地遐想比清晰明确的定义能让我们更有思考的空间！测试如下代码：

```
public static void main(String[] args)
    throws Exception{
    Object o=new Object();
    o.wait();
    o.notify();
}
```

```
Exception in thread "main" java.lang.IllegalMonitorStateException
        at java.lang.Object.wait(Native Method)
        at java.lang.Object.wait(Object.java:502)
        at cpWaitNotify.Test.main(Test.java:9)
```

这段代码，无论先使用 wait 还是 notify，总会得到 MonitorStateException，怎么办呢？

“程序运行的最小单位是线程”，这句话至少说明：

1）每个对象一定是在某个线程中被使用的。

2）程序的入口 main 函数是在一个线程中被调用的。

实际上，JVM 在 main 函数执行一个程序时，后台就启动了多个线程，这些线程至少包含 Reference Handler（引用处理程序）和 Finalizer（内存回收器），这些线程都可能不定时访问代码中的每个对象。

想知道这个简单程序启动后，除了 main 代表的主线程外，JVM 还启动了哪些线程。

```
public static void main() {
    Object o=new Object();
    Thread.sleep(100000000);
    o.wait();
    o.notify();
}
```

请找到自己本地的 JDK 安装目录，再启动 bin 目录下的 jconsole.exe，如图 10-5 所示。

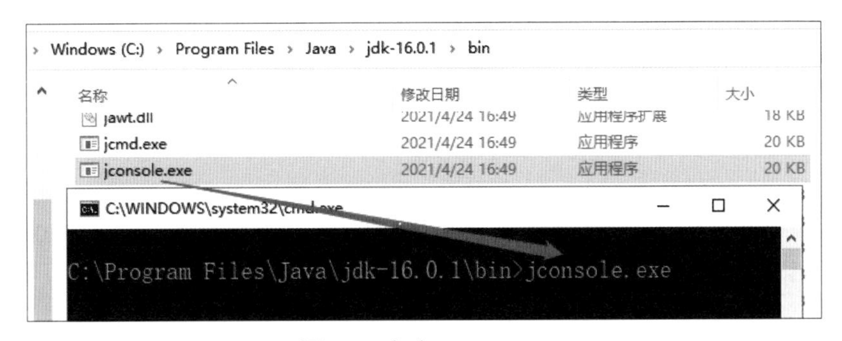

图 10-5 启动 jconsole.exe

如图 10-6 所示，选中当前程序，可看到有十几个后台线程。

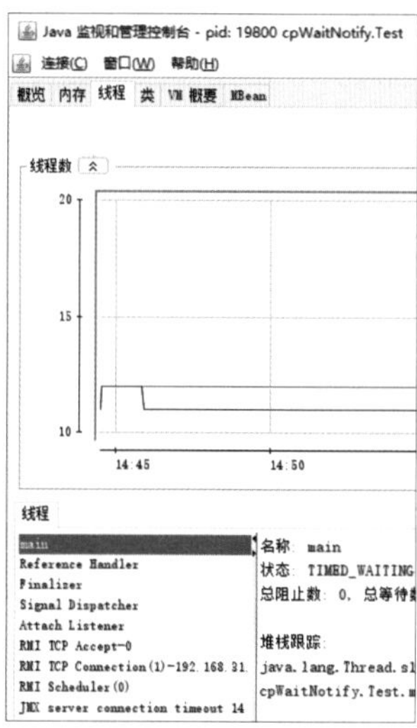

图 10-6 查看 JVM 启动了哪些线程

10.4 wait/notify 探秘

初步得出结论：当多个线程调用某对象的 wait() 或 notify() 方法时，就会抛出 MonitorStateException 异常。

查看 wait() 和 notify() 方法的源码，其注解中均强调的一句话是：

```
This method should only be called by a thread that is the owner of this object's monitor.
```

注解中说明获取对象的 monitor 有 3 种方法：

```
1.By executing a synchronized instance method of that object.
2.By executing the body of a synchronizedstatementthat synchronizes on the object.
3.For objects of type Class, by executing asynchronized static method of that class.
```

直白地说，就是要把调用的对象、调用对象的方法、代码段放在 synchronized 关键字锁定的代码块中（其实，最好的学习教程就是源码的注解）。

如下代码，示例在两个线程中通过 synchronized 锁定对象来通信。

```
public static void main(String[] args)  throws Exception{
    Object o=new Object();
    new Thread( () -> {
        out.println("B线程中o在5s后notify");
        try {Thread.sleep(5000);}catch(Exception ef) {}
        synchronized(o) { o.notify(); }
        out.println("B线程中o发出了通知");
    }).start();

    new Thread( () -> {
        out.println("A线程中o即将wait...");
        synchronized(o) {   try {o.wait(); }catch(Exception ef) {}
     }
        out.println("A线程中o wait结束");
    }).start();
}
```

根据以上示例，请改进生产消费模型（锁定队列，调用共享队列对象的 wait()和 notify() 方法）。

10.5 锁定对象意味着什么

“锁定”指的是以下两点含意：

第一，加锁的对象必须是同一个。比如 synchronized(oA)，就是在 oA 这个对象上锁定，如果另一个线程中调用的是 synchronized(oB)，则它们不是互斥关系。

第二，锁定的代码块，如图 10-7 所示，启动 A、B 两个线程后将不会同时执行代码块 A 和代码块 B，两个线程中只有一个取得在 oA 上的锁并执行，直到结束自己的代码块后，另一个线程才能去执行。结论是：synchronized 结束后释放锁。

```
A线程中：
synchronized(oA) {
代码块A
}
```

```
B线程中：
synchronized(oA) {
代码块B
}
```

图 10-7 锁定的代码块

那么 sleep、wait 会释放锁吗？

10.4 节的示例已证明会释放锁的，示例代码的流程如下：

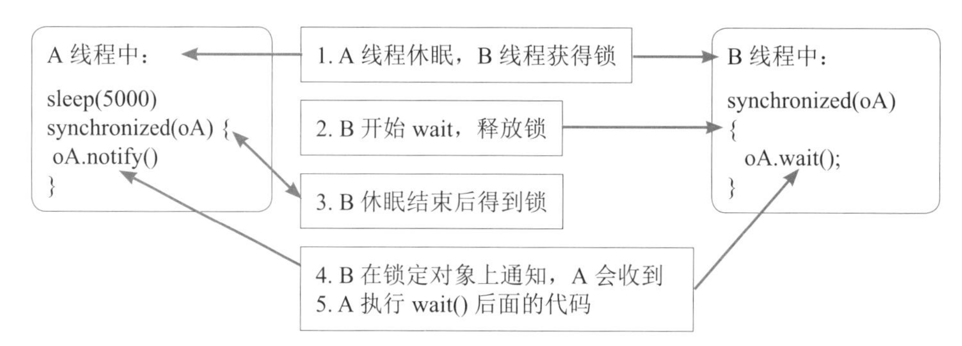

翻看 10.4 节的代码，试将第 5 行的休眠放入 synchronized 块中，第二个线程中的 wait() 还会等到通知吗？为什么呢？

```
1. public static void main(String[] args)  throws Exception{
2.     Object o=new Object();
3.     new Thread( () -> {
4.         out.println("B 线程中 o 在 5 秒后 notify");
5.         try {Thread.sleep(5000);}catch(Exception ef) {}
6.         synchronized(o) { o.notify(); }
7.
8.         out.println("B 线程中 o 发出了通知 ");
9. }).start();
```

10.6 ReentrantLock

要了解一样东西，首先要会熟练使用它，然后再分析其原理。原因是：原理可以说万世不移，一直放在那儿等你去看，但如果不抓住现在的时间先用熟练了，且不说临阵磨枪来不来得及，可能连临阵的机会都没有。

ReentrantLock 是 JDK 5 后新增的 API 级加锁机制（即是用 Java 代码实现的、可查看源码的，不像 synchronized 是 JVM 内置实现的——这句话也需要去证明！），用法简洁明了。如下演示用 ReentrantLock 来锁定、等待与通知：

```
ReentrantLock lock=new ReentrantLock(true);// 创建一个公平锁
Condition con= lock.newCondition();// 得到锁上的状态器
public void tLock() {
    try {      lock.lock();
        //to do somthing...
        // 要么当前线程开始等待，要么通知在此锁上等待的线程
        // 当然，这肯定是在两个线程对象中调用
        con.await();     con.signalAll();
    } catch(Exception ef) {ef.printStackTrace();}
    finally {     lock.unlock();   }
}
```

使用时 ReentrantLock 要注意以下几点：

1）lock.lock 和 lock.unlock 之间的代码类同 synchronized 的保护，只能一个线程进入。

2）Condition 上调用 await 和 signalAll 类同在 Object 上调用 wait() 和 notify() 方法。

3）一个 lock 中可获取多个 Condition；lock 一定要在 finally 中释放。

编写如下代码：当其中一个线程启动后，先获得 lock，此时另一线程等待，直到前面的线程 unlock 后，才会继续执行。

```
final   ReentrantLock lock=new ReentrantLock();
```

```
new Thread( () -> {
    try {  lock.lock();
        out.println("  顾客 1：下了单 ");
        for(int i=0;i<3;i++) {
            Thread.sleep(500);
            out.println("  顾客 2：开始等待 ");
        }
    } catch(Exception ef) {}
    finally {  lock.unlock();  }
    out.println("  顾客 3：等待结束～！ ");
}).start();
```

```
new Thread( () -> {
    try { lock.lock();
        out.println(" 生产者 : 开始做咖啡 ");
        for(int i=0;i<3;i++) {
            Thread.sleep(500);
            out.println(" 生产者：做好 "+i+" 杯 ");}
    }catch(Exception ef) {}
    finally { lock.unlock();}
    out.println(" 生产者 : 端出所有咖啡 ");
}).start();
```

试一下去掉某线程中的 unlock 呢？

读者要用 ReentrantLock 实现生产消费模型，就只是一个代码熟练程度的问题了。请实现：顾客下单后开始排队，店员生产时顾客等待，制好咖啡后店员通知顾客取走咖啡。

```
public static void main(String[] a) {
    final ArrayList<String> al=new ArrayList();// 咖啡杯
```

```java
    final ReentrantLock lock=new ReentrantLock();// 锁
      final Condition con= lock.newCondition(); // 信号
```

```java
// 生产线程：锁定杯，制好咖啡，通知顾客
new Thread( () -> {
    out.println("生产1：开始做咖啡");
    try {
        lock.lock();
        Thread.sleep(3000);
        out.println("生产2：做好咖啡了");
        al.add("一杯卡布奇诺");
        con.signal();

        out.println("生产3：呼叫顾客来取");
    }catch(Exception ef) {}
    finally { lock.unlock();}
}).start();
```

```java
// 顾客线程：等待，收到通知，取咖啡
new Thread( () -> {
    out.println("        顾客1：下了单");
    try {
        lock.lock();
        out.println("    顾客2：开始等待");
        con.await();

        out.println("    顾客3 ：收到通知，咖啡
OK！");
        String kf=al.remove(0);
        out.println("    顾客4：开始喝 "+kf);
    } catch(Exception ef) {}
    finally {lock.unlock(); }
}).start();
}
```

需要注意的是：await() 和 signal 必须在同一个 Condition 上调用才能互相通信。每次调用 lock.newCondition() 生成新的 Condition 对象，则其他等待的线程收不到通知。

要想掌握 ReentrantLock，只有一个方法：变着花样地去尝试代码，使用其中的各种方法。比如以下这些方法：

```
        顾客1：下了单
        顾客2：开始等待
生产1：开始做咖啡
生产2：做好咖啡放到柜台上
生产3：呼叫顾客来取
        顾客3：收到通知，咖啡OK！
        顾客4：开始喝一杯卡布奇诺
```

```java
ReentrantLock lock=new ReentrantLock(true);     // 创建一个公平锁
Condition condi= lock.newCondition();           // 得到锁上的状态器
int count=lock.getQueueLength();                // 得到在等待此锁的线程个数
lock.lockInterruptibly();                       // 可中断锁定
lock.isLocked();                                // 此锁是否已被某个线程使用
lock.hasWaiters(condi);                         // 是否有线程占用此锁 Condition 的 await

condi.await();                                  // 等待
condi.await(time, unit)                         // 等待指定时间
condi.signal();                                 // 发出通知给一个线程
condi.signalAll();                              // 通知所有线程
```

设想应用场景，编码运行，比较 ReentrantLock 与 synchronized 的区别。仅把 ReentrantLock 当成 synchronized 有点大材小用，我们来个稍微复杂点的场景：

1）一个店员持续制作咖啡，每一杯花的时间不同，做好一杯就送给一位顾客。

2）有多位顾客在排队等咖啡，每个顾客都是一个线程对象，在等待咖啡。

3）一定时间内，还没领到咖啡的顾客就不等了，离队。

实现这个场景要用 ReentrantLock 的 lockInterruptibly()方法取得可中断锁（在 synchronized 中是不可中断的），当超时时，调用每个顾客线程的 Interrupt()方法产生中断，这样在 await() 的顾客线程就触发异常从而退出。

```
public class CancelLock {
    static    ReentrantLock lock=new ReentrantLock(false);// 锁对象
    static    Condition condi= lock.newCondition();
    static    LinkedList<Thread> cQueue=new LinkedList();// 排队用户的线程
```

```
// 启动 5 个线程，代表排队的顾客
static void startCustomer(int count) {
    Thread t = new Thread() {
        public void run() {
            try {
            out.println("客户" + count + "排队");
                // 取得可中断锁
                lock.lockInterruptibly();
                // 模拟每个顾客不同等待时长
                Thread.sleep(count * 1000);
                condi.await();
            } catch (Exception ef) {
            } finally {
            if (lock.isHeldBy CurrentThread())
                lock.unlock();
            }
            out.println("客户被取消啦");
        };};
        t.start();
        t.setName("客户线程" + count);
        cQueue.add(t);
}
```

```
// 中断排队等待的线程
static void cancel() {
    new Thread( () -> {
    out.println("管理员:5 秒后取消订单 ");
        try {
            Thread.sleep(5000);
        }catch(Exception ef) {}
        for(int i=0;i<cQueue.size();i++)
        {
            // 中断每个线程
            cQueue.get(i).interrupt();
        }
        out.println("管理员：所有顾客已取消 ");
    }).start();
}
// 主函数
public static void main(String[] args)
throws Exception{
    for(int i=0;i<5;i++) {
        startCustomer(i);
    }
    // startProduce();
    cancel();
    }
}
```

再重复一遍我们的目标：编写 10 万行代码！

10.7 阻塞队列实现线程通信

阻塞队列指 concurrent 中包含 ArrayBlockingQueue 和 LinkedBlockingQueue 这两个类，特征就是：

1）创建时指定初始容量 *n*，调用 put(o) 存入时如果队列中已有 n 个元素，则阻塞在 put 调用上，直到队列元素少于 *n* 后才返回。

2）调用对象的 take() 方法，从队列中移除元素，如果队列为空，则 take 调用阻塞，直到队列中有一个可移除元素时才返回。

非阻塞队列是什么样子呢？其实就是常用的 List 接口的各种实现，比如 LinkedList、ArrayList、各种 Map 类，这些集合对象的共同点是：

1）只要内存足够大，可以无限制地向这种队列内存入数据。

2）可以一直调用对象的 get/remove(index)，直到抛出 IndexOutOfBoundsException 异常。

如果在多个线程之间通信并且需要保持一定的依存条件，那么阻塞队列就是“天选之子”，再也不用同步、锁定、wait、notify 了。

代码如下：

```java
// 非阻塞队列 ArrayList 测试
public static void main(String[] a){
    int i=10;
    List<String>lis= new ArrayList(3);
    while(i-->0) {
        lis.add(" 存入 "+i);
        out.println(" 存入个数 "+i);
    }

    while(true) {
        String s=lis.remove(0);
        out.println(" 取出 "+s);
    }
}
```

```java
// 使用阻塞队列存取测试
public static void main(String[] a)
throws Exception{
    int i=100;
    LinkedBlockingQueue<String>bq=
    new LinkedBlockingQueue(3);
    //String ms=bq.take();
    //out.println(" 取出 "+ms);
    while(i-->0) {
        bq.put(" 存入 "+i);
        out.println(" 存入个数 "+i);
    }
}
```

阻塞队列只在调用可能导致阻塞的方法时，才可能抛出 InterruptedException 异常，其中的 add()和 get(index) 等非阻塞方法调用效果和非阻塞队列相同。

任务

请用阻塞队列实现前面的生产消费模型。

继续咱们的咖啡馆场景：

一个店员不停地制作咖啡，柜台出现阻塞队列对象，最多能放 12 杯咖啡；咖啡馆每批会放进来 5 位外卖员从柜台上取走咖啡。

初学者很容易就可以编写出如下代码：

```
public static void main(String[] a) throws InterruptedException {
    //线程间共用的阻塞队列对象：柜台上最多放 12 杯
    LinkedBlockingQueue<String>bq = new LinkedBlockingQueue(12);

     new Thread(() -> {//店员不停地生产咖啡
       int id = 0;
       while (true) {
       try {
          id++; String foo = " 咖啡 " + id;
          bq.put(foo);
          out.println("--->店员生产 :" + foo);
       } catch (Exception ef) {}
    }}).start();
}
    //每批 5 个外卖员来取
    while (true) {
       for (int i = 0; i<5; i++)
          new Thread(() -> {
             try {
                String s = bq.take();
                out.println("<-- 外卖员取走 :" + s);
             } catch (Exception ef) {}
          }).start();
             try {Thread.sleep(3000);} catch (Exception ef) {
          }
       }
    }
}
```

以上代码的意思是：

1）每次都新招聘一位外卖员：每次都创建一个新线程。

2）并不知道每位外卖员送了多少咖啡。

3）更不知道咖啡是否送到了客户手中。

读者可以继续完善这个模型，或者等接下来分析阻塞队列之后再实现。

10.8 自己造个 BlockingQueue

没有好奇心，是不可能精进技术的。如果读者查看 BlockingQueue 的源码之后依旧一头雾水，就要继续自己“造轮子”了 —— 自己编写一个阻塞队列。代码如下：

```java
class MiniBlocking{
   final ReentrantLock lock = new ReentrantLock();
   //针对 put 和 take 操作，各创建一个通知器
   final Condition condiPut=  lock.newCondition();
   final Condition condiTake= lock.newCondition();
   //实际存放数据的队列，这个就不造轮子了
   final ArrayList<String>as=new ArrayList();
   private int limit=0;//设定存取的限额
public MiniBlocking(intlimit) {
      this.limit=limit;
      }
      }
```

```java
//阻塞式 put 方法的实现
public void put(String e){
   try {
      lock.lock();//1. 锁定
      while (as.size()>limit)
         condiPut.await();
      //小于 limit 的，那么加入数据
      as.add(e);
      condiTake.signal();
   }catch(Exception ef) {}
   finally {
      lock.unlock();
   }
}
```

```java
//阻塞式 take 方法的实现
public String take(){
   try {
      lock.lock();
      while (as.size()==0)
         condiTake.await();
      //无则等，有则取
      String s=as.remove(as.size()-1);
      condiPut.signal();
      return s;
   }catch(Exception ef) {
      return "error";
   }
   finally { lock.unlock();}
   }
}
```

就是这么简单，内部用两个 condition 分别负责存、取时的阻塞和通知。

顺手把测试代码也写了，并查看运行结果：

```
    //最多存入5条数据的阻塞队列
    MiniBlocking bq=new MiniBlocking(5);
    new Thread(()->{
        for(int i=0;i<4;i++) {
            bq.put("江春入旧年-"+i);    out.println("    存入  "+i);}
    }).start();

    new Thread(()->{
        for(int i=0;i<1000;i++)    out.println("取出    "+bq.take());
    }).start();
}
```

这里编写了骨架代码，读者可以在此基础上扩展更多辅导方法，加上泛型语法。更进一步先实现死锁场景，再实现一个自动清理死锁功能。

10.9 为什么需要线程池

在以前的模型中，每送一杯咖啡就创建一个新的线程（代表外卖员），这与现实不相符，因为这意味着每送一杯咖啡前就要重新招聘一位外卖员。事实上，这些员工都是在重复使用的，即有任务就去执行，没任务就等待，用专业术语来说就是咖啡馆保持了一个员工的线程池。

有 N 杯咖啡，M 位外卖员都想尽可能多地拿到，这种模型又叫竞争生产消费模型，如图10-8和图10-9所示。

图10-8 竞争生产消费模型（1）

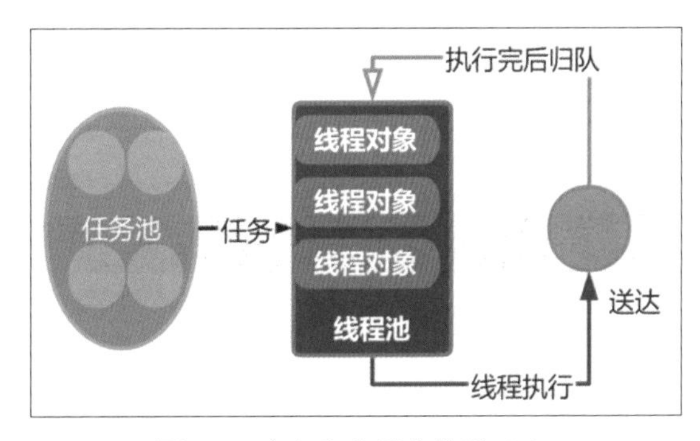

图10-9 竞争生产消费模型（2）

读者可能会问：非要用线程池吗？每次创建新线程有何不可？

会有许多种回答，如节省资源、避免野线程、加强管理、提高性能等，读者怎么看？

读者知道一台普通笔记本电脑能启动多少个 Java 线程吗？

```
int count=50;// 创建的线程个数
for(int i=0;i<count;i++) {
   new Thread("  线程"+i) {
      public void run() {
         out.println(this.getName()+" 启动了 ");
         try {
            synchronized(this) {this.wait();}
         }catch(Exception ef) {ef.printStackTrace();}
            out.println(this.getName()+" 结束了 *** ");
      }
   }.start();
}//end for
```

运行以上代码，把 count 设为 500、5000……当我们发现 50000 个线程也可以在自己陈旧的笔记本电脑上“奔跑”时（见图 10-10），是不是被迷惑了？

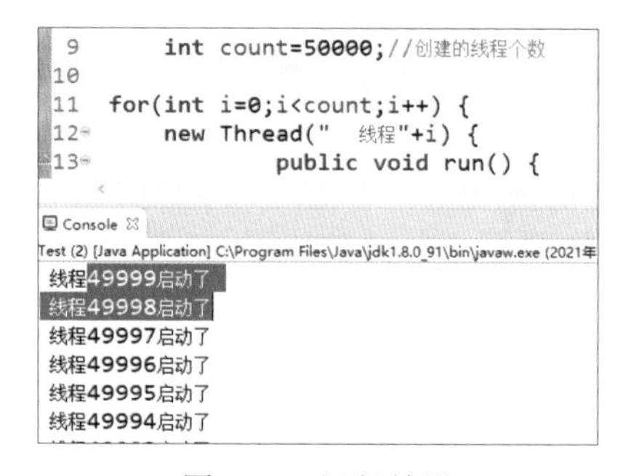

图 10-10 运行结果

以大部分初学者的编码水平，采用 out 输出，在控制台上观察输出结果是很不靠谱的。本例中同时启动 50000 个线程，并非在输出最后一行看到的“线程 49999 启动了”。

靠谱的办法当然是使用 jconsole 来观测。在 JDK 安装目录的 bin 子目录下启动 jconsole.exe（见图 10-11），还可以观测程序内部更多信息，如图 10-12 所示。

```
C:\Program Files\Java\jdk1.8.0_144\bin>jconsole
```

图 10-11 jconsole 路径

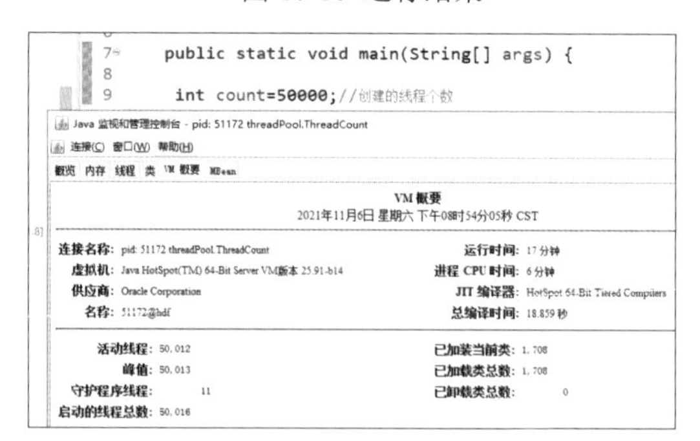

图 10-12 使用 jconsole 观测程序内部信息

从图 10-12 中可以看到线程峰值为 50013，多出的那 13 个线程是哪来的？ main 函数启动算一个线程，用 jconsole 连接 JVM 内部监控时，JVM 内部至少有一个 ServerSocket 服务器需要 1 个线程，连接后通信至少需要 1 个线程，那么还有 9 个线程来自哪里？

如果去看线程源码（腾讯开源 JVM TencentKona，就会发现还有这么多种线程。

这是探索后台 GC 机制、运行时编译等高深主题的好机会。

找到另外 10 个线程，看清它们在 JVM 运行期间在干些什么，就可以大声说：

"我懂 Java 多线程了！"

```
// - NamedThread
// - VMThread
// - ConcurrentGCThread
// - WorkerThread
// - GangWorker
// - GCTaskThread
// - JavaThread
// - WatcherThread
```

10.10 真正的 Thread 在哪里

据说阿里巴巴双十一的并发峰值是 500 万请求，理论上就是一秒钟要启动 500 万个线程，现在看来这不是什么难事，有 100 台普通笔记本电脑就够了。但这不是我们不深入线程的理由。

线程对象和 Java 中普通对象的创建有一个根本区别：线程对象涉及的 CPU 时间片调度、内存管理、锁等待等资源是由操作系统在 JVM 内管理的，我们编写的线程操作代码只是内核中线程对象的映射。

Java 中的普通对象，例如 student 对象、ArrayList 对象，其创建只是申请 JVM 的内存，对象的生命周期都是在 Java 代码（JVM）中管理的，这种对象又称为用户对象。

对初学者而言，线程分为两种：

1）内核态线程对象，由操作系统内核创建和调度。

2）用户态线程对象，普通的 JVM 内对象，内核不知道，也不需要去管。

通过 Thread（或 Runnable）创建的其实是内核态线程：

用户代码：	映射到内核：
`Thread t=new Thread();` `T.start();`	申请资源 创建一个线程对象 就绪 操作系统调度 执行 run 方法

内核态线程和用户态映射模型如图 10-13 所示。

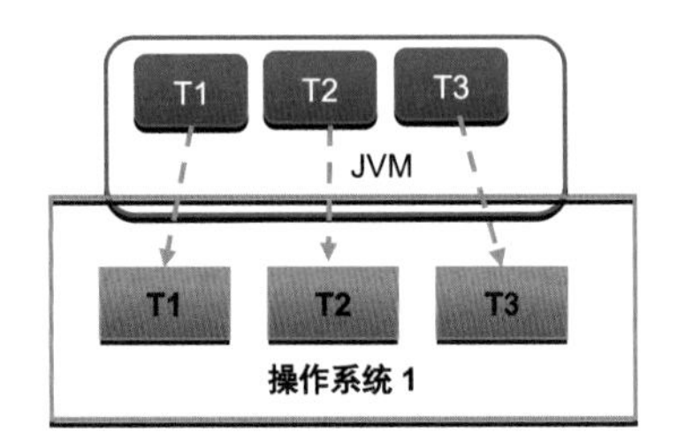

图 10-13 内核态线程和用户态映射模型

换句话说: JVM 中创建的 Thread 对象是操作系统创建的线程对象的影子，其实际的创建、调度、等待、休眠等都是这个影子发布命令给操作系统去实现的。

那么内核是如何把一个线程对象映射到 Java 代码中的呢？

查看 Runnable 的源码

实现线程有两种方式，第一种是 implements Runnable 接口：

```
class Work implements Runnable{
   public void run() {
   //to do someThing...
              }
}
Work w=new Work();
Thread t=new Thread(w);
t.start();
```

```
public interface Runnable {
   /*
     @see java.lang.Thread#run()
   */
   public abstract void run();
}
```

通过查看 Runnable 的源码，发现是个空壳子，那么查看 Thread.run 方法。

```
public Thread(Runnable target) {
   init(null, target, "Thread-" + nextThreadNum(), 0);
}
```

创建一个 Thread 对象时，只是初始化相关参数，唯一值得关注的是 stackSize 这个参数，用来设置每个线程 stack 的大小。每个线程的 stack 都是独立的，这个大小影响到可创建线程的数量和线程内数据的大小，可通过在 JVM 启动时指定参数设置。

```
/**
     * Initializes a Thread.
     * @param g the Thread group
     * @param target the object whose run() method gets called
     * @param name the name of the new Thread
```

```
     * @param stackSize the desired stack size for the new thread, or
     *        zero to indicate that this parameter is to be ignored.
     * @param acc the AccessControlContext to inherit, or
     *            AccessController.getContext() if null
     */
private void init(ThreadGroup g, Runnable target, String name,
                  long stackSize, AccessControlContext acc) {
```

接下来，就只有一个关键点：Thread.start()方法。

官方注解中对 Thread.start()方法的说明如下：

```
public synchronized void start() {
/**
* This method is not invoked for the main method thread or "system"
* group threads created/set up by the VM. Any new functionality added
* to this method in the future may have to also be added to the VM.
 * A zero status value corresponds to state "NEW".
*/
   if (threadStatus != 0)
   throw new IllegalThreadStateException();

   /* Notify the group that this thread is about to be started
        * so that it can be added to the group's list of threads
        * and the group's unstarted count can be decremented. */
   group.add(this);
   boolean started = false;
   try {
      start0();
      started = true;
   } finally {
      try {
         if (!started) {
            group.threadStartFailed(this);
         }
      } catch (Throwable ignore) {
         /* do nothing. If start0 threw a Throwable then
         it will be passed up the call stack */
      }
   }
}
```

读者能从这段代码中找出 Java Thread 是从哪里进入内核态的吗？

关键就在这一行：start0();（JDK 1.8 版本 java.lang.Thread 第 728 行）。它将调用如下定义代码：

```
private native void start0();
```

执行这行代码后才真正地进入了 JVM，实现线程。

Start0() 去了哪

start0() 方法前面的 native 关键字，意思是调用了 JVM 中的同名方法。这个约定在 Thread 中一开始就写了：

```
public class Thread implements Runnable {
    /* Make sure registerNatives is the first thing <clinit> does. */
    private static native void registerNatives();
    static {
        registerNatives();
    }
}
```

JVM 中的 start0() 到哪去找呢？可以到 TencentKona 项目下去查看（见图 10-14）。

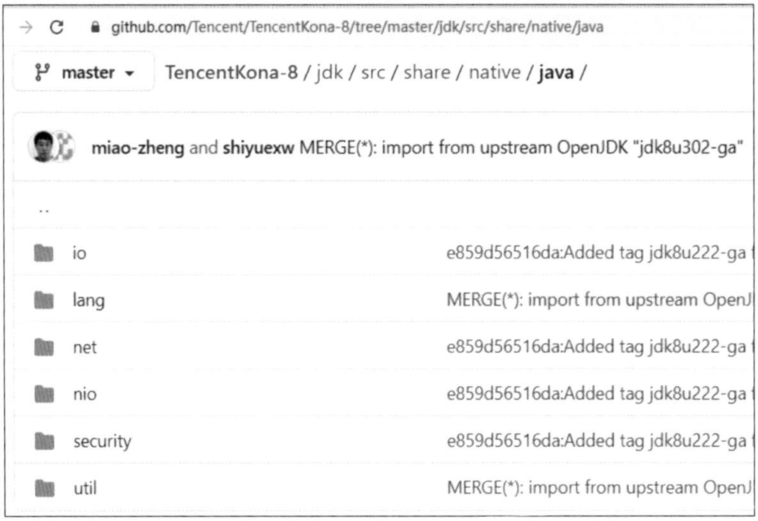

图 10-14 TencentKona 项目

实际上，在 Java 代码中调用的许多方法都是被映射到了 JVM 的 native 库中的 C++ 代码中，图 10-14 中的文件夹名就对应 Java 中的各类 package 名，打开后就能看到所有 native 关键字指向的方法。

Thread 类在 lang 包下，打开 https://github.com/Tencent/TencentKona-8/blob/master/jdk/src/share/native/java/lang/Thread.c，是不是一目了然了？

在 Thread.c 中，定义了 Java Thread 中所有的方法：

```
/* Stuff for dealing with threads.
* originally in threadruntime.c, Sun Sep 22 12:09:39 1991
*/
#include "jni.h"
#include "jvm.h"
#include "java_lang_Thread.h"
#define THD "Ljava/lang/Thread;"
#define OBJ "Ljava/lang/Object;"
#define STE "Ljava/lang/StackTraceElement;"
#define STR "Ljava/lang/String;"
#define ARRAY_LENGTH(a) (sizeof(a)/sizeof(a[0]))

static JNINativeMethod methods[] = {
   {"start0", "()V", (void *)&JVM_StartThread},
   {"stop0", "(" OBJ ")V", (void *)&JVM_StopThread},
   {"isAlive", "()Z", (void *)&JVM_IsThreadAlive},
   {"suspend0", "()V", (void *)&JVM_SuspendThread},
   {"resume0", "()V", (void *)&JVM_ResumeThread},
   {"setPriority0", "(I)V", (void *)&JVM_SetThreadPriority},
   {"yield", "()V", (void *)&JVM_Yield},
   {"sleep", "(J)V", (void *)&JVM_Sleep},
   {"currentThread", "()" THD, (void *)&JVM_CurrentThread},
   {"countStackFrames", "()I", (void *)&JVM_CountStackFrames},
   {"interrupt0", "()V", (void *)&JVM_Interrupt},
   {"isInterrupted", "(Z)Z", (void *)&JVM_IsInterrupted},
   {"holdsLock", "(" OBJ ")Z", (void *)&JVM_HoldsLock},
   {"getThreads", "()[" THD, (void *)&JVM_GetAllThreads},
   {"dumpThreads", "([" THD ")[[" STE, (void *)&JVM_DumpThreads},
   {"setNativeName", "(" STR ")V", (void *)&JVM_SetNativeThreadName},
};
JNIEXPORT void JNICALL
Java_java_lang_Thread_registerNatives(JNIEnv *env, jclass cls)
{
   (*env)->RegisterNatives(env, cls, methods, ARRAY_LENGTH(methods));
}
```

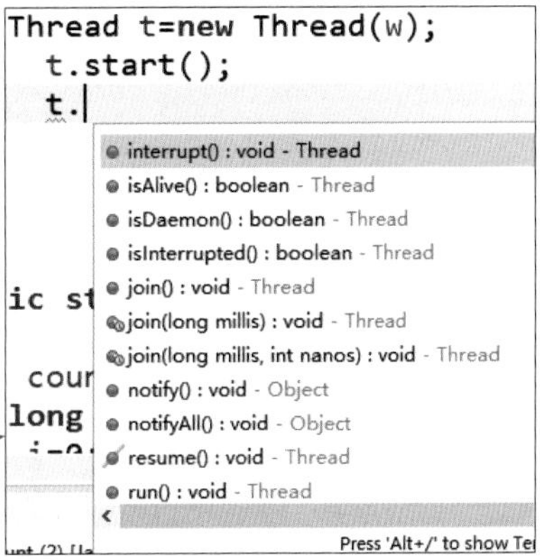

从这里开始，我们知道 Thread 中的所有 native 方法应该到哪里去看源码了。

从上面可以看到，Java 中 Thread.start() 方法实际调用的 start0() 在 JVM 的 Thread.c 的这行代码中：

```
{"start0", "()V", (void *)&JVM_StartThread},
```

如下这段代码设置：

```
JNIEXPORT void JNICALL
Java_java_lang_Thread_registerNatives(JNIEnv *env, jclass cls)
{
   (*env)->RegisterNatives(env, cls, methods, ARRAY_LENGTH(methods));
}
```

被 https://github.com/Tencent/TencentKona-8/blob/master/jdk/src/share/javavm/export/jvm.h 中的第 239 行代码指向了具体的实现：

```
...
235    /*
236    * java.lang.Thread
237    */
238    JNIEXPORT void JNICALL
239    JVM_StartThread(JNIEnv *env, jobject thread);
```

只有到了这里，读者看到的才是“真正的”thread 类的源码，从 https://github.com/Tencent/TencentKona-8/blob/master/hotspot/src/share/vm/runtime/thread.cpp 中的第 1591 行代码起：

```
// 如果编译器接口调用了 c1 编译线程，则需要移除 ifdef 标志
static void compiler_thread_entry(JavaThread* thread, TRAPS);

JavaThread::JavaThread(ThreadFunction entry_point, size_t stack_sz) :
Thread()
#if INCLUDE_ALL_GCS
, _satb_mark_queue(&_satb_mark_queue_set),
_dirty_card_queue(&_dirty_card_queue_set)
#endif
{
if (TraceThreadEvents) {
    tty->print_cr("creating thread %p", this);
}
initialize();
_jni_attach_state = _not_attaching_via_jni;
set_entry_point(entry_point);
// 创建本地线程
os::ThreadType thr_type = os::java_thread;
thr_type = entry_point == &compiler_thread_entry ? os::compiler_thread : os::java_thread;
os::create_thread(this, thr_type, stack_sz);
}
```

最后，到我们解开 run() 方法神秘面纱的时候了，依旧是从 https://github.com/Tencent/TencentKona-8/blob/master/hotspot/src/share/vm/runtime/thread.cpp 中的第 1661 行代码开始：

```
// 新 Java 线程调用的第一个例程
void JavaThread::run() {
// 初始化线程的相关属性和常量
this->initialize_tlab();
// 用于测试栈跟踪的有效性
this->record_base_of_stack_pointer();
```

```
// 记录实际栈基数和大小
this->record_stack_base_and_size();
// 在调用互斥锁之前，初始线程对象自己的存储空间
this->initialize_thread_local_storage();
this->create_stack_guard_pages();
this->cache_global_variables();

// 线程初始化完成已进入安全点（safepoint 理解为当垃圾回收器工作时，需要各线程相关的内存操作一致，对象的引用关系不应再发生变化）
ThreadStateTransition::transition_and_fence(this, _thread_new, _thread_in_vm);
assert(JavaThread::current() == this, "sanity check");
assert(!Thread::current()->owns_locks(), "sanity check");
DTRACE_THREAD_PROBE(start, this);
// 此方法可能在安全点检查完成前会被阻塞
this->set_active_handles(JNIHandleBlock::allocate_block());
if (JvmtiExport::should_post_thread_life()) {
  JvmtiExport::post_thread_start(this);
}
JFR_ONLY(Jfr::on_thread_start(this);)
// 调用另一个函数来完成其余的工作，应确保从那里使用的堆栈地址将低于刚刚计算的堆栈基数
thread_main_inner();
// 注意，线程此时不再有效
}
```

读者只要把 https://github.com/Tencent/TencentKona-8 下面的源码都分析、调试一遍，把注解都通读一遍，就能深刻理解多线程了。

10.11 线程池的必要性

浅程池的必要性主要体现在以下两个方面：

1）性能：如果非要给使用线程池找一个理由，那就是创建线程消耗的内存资源和占用的 CPU 资源过高。当然这个“高”是相比较而言的。

如下代码，创建 5 万个对象的用时为：

```
ArrayList al=new ArrayList();
long start=System.currentTimeMillis();
//创建 5 万个对象
for(int i=0;i<50000;i++) {
```

```
    al.add(new Object());
}
long ti=System.currentTimeMillis()-start;
System.out.println(" 创建对象用时 "+ti);

创建对象用时为 4
```

而创建 5 万个线程的用时为：

```
int count=50000;                    //创建的线程个数
    long start=System.currentTimeMillis();
for(int i=0;i<count;i++) {
   new Thread("  线程 "+i) {
      public void run() {
         try {
            synchronized(this) {this.wait();}
         }catch(Exception ef) { ef.printStackTrace();    }
      }
   }.start();
}//end for
long ti=System.currentTimeMillis()-start;
System.out.println(count+" 个线程创建 OK，用时 "+ti);

50000 个线程创建 OK，用时 14705
```

这两者耗时差距就不是几十倍了！

2）可管理性：线程一经创建，就由内核管理的 Java 代码来调用，通过 JVM 给线程对象发送信息再获得响应。创建的普通对象如果失去引用，会被内存回收器自动回收，但是一个失去引用的线程却不会被回收。

创建过多线程，无论是处在 sleep 状态还是 wait 状态，都占用操作系统 CPU 的时间片，在上例中，创建 5 万个线程进入 wait 状态后，在操作系统上的其他进程（程序操作）都会十分卡顿。

线程池的思路非常简单：复用。掌握线程池的办法只有一个：多用。

用线程池送咖啡

初学者通过 4 步来使用线程池类 java.util.concurrent.ThreadPoolExecutor。

1 创建阻塞队列对象，让线程池保存待执行任务。

```
//把线程池管理的线程对象存入这个队列
ArrayBlockingQueue taskQueue=new ArrayBlockingQueue<Runnable>(6);
```

2 创建线程池对象。

```
ThreadPoolExecutor  tp=
     new ThreadPoolExecutor(5, 9, 2000, TimeUnit.MILLISECONDS,taskQueue);
```

这个构造器的参数有点多，初步了解一下：

```
public ThreadPoolExecutor(int corePoolSize,                 //池内初始线程个数
         int maximumPoolSize,                               //池内最多线程个数
         long keepAliveTime,                                //线程生存时长
         TimeUnit unit,                                     //检测时间单位，一般设为毫秒
         BlockingQueue<Runnable>workQueue)                  //用以保存任务的队列
         //还有重载的构造器，指定了另外两个参数
         //指定线程池用以创建线程的方法，当池内线程需要指定名字、优先级参数时
         //线程池将使用用户实现的 ThreadFactory 类，创建线程对象
         ThreadFactory threadFactory,
         //这里指定当向线程池提交任务过多时所抛出异常的处理者
         RejectedExecutionHandler handler
         }
```

3 创建需要执行的任务对象，比如一杯待送的咖啡。

```
class  Task implements Runnable{
   private String name=null;

   public Task(String name) {
      this.name=name;
   }

   public void run() {
      //to do something...
   }
}
```

4 将 1 个线程池对象、1 个任务队列对象和多个任务对象组合起来。

如下完整代码为向线程池提交任务：

```
//线程池要执行的任务类：实现 Runnable 接口
class Task implements Runnable{
   private String kf=null;

   public Task(String kf) {
      this.kf=kf;
      out.println("创建任务：待送 "+kf);
   }
   public void run() {
      try {
         Random ran=new Random();//随机时长，模拟执行任务的用时
         Thread.sleep(ran.nextInt(1000)+1000);
      }catch(Exception ef) {}
         out.println("完成任务：已送达 "+kf);
      }
   }

   public static void main(String[] args) {
   //线程池保存任务对象的队列
   ArrayBlockingQueue al=new ArrayBlockingQueue<Runnable>(6);
   //线程池对象
   ThreadPoolExecutor tp=new ThreadPoolExecutor(5, 9, 2000, TimeUnit.MILLISECONDS,al);
   for( int i=0;i<10;i++) {
      Task task=new Task("咖啡订单 "+i);
      tp.execute(task);//提交任务
      out.println("----> 已提交任务 "+i);
   }
   out.println("线程池已启动…");
}
```

以上线程池启动后会创建 5 个线程，相当于咖啡馆有 5 个固定送外卖的店员，对于待执行的 10 个任务，内部按次序分配；如果同时任务多于 5 个，则临时创建 9 个线程执行。每个线程执行完 Task 后，多于 5 个以外的线程等待时长大于 2000 毫秒后则销毁。

ThreadPoolExecutor 本身就是一个在运行的线程，当打印出“线程池已启动”后，程序并不退出，即使所有任务已执行完毕。如何得到正在运行的线程池内部的信息呢？

ThreadPoolExecutor 提供了以下方法用来获取线程池内部信息、控制线程池：

```
ThreadPoolExecutor tp=  new ThreadPoolExecutor(5,9,2000,TimeUnit.MILLISECONDS,taskQueue);
    tp.allowCoreThreadTimeOut(true);          //也可设置池内固定线程超时就销毁
    tp.getActiveCount();                      //得到池内活动线程个数
    tp.getCompletedTaskCount();               //线程池创建已完成任务数量
    tp.getLargestPoolSize();                  //最多可启用的线程个数
    tp.shutdown();                            //通知线程池执行完所有任务后关闭，退出
    tp.shutdownNow();                         //通知线程池马上关闭，无论是否有任务正在被执行
```

当向线程池提交过多任务时（这个“过多”和构造线程池的参数有何比例关系），execute(Runnabler) 方法会抛出以下异常，但不影响已提交的任务对象及执行情况。

```
Exception in thread "main" java.util.concurrent.RejectedExecutionException: Task threadPool.
ThreadPoo$Task@6bc7c054 rejected
  from java.util.concurrent.ThreadPoolExecutor@232204a1[Running, pool size = 9, active threads =
9, queued tasks = 6, completed tasks = 0]
```

请读者编写代码，测试验证以上方法的实效。

用 ThreadPoolExecutor 构造器创建对象时，需要指定一个阻塞队列以保存任务对象。可以使用在 JDK 中实现的 java.util.concurrent.BlockingQueue 接口的多种阻塞队列，但有不同特色。比如：java.util.concurrent 包下，实现 BlockingQueue 接口的阻塞队列类：

```
ArrayBlockingQueue          // 一个由数组结构组成的有界阻塞队列
LinkedBlockingQueue         // 一个由链表结构组成的有界阻塞队列（常用）
PriorityBlockingQueue       // 一个支持优先级排序的无界阻塞队列
DelayQueue                  // 一个使用优先级队列实现的无界阻塞队列
SynchronousQueue            // 一个不存储元素的阻塞队列（常用）
LinkedTransferQueue         // 一个由链表结构组成的无界阻塞队列
LinkedBlockingDeque         // 一个由链表结构组成的双向阻塞队列
```

使用 ThreadPoolExecutor 创建线程池，由于其构造器中含有大量参数，因此并没有带来想象中的简洁，怎么解决呢？

JDK 将线程池的创建做了进一步的封装，接下来使用 Executors 让线程池一步到位。

使用 Executors 创建线程池

在 Executors 类中直接调用多个 static 方法返回线程池对象：

```
import java.util.concurrent.ExecutorService;
import java.util.concurrent.Executors;

// 取得默认定制的线程池
ExecutorService es=Executors.newCachedThreadPool();
        // 提交任务
        es.execute(实现 Runnable 的任务对象);
        es.shutdown();
```

进一步查看源码，读者会发现，使用的定制线程池 ThreadPoolExecutor 也实现了 ExecutorService 接口。

在 Executors 类中，有以下 6 个 static 方法用以返回不同类型的线程池：

```
1. Executors.newCachedThreadPool();
2. Executors.newFixedThreadPool(10);
3. Executors.newSingleThreadExecutor();
4. Executors.newSingleThreadScheduledExecutor();
5. Executors.newScheduledThreadPool(10);
6. Executors.newWorkStealingPool();
```

以上 6 种方法取得的线程池对象大同小异，在此就不一一解释了。只有 newWorkStealingPool() 方法调用需要了解，此方法返回一个 java.util.concurrent. ForkJoinPool 类型的线程池。

```
/*Creates a thread pool that maintains enough threads to support. . .*/
public static ExecutorService newWorkStealingPool(int parallelism) {
   return new ForkJoinPool (parallelism,
   ForkJoinPool.defaultForkJoinWorkerThreadFactory,null, true);
}
```

此方法的英文注解的大意是“该线程池支持给定的并行级别，可以使用多个队列减少争用。可动态调整线程数，实现不用任务的负载均衡……”

想要进一步加深了解，读者需要去专研并发的 Fork-Join 模型，把 ForkJoinPool 类前面的注解说明读懂即可！

10.13 自造迷你版线程池

从头开始制作一个迷你版线程池，首先考虑以下要点：

1）编写线程池类 MiniPool，持有一个队列，存放已经 start（启动）的线程对象。

2）池中启动的线程阻塞在任务队列中，有任务则取出执行。

3）设计一个任务接口 Task，用户实现这个接口，即是一个可提交的任务对象。

4）线程池类 MiniPool 中用阻塞队列保存提交的实现 Task 接口的任务对象。

接下来，我们将用 3 步约 60 行代码来实现极其简化的线程池。

1 定义任务接口。

```
//提交到线程池的任务需实现此接口，在 run 方法中执行任务代码
interface Task{
   void run();
}
```

2 定义工作线程。线程池初始化多个 WorkerThread 类对象并启动，它们是线程池内实际执行 Task 任务的线程。

```
class WorkerThread extends Thread {
   private int myTaskCount=0;//已完成的任务个数
   private ArrayBlockingQueue<Task>tasks;  //指向的任务队列
   private String name;//用以设置线程名字，便于打印调试

   public WorkerThread(String name,ArrayBlockingQueue<Task>tasks) {
      this.tasks=tasks;
      this.name=name;
   }

   public void run() {
      while(true) { //工作线程一直循环等待
         try {
            out.println(this.getName()+" 等待任务 ");
            Task runner=tasks.take(); //阻塞提取任务对象
            runner.run();  //执行任务
         }catch(Exception ef) {ef.printStackTrace();}
         myTaskCount++;
         out.println(this.getName()+" 完成任务 "+myTaskCount);
      }
   }
}
```

工作线程间共享一个 ArrayBlockingQueue 队列，依赖它的 take() 阻塞调用，如果有任务对象，就取出执行，然后循环阻塞直到队列中没有任务，这样实现一个活动线程的复用。

3 定义线程池类。负责创建工作线程，接收任务，其中关键的两点如下：

- 初始化工作线程队列，可接收最大任务数为工作线程数的 5 倍。
- 用户通过调用 execute(Task task) 方法提交任务。

```
public class MiniPool {

    private ArrayBlockingQueue<Task>tasks; // 接收、保存任务对象的阻塞队列
    private ArrayList<WorkerThread>workers; // 存储工作线程的队列

    public MiniPool(int count) {
        tasks=new ArrayBlockingQueue(count*3);
        workers=new ArrayList(count);
        for(int i=0;i<count;i++) {
            WorkerThread innerThread=new WorkerThread(" 工作线程 "+i,tasks);
            workers.add(innerThread);
            innerThread.start();
        }
        out.println("MiniPool: 预置线程 "+count+" ok");
    }

    // 用户调用此方法，提交任务
    public void execute(Task task) {
        synchronized(tasks) {
            tasks.add(task);
        }
    }
}
```

最后，编写测试代码：能提交任务，完成后等待新任务。

```
public static void main(String argss[]) {
    MiniPool mp=new MiniPool(8);          // 初始 8 个工作线程，最多支持 40 个任务
    for(int i=0;i<30;i++) {               // 添加 30 个任务对象
        Task runner=new Task() {          // 实现第一步定义的任务接口
            public void run() {
                try {
                    Random ran=new Random();
                    Thread.sleep(1000+ran.nextInt(3000));
                }catch(Exception ef) {ef.printStackTrace();}
            }
        };
    mp.execute(runner);// 将任务对象 runner 提交给线程池
    }
}//end test
```

至此，简版的线程池就完工了。越过 0 到达 1，才是读者精研技术的开始。

现在再查看 java.util.concurrent.ThreadPoolExecutor 的源码，至少不会一头雾水了。接下来，当然是参照 ThreadPoolExecutor 类，完善线程池使之具备以下功能：

1）在任务完成后，关闭线程池。这样需要线程池本身作为一个线程，其内部还必须启动一个守护线程，在“关闭”调用后，开始检测任务队列。当所有任务完成后，让线程池和自己的线程退出。

2）Reject 策略。本例提交的任务数量超过预定阻塞队列长度时，线程池的 execute()方法直接抛出异常：

```
Exception in thread "main" java.lang.IllegalStateException: Queue full
    at java.util.AbstractQueue.add(AbstractQueue.java:98)
    at java.util.concurrent.ArrayBlockingQueue.add(ArrayBlockingQueue.java:312)
    at miniThreadPool.MiniPool.execute(MiniPool.java:52)
    at miniThreadPool.Tester.main(Tester.java:21)
```

可以考虑在定义 execute() 方法时声明异常，或者当任务数量超过一定值时增加工作线程。任务执行结束后，新增的工作线程空闲一定时长后退出，只保留线程池初创时启动的线程。

1）MiniPool 类需要实现一些查询方法，比如完成任务数量、空闲线程数量、可支持最大并发任务量等。

2）使用 ArrayBlockingQueue 给工作线程分发任务，用户提交任务的次序是否和工作线程执行的次序一致？可否改进让用户可以指定提交任务的优先级？

3）如果多个用户（多线程）并发向一个线程池提交任务，是否安全？

……

代码的质量高低取决于考虑是否周全，这些众多的问题正是我们锻炼的机会。

提示

可以使用 jconsole 监测程序运行时线程的数量及其具体状态，如图 10-15 所示。

图 10-15 使用 jconsole 监测

10.14 用 Future 送咖啡

外卖员送咖啡的途中，可能会有用户中途取消的情况，咖啡店要知道咖啡是否被送到了顾客手中。

当我们用多线程代码实现这个过程，就会碰到如下问题：

1）无论是 Thread 还是 Runnable 方式创建线程，其自身都没有传入参数的入口（除非用户通过自定义的构造器传参），用户无法使用“new Thread(类型 用户参数)”或“new Runnable(类型 用户参数)”来传入参数；Thread 和 Runnable 也不提供返回其 run 方法执行结果的调用。

如果咖啡店以为外卖员只要带上咖啡出发了就一定会送到，这就轻率了。

当然，我们在 extends Thread 或 implements Runnable 时能通过自定义构造器或方法在子类中传参，但是这将导致在线程池或另一方作为“线程对象”调用时，由于自动转型，传入的参数不可得。

2）一个线程对象启动后，它的结束时间不可预知，执行结果也无法获取。这个问题是线程本身的性质带来的，线程是程序执行的一个基本单位，或者说每个线程都是独立执行的。一个线程启动之后，它的绝对执行时间长度首先受操作系统调度限制，实际执行时间又受到 run 方法中的限制。

一个线程什么时候执行结束？规则是 run 方法结束，线程就结束。

如下示例代码：

```
class UserThread implements Runnable{
   private int value;
   //用构造器传参
   public UserThread(int value) {this.value=value;}
   public int getValue() { return this.value; }
   public void run() {
      //to do something...
      value+=123*456;
      //线程何时结束
   }
}
//调用代码
ExecutorService es=  Executors.newCachedThreadPool();
    UserThread ut=new  UserThread(10);
        es.execute(ut);//此后则无法得到线程对象中的参数
```

3）线程对象在运行中可能出现的异常无法被调用者获得，无论是 Thread 还是 Runnable 中的 run 方法都不抛出异常。这将导致线程的异常情况不可处理。

当然，读者可以把 run 中的所有代码放在 try-catch 块中，但 run 的结束时间不可知，try-catch 的异常也无法被调用者发现。

如下示例代码：

```
class UserThread implements Runnable{
   public void run()//throws Throwable 这不可以
   {
      try {
         //to do something...
         value+=123*456;
      }catch(Throwable r) {// 处理异常
    }
    // 线程结束
}
```

总结：线程无法传参，无法获取结果，无法获得异常。

理解这 3 点是我们使用 Future、Callable 等异步回调 API 的重要前提。接下来，演示这两个异步回调 API 的使用。

10.15 回调的实现

“朝闻游子唱离歌，昨夜微霜初渡河”——李颀《送魏万之京》
“何当共剪西窗烛，却话巴山夜雨时”——李商隐《夜雨寄北》

这两句名诗就说明了回调的本质：先预知结果，再讲过程。

昨夜初渡河，才在今早唱离歌，但在渡河前是不知道要唱离歌的。
心念西窗剪烛，此时却身处巴山夜雨，是不是有点回环的感觉？

在编程中，我们就用 Future+Callable 实现回调，前者执行任务，后者拿回结果。

在编写代码前，先了解 Callable 接口：Callable 相当于 Runnable，但多了一个用于设置返回值类型的泛型定义，需要实现的方法多了异常的抛出。

```
@FunctionalInterface
public interface Callable<V> {
    V call() throws Exception;
}
```

实现的 Callable 类表示一个任务对象在 call 方法中执行，最后返回结果，结果类型由传入的泛型指定。

如下代码实现一个送咖啡的任务，如果送达成功，则返回结果：

```
class SendKafe  implements Callable<String>{
   private int kafeID;// 咖啡编号
   public SendKafe(int kafeID) { this.kafeID=kafeID;}

   public String call() throws Exception {
      System.out.println("送咖啡 - 出门");
      Thread.sleep(1000);
      Random ran=new Random();int len=ran.nextInt(2000)+2000;
      if(len>3000) { return"超时，客户取消订单"+kafeID;}
      else {
         Thread.sleep(1000);
         System.out.println("客户说 OK");
         String rs= "客户签字 OK"+kafeID;
         return rs;
      }
   }
}
```

接下来，外卖员送出并要能收到结果。

实现 Callable 类对象时需要一个 FutureTask，相当于一个 Thread 类的对象，可以调用 FutureTask 的 get 方法来获取对应的 Callable 结果，但这个结果会阻塞，直到返回，代码如下：

```
public static void main(String[] args)throws Exception{
   for(int i=1;i<3;i++) {
      // 实现 Callable 的任务对象
      SendKafe sender=new SendKafe(i*10);
      // 必须用 FutureTask 对象执行
      FutureTask<String>ft=new FutureTask(sender);
      // 执行
      ft.run();
      // 得到执行结果
      String result=ft.get();
      System.out.println("     result is "+result);
   }
}
```

在实际应用时，一般将 Callable 对象提交给线程池执行：

```
public static void main(String[] args)throws Exception{
    //取得线程池对象
    ExecutorService exec=Executors.newCachedThreadPool();
    for(int i=0;i<10;i++) {
        SendKafe sender=new SendKafe(i);
        Future<String>future=exec.submit(sender); //提交任务
        //通过 Future 取得结果
        String res=future.get();
        System.out.println(i+" 外送结果是  "+res);
    }
}
```

提交任务后，返回一个 Future 对象，通过调用 Future 的 cancel() 和 isDone() 可以取消或查看任务是否完成。

第11章

迷你 Raft 的实现

本章将从零编码实现基于 RAFT 协议的分布式数据存储平台——迷你 RAFT，讲解 RAFT 协议的选举、投票、日志复制流程，并给出拓展改进方案。

EVERYTHING IS DISTRIBUTED

（一切都是分布式的）

—— COURTNEY NASH

11.1 分布式是什么

这本书是写给初学者的，所以本节将带读者编写一个极简洁的分布式数据存储系统来让读者理解分布式。

图 11-1 能让读者直观地感受一下什么叫分布式。

图 11-1 分布式

我们在手机上轻轻一点，发送一条消息或看一条新闻都会牵动网络另一端成千上万台服务器，它们协同工作，响应了我们发出的请求，并把结果返回给我们。

前面章节的编程，只是操作一台计算机，或者以客户端 / 服务器模式在两台机器之间通信。从本章起，我们将学习让成千上万台计算机协同工作。剑一人敌，不足学，学万人敌！这个“万人敌”就是 Raft 协议。

手机端的任何操作最终都可以简化为一行代码，比如上传一条视频到抖音平台，如图 11-2 所示。

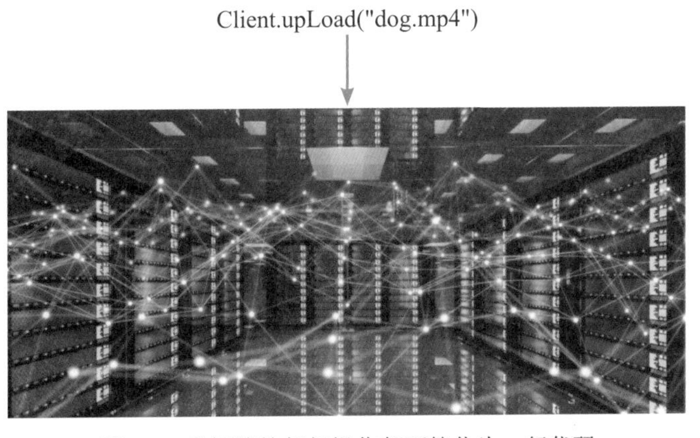

图 11-2 手机端的任何操作都可简化为一行代码

所有大厂的计算、存储都是在分布式系统上，包括我们生活的社会，也可看作一个分布式平台：一切可连接，一切不确定。

11.2 CAP 理论

CAP（Consistency, Availability, Partition tolerance）理论证明分布式系统要么满足 CA，要么满足 CP，要么满足 AP，无法同时满足 CAP。也就是说，实际上只能满足一致性、可用性、分区容错性中的两个要求，如图 11-3 所示。

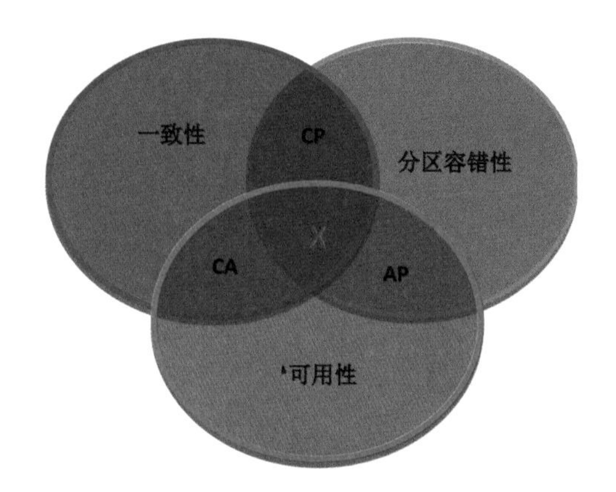

图 11-3　CAP 理论

1. CAP 的说明

- 一致性（Consistency）：向任意节点进行读写都会得到一致的结果。
- 可用性（Availability）：任意时刻，客户端总能从分布式集群中正确读写数据。
- 分区容错性（Partition tolerance）：部分节点出现消息丢失或故障时，分布式系统仍然能够继续运行。

2. CAP 场景

客户端向服务器 A 请求上传、删除数据。

为了保证可用性，防止服务器 A 因宕机而不可用，用 A、B、C 三台服务器组成一个分布式集群（见图 11-4）。当客户端向服务器 A 上传数据时，服务器 A 将数据同时保存在服务器 B、C 上。之后客户端访问任意一台服务器读取到的都是相同数据，从而达到了一致性。

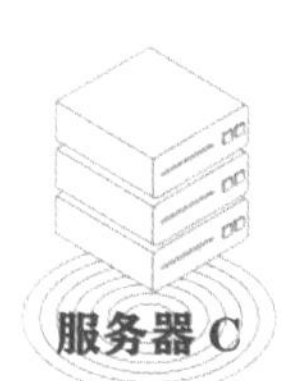

图 11-4 CAP 场景

显然，这世界上没有什么是绝对不出错的，网络故障、硬件故障也经常发生。当客户端将数据保存到服务器 A 时，服务器 B 出现故障，此时系统必须做出取舍：要么牺牲可用性，告诉客户端系统不可用；要么牺牲一致性，先不要求将数据保存到服务器 B，而是给客户端返回保存成功的应答。

补救的方法是：在三台服务器中选定一台作为 Leader，只要 Leader 服务器成功保存数据，即可给客户端返回保存成功的应答；而故障服务器恢复后，再以 Leader 服务器保存的数据为准，同步给重新恢复上线的服务器。

Leader 服务器挂了怎么办？比这个问题更重要的是：如何在一个分布式系统的千百台服务器中选出一台作为 Leader 服务器？

11.3 拜占庭将军的共识

悲观地看，CAP 不可兼得的理论断定了一个分布式集群不可能完美地运作，但是这也给写代码的人提供了无穷的尝试、探索机会。

Raft 协议在解决这个问题时的基本思路是：放弃一些不紧要的事。比如，弱一致化可以带来强可用性。那么重要的事是什么？是共识！

用经典案例“拜占庭将军”的故事来说明达成共识的难度有多大（见图 11-5）。

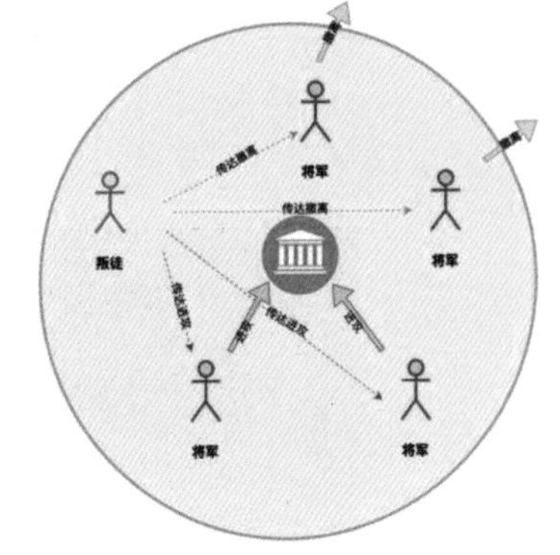

图 11-5 拜占庭将军

拜占庭即东罗马帝国，历经 12 个朝代，93 位皇帝，是欧洲历史上最为悠久的帝国，其灭亡是因为有 5 位平级将军分驻在相距遥远的 5 个城市，他们必须同进退才能打败一支即将入侵的强敌。

简单的投票方案是，每位将军派信使去拉另外四位将军的选票，加上自己的，如果多数投票结果为“进”则进攻，反之则后退。但可能的情况是：

1）某一位信使在来或去的路上死掉了，投票结果可能 2 进、2 退，这叫“脑裂”。

2）某一位将军的信使叛变，带来了假信息，这位将军面临着 4 退 1 进，自己孤身进攻、全军覆灭的可能。

讲故事，是为了找模型：

在分布式集群中，将军就是服务器，送的信就是数据，信使就是网络。

在不考虑将军或信使叛变（恶意传送假数据）的情况下，这个投票模型就是 Raft 解决集群一致共识的方案。

11.4 Paxos 的渊源

在正式进入 Raft 之前，有必要知道 Raft 是 Paxos 协议的简单版，Paxos 才是完整的分布式一致性协议。Paxos 是 2013 年的图灵奖得主 Lamport 在 1980 年的论文中所提出的。

建议大家阅读 Lamport 论述 Paxos 的论文“The Part-Time Parliament”，与其说是论文，不如说是故事，是一个包含隐喻的故事：

在遥远的古希腊的 Paxos 岛上，人们保留着古典投票表决立法的传统。要从一群身份相同的立法者（legislator）中选出一位牧师（priest），他们聚在议会大厅（chamber）中表决，相互之间通过服务员传递纸条的方式交流信息。每个立法者会将通过的条例记录在自己的账目（ledger）上，获得赞同票的记录最多的立法者成为下一任牧师，其记录成为法典长期保存。但由于古希腊开放淳朴，平等自由，人人可以提议，导致立法者和服务员都不可靠，他们随时会因为各种事情离开议会大厅（见图 11-6），并随时可能有新的立法者进入议会大厅进行表决……

图 11-6 议会大厅

如何使表决过程正常进行且通过的共识不发生矛盾？且听 Lamport 在其论文中娓娓道来。

不难看出，这里的议会大厅就是网络集群，提议条例者就是服务器，获得牧师身份的服务器就是集群的 Leader，获准保存的条例就是确认的数据，传纸条的服务员就是网络，而随时进出的人们代表着集群节点的变动。古典的场景，搭配解决现代科技难题的方案，确实令人耳目一新。

顺带一提：Lamport（见图 11-7）谈到大学时说，大学是教育自己（to educate yourself）的地方，是训练自己的批判思维和抽象思维的地方，而不是工作训练（job training）的地方。

图 11-7 Lamport

Raft 第一步：选举

用 5 台连网的服务器（见图 11-8）组成一个小集群，这是基础状态。

图 11-8 5 台服务器

谁是 Leader？客户端先连哪一台？哪一台负责将数据同步到其他服务器上？

选出 Leader 服务器的过程，被称为 Election（选举），开始这个流程吧。

1. 倒计时器

初始集群的每个服务器（节点）都是平等的，身份都是 Follower（追随者）。启动后，每台服务器内部生成一个倒计时器（见图 11-9），超时设置为 1000~3000 毫秒（这必须由集群管理员指定）。每台服务器的倒计时区间为 1~3 秒，随机设定，这样就会出现超时不同。

图 11-9 每台服务器内部生成一个倒计时器

2. 选举拉票

倒计时超时的节点从 Follower 角色转换为 Candidate（候选者），向所有节点发出拉票请求 Vote，发出的拉票请求包含一个任期号数字 term，代表要选举第几任 Leader，term 初始值皆为 0，开始拉票时 +1。

接到拉票请求的节点，在比较拉票中的 term 值大于自己当前 term 值的情况下，应答投票成功 VoteResponse。当一个 Candidate 节点收到的拉票应答数大于集群半数时，宣布自己成为 Leader 节点，自己的 term 值 +1，则为 2。

接收节点如果收到的 term 值小于或等于自己的 term 值，则忽略或应答投不赞成票。

3. 宣布 Leader

当一个 Candidate 节点收到的拉票应答数大于集群半数时，马上向每个节点发送 Heartbeat（心跳）数据包，主要包含自己的任期号。这就是宣布自己的 Leader 身份。收到 Heartbeat 包的节点则更新自己的 term 值为 Leader 节点发来的 term 值，并保存 Leader 节点的地址（ip:port），至此一轮选举完毕，此后身份由 Candidate 转为 Follower。

谁会成为 Leader 与每个节点随机生成的倒计时器 Random(1000, 3000) 区间有很大关系。

11.6 Raft 第二步：日志复制

理解日志（就是数据）复制流程之前，要确认以下三个前提：

1）Raft 集群的可用性：客户端可能向任何一个节点发起请求，都能收到一致应答。

2）客户端发起的请求，我们简化为 save(data) 和 get(data)，即存和取。

3）客户端提交的数据，在超过 1/2 的节点上保存即为成功（这个数字可根据情况设定）。

1 接收客户请求。

按规则，接收到客户端发来的 save(data) 请求的节点，可以是集群中的任意一个，接收请求的如果不是 Leader 节点，则重定向到 Leader。这太浪费网络资源，所以一般写入数据时，客户端连接 Leader 服务器。如果是 get(data) 请求，则任意一个节点可响应。

2 Leader 节点接收数据。

1）Leader 节点接收到客户数据时，为每条数据生成唯一的 index，加上当前 term 号，在本地保存，为 UnCommitted 状态。

2）Leader 节点将本条数据带上自己的 index 和 term 作为一个 Entry 对象，向其他节点发送 AppendEntry 请求。其他节点收到后，在检测 index 和 term 不发生冲突的情况下，将此 Entry 保存为 UnCommitted 状态，给 Leader 节点返回应答 ResOK。

3）Leader 节点收到的成功应答数大于集群半数时，设本地保存状态为 Committed，首先给客户端返回保存成功的应答。如果超时未过半，则返回接收失败。

4）Leader 再次给其他 Follower 节点发送 AppendEntry 请求，仅包含 index 和 term 值。其他 Follower 节点收到后，将本地 index 和 term 值的数据状态设为 Committed，至少数据在集群中的一致性设置完毕。

请在图 11-10 中标出第二步所讲的内容，证明你学会了。

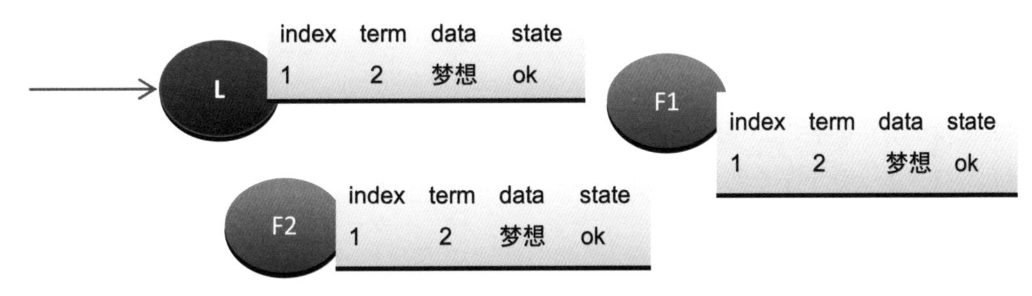

图 11-10 标出第二步的 4 个子步骤

11.7 Raft 的心跳信号

读者一定好奇：服务器节点之间的心跳是什么？

计算机的许多术语就这样，懂的人觉得平淡无奇，新手则觉得玄如天书。总的来说，不知道的、不懂的只是没见过、没写过代码而已，大胆第一。

心跳信号指 Leader 节点定期向其他节点发送网络数据包：“喂！老哥你还在吗？”或者 Follower 节点一定时间段内未收到 Leader 节点的心跳信号，就会重启计时器，转换身份为 Candidate，开始重新选举拉票，回到 Raft 第一步。

心跳信号的结构：

Leader 节点发出的心跳信号必须带上自己的当前任期号 term 给其他节点。

心跳信号的用途：

1）当 Leader 节点提交了自己的日志状态后，用心跳信号带上本条日志的 index 来通知其他节点也提交日志。

2）当有新的节点加入集群并收到 Leader 节点的心跳信号后，即可确认 Leader，并向 Leader 节点发起重传所有未接收日志的请求。随后 Leader 节点开始复制日志给该节点。

3）Leader 节点告诉其他 Follower 节点，自己还“活着”——心跳还在。

……

我们必须就此打住，开始编码！

这三步只是 Raft 的基本框架流程，并未考虑以下方面：

1）Leader 节点宕机，重新选举。

2）某一节点复制日志失败重传。

3）选举中有“脑裂”的可能。

4）网络分区（处于某一网段内的部分节点重新选举 Leader）。

5）还有更多、更具体、更细致也更重要的情况。

因为我们的目标是：编写 10 万行代码！

从下一节开始，我们一行一行地分析代码，实现基本的 Raft 存储系统。

11.8 Raft 的编码实现

基本配置和通信对象

从 main 函数入口开始，我们设计 Main 类为节点启动类。

系统启动时，首先是初始化相关配置参数和系统常量参数、全局变量参数，我们把这些数据都定义在 RaftConf 类中，以供全局使用，代码如下：

```
package com.miniRaft;
import java.util.*;
import com.netobj.NodeAdd;
/**
```

```
 * 节点的全局变量定义，全大写的是常量，小写开头的在运行期会改变
 * @author hdf
 */
public class RaftConf {
    public static final int FOLLOWER = 0;// 节点的几种可能状态
    public static final int CANDIDATE = 1;
    public static final int LEADER = 2;

    public static final int HEART_INTERVAL = 5000;// 心跳间隔时长
    public static final int ANDENTRY_TIMEOUT = 5000; // 提交日志超时限制
    // 从启动后（上一轮结束）到发起投票间隔
    public static final int VOTE_BASEWAIT = 15000;

    public static long lastHeart=0;// 最近接到心跳数据包的时间
    public static long lastVoteTime=0;// 最后一次发起拉票的时间戳

    public static int selfTerm=0; // 当前节点的当前任期号
    public static int selfStatus=RaftConf.FOLLOWER; // 节点初始是 Follower
    public static NodeAdd leaderAddr; // 在选举成功后，指向集群中 Leader 的地址
    public static NodeAdd selfAddr;// 自己的地址

    // 保存其他节点地址，即 NodeNetAdd 类型对象的队列
    public static List<NodeAdd>nodeAdds=new ArrayList();
    // 在配置中添加一个节点地址（此地址中不含 Leader 节点地址）
    public static void addNode(String ip,int port){
        NodeAdd node=new NodeAdd(ip,port);
        nodeAdds.add(node);
    }
}
```

RaftConf 中用到 NodeAdd 类，表示 IP 和 POST 组成的节点地址。

11.9 分析系统中有哪些对象

从 OOP 思想的编码角度看，系统定义的类分为以下三种：

1）数据类：类的内部主要定义了属性，单纯用来创建、组合、传送数据的对象，这些类中一般没有复杂的业务逻辑方法，多用来以对象形式传参。

2）业务类：类的内部编写了复杂的方法过程，是实际的业务逻辑实现。

3）工具类：是静态方法（函数）的集合。

我们将拉票对象、拉票应答、客户端请求、客户端应答、添加日志请求、添加日志应答、心跳请求、节点地址等首先定义好，以便在系统中使用。

1 客户端给 Leader 节点发送数据的类定义：

```
package com.netobj;
import java.io.Serializable;
//客户端发送上来的数据操作请求类对象
public class KVReq implements Serializable{

   public byte type;  //读取操作类型 -1：删除  1：保存  2：根据 k 查取 v
   public String key;
   public String value; //type 为 2 时，此值为 null

   public String toString() {
      return "KVReq type:"+type+" key:"+key+" value:"+value;
   }
}
```

2 Leader 节点返回客户端的数据操作应答定义：

```
//给客户端返回存取数据的应答对象类
public class KVRes implements Serializable{
   public boolean isOK;//操作是否成功
   public int index;//本次操作在集群中的序列号
   public String k;//如果是删除、保存操作，则返回 k 的值为 null
   public String v;
}
```

基本约定：

- 这些类的对象都将通过网络通信传送，都必须实现 java.io.Serializable 接口。
- 为了便于调试、目测，这些类都编写了 toString() 方法以明晰格式输出属性值。
- 在我们的系统中，这些类都定义在 com.netobj 包下面。

3 节点发送的拉票对象类、拉票应答类定义：

```
//拉票对象类
public class VoteReq implements Serializable  {

   public int term;                    //拉票者的任期号
   public NodeAdd nodeNetAdd;          //拉票者的网络地址
   public String toString() {
      return "请给我投票:"+nodeNetAdd+"  myTerm:"+term;
```

```java
    }
}

// 拉票的应答对象
public class VoteRes implements Serializable {
    public int term;                    // 应答者的当前任期号
    public boolean voted=false;         // 是否投赞同票

    public String toString() {
        return "VoteRes result: "+voted+" term "+term;
    }
}
```

4 Leader 节点发给其他节点的“添加日志请求 / 应答”类定义：

```java
//Leader 节点发送给 Follower 节点复制数据请求对象类
public class AddEntryReq implements Serializable{

    public int term=0;              // 此条数据所在 Leader 的任期号
    public int index=0;             // 此条数据操作的索引号
    // 是否已提交
    public byte state=-1;           // 日志状态，-1：待提交 0：提交成功 1：提交失败

    public String key;              // 数据对 k v
    public String value;
    public String toString() {  // 略 }
}

//Follower 节点对 Leader 节点复制数据请求的应答对象类
public class AddEntryRes implements Serializable {
    public int term;// 应答者的任期号
    public int index;// 应答日志的 id
    public byte state; // 日志状态：-1：待提交 0：提交成功 1：提交失败
}
```

再次说明：这些类的定义只考虑到最简单的情况，以便在了解基本流程后在此基础上重新去实现比较完善的 Raft 系统。

在编写这些数据类定义时，要想到这些类的对象在什么时候、由谁（Leader 还是 Follower）发出。

5 要求 Follower 节点提交数据的请求类对象：

```java
//Leader 节点提交成功后，通知其他 Follower 节点提交
public class CommitEntryReq implements Serializable{
    public int index; //Leader 已提交日志的索引
    public String key;
}
```

6 Leader 节点发给 Follower 节点的心跳数据包定义：

```
//心跳数据包不需要应答，只由 Leader 发出
public class HeartBeatReq implements Serializable{
    public int leaderTerm; //发出心跳的 Leader 当前的 term
    //普通心跳为空
    //仅在投票之后有可能收到，用于新 Leader 的宣布
    public NodeAdd leaderAdd;
}
```

7 这个类最简单，用以保存 IP 和端口号，由 Leader 发出：

```
//节点网络地址，主要用来传送 Leader 的地址
public class NodeAdd implements Serializable{
    public String ip;
    public int port;

    public NodeAdd(String ip,int port) {
        this.ip=ip;
        this.port=port;
    }

    public String toString() {
        return "netAdd:"+ip+" port";
    }
}
```

以上定义的 7 个数据类，其对象都将通过网络传输。

11.10 通过网络收发对象

显然，节点间通信应使用可靠的 TCP/IP 连接，编码中表现为从 Socket 上得到的输入 / 输出流来读写数据。传输多种复杂类型的数据对象，一般有 3 种方案。

1. 定义原始的字节流协议

约定每个字节代表的意义，通信双方遵守这个协议来读写数据。比如对一个 KVReq 对象进行传输：

```
public class KVReq{

    public byte type;  // 读取操作类型 -1: 删除  1: 保存  2: 根据 k 查取 v
    public String key;
    public String value; //type 为 2 时，此值为 null
}
```

定义协议，如图 11-11 所示。

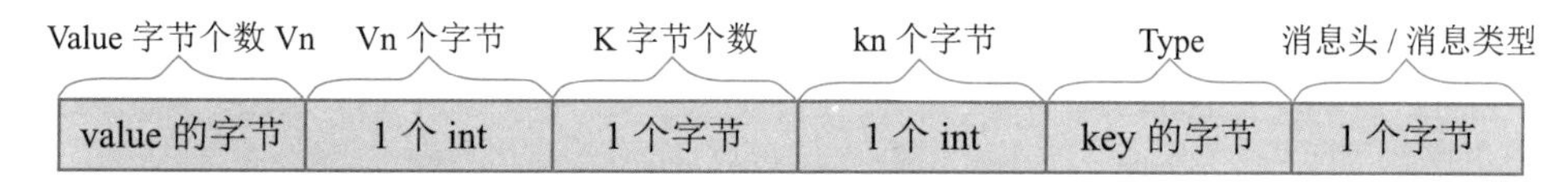

图 11-11 定义协议

发送过程：

```
// 一个待发送的对象
KVReq kv=new KVReq();
kv.type=3;
kv.key="abc";
kv.value="12345";

DataOutputStream dous= 网络输出流；
// 消息类型为 5，表示后面是 KVReq 结构
dous.writeByte(5);
// 根据协议写入消息体
dous.writeByte(kv.type);
byte[] dk=kv.key.getBytes();
dous.writeInt(dk.length);
dous.write(dk);

byte[] dv=kv.value.getBytes();
dous.writeInt(dv.length);
dous.write(dv);
// KVReq 对象的数据发送完毕
```

接收过程：

```
DataInputStream dins= 网络输入流
while(true) {
// 每次首先读一个字节，才知道后面读什么
    byte msgType=dins.readByte();
    if(msgType==5) {
        KVReq kq=new KVReq();
       // 后面的字节结构是一个 KVReq 对象
        byte t=dins.readByte();
        kq.type=t;
        int kLen=dins.readInt();
        byte[] kb=new byte[kLen];
        dins.readFully(kb);
        kq.key=new String(kb);
        int vLen=dins.readInt();
        byte[] vb=new byte[vLen];
        kq.value=new String(vb);
        // 一条消息读完
    }
}
```

通过字节流协议收发数据，除了精准、灵活之外，无论对端是用何种编程语言实现，只要在读写数据之时遵守协议即可，适用于异构系统。

显然，字节流协议比较烦琐，省事的做法是：直接把一个对象发过去。

2. 对象流的使用

在通信时直接读写一个对象，此种方案只适用于客户端和服务器都采用同一种编程语言的情

况。在 Java 中，用 java.io.ObjectOutputStream 写入对象，用 java.io.ObjectInputStream 读取一个对象。对象的类都必须实现 java.io.Serializable 接口。

如下代码表示发送一个 Student 类型对象：

```
Socket client = 得到 Socket 对象
OutputStream ous=client.getOutputStream();
InputStream ins=client.getInputStream();
// 取得输入 / 输出流：封装成对象输入 / 输出流
ObjectOutputStream oous=new ObjectOutputStream(ous);
ObjectInputStream oins=new ObjectInputStream(ins);

Student st=new Student(1," 千里之外 ");
// 发送一个 Student 对象
oous.writeObject(st);
```

对端接收时，每次首先读到一个对象，再用 instanceof 判断对象的类型：

```
Socket client= 得到 Socket 对象
OutputStream ous=client.getOutputStream();
InputStream ins=client.getInputStream();
// 取得输入 / 输出流：封装成对象输入 / 输出流
ObjectOutputStream oous=new ObjectOutputStream(ous);
ObjectInputStream oins=new ObjectInputStream(ins);

Student st=new Student(1," 千里之外 ");
oous.writeObject(st);// 发送一个 Student 对象

Object obj=      oins.readObject();
// 判断读到对象的类型
if(obj instanceof Student) {
    Student stu=(Student)obj;
    // 调用 Student 相关属性、方法
    int t=st.getID();
    // 其他操作
}
// 其他对象类型判断……
```

其实，查看对象输入 / 输出流的源码可知，其内部也是定义了类似的字节流协议来传输一个对象的类、属性、方法等内容，但毕竟还是简洁了许多。

3. 使用 RPC 传送数据

这种方式更为简洁，直接将对象作为调用方法的一个参数传递即可。

具体可参见实现迷你 RPC 框架一章（第 6 章），既可以自己编写 RPC 框架，也可以使用开源的 MINA、Google Protobuf 等框架。

无论使用何种方式，在数据写入 TCP 连接时都是内置定义的字节流协议，所以字节流协议才是根本，一定要多加练习。

11.11 编写业务流程

从通信流程看，每个节点启动后既是一个服务器又是多种客户端。

以下从拉票、客户端保存数据到向节点复制日志进行简要提示：

1）作为一个 ServerSocket 服务器启动，接收其他节点和客户端的连接：

① 等待客户端连接，接收客户端请求（保存、删除、查找数据）。

② 等待某个节点发起的拉票请求。

③ 等待 Leader 连接发来的复制日志请求。

④ 等待 Leader 连接发来的日志已提交成功应答。

⑤ 等待 Leader 连接发来的心跳数据包（包含宣布新 Leader）。

2）作为 Socket 客户端启动，连接其他节点，发送拉票请求。

3）Leader 节点作为 Socket 客户端启动，发送已提交日志应答给其他节点。

4）Leader 节点作为 Socket 客户端启动，发送心跳对象。

从 Main 类开始启动，代码如下：

```
package com.miniRaft;
import static java.lang.System.out;
import com.netobj.*;
public class Main { // Raft 节点服务器启动入口
   public static void main(String[] args) {
      // 加上其他节点
      RaftConf.addNode("192.168.0.2",9999);
      RaftConf.addNode("192.168.0.3",9999);
      RaftConf.addNode("192.168.0.4",9999);
      RaftConf.addNode("192.168.0.5",9999);
      // 自己的地址
```

```
        NodeAdd selfNetAddr=new NodeAdd("192.168.0.1",9999);
        RaftConf.selfAddr=selfNetAddr;
        //1. 作为一个 ServerSocket 服务器启动，接收其他节点和客户端的连接
        RaftNodeServer self=new RaftNodeServer();
        self.startObjectServer(9999);
        //2. 作为一个 Socket 客户端启动，发送拉票请求，连接其他节点
        ProcessNodeVote rf=new ProcessNodeVote();
        rf.satrtVote();
    }
}
```

在继续编码前，我们必须在以下这几个关键词上达成共识：

- 节点是集群中任意服务器的通称。
- 数据对象、日志对象当作一回事，是集群要存取的数据。
- 客户端指集群以外的机器，用来连接集群存取数据。
- 日志数据将由客户端发来、Leader 节点收到后再传给其他节点，是 k-v 对（即键一值对）形式。

11.12 拉票流程实现

先重温一下 Raft 的选举过程，再看如下代码。

实现拉票、投票过程，代码如下：

```
// 从 Follower 状态发起投票
//1. 启动后，等待 NodeConf.VOTE_BASEWAIT+ 一个随机时间开始
//    如果 NodeConf.leaderNetAddr 为 null，还无领导
//    如果在 NodeConf.VOTE_BASEWAIT 期间内未收到 Leader 的心跳
//    如果自己还不是 Leader
//    发起投票！
//    ① 更新自己的状态为 NodeConf.CANDIDATE
//    ② 自己的当前 term 加 1，NodeConf.currentTerm++
//    ③ 连接集群中每一个节点，发送拉票包
//    ④ 接收应答，如果过半，自己的 NodeConf.currentTerm++，发送心跳宣布领导是我
//    如果超时，未过半，或收到新 Leader 发布的心跳，则结束拉票
//    更新 NodeConf.currentTerm 和 Leader 相同
//    更新 NodeConf.leaderNetAddr 指向 Leader 的
```

```
//* 2. 在转变成候选人后就立即开始选举过程
//*     ① 自增当前的任期号（currentTerm）
//*     ② 给自己投票
//*     ③ 重置选举超时计时器
//*     ④ 发送请求投票的 RPC 给其他所有服务器
//* 3. 如果接收到大多数服务器的选票，那么就变成领导人
public class ProcessNodeVote {
   private long lastTime=System.currentTimeMillis();

   public void startVote() {
      new Thread() {
         public void run() {
            long currTime=System.currentTimeMillis();
            while(true) {
               // 增加一个随机时间，每个节点不再那么整齐
               Random ran=new Random();
               int nois=ran.nextInt(5000);
               if((RaftConf.leaderAddr==null) // 没有 Leader
                  &&RaftConf.selfStatus!=RaftConf.LEADER// 自己不是 Leader
                  &&(currTime-RaftConf.lastVoteTime)// 超时
               >(RaftConf.VOTE_BASEWAIT+nois)) {
                  // 连接其他节点，拉票
                  RaftConf.lastVoteTime=System.currentTimeMillis();
                  voteProcess();
               }
               try {
                  Thread.sleep(5000);
               }catch(Exception ef) {ef.printStackTrace();}
            }
         }
      }.start();
   }

   // 发起投票请求
   private void voteProcess() {
      out.println(RaftConf.selfAddr+" 向其他节点拉票开始…");
      // 首先更新自己的 term 号
      RaftConf.selfTerm++;
      // 取得正在连网拉票的 Future 队列
      ArrayList<Future>fts=  getVoteFuture();
      out.println(" 等票会务队列 "+fts.size());
      processResult(fts);
      out.println(" 投票过程启动…");
   }

   private void processResult(ArrayList<Future>futureList) {
      // 启动线程，开始对投票应答进行计数
      AtomicInteger counter = new AtomicInteger(0);
      // 统计应答结果的线程池化
```

```
    ExecutorService exec=Executors.newCachedThreadPool();
    for (Future<VoteRes>future : futureList) {
      Callable  called=new Callable() {
        public Object call() throws Exception {
          //取出一个等待任务，进行计数
          out.println(" processResult 等拉票应答…");
          VoteRes res= future.get();

          if(res.term>RaftConf.selfTerm) {
            //待实现：如果应答者的 term 号大于自己的

          }

          out.println(" processResult 收第 "+counter.get()+" 张拉票应答: "+res+"");
          if (res != null&&res.voted) {// 成功
            counter.incrementAndGet();
            out.println(" 收到一张 "+res.voted+" 票 ");
          }
          //成功
          if(counter.get()>RaftConf.nodeAdds.size()/2) {
            RaftConf.selfStatus=RaftConf.LEADER;
            RaftConf.selfTerm++;
            //Leader 就是自己
            RaftConf.leaderAddr=RaftConf.selfAddr;
            RaftConf.lastVoteTime=System.currentTimeMillis();
            out.println("  我已当选 ~ !");

            // 马上通过心跳数据包宣布，在 ProcessHeart 类中
             ProcessHeart.heartNewLeader();
            // 启动心跳数据包计时器，每过一段时间，发送心跳数据包
            ProcessHeart.heartInterval();
            return "0";}
          return "0";}
        };
        exec.submit(called);
      }
    exec.shutdown();
  }

  private  ArrayList<Future>   getVoteFuture() {
    ArrayList<Future>futureList = new ArrayList<>();
    //用一个线程池连接每个客户端
    ExecutorService exec=Executors.newCachedThreadPool();
    for(int i=0;i<RaftConf.nodeAdds.size();i++) {
      NodeAdd node=RaftConf.nodeAdds.get(i);
      //创建一个任务
      Callable<VoteRes>callVate=new Callable(){
        public VoteRes call() throws Exception {
          //发送一张拉票
          VoteReq vote=new VoteReq();
```

```
                vote.term=RaftConf.selfTerm;
                vote.nodeNetAdd=RaftConf.selfAddr;
                //建立网络连接，发送，接收，返回
                VoteRes res=connNode(node.ip,node.port,vote);
                return res;
            }
        };
        Future<VoteRes>future=exec.submit(callVate);
        futureList.add(future);
    }
    exec.shutdown();
    return futureList;
}

private VoteRes connNode(String sIP,int port,VoteReq req) {
    out.println("请 "+sIP+" : "+port+" 投票给 "+req);
    try {
//        Socket client=new Socket(sIP,port);
//        OutputStream ous=client.getOutputStream();
//        InputStream ins=client.getInputStream();
//
//        ObjectInputStream  oins=new ObjectInputStream(ins);
//        ObjectOutputStream oos=new ObjectOutputStream(ous);
//        //发送
//        oos.writeObject(req);
//        //读取
//        Object obj=oins.readObject();
//        if(obj instanceof VoteRes) {
//           return (VoteRes)obj;
//        }
//这里做模拟测试
        Random ran=new Random();
        int t=ran.nextInt(6000);
        Thread.sleep(t);
        VoteRes vr=new VoteRes();
        vr.term=req.term;
        vr.voted=t>2000;
        out.println(sIP+""+ port+"返回的投票应答是 "+vr.voted);
        //其他：目前忽略
        return vr;
    }catch(Exception ef) {ef.printStackTrace();}
    return null;
}
}
```

是不是长叹一口气？是不是要把线程池 Executors、Future 和 Callable 的配合调用再做些练习熟悉一下？

当一个节点向其他多个节点发起拉票请求时，首先是与每个节点建立 Socket 连接，连接成功则发送拉票对象，这是一个耗时的操作，每个连接和发送都通过线程池启动一个线程来执行。

而在每个连接上等待读取到每个节点返回的投票对象，并对赞同票进行统计，这又是一个耗时过程，那就再来一个线程池。

Future+Callable 在这个场景上刚好派上用场：异步的结果需要收集！

事实上，我们未必要编写一个完善的 Raft 节点，只是借这个场景编写更多的代码，编写更熟练的代码，编写有应用场景的代码！

接下来的流程就简单了！

11.13 发送心跳流程的实现

在 11.12 节拉票流程的代码中，当统计赞成票过半后，此节点立即改变自己的状态，从 Follower 变到 Leader，然后马上向其他节点通过心跳信号宣布自己是新一任 Leader：

```
// 其他代码……
//* 马上通过心跳数据包宣布，在 ProcessHeart 类中
ProcessHeart.heartNewLeader();
//* 启动心跳数据包计时器，每过一段时间，发送心跳数据包
ProcessHeart.heartInterval();
// 其他代码……
```

Leader 节点给其他 Follower 节点发送心跳数据包的代码在 ProcessHeart 类中实现：

```
//Leader 向每个客户端发送心跳数据包
//heartInterval() 方法的作用是启动计时器
//10 毫秒之后，每过 15 毫秒发送一个普通心跳数据包，让其他节点知道 Leader 还活着

//heartNewLeader()方法，是在节点当选为 Leader 后马上调用，通告自己上任
public class ProcessHeart {

   public static void heartInterval() {
      HeartBeatReq hb=new HeartBeatReq();// 心跳数据包
      hb.leaderTerm=RaftConf.selfTerm;
      // 启动一个计时器
      TimerTask task=new TimerTask() {
         public void run() {
```

```
                ExecutorService exec=Executors.newCachedThreadPool();
                for(NodeAdd destAdd:RaftConf.nodeAdds) {
                    Runnable runner=new Runnable() {
                        public void run() {
                            connSend(hb,destAdd);
                        }
                    };
                    exec.execute(runner);
                }
                exec.shutdown();
            }
        };
        Timer timer = new Timer();
        //10 毫秒之后，每过 15 毫秒发送一个心跳数据包
        timer.schedule(task,10000, 15000);
    }

    // 发送新一任 Leader 就职的心跳数据包，在拉票成功后马上发送
    public static void heartNewLeader() {
        HeartBeatReq hb=new HeartBeatReq();// 心跳数据包
        // 带上新任 Leader 的地址
        hb.leaderAdd=RaftConf.leaderAddr;
        hb.leaderTerm=RaftConf.selfTerm;
        ExecutorService exec=Executors.newCachedThreadPool();
        for(NodeAdd destAdd:RaftConf.nodeAdds) {
            Runnable runner=new Runnable() {
                public void run() {
                    connSend(hb,destAdd);
                }
            };
            exec.execute(runner);
        }
        exec.shutdown();
    }

    // 连网，发包
    private static void connSend(HeartBeatReq hb,NodeAdd destAdd) {
        try {
            // 连网，发送对象
            //Socket s=new Socket(destAdd.ip,destAdd.port);
            // 此处略去，以下为测试
            Random ran=new Random();
            int t=ran.nextInt(1000)+1000;
            Thread.sleep(t);
            out.println("Leader 发给 "+hb+" 心跳包了 ");
        }catch(Exception ef) {ef.printStackTrace();}
    }

}
```

11.14 客户端存取数据处理

还记得 Main 类中的这两行代码吗？

```
RaftNodeServer self=new RaftNodeServer();
                self.startObjectServer(9999);
```

将节点作为一个服务器启动后接收进入的网络连接，读取对象处理以下几种流程的连接：

```
//处理各种连接请求的服务器
public class RaftNodeServer {

//作为一个 ServerSocket 服务器启动，接收其他节点和客户端的连接
//  ①客户端请求（保存、删除、查找数据）
//  ②其他节点的拉票请求
//  ③ Leader 的复制日志请求
//  ④ Leader 发来的日志提交成功应答
//  ⑤ Leader 发来的心跳数据包
   public static void startObjectServer(int port) {
      java.net.ServerSocket  ss=null;
      try {
         ss=new ServerSocket(port);
      }catch(Exception ef) {
         ef.printStackTrace();
      }
      while(true){
         try {
            java.net.Socket client=ss.accept();
            OutputStream out=client.getOutputStream();
            InputStream ins=client.getInputStream();

            ObjectInputStream  ois=new ObjectInputStream(ins);
            ObjectOutputStream ous=new ObjectOutputStream(out);
            Object obj=ois.readObject();

            //1.某节点请求投票操作，返回投票赞同与否应答 OK
            if(obj instanceof VoteReq) {
               VoteReq req=(VoteReq)obj;
               //处理投票请求，得到应答对象
               VoteRes res=NodeAction.VoteAction(req);
               //发送给请求端
               ous.writeObject(res);
```

```
                ous.flush();
            }
            //2. 客户端：保存数据请求。删除、保存、查询半数收到，未超时即成功 OK
            else if(obj instanceof KVReq) {
                KVReq req=(KVReq)obj;
                //****** 这个过程复杂 ******
                NodeAction.clientAction(req, ous);
            }
            //3.Leader 发来的，要求节点间追加日志操作 OK
            else if(obj instanceof AddEntryReq){
                AddEntryReq req=(AddEntryReq)obj;
                // 保存到本地
                NodeAction.addEntryAction(req,ous);
            }

            //4.Leader 发来的，日志提交成功的应答 OK
            else if(obj instanceof CommitEntryReq){
                CommitEntryReq commit=(CommitEntryReq)obj;
                NodeAction.addEntryCommited(commit);
            // 不需要应答了
            }
            //5.Leader 发来的心跳 OK
            // 数据包中 Leader 地址不为空时，为宣布新 Leader 的数据包
            else if(obj instanceof AddEntryRes){
                HeartBeatReq hb=(HeartBeatReq)obj;
                NodeAction.recvHeart(hb);
                // 不需要应答了
            }
            else {
            // 接收到未定义对象
            // 待以后升级版处理
            }
            // 短连接，每一个通信流程结束后关闭
            // 实际应到每个处理流程中关闭，特别注意异步流程，输出流使用结束后关闭
            // client.close();
        }catch(Exception ef) {
            ef.printStackTrace();
        }
    }
  }
}
```

进入的连接中有以下 5 种请求处理：

1）接收拉票请求。

2）接收客户端发来的存取数据请求。

3）接收保存日志数据请求。

4）接收心跳请求。

5）接收提交日志请求。

对于从ServerSocket上收到的对象，判断类型后统一调用NodeAction中的方法处理：

```
//处理进入连接的请求
//复制日志过程复杂，单独写到ProcessAddKV类中
public class NodeAction {

    //1.某节点请求投票操作，返回投票赞同与否应答  OK
    public static VoteRes VoteAction(VoteReq req) {
        VoteRes vr=new VoteRes();
        //简化处理：只要拉票者的term号大于自己的，即认为赞同
        if(req.term>=RaftConf.selfTerm) {
            //更新自己的term编号
            RaftConf.selfTerm=req.term;
            //更新自己的Leader地址
            RaftConf.leaderAddr=req.nodeNetAdd;
            RaftConf.lastVoteTime=System.currentTimeMillis();
            vr.term=req.term;
            vr.voted=true;
        }
        else {
            //如果拉票者的term号小于自己的，不投
            vr.voted=false;
        }
        return vr;
    }

    //2.客户端：保存数据请求 删除、保存、查询半数收到，未超时即成功  OK
    //①本地保存，未提交状态
    //②发送给其他节点复制，收到过半应答后修改自己为已提交状态，并给客户端返回正确应答
    //③给其他节点发送心跳包，带上索引，其他节点改为已提交状态
    public static void clientAction(KVReq req, ObjectOutputStream ous) {
        ProcessAddKV pa=new ProcessAddKV();
        pa.start(req, ous);
    }

    //3.Leader发来的，要求节点间追加日志操作
    public static void addEntryAction(AddEntryReq req,ObjectOutputStream ous)
    {
        new Thread() {
            public void run() {
                KVDB.addEntry(req);
            }
        }.start();
    }

    //4.Leader发来的，日志已提交成功的应答
```

```
    public static void addEntryCommited(CommitEntryReq req) {
        KVDB.commit(req.key);
    }

    //5. 收到 Leader 发来的心跳 HeartBeat，不用应答
    // 包中 Leader 地址不为空时，为宣布新 Leader
    public static void recvHeart(HeartBeatReq hb) {
        RaftConf.lastHeart=System.currentTimeMillis();
        if(hb.leaderAdd!=null) {
            RaftConf.leaderAddr=hb.leaderAdd;
            RaftConf.selfTerm=hb.leaderTerm;
            RaftConf.selfStatus=RaftConf.FOLLOWER;
            // 如果自己正在拉票，应停止拉票线程池中的线程
            // 此处待完善
        }else {
            out.println(" 收到正常心跳包 "+hb);
        }

    }

}
```

这其中较为复杂的，一个是日志复制过程，我们把这个过程独立出来，放在 ProcessAddKV 类中实现。

另一个就是节点的数据保存，将在后面 KVDB 类中实现。

11.15 实现日志复制过程

```
// 处理客户端连接 Leader 发出保存数据的请求
//1. 添加 index 号
//2. 自己缓存
//3. 连接其他 Follower，发送日志
//4. 接收过半，本地数据持久化存储完成，给客户端返回 OK
//5. 通知其他节点已完成存储
public class ProcessAddKV {

    public void start(KVReq req,ObjectOutput ous) {
        // 如果是保存数据
        if(req.type==1) {
            new Thread() {
                public void run() {
```

```
int index=KVDB.genID();

AddEntryReq entry=new AddEntryReq();
entry.index=index;
entry.key=req.key;
entry.value=req.value;
entry.term=RaftConf.selfTerm;
entry.state=-1;
//1. 加入自己的缓存
KVDB.addEntry(entry);
//2. 发送给其他 Follower
// 保存应答的阻塞队列
ArrayBlockingQueue<AddEntryRes>ress
= new ArrayBlockingQueue(RaftConf.nodeAdds.size());
// 启动线程池，给其他节点发送，将应答保存到阻塞队列
sendAddEntryReq(entry,ress);
// 此线程检测阻塞队列中的应答是否成功过半
int counter=0;
while(true) {
   try {
      // 等待每一个应答：此处阻塞，未考虑超时
      AddEntryRes res = ress.take();
      if(res!=null) {
         counter++;
         if(counter>RaftConf.nodeAdds.size()/2){
            // 收到应答过半，OK
            //1. 本地数据持久化存储完成
            //2. 给客户端应答 OK
            //3. 通知其他节点已完成存储
            KVDB.commit(entry.key);// 本地数据持久化存储完成
            KVRes ks=new KVRes();
            ks.index=entry.index;
            ks.isOK=true;
            ks.k=entry.key;
            try {
               if(ous !=null) {
                  ous.writeObject(ks); // 给客户端应答 OK
               } else {
                  // 测试
                  out.println(" 写入对象输出流 "+ks);
               }
            }catch(Exception ef) {ef.printStackTrace();}
               // 通知其他节点已完成存储
            CommitEntryReq req=new CommitEntryReq();
            req.index=entry.index;
            req.key=entry.key;
            sendAllCommitReq(req);
            out.println(" 一个日志提交流程结束，但这里改进空间太大 ");
            return ;
```

```
                    }
                }

            } catch (InterruptedException e) {e.printStackTrace();  }
        }
    }
}.start();
}
}

//向每个节点发送添加数据的请求，加入线程池
//1.向每个 Follower 请求要建立网络连接，发包，回应，启动线程池
private void sendAddEntryReq(AddEntryReq entry, ArrayBlockingQueue<AddEntryRes>ress) {
    //用一个线程池，连接每个客户端
    ExecutorService exec=Executors.newCachedThreadPool();
    for(int i=0;i<RaftConf.nodeAdds.size();i++) {
        NodeAdd node=RaftConf.nodeAdds.get(i);
        //创建一个任务
        Runnable runner=new Runnable(){
            public void run(){
                //建立网络连接，发送 EntryReq 对象，读取应答
                AddEntryRes res=sendAddEntryReq(node.ip,node.port,entry);
                out.println("收到 "+node+" 返回应答 "+res);
                //存入阻塞队列
                try {
                    ress.put(res);
                } catch (InterruptedException e) {
                    e.printStackTrace();
                }
            }
        };
        exec.execute(runner);
    }
    exec.shutdown();
}

private AddEntryRes sendAddEntryReq(String sIP,int port,AddEntryReq req) {
    out.println("向节点 "+sIP+":"+port+" 要求添加数据:"+req);
    try {
//      Socket client=new Socket(sIP,port);
//      OutputStream ous=client.getOutputStream();
//      InputStream ins=client.getInputStream();
//
//      ObjectInputStream  oins=new ObjectInputStream(ins);
//      ObjectOutputStream oos=new ObjectOutputStream(ous);
//      //发送
//        oos.writeObject(req);
//      //读取
//      Object obj=oins.readObject();
//      if(obj instanceof AddEntryRes) {
```

```
//          return (AddEntryRes)obj;
//        }
//        这里做模拟测试
          Random ran=new Random();
          int t=ran.nextInt(6000);
          Thread.sleep(t);
          AddEntryRes vr=new AddEntryRes();
          vr.term=req.term;
          vr.state=-1;
          vr.index=req.index;//测试约定
          out.println(sIP+""+ port+" 添加数据应答: "+vr);
          //其他：目前忽略
          return vr;
       }catch(Exception ef) {
          ef.printStackTrace();
       }
       return null;
    }

    private void sendAllCommitReq(CommitEntryReq req) {
       out.println("向其他所有节点发送提交数据请求: "+req);
       ExecutorService exec=Executors.newCachedThreadPool();

       for(int i=0;i<RaftConf.nodeAdds.size();i++) {
          NodeAdd node=RaftConf.nodeAdds.get(i);
          //一个连接发送的任务
          Runnable runner=new Runnable(){
             public void run(){
//              try {
//                 Socket client=new Socket(node.ip,node.port);
//                 OutputStream ous=client.getOutputStream();
//                 InputStream ins=client.getInputStream();
//
//                 ObjectInputStream  oins=new ObjectInputStream(ins);
//                 ObjectOutputStream oos=new ObjectOutputStream(ous);
//                 //发送
//                   oos.writeObject(req);
//                   oos.flush();
//                 client.close();
//              }catch(Exception ef) {ef.printStackTrace();}

             //for test:
             Random ran=new Random();
             int t=ran.nextInt(6000);
             try { Thread.sleep(t);}catch(Exception ef) {}
             out.println("通知节点"+node +" commit "+req);

             }//end run
          };
          exec.execute(runner);//将任务加入线程池化
```

```
        }
        exec.shutdown();
    }
}
```

看完这个过程，读者肯定又要长出一口气了，编写代码吧，熟能生巧！

11.16 数据的本地保存

其实这里是可以大展身手的，用开源的 Redis 或 MySQL 都能实现，但出于练习代码的目的，我们编写简单的文件读写的实现代码。

```
//简单模拟数据存储模块
public class KVDB {
    private static int id;

    private static HashMap<String,AddEntryReq>map=new HashMap();

    //生成 id（待改进，应从文件最后一条起）
    public static int genID() {
        return id++;
    }

    //将未提交请求保存到缓存中
    public static void addEntry(AddEntryReq req) {
        map.put(req.key,req);
    }

    //保存到文件，代表已提交请求
    public static void commit(String k) {
        try {
            FileWriter fw =new FileWriter("raftDB.data",true);;
            BufferedWriter bw =new BufferedWriter(fw);
            //从缓存区移出
            AddEntryReq r=map.remove(k);
            r.state=0;
            String s=r.index+"\t"+r.term+"\t"+r.key+"\t"+r.value+"\r\n";
            bw.write(s);
            bw.flush();
            bw.close();
        }catch(Exception ef) {
            ef.printStackTrace();
```

```
        }
    }

    // 等待实现：客户端查询
    public String query(String v) {
        return null;
    }

    // 等待实现：客户端的删除操作
    public boolean del(String k) {
        return false;
    }

    public static void main(String args [])throws Exception{
        testWrite();
    }

    // 测试写入文件
    public static void testWrite(){
        try {
            FileWriter fw =new FileWriter("testData.tem",true);
            BufferedWriter bw =new BufferedWriter(fw);
            for(int i=0;i<100;i++){
                String s=i+"\t"+" 寒江孤雪 "+"\t"+"\r\n";
                bw.write(s);
            }
            bw.flush();
            bw.close();
        }catch(Exception ef) {
            ef.printStackTrace();
        }

    }
}
```

这里也就不到 100 行代码。当然，还是开发了一个场景，给读者更多编码的机会。

任务

看到如此长的代码后，初学者一定要听笔者说几句：

笔者也是用了几个星期的时间在纸上一步一步地画 Raft 投票流程图，把 Candidate、Follower、Leader 的状态转换了一次又一次，编写一个一个小方法块，编写完就测试，然后一个流程一个流程地连接起来。

编写代码，写出一点问题就解决一点问题，这样就会像蚂蚁搬山一样，一点一滴，凑、挤、拼出了代码和描述！

之后，我发现自己才知道还有哪些不足。

如果还有比代码更重要的，那就是你要知道这句话：

“你千万不要在编写代码时追求一挥而就的过程，而是从客观上知道这是个不断让自己踩坑、进坑然后跳出坑的过程，不断地练习踩坑、出坑，你的弹跳力就越来越好了！”

若要从零开始编写一个个 Raft 框架，必然是一个坎坷的过程，读者可以：

1）仅实现通过 Socket 通信读写对象，实现类似远程调用。

2）仅实现一个投票过程，测试并观察运行时的数据。

3）仅实现 Leader 节点向其他节点复制（群发）数据的过程。

4）继续实现集群日志的删除，新节点加入、退出，甚至集群分区后的“愈合”。

5）可以参照的就是——ZooKeeper 源码！

君子生非异也，善假于物也。

——《劝·学》

本章将讲解面向菜鸟的 ZooKeeper 安装配置，编码实现分布式独占锁、共享锁，使用 ZooKeeper 实现仿百度云盘的“miniCloud”项目，期待读者对这个项目进行拓展和完善。

第 12 章 菜鸟学 ZooKeeper

检测 JDK 环境

确认 JDK 安装成功：

1 在命令行中输入 javac -version，确认可运行的 Java 程序的版本号。

2 在命令行中输入 javac -version，确认可编译 Java 源码的版本号。

运行结果如图 12-1 所示即为安装成功。

如果提示“Java 不是内部或外部命令，也不是可运行的程序或批处理文件”，则需要安装 JDK，配置环境变量（系统找不到 java.exe 和 javac.exe 在哪个目录下）。

去官方网站下载 JDK 后，再配置环境变量，如图 12-2 所示。

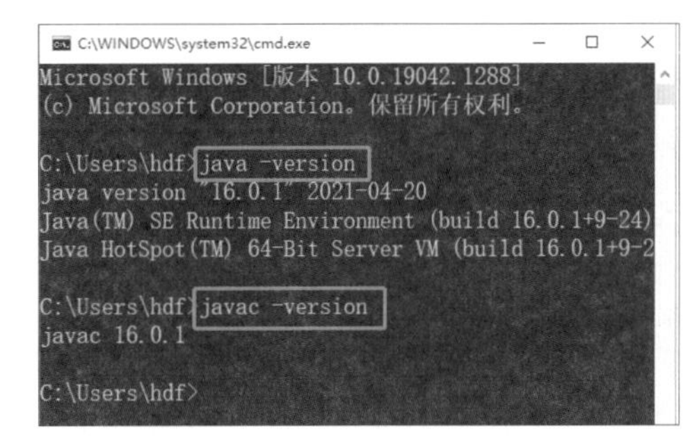

图 12-1 确认 JDK 安装成功

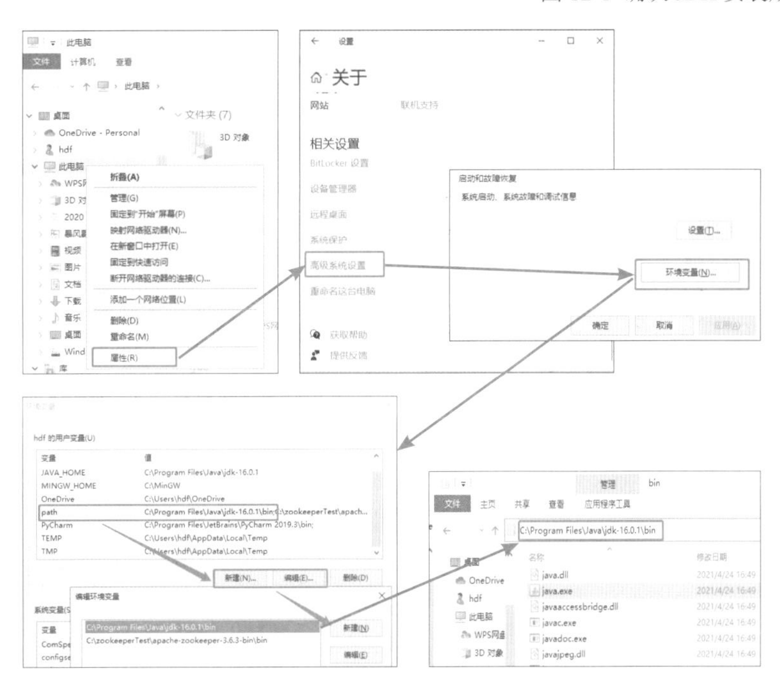

图 12-2 配置环境变量

按照图中的提示新建或添加 path 变量指向 JDK 安装下的 bin 目录（如果是添加多个路径，那么各个路径之间用分号隔开），保存后重新打开命令行测试 java 和 javac 命令是否正常。

12.2 下载安装 ZooKeeper

打开官方网站，先看简介和教程再下载，如图 12-3 和图 12-4 所示。

图 12-3 ZooKeeper 官方网址

图 12-4 ZooKeeper 下载页面

将下载的压缩包解压后，如图 12-5 所示。

图 12-5 ZooKeeper 下载成功

1. ZooKeeper 单机安装

如图 12-6 所示，“C:\ZooKeeperTest\apache-ZooKeeper-3.6.3-bin”是 home 目录，其下的 bin 目录下是启动程序（此规范在 JDK、Tomcat、Hadoop 等各种开源项目中适用）。

bin 目录中同名文件有 cmd 和 sh 两个扩展名，分别对应 Windows 和 Linux 命令行运行（有时可以混用）。

其中，zkServer.cmd/sh 是重点，负责启动、停止、查看一个节点的状态。

执行 zkCli.cmd/sh，可以启动命令行的 ZooKeeper 客户端。其他的由读者自行研究。

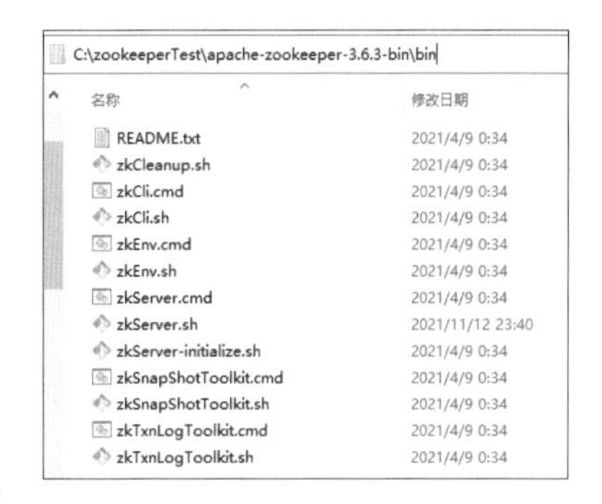

图 12-6 ZooKeeper 目录

2. 配置文件

1 ZooKeeper 节点的配置文件放在 home 下的 conf 子目录下，如图 12-7 所示。将 zoo_sample.cfg 复制一份保存为 zoo.cfg，用文本编辑器打开，如图 12-8 所示。

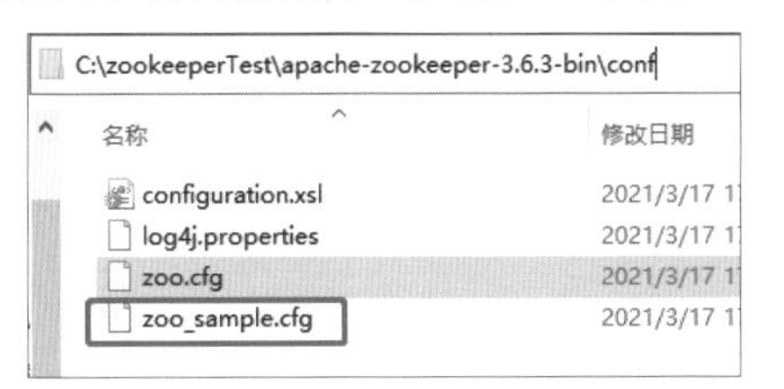

图 12-7 ZooKeeper 节点的配置文件

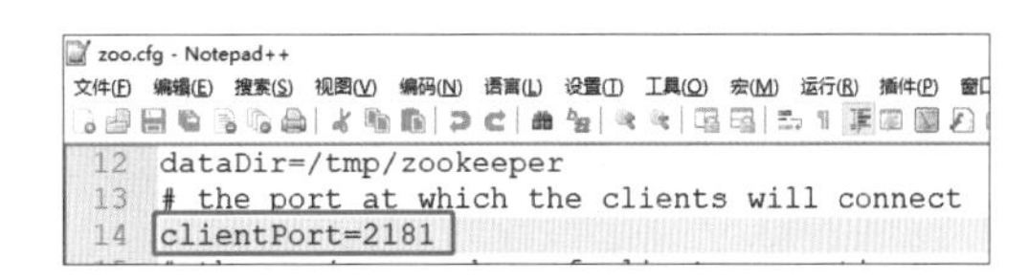

图 12-8 在文本编辑器中打开 zoo.cfg

zoo.cfg 中以 # 开头的是注解，其中关键的一行是 clientPort=2181，这指定了客户端连接 ZooKeeper 节点时的端口。

2 在命令行跳转到 ZooKeeper 的 home 目录，执行 bin\zkServer.sh start 命令，如图 12-9 所示。看到如图 12-10 所示的输出，表示启动成功。

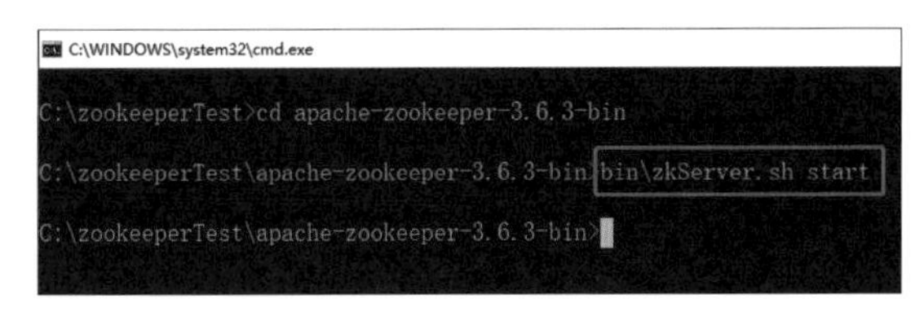

图 12-9 执行 bin\zkServer.sh start 命令

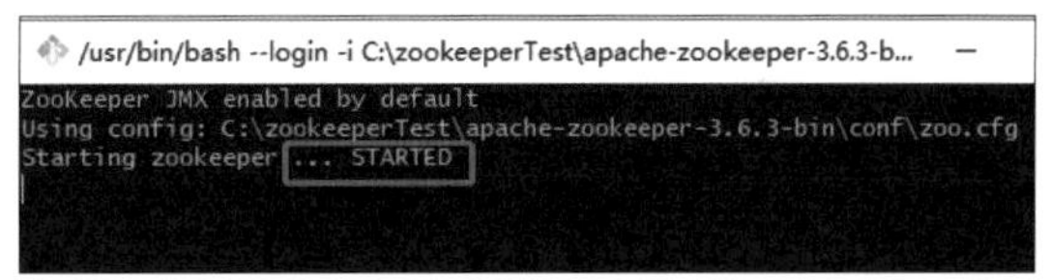

图 12-10 启动成功时的界面

3 执行 bin\zkCli.cm localhost 2181 命令连接上节点，执行一些 ZooKeeper 命令进行测试，如图 12-11 所示。

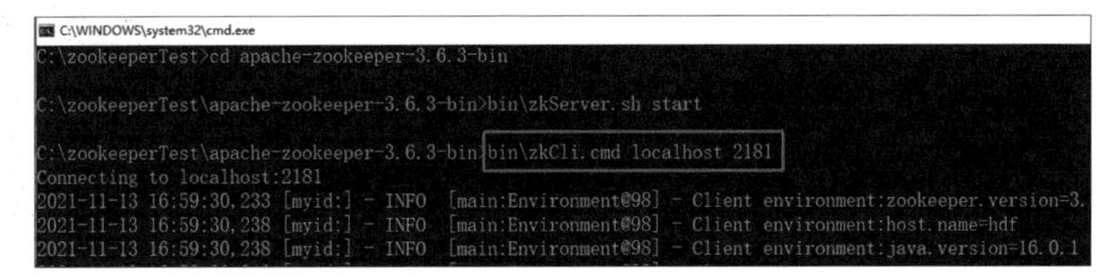

图 12-11 执行 bin\zkCli.cmd localhost 2181 命令

 启动 ZooKeeper

1. ZooKeeper 伪集群配置

如果读者没有三五台服务器，那么就在一台服务器上启动多个 ZooKeeper 服务器（启动在不同端口上），同样可以像一个集群一样来测试与使用。

这里，我们将启动 3 个 ZooKeeper 实例。

1 将 zoo.cfg 复制 3 份，分别改名为 zoo1.cfg、zoo2.cfg、zoo3.cfg，并且修改 3 个文件中的内容，如图 12-12 所示。

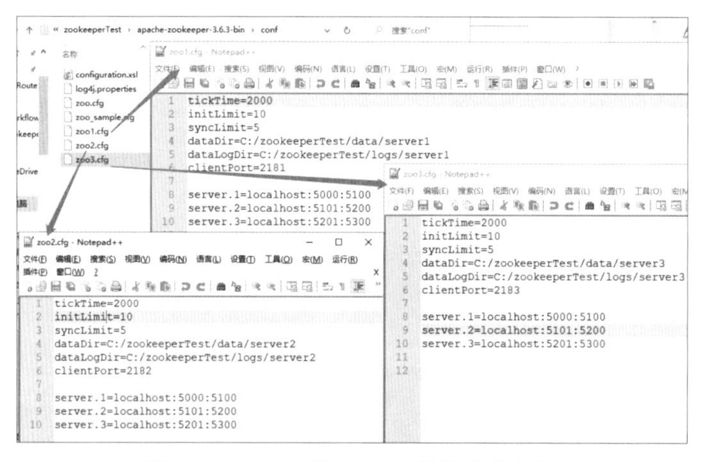

图 12-12 复制 3 份 zoo.cfg 并修改其内容

注意

data 和 logs 这两个目录用于存储每个 ZooKeeper 实例的数据和日志，图 12-13 中创建的目录必须和 zoo(x).cfg 中配置的路径对应。

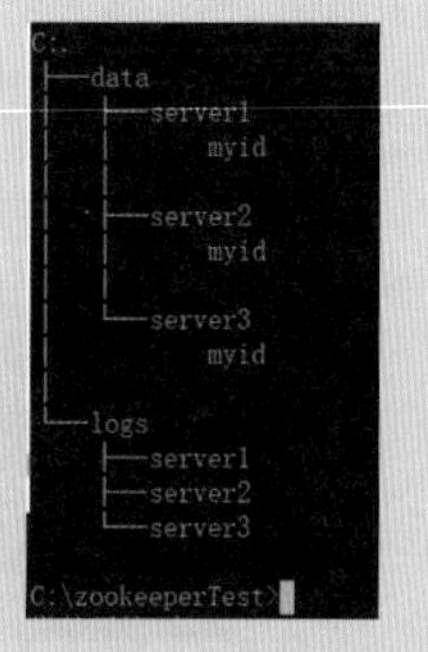

图 12-13 创建目录

每个 ZooKeeper 实例用不同 clientPort 供客户端连接，server.1=localhost:5000:5100 指节点间通信端口的范围。

2 在每个 zoo(x).cfg 配置的 data 目录的 server(X) 子目录下创建一个 myid 文件，并在其中写入一个字符。其中，zoo1.cfg 指向的 myid 文件中写 1，zoo2.cfg 指向的 myid 文件中写 2，zoo3.cfg 指向的 myid 文件中写 3。

2. ZooKeeper 多节点启动

启动 3 个 ZooKeeper 节点，分别执行以下命令：

bin\zkServer.sh start conf\zoo1.cfg。
bin\zkServer.sh start conf\zoo2.cfg。
bin\zkServer.sh start conf\zoo3.cfg。

执行结果如图 12-14 所示。

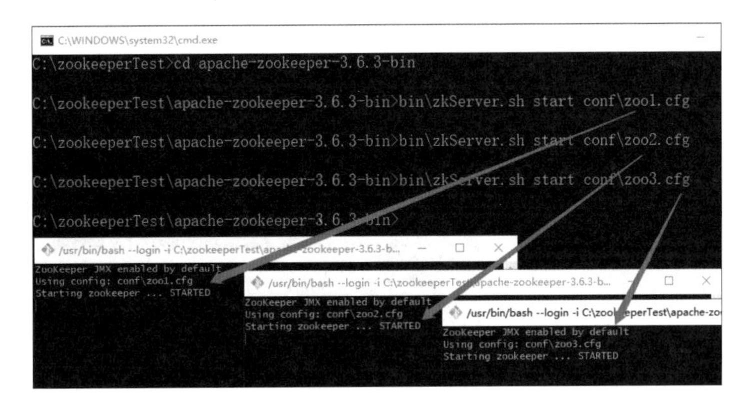

图 12-14 执行结果

小秘籍

如果执行命令后窗口闪烁看不到输出信息，可用文本编辑器打开 home 下 bin\zkServer.sh 文件，在最末尾的 exit 0 前加上 sleep 10000 或 read -n 1，多试试，阻止退出以查看输出信息，如图 12-15 所示。

```
299             echo " "
300           fi
301           echo "Error contacting s
302           exit 1
303         else
304           echo $STAT
305           sleep 10000
306           exit 0
307         fi
308         ;;
309     *)
```

图 12-15 在 exit() 前加上 sleep 10000

3. 查看 ZooKeeper 进程

在命令行下执行 jps -l 即可看到 3 行 ZooKeeper 的进程（jps 是 jdkHome\bin 下自带的），如图 12-16 所示。

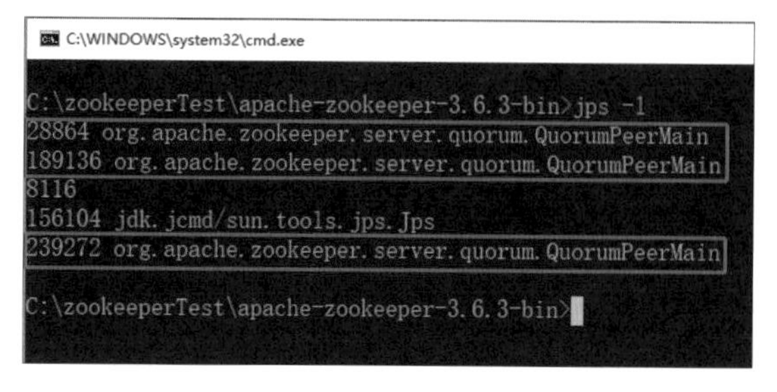

图 12-16 查看 ZooKeeper 进程

12.4 自动选举测试

多个 ZooKeeper 节点启动后的集群（集群中的队友都配置在 zoox.cfg 文件中）会自动选举出一个 Leader 节点，其他节点则为 Follower 节点。Leader 节点实际上负责接收客户端请求，然后在所有节点间同步数据。

执行命令 bin\zkServer.sh status conf\zoo1.cfg 即可查看节点状态，如图 12-17 所示。

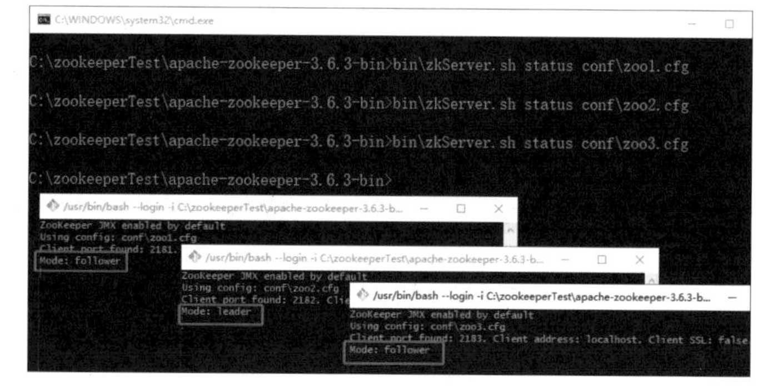

图 12-17 查看节点状态

刚才启动的 zoo2.cfg 成为 Leader 节点。

执行 bin\zkServer.sh stop conf\zoo2.cfg，停止 zoo2.cfg。

再查看 zoo1.cfg、zoo3.cfg 的状态，可以看到 zoo3.cfg 成为 Leader 节点，如图 12-18 所示。

为了接下来实验集群，还是启动 zoo2.cfg 吧。

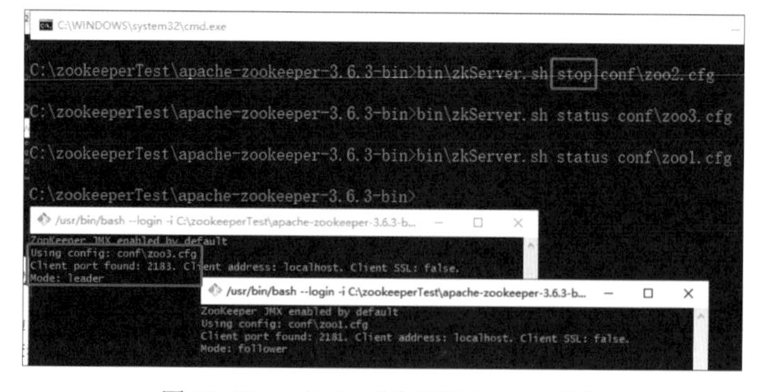

图 12-18 zoo3.cfg 成为新的 Leader 节点

12.5 客户端连接

ZooKeeper 是一个分布式服务框架，用一句简单的话来概括 ZooKeeper 就是：客户端向任意一个 ZooKeeper 节点存取数据都是一致的。

在使用 ZooKeeper 客户端存取数据前，有必要了解基本的 ZooKeeper 内部结构：以树形结构保存 k-v 数据对，初始状态只有 / 根（目录）、/appel/p_1 等多个目录节点。如图 12-19 所示，每个节点称为一个 zNode，节点名字为 key，节点内存数据 value（默认为 1M 数据，配置可以修改）。

zNode 分为三类：持久性节点（Persistent）、临时性节点（Ephemeral）、顺序性节点（Sequential）。这三类节点顾名思义，这里不再解释。

使用 home 下的 bin 子目录下的 zkCli.cmd 命令是让客户端连接操作服务器：bin\zkCli.cmd -server localhost:2181。连接成功后可以看到如图 12-20 所示的命令提示。

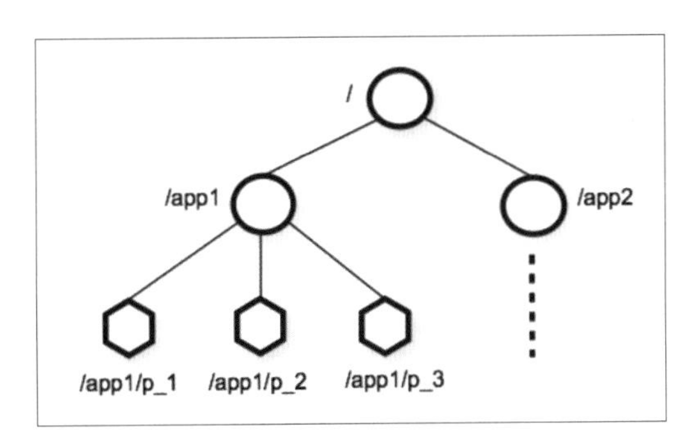

图 12-19 ZooKeeper 内部结构

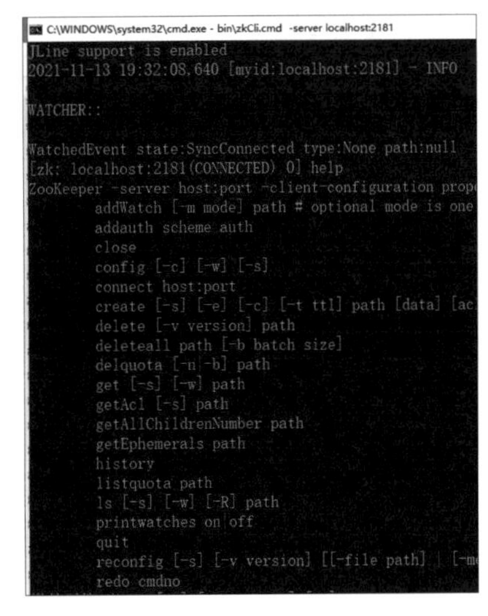

图 12-20 客户端连接操作服务器

12.6 zNode 常用命令

用 zkCli 连接成功后，使用 ls 命令显示节点：ls/，如图 12-21 所示。此时，结果显示根节点下只有一个 ZooKeeper 节点。

ls 命令可带参数，如 ls -R /，可以输出 ZooKeeper 下的子节点，如图 12-22 所示。

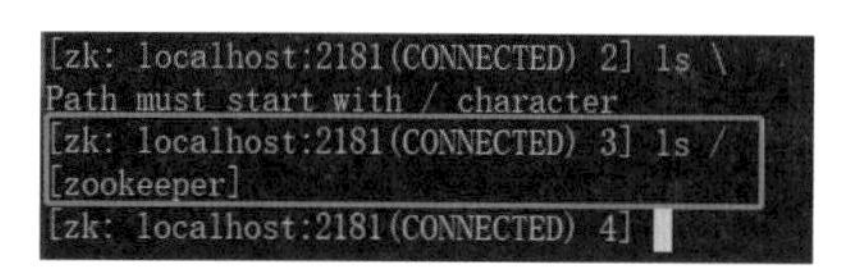

图 12-21 用 ls 命令显示节点

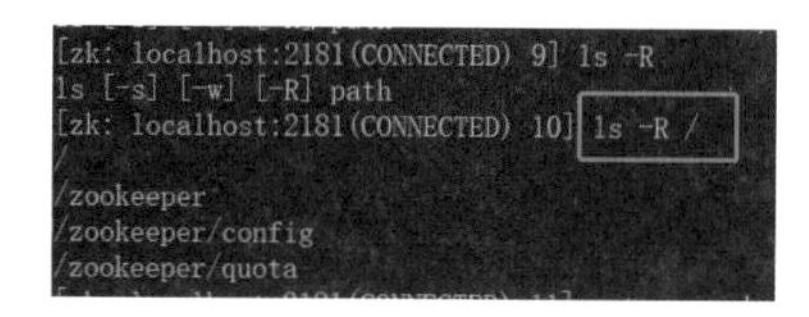

图 12-22 显示 ZooKeeper 下的子节点

节点内有什么？可以使用 get 命令查看，如图 12-23 所示。原来，ZooKeeper 把自己的配置数据也存在自身中。

接下来，使用 create 命令创建节点：

```
create /hdf  loginok
```

在根节点下面创建节点 hdf，并在节点内保存数据 loginok，如图 12-24 所示。

```
[zk: localhost:2181(CONNECTED) 12] get -s /zookeeper/config
server.1=localhost:5000:5100:participant
server.2=localhost:5101:5200:participant
server.3=localhost:5201:5300:participant
version=0
cZxid = 0x0
ctime = Thu Jan 01 08:00:00 CST 1970
mZxid = 0x0
mtime = Sat Nov 13 18:51:29 CST 2021
pZxid = 0x0
cversion = 0
dataVersion = -1
aclVersion = -1
ephemeralOwner = 0x0
dataLength = 132
numChildren = 0
[zk: localhost:2181(CONNECTED) 13] get /zookeeper/config
```

图 12-23 使用 get 命令显示节点内部

```
[zk: localhost:2181(CONNECTED) 14] create /hdf loginok
Created /hdf
[zk: localhost:2181(CONNECTED) 15] get /hdf
loginok
[zk: localhost:2181(CONNECTED) 16]
```

图 12-24 创建节点

这里列出一些常用命令：

```
create [-s] [-e] path data acl      // 创建节点，设置节点权限 acl，-s 为有序节点，-e 为临时节点
stat path [watch]                   // 查看节点状态，如数据长度、时间戳等，可以注册一个监听器
get path [watch]                    // 获取节点的数据，如：get /mynode
set path data [version]             // 设置节点数据，如：set /mynode "hello world"
delete path [version]               // 删除节点，注意路径为绝对路径，且不可删除拥有子节点的 zNode
rmr path                            // 递归删除 zNode 节点，rm -f/mynode，即删除 mynode 及其下所有节点
```

12.7 zNode 权限设置

zNode 创建时可以通过命令 create [-s] [-e] path data acl 指定 acl 权限。

ZooKeeper 的 acl 权限由 [scheme : id :permissions] 三部分组成，其中 scheme 是认证类型，id 一般指的是账号，也就是权限所针对的对象，permissions 表示对节点的空权限类型。

permissions 有如下选项（实际使用时可用首字母简写为 c、r、w、d、a）：

- create：允许创建子节点。
- read：允许从节点获取数据并列出其子节点。
- write：允许为节点设置数据。
- delete：允许删除子节点。
- admin：允许为节点设置权限。

scheme 有如下可选项：

- world：默认模式，所有客户端都拥有指定的权限。world 下只有一个 id 选项，就是 anyone，通常组合写法为 world:anyone:[permissons]。比如：setAcl /mynode world:anyone:crwda。
- auth：只有经过认证的用户才拥有指定的权限。通常组合写法为 auth:user:password:[permissions]，使用这种模式时，需要先进行登录，之后采用 auth 模式设置权限时 user 和 password 都将使用登录的用户名和密码。比如：setAcl /mynode auth:feng:123456:crwda。
- digest：通常组合写法为 digest:user:BASE64(SHA1(password)):[permissions]，表示密码必须通过 SHA1 和 BASE64 进行双重加密。比如：setAcl /mynode digest:feng:xHBaNtDKjaz0G0F0dq11735c9r8=:crwda。
- ip：特定 IP 的客户端拥有的权限，写法为 ip:182.168.0.168:[permissions]。比如：setAcl /mynode ip:192.168.28.213:crwda。
- super：代表超级管理员，拥有所有的权限。

还有其他一些不太常用的命令，由读者自行探索。

12.8 ZooKeeper 客户端编程

前面通过 zkCli 执行的命令都可以通过客户端编程实现且更加灵活。

在 Eclipse 中，首先导入 home 目录下的 lib 子目录下的所有 JAR 包，如图 12-25 所示。

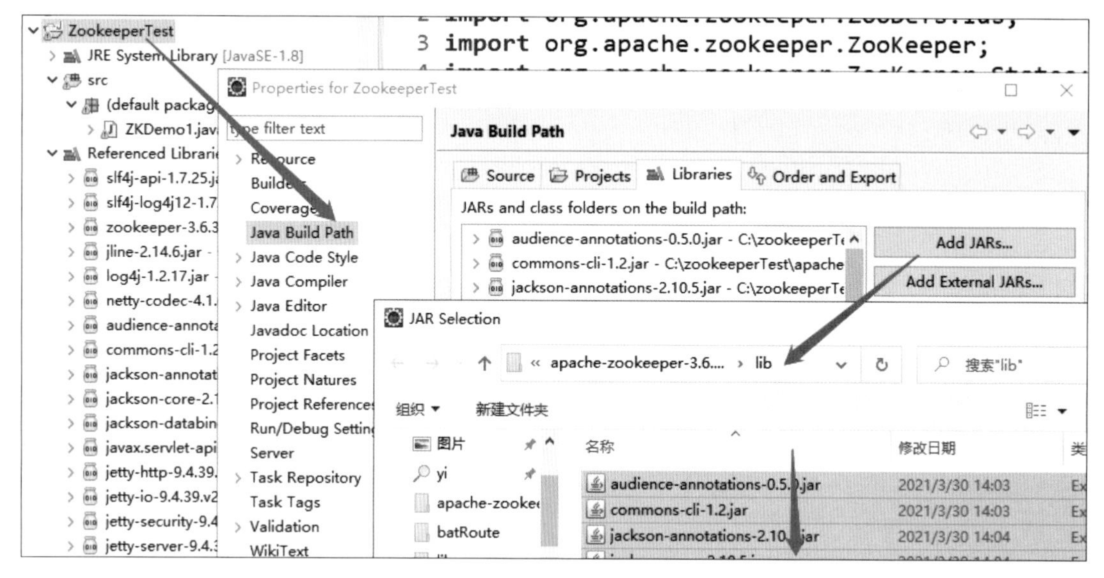

图 12-25 在 Eclipse 中导入 lib 目录下的所有 JAR 包

编写代码实现 CRUD（增查改删）操作：

```
import org.apache.ZooKeeper.*;
public class ZKOper {
    //可用的所有节点地址，前面配置并已启动 3 个节点，注意格式
    private static  String nodeAdds =
"localhost:2181,localhost:2182,localhost:2183";

    public static void main(String[] args) throws Exception {
    //创建 ZooKeeper 连接，超时为 3 秒，以后对集群的操作都在 ZooKeeper 上完成
    ZooKeeper zk = new ZooKeeper(nodeAdds, 3000, null);
    byte[] data= zk.getData("/hdf", null, null);//取得已存在节点下的数据
    String v=new String(data);
    out.println("取得节点内的数据 "+v);
    String seq=zk.create("/mht", "loginIn".getBytes(), Ids.OPEN_ACL_UNSAFE,   CreateNode.
PERSISTENT);
    out.println("保存成功，序号： "+seq);
    Stat rs = zk.setData(seq, "loginOut".getBytes(), -1);
    out.println(" 修改结果： "+rs);
    zk.delete(seq, -1); //删除节点
    out.println(" 已删除 "+seq);
    zk.close(); //关闭连接
    }
}
```

这很简单！给读者一点任务：调用 zk.addWatch() 测试 watch 机制。

12.9 监听机制

Watcher 就是 ZooKeeper 客户端的监听器：监听 ZooKeeper 集群中 path 节点的 CRUD 事件。

直接编写如下代码：

```
public class ZKWatch {
   // 可用的所有节点地址，注意格式
   private static  String nodeAdds =
"localhost:2181,localhost:2182,localhost:2183";

   public static void main(String[] args) throws Exception {
      // 创建 ZooKeeper 连接，超时为 3 秒，以后对集群的操作都在 ZooKeeper 上完成
      ZooKeeper zk = new ZooKeeper(nodeAdds, 3000, null);

      Watcher watch=new  Watcher(){ // 创建一个监听器对象
      public void process(WatchedEvent e) {
         out.println("WatchedEvent:"+e.getPath()+""+e.getType());
         if(e.getType()==Watcher.Event.EventType.NodeDeleted){
            out.println("NodeDeleted");}
            if(e.getType()==Watcher.Event.EventType.NodeCreated){
               out.println(" NodeCreated");}

            if(e.getType()==Watcher.Event.EventType.NodeDataChanged){
               out.println("NodeDataChanged");}
            }
      };
      // 将此 watch 对象加给连接对象，此处监听根节点及其下所有子节点的变化
      / AddWatchNode.PERSISTENT: 只监听指定的 path
      // AddWatchNode.PERSISTENT_RECURSIVE: 监听 path 下所有节点
      // 如设为根目录，则所有节点的 CRUD 操作都会响应
      zk.addWatch("/", watch, AddWatchNode.PERSISTENT_RECURSIVE);
      while(true) {
         Thread.sleep(1000);// 暂不退出
      }
      //zk.close(); // 关闭连接
   }
}
```

执行以上代码，并且在另外一个命令行连接集群、更新数据，即可看到响应（见图 12-26）。

```
WatchedEvent:/userState NodeCreated
 NodeCreated
WatchedEvent:/userState NodeDataChanged
 NodeDataChanged
WatchedEvent:/userState NodeDeleted
 NodeDeleted
```

```
选定 C:\WINDOWS\system32\cmd.exe - bin\zkCli.cmd  -server localhost:2181
[zk: localhost:2181(CONNECTED) 106] create /userState loginOK
Created /userState
[zk: localhost:2181(CONNECTED) 107] set /userState logout
[zk: localhost:2181(CONNECTED) 108] delete /userState
[zk: localhost:2181(CONNECTED) 109]
```

图 12-26　查看响应

12.10 下载 ZooKeeper 源码

编程中最好的帮手是源码。切记：你的一切不明白，都可在源码中得到终极解答。比如：

```
// 构造器有哪些参数？什么意思？
ZooKeeper zk = new ZooKeeper(nodeAdds, 3000, null);
// 后面两个参数是什么意思？
byte[] data= zk.getData("/hdf", null, null);
              // 后面那个参数是什么意思？还有什么参数可用？
zk.create("/a", "b".getBytes(), Ids.OPEN_ACL_UNSAFE, CreateNode.PERSISTENT );
```

只需要在项目中附加 ZooKeeper 源码，即可随意调用和查看。

首先，打开官方网址，找到对应版本的 ZooKeeper。

通常下载开源项目时都有一个 .asc 或 .md5 文件，这是源码包经过 md5 计算后的摘要，如图 12-27 所示。

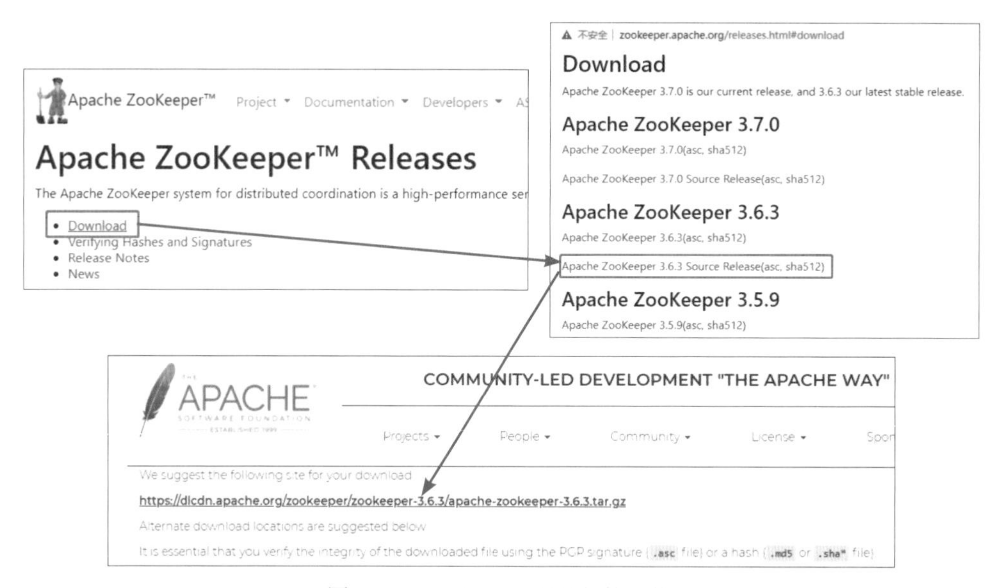

图 12-27 ZooKeeper 源码包的下载

源码包下载并解压后，即可到 Eclipse 中的 ZooKeeper 项目进行配置，或导入 Eclipse 中阅读、欣赏源码。

在 Eclipse 中配置 ZooKeeper 源码

在 Eclipse 中配置 ZooKeeper 源码分为以下几个步骤。

1 使用 ZooKeeper 库中的类 zk.getData()，调用 ZooKeeper 对象方法时在方法上右击，在弹出的快捷菜单中选择 Open Declaration 命令，如图 12-28 所示。

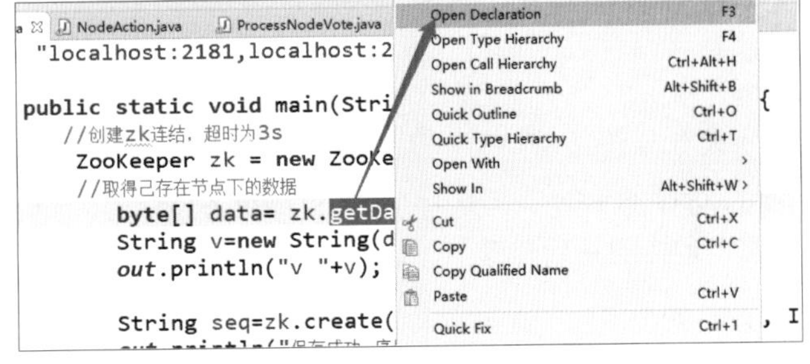

图 12-28 选择“Open Declaration”命令

2 界面中显示 Source not found 时单击 Attach Source，选中刚才下载解压后的源码包（注意：要查看的是 ZooKeeper 核心库，即 ZooKeeper-server的源码）。单击External Folder后，选择 src 下的 main 目录（该目录下的 java 子目录内是对应包结构的源码），如图 12-29 所示。

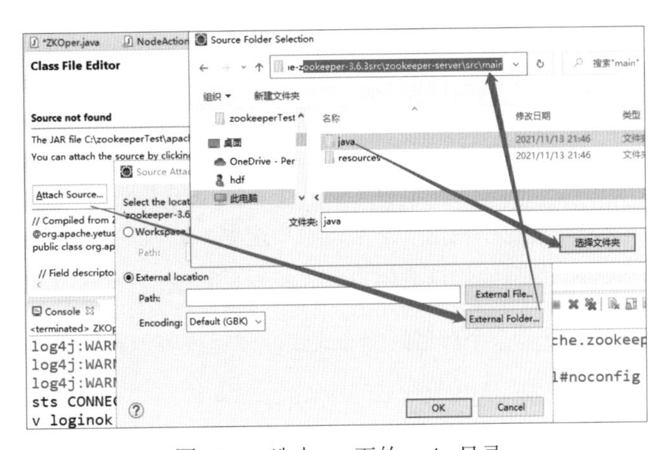

图 12-29 选中 src 下的 main 目录

至此，看到 zk.getData() 的“庐山真面目”了，如图 12-30 所示。

现在，读者有集群、有源码，可以尝试 ZooKeeper 客户端编程了。

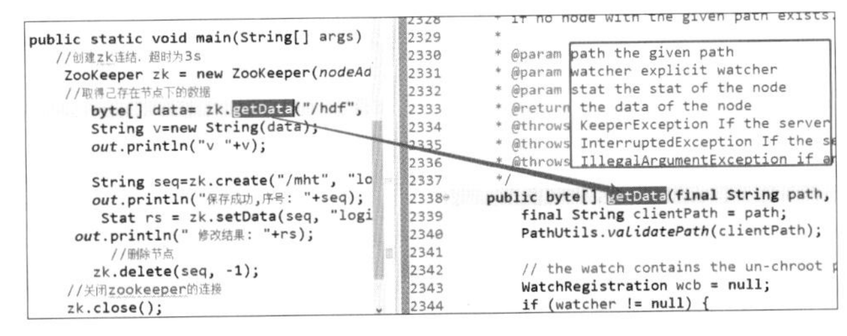

图 12-30 zk.getData()的源码

任务

实现一个图形化界面的 ZooKeeper 客户端，具有连接、状态监听、CRUD 功能。

12.12 ZooKeeper 实现分布式锁的思路

大部分普通用户每一天的每次连网，背后都有 ZooKeeper 某一个节点在默默无闻地工作。ZooKeeper 能干的事太多了，甚至可以说 ZooKeeper（以其为代表的分布式平台）已是互联网数据、计算、通信的基础建设。

① 数据发布 / 订阅
② 负载均衡
③ 分布式协调 / 通知
④ 集群管理
⑤ master 管理
⑥ 分布式锁
⑦ 分布式队列
……

本节将介绍分布式锁。

考虑这样的场景：某平台回馈用户，拿出 1000 部手机让用户来抢。

1）一组服务器负责生成订单，即用户下单成功，订单池减 1，完成下单。

2）可能一秒内有上十万用户抢单，如何确保只有一个用户能进入订单池？

3）如何确保这个用户完成流程后其他用户还能继续抢单？

这就是一个典型的分布式锁或限流或唯一许可的场景，如图 12-31 所示。

ZooKeeper 集群

订单服务器群

1
2
3
4

图 12-31 分布式锁

首先，用户到 ZooKeeper 集群中抢一把“锁”，执行图 12-31 中的 1、2 抢到后，执行 3 去订单服务器下单，流程完毕后，执行 4 释放锁。

通过前面的实验得知，zNode 的特征是千点一面，在每个 Node 上存取的数据在任意一个用户访问时都是一致的，那么这个问题就容易解决了。

12.13 分布式共享锁分析

共享锁是这样一个思路（见图 12-32）：

1）每个客户进程在 ZooKeeper 指定节点 Locks 下创建顺序节点。

2）客户进程监听 Locks 下的节点删除事件。

3）发现自己是第一个节点（最小序号节点）时，即获得锁，处理完毕后删除自己创建的节点。

4）若不是最小序号节点，则重复第 2 步，直至获得锁。

每一个抢锁用户的流程如图 12-33 所示。

图 12-32 共享锁的思路

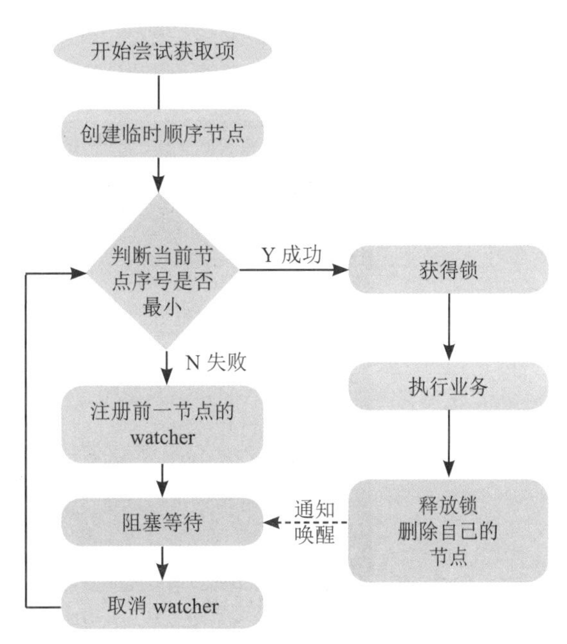

图 12-33 抢锁用户流程图

接下来，我们做一些基本的练习，为编写完整代码做准备。

1. 创建临时顺序节点

1）首先创建存放锁的根节点，使用命令 create /ShareLocks，如图 12-34 所示。以后每个用户的锁路径都创建在这个节点下，所以创建为持久化节点。

```
WatchedEvent state:SyncConnected type:None path:null
[zk: localhost:2181(CONNECTED) 0] create /ShareLocks
Created /ShareLocks
[zk: localhost:2181(CONNECTED) 1] ls -R
ls [-s] [-w] [-R] path
[zk: localhost:2181(CONNECTED) 2] ls -R /
/
/ShareLocks
```

图 12-34 创建存放锁的根节点

2）在锁根节点下创建临时顺序节点，使用命令 create -s -e /ShareLocks/User-，如图 12-35 所示。

ZooKeeper 中的顺序节点创建后，服务器会在用户设定的 path 后面加上 10 位自增长编号，这与 MySQL 数据库的自增长主键列、Oracle 中的 sequence 类似，是由服务器维护自增长的。

但 ZooKeeper 中自增长路径与其他自增长的本质的区别是：ZooKeeper 中自增长路径的编号是在集群中每个服务器上保持一致的，任何客户端在服务器相同路径下创建顺序自增长节点都会得到唯一编号。实际上，这个特征体现出了 ZooKeeper 的本质价值：集群事务一致性。

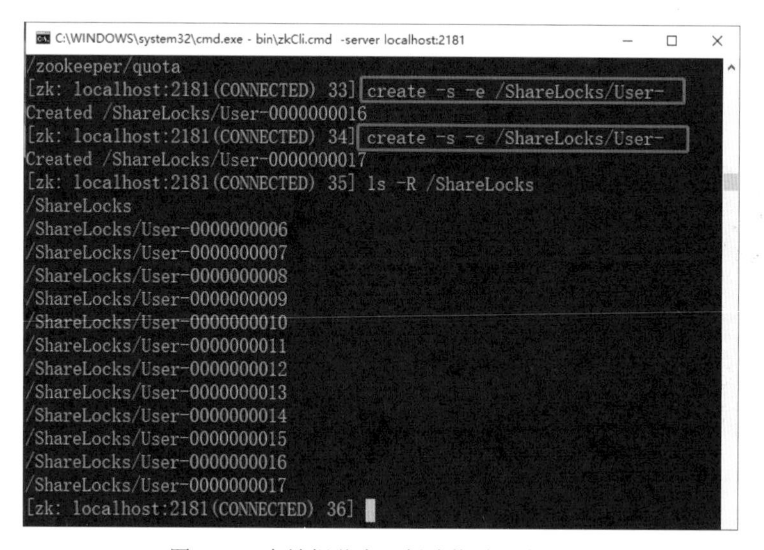

图 12-35 在锁根节点下创建临时顺序节点

读者想知道一个有数百节点的 ZooKeeper 集群是如何实现的，有两种方法：

第一是通读，下功夫读 ZooKeeper 的源码。

第二是自己编写一个简版的 ZooKeeper，这就是后面要实现的 miniCloud 项目。

图 12-35 中的 16、17 号路径是使用 ZooKeeper 客户端创建的，另外的路径是由代码创建的，注意这些都是临时节点。当创建此路径的程序退出或客户端退出后，临时节点很快就被服务器删除。但创建的 ShareLocks 是持久化节点，不会被删除。

2. 编码创建临时节点

编写以下代码来创建多个临时节点，查询、打印共享锁（路径）下的所有节点：

```
public class ZKTest {
    //ZooKeeper 集群的节点地址，注意格式
    static String nodeAdds = "localhost:2181,localhost:2182,localhost:2183";
    private static String basePath="/ShareLocks";// 共享锁共享路径
    private static String userPath=basePath+"/User-";// 用户创建的顺序节点路径

    private static void testCreateSeq() throws Exception{
        // 创建一个到节点的连接
        ZooKeeper zk = new ZooKeeper(nodeAdds, 3000, null);
        // 在 basePath 下创建 10 个临时顺序节点
        for(int i=0;i<10;i++) {
            String seq=zk.create(userPath, "usr-".getBytes()
                , Ids.OPEN_ACL_UNSAFE, CreateNode.EPHEMERAL_SEQUENTIAL);
            out.println(" 创建顺序路径成功 "+seq);
        }
        // 取得共享锁路径下所有节点的输出
        List<String>paths=zk.getChildren(basePath, null);
        out.println("\r\n"+basePath+" 下面有如下节点 : ");
        for(String s:paths) {
            out.println(s);
        }
    }

    public static void main(String[] args) throws Exception {
        testCreateSeq();
        while(true) { // 暂不退出，避免临时节点被删
            Thread.sleep(1000);
        }
    }
}
```

由代码执行结果（见图 12-36）可以看出：获取的 /ShareLocks 节点下不同用户创建的顺序节点是乱序的，这个排序过程需要客户端完成。由此是否可以猜测，这些节点在 ZooKeeper 服务器端是否用哈希表结构保存？

执行以上代码多次（注意 main 方法中的 sleep 是防止程序退出），再配合使用客户端的命令行，这样就可以仿真多个客户端创建顺序临时节点的过程。

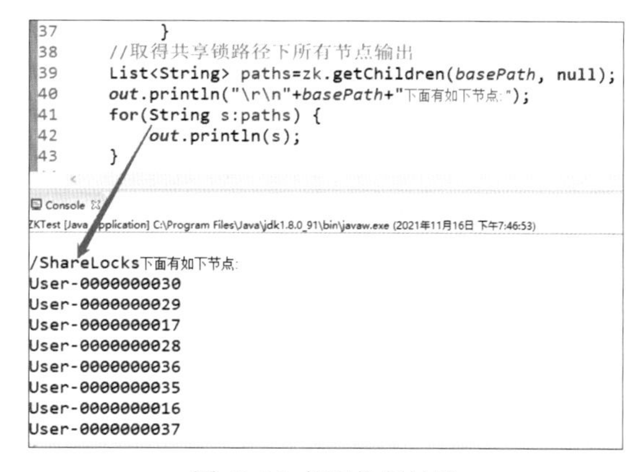

图 12-36 代码执行结果

3. 编码测试创建排序监听

对初学者而言，不需要编写一长段代码，而是把流程中的一个个节点功能先编写出来，一步一步测试，再连到一起测试，然后实现复杂的流程组合。本例中基本的代码节点有：创建路径、取得子节点表列排序、加监听器、线程 wait 和 notify 等。

初学者首先要做的是单点测试。先编写以下代码，最好再编写一下线程等待通知模型。

```
public class ZKTest {
   //可用的所有的节点地址，注意格式
   private static  String nodeAdds =
         "localhost:2181,localhost:2182,localhost:2183";
   private static String basePath="/ShareLocks";//共享锁共享路径
   private static String userPath=basePath+"/User-";//顺序节点前缀

   private static void testCreateSeq() throws Exception{
      ZooKeeper zconn = new ZooKeeper(nodeAdds, 3000, null);
      //在 basePath 下创建 3 个临时顺序节点，测试第 3 个
      zconn.create(userPath, "usr".getBytes(),
         Ids.OPEN_ACL_UNSAFE,CreateNode.EPHEMERAL_SEQUENTIAL);

      //测试某用户创建的节点，排在前面第一位的则需要监听
      String wPath= zconn.create(userPath, "usr".getBytes()
              , Ids.OPEN_ACL_UNSAFE, CreateNode.EPHEMERAL_SEQUENTIAL);

   //创建一个监听器对象，监听删除事件
   Watcher watch=new  Watcher(){
      public void process(WatchedEvent e) {
         if(e.getType()==Watcher.Event.EventType.NodeDeleted){
            out.println("watch 事件 :   NodeDeleted: "+e.getPath());
         }
      }
   };
   //监听这个节点
   zconn.addWatch(wPath, watch, AddWatchNode.PERSISTENT);

   //这个是笔者自己在进程中加的，要测试排序
   String mySeq=zconn.create(userPath, "usr-".getBytes()
         , Ids.OPEN_ACL_UNSAFE, CreateNode.EPHEMERAL_SEQUENTIAL);
   //取得共享锁路径下所有节点的输出
```

```
    List<String>paths=zconn.getChildren(basePath, null);
    out.println("  1-- 刚创建的子路径节点：  ");
    for(String s:paths) {
       out.println(s);  // 输出测试
    }
    // 为了排序，只取序号的最后 10 位
    List<String>seqs=new ArrayList();
    for(String s:paths) {
       s=s.substring(s.length()-10, s.length());
       seqs.add(s);
    }
    Collections.sort(seqs);
    out.println("  2-- 排序后：  ");
    for(String s:seqs) {
       out.println(s);  // 输出测试
    }
    // 取得自己节点所处的排序位置
    String myss=mySeq.substring(mySeq.length()-10, mySeq.length());
    int index=seqs.indexOf(myss);
    out.println("  3-- 自己节点所处的排序位置 "+index);
    // 如果自己的节点位置为 0，则最小，即获得锁
    if(index==0) {
       // 这算拿到锁，但这里不能是 0

    }else {
       // 给自己排后一位的节点，加上 watch，监听变化
       String second=seqs.get(index-1);
       String secondPath=userPath+second;
       out.println("  4-- 找到第二大的节点是 "+secondPath);
       zconn.delete(wPath, -1);
       out.println("  5-- 手动删除了第二个节点 "+wPath);
    }
 }
 public static void main(String[] args) throws Exception {
    testCreateSeq();
    while(true) { // 暂不退出，避免临时节点被删
       Thread.sleep(1000);
    }
 }
 }
```

这里需要注意以下几个细节问题：

1）每个线程（进程）要创建的顺序子节点 10 位编号是自增的，在排序时需要去掉前缀。本例中排序时，直接对“0000000012”形式的字符串排序，是否有必要在截取前缀后转成整型排序？

2）如果某用户创建顺序子节点的前缀格式错了，是否会导致抢锁流程崩溃？

3）basePath="/ShareLocks" 是所有用户的基点，是否要约定好，由谁来创建？

读者多思考一个问题，就多一个自己编写代码的机会，就多成长一分！

12.14 分布式共享锁编码的实现

以下代码将实现一个基本的共享锁。初学者要注意：每一小段代码都要编写输出语句，要写详细，并加上 1、2、3 这样的序号。阅读下面这段代码（能自己从头编写是最好的）：

```
public class ZKShareLock extends Thread {
   // 抢锁线程（用户进程）内部等待通知器：在其他用户删除前面的节点时用
   private Object innerLock=new   Object();

   private ZooKeeper   zconn;
   // 共享锁共享基路径：每个客户端在此路径下创建自己的节点
   private String basePath="/ShareLocks";
   // 用户创建的节点，后缀为 00000001~n
   private String userPath=basePath+"/User-";
   private String cName; // 客户端名字

   // 构造器，传入 ZooKeeper 连接和客户端名字
   public ZKShareLock(ZooKeeper zconn,String cName) {
      this.zconn=zconn;
      this.cName=cName;
   }

   public void run() {
      try {
         //1. 建一个自己的临时顺序节点
         String mySeq=zconn.create(userPath, cName.getBytes()
               , Ids.OPEN_ACL_UNSAFE, CreateNode.EPHEMERAL_SEQUENTIAL);
         out.println(cName+" 1- 创建临时顺序节点成功 :"+mySeq);

         //2. 取得 basePath 下所有子节点，看自己的是否最小
         // 取得共享锁路径下所有节点的输出
         List<String>paths=zconn.getChildren(basePath, null);
         // 为了排序，只取序号的最后 10 位
         List<String>seqs=new ArrayList();
         for(String s:paths) {
            s=s.substring(s.length()-10, s.length());
            seqs.add(s);
         }
         // 排序
         Collections.sort(seqs);
         //3. 取得自己节点所处的排序位置
         String myss=mySeq.substring(mySeq.length()-10, mySeq.length());
         int index=seqs.indexOf(myss);
         out.println(cName+" 2- 得到自己节点的排位 index "+index);
         // 如果自己的节点位置为 0 则最小，即获得锁
         if(index==0) {
            out.println(cName+" 2-1  自己节点的排位最小，则拿到锁 ");
```

```
            todoSome();
            //释放锁：删除自己的路径，需重新组装，关闭连接
            unLock(userPath+myss);
            out.println(cName+" 2-2 执行任务完毕，释放锁 ");
            return ;
        }else {
            //给自己排后一位的节点，加上 watch，监听变化
            //注意，这里为何不监听 0 号节点
            String second=seqs.get(index-1);
            String secondPath=userPath+second;
            out.println(cName+" 3- 排位后靠，要等待在路径 :"+secondPath);
            addWatch(secondPath);// 给这个节点加上监听器
            try {
                out.println(cName+" 3-3  在 innerLock 上锁定，等待通知事件 :");
                synchronized(innerLock) {
                innerLock.wait();
            }
            }catch(Exception ef) {ef.printStackTrace();}
            out.println(cName+" 3-4  拿到锁，去干活了 ");
            todoSome();
            //释放锁：删除自己的路径，需重新组装，关闭连接
            unLock(userPath+myss);
            return;
        }
    }catch(Exception ef) { ef.printStackTrace();}
    finally {unLock(userPath);        }
  }

  //给排在自己前面的路径加上监听器，以接通知
  private void addWatch(String secondPath) throws Exception{
    //创建一个监听器对象
    Watcher watch=new  Watcher(){
        public void process(WatchedEvent e) {
            if(e.getType()==Watcher.Event.EventType.NodeDeleted){
                out.println(" NodeDeleted");
                //这个节点被删除，即代表自己可以拿到锁
                //这里通知等待者
                try {
                    synchronized(innerLock) {
                        innerLock.notify();
                    }
                    out.println(cName+" 3-2 监听到节点 :"+secondPath+" 被删除，发出通知 ");
                }catch(Exception ef) {ef.printStackTrace();}
            }
        }
  };
  // AddWatchNode.PERSISTENT: 只监听指定的 path
  // AddWatchNode.PERSISTENT_RECURSIVE ：监听此 path 下的所有节点，比如设为根目录
  zconn.addWatch(secondPath, watch, AddWatchNode.PERSISTENT);
  out.println(cName+" 3-1  在此路径上加上监听器 :"+secondPath);
}

  //耗时操作，模拟一个用户拿到锁后去做的一些事
  private void todoSome() throws Exception {
```

```
        Random ran=new Random();
        int t=ran.nextInt(3000)+2000;
        Thread.sleep(t);
    }// 用完锁后释放：删除 path，关闭自己的连接
    public void unLock(String myPath) {
        System.out.println(cName+" 释放锁 "+myPath);
        // 加上解锁时的其他业务代码
    }
}
```

测试时，启动 n 个线程，模拟 n 个用户先后抢锁：

```
String nodeAdds ="localhost:2181,localhost:2182,localhost:2183";
for(int i=0;i<10;i++) {
    // 创建一个到节点的连接，启动线程
    ZooKeeper zconn = new ZooKeeper(nodeAdds, 3000, null);
    ZKShareLock ml = new ZKShareLock(zconn," 用户 "+i);
    ml.start();
}
```

这段代码有如下几个严重问题：

1）未考虑用户抢锁的超时机制，由读者来改进。

2）改用 java.util.concurrent.locks.ReentrantLock 类实现等待通知。

3）改用 java.util.concurrent.CountDownLatch 类实现等待通知。

4）代码中未考虑每一步的异常处理，直接放在一个大的 try-catch 块中，由读者来改进。

既然有共享锁，那就应有独占锁！它们各自的适用的场景是什么？优缺点是什么？
接下来，我们看独占锁的实现。

分布式独占锁的实现

有了前面的编码练习和分布式共享锁实现的经验，现在来看独占锁的实现，体验不同的编码思路。

独占锁基于这样的前提：ZooKeeper 集群仅允许创建唯一 path。

当 n 个用户进程需要抢锁时：

1）用户首先尝试在 zNode 上创建一个临时节点“path /lock- 光明顶”，value 为自己的用户名。如果创建成功，即拿到分布式锁，然后去执行自己的功能代码，执行完毕删除此节点。

2）当任何一位用户再来就创建“path /lock- 光明顶”节点时，就会报错得到异常提示，则此进程暂时放弃抢订单，在此路径上注册监听器，监听对“path /lock- 光明顶”的删除事件。此用户线程进入 wait 状态。

3）第 1 步中用户完工后，释放锁的方法是删除此路径（或断开连接，由 ZooKeeper 集群自己删除）触发第 2 步中的监听器；第 2 步中 wait 状态的线程得到 notify 后，此用户执行第一步去创建“path /lock- 光明顶”节点。

先看代码，关键是 getLock()、tryLock()、waitLock() 这三个方法：

```
// 客户端获取分布式锁
//getLock(trylock-->waitlock-->getLock)
public class ZKClientLock  {
// 集群连接地址
   private static  String CONNECTION =
         "localhost:2181,localhost:2182,localhost:2183";

   private ZooKeeper zk=null; //ZooKeeper 客户端连接
   private String user;// 用户名

   private String lockPath = "/lock- 光明顶";// 锁的 path 路径
   private CountDownLatch counter; // 通知计数器

   public ZKClientLock(String user) {
      try {
         this.user=user;
         zk = new ZooKeeper(CONNECTION, 3000, null); // 连接集群
      }catch(Exception ef) {ef.printStackTrace();}
   }

   //1.tryLock 创建 path 锁，如果成功即得锁返回 true
   //2. 如失败，设计 waitLock，等待通知后，再创建锁
   public boolean getLock() {
      if (tryLock()) {
         return true;
      } else {
         if (waitLock()) {
            if (getLock()) {
               return true;
            }
         }
      }
      return false;
   }

   // 在 ZooKeeper 集群上创建 path 锁，如果其他用户已创建，抛出异常返回 false
   // 此处创建一个临时节点
   private boolean tryLock() {
```

```
        try {
            out.println(user+" 第1步：尝试创建临时节点…");
            zk.create(lockPath, user.getBytes(), Ids.OPEN_ACL_UNSAFE,
                    CreateNode.EPHEMERAL);
            out.println(user+" 1.1 创建临时节点 成功 ");
            return true;
        } catch (Exception e) {
            out.println(user+" 1.2: 创建临时节点 失败 , to waitLock()...");
            return false;
        }
    }

    // 创建锁失败后，等锁的过程
    //1. 在连接上注册监听器（此时任何事件都通知）
    //2. 在监听器中设置计数器 counter，异步事件发生通知到 wait
    //3. 如果 path 锁已存在，调用计数器 counter.await()，未考虑超时
    //4. 计数器 counter.await() 被通知后，返回 true，调用者继续抢锁
    //5. 返回前移除监听器
    private boolean waitLock() {
        out.println(user+" 第2步：进入 wait，等待锁释放…");
        Watcher watch = null;
        try {
            // 会发出通知的监听器
            watch = new Watcher() {
                public void process(WatchedEvent e) {
                    if(e.getType()==Watcher.Event.EventType.NodeDeleted){
                        if (counter != null) {
                            out.println(user+" 2.4: watch Delete 事件，计数器归 0，发通知到 2.3");
                            counter.countDown();
                        }
                    }
                }
            };
            zk.addWatch(lockPath, watch, AddWatchNode.PERSISTENT);
            out.println(user+" 2.2: watch 监听器添加成功 ");

            //path 如果已存在，则等待
            if (zk.exists(lockPath,null)!=null) {
                counter = new CountDownLatch(1);// 重置计数器
                try {
                    out.println(user+" 2.3: lockPath 已存在，进入等待… ");
                    counter.await();// 如设置等锁超时
                    return true;
                } catch (Exception e) {e.printStackTrace();}
            } else {
                return true;
            }
        } catch (Exception e) {}
        finally {
            try {
                // 移除已注册的监听器
                zk.removeWatches(lockPath, watch, WatcherType.Any,true);
            }catch(Exception ef) {ef.printStackTrace();}
        }
```

```
            return false;
        }
        //用完锁后释放：删除 path，关闭自己的连接
        public void unLock() {
            System.out.println(user+" 释放锁 ");
            try {
                zk.delete(lockPath, -1);
                zk.close();
            }catch(Exception ef) {}
        }
    }
```

分析代码流程，读者会发现独占锁会导致羊群效应：当一个客户端释放锁后，所有客户端都来抢着创建“path /lock- 光明顶”节点。如果客户端进程过多（比如上十万、上百万），可能瞬间导致 ZooKeeper 集群压力过大，就会出现不可预测问题。

相对共享锁，独占锁并非一无是处，想想这种模式有哪些应用场景。

那么问题是：读者能否在一台笔记本电脑上测试这个问题？

在一台笔记本电脑上启动 3 个 ZooKeeper 节点用于集群，是否可以同时启动 10 万个线程来做抢锁测试？这又是读者表现编写代码能力的机会！

12.16 miniCloud 项目分析

假如读者将开发一个云盘平台“miniCloud”（见图 12-37），使用 ZooKeeper 集群将易如反掌。

1）用户上传自己的目录、文件，可以分享给其他用户。

2）别的用户从 miniCloud 上下载目录文件到自己的计算机中。

3）利用 ZooKeeper 集群的特点能满足大量用户的并发访问。

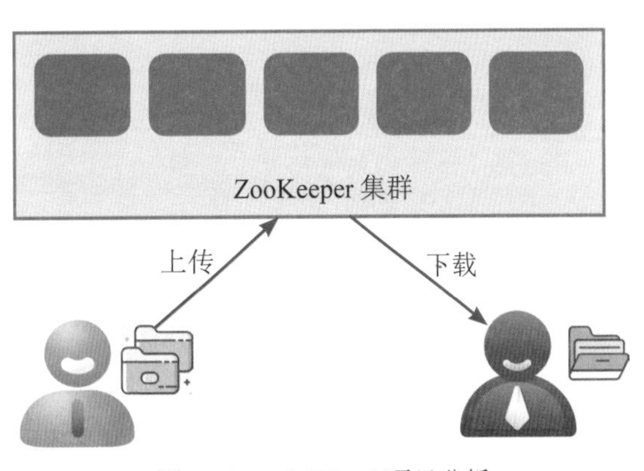

图 12-37 miniCloud 项目分析

这里需要注意两点：

1）在 ZooKeeper 的节点上创建路径和计算机文件系统的目录的共同点是不能重复。

2）计算机文件系统上可以一次创建多级目录，比如：以 “/” 开头，默认在 C 盘根目录下创建，如图 12-38 所示。如果要在其他盘创建，则在前面加上盘符。（可编写代码来测试读者自己的计算机上最多可以创建多少级目录。）

```
// 在计算机上一次创建多级目录
File fDir=new File("/abc/efg/hjk/lmn/");
boolean b=fDir.mkdirs();
String path=fDir.getAbsolutePath();
out.println("   创建: "+path+" result: "+b);
```

```
nsole ☒
nated> TestDir [Java Application] C:\Program Files\Java\jdk1.8.0_91\bin\javaw.exe (2021年
     创建: C:\abc\efg\hjk\lmn result: false
```

图 12-38 在计算机上一次创建多级目录

不能直接在 ZooKeeper 上创建多级路径，必须一级一级地创建。

```
ZooKeeper zk = new ZooKeeper(nodeAdds, 3000, null);
 String path="/abc/efg/hjk/lmn";
 String s=zk.create(path, "myData".getBytes(), Ids.OPEN_ACL_UNSAFE, CreateNode.PERSISTENT);
out.println(" ZK 创建 : "+path+" result: "+s);
```

运行如上代码会报错：

```
Exception in thread "main" org.apache.zookeeper.KeeperException$NoNodeException:
KeeperErrorCode = NoNode for /abc/efg/hjk/lmn
at org.apache.zookeeper.KeeperException.create(KeeperException.java:118)
at org.apache.zookeeper.KeeperException.create(KeeperException.java:54)
      at org.apache.zookeeper.ZooKeeper.create(ZooKeeper.java:1347)
      at zkDisFile.TestDir.main(TestDir.java:34)
```

1. miniCloud 文件保存

1）使用 ZooKeeper 路径上传数据进行保存。

在 ZooKeeper 上创建一个 path 时，可对应保存一个字节数组值，该值称为 value，这样 path 和 value 形成键－值对（Key-Value Pair），比如：

```
// 将文件数据保存到 ZooKeeper 路径 /Test.java 中
byte[] data= 读取本地 Test.java 文件
zk.create("/hdf/Test.java", data, Ids.OPEN_ACL_UNSAFE,CreateNode.PERSISTENT);
// 取得指定路径中的数据
byte[] data=zk.getData("/hdf/Test.java", null,null);
```

那么问题来了：一个 path 中最多可以保存多少字节？读者可以编写代码来进行测试。

2）与本地文件保存的区别：

在计算机上给定目录“/use”的下一级目录，可以判断是否为文件或目录：

```
File f = new File("/use");
File[] fs = f.listFiles();  // 列出这个目录下的所有文件
for (int i = 0; i<fs.length; i++) {
    File temf = fs[i];
    String path = temf.getName();// 得到目录或文件的短名字
    String absPath=temf.getAbsolutePath// 得到绝对路径名
    out.println(path+"  " + absPath);
    if (temf.isDirectory()) {// 判断是否为目录
    }
    if(temf.isFile()) {// 判断是否为文件
    }
}
```

在 ZooKeeper 节点上给定目录“/use”只能得到 path 和对应的 value。

```
String path="/use"
List<String>paths=zk.getChildren(path, null);
if(paths.size()==0) {
    return;  // 是叶节点 path，可能是文件，也可能是空目录
}
if(paths.size()>0) { // 是枝节点，肯定是目录
    System.out.println("--- 这是目录 "+path);
}
for(String s:paths) {
    System.out.println("---zk path is"+s);
}
```

总归一句话：做练习，把计算机中的路径和文件与 ZooKeeper 中的路径对应起来。

2. miniCloud 文件映射

现在编写代码进行测试，将本地目录文件结构输出为 ZooKeeper 形式的路径，如图 12-39 所示。

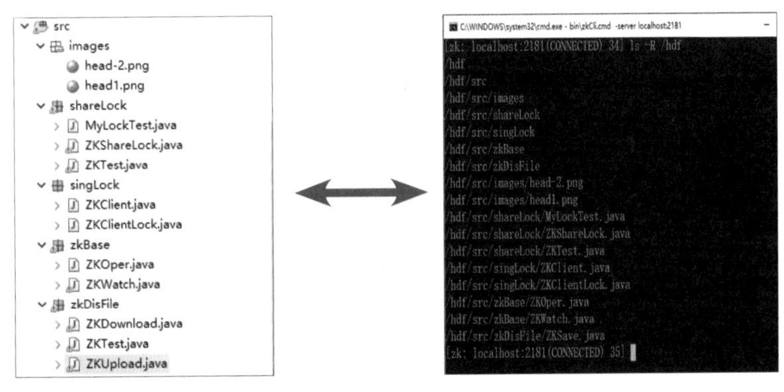

图 12-39 本地目录文件与 ZooKeeper 形式的路径的映射

测试本地文件目录能否输出为图 12-39 中右图所示的路径：

```
public class TestDir2Pth {
   //把用户的根节点名作为 ZooKeeper 集群存储文件的根节点名
   private static String userHome = "/hdf";
   public static void main(String[] args) throws Exception {
      String lBase="src";// 在计算机上的起始目录
      testDirMap(lBase );
   }

   public static void testDirMap(String localBase) throws Exception {
      out.println("zk-createBasePath " + userHome);
      File f = new File(localBase);
      String path_1 = userHome + "/src";
      out.println("zk-createPath_1 " + path_1);

      File[] fs = f.listFiles();
      for (File temf: fs) {
         String path = temf.getName();
         String path_2 = path_1 + "/" + path;
         out.println(" zk-createPath_2 " + path_2);
         if (temf.isDirectory()) {
            File[] eFiles = temf.listFiles();
            for (File ef:eFiles) {
               String shotName = ef.getName();
               String path_3 = path_2 + "/" + shotName;
               out.println("    ZK 上传的文件 : "+path_3);
            }
         }
      }
   }
}
```

这段代码单纯测试能否将“/sr”目录下的一级目录以及该目录下的文件转换为 ZooKeeper 上的路径。

同样，需要再测试能否将 ZooKeeper 上的路径转换为指定根目录下的结构：

```
//测试将 ZooKeeper 上的路径映射到本地文件目录
   public class TestPath2Dir {
   private static String userZKHome="/hdf"; //ZooKeeper 上的用户目录起点
   private static String localHome="/myBak";//保存到本地的目录起点
   private static String nodeAdds="localhost:2181,localhost:2182,localhost:2183";//ZooKeeper 
集群节点地址

   public static void main(String[] args) throws Exception {
      ZooKeeper zk = new ZooKeeper(nodeAdds, 3000, null); // 创建 ZooKeeper 连接
      zkToLocal(zk,userZKHome); // 输出 path 为本地路径
```

```
    }

    public static void zkToLocal(ZooKeeper zk,String path) throws Exception{
        List<String>paths=zk.getChildren(path, null);
        if(paths.size()>0) {                    // 下面还有子路径
            out.println("--- 这是目录 "+path);
            File f=new File(localHome+path);
            f.mkdirs();
            out.println(" 本地创建目录 OK "+localHome+path);
        }

        if(paths.size()==0) {// 是子节点，对应是文件
            System.out.println(" 这是文件 "+path+" 保存文件！ ");
            // 取得文件，进行保存
            byte[] data=zk.getData(path, null,null);
            FileOutputStream fos=new FileOutputStream(localHome+path);
            fos.write(data);
            fos.flush();
            fos.close();
            out.println(" 本地创建文件 OK "+localHome+path);
            return;  // 结束递归
        }
        for(String s:paths) {
            String nextPath=path+"/"+s;
            zkToLocal(zk,nextPath);  // 递归
        }
    }
}
```

搞清楚从本地目录、文件路径到 ZooKeeper 路径的映射后，接下来实现文件数据上传，其实就是将上面的输出语句改为用 ZooKeeper 的节点操作即可。

12.17 文件上传实现

以下代码实现将本地 /src 目录下的二级目录和二级目录下的文件按相对位置上传到 ZooKeeper 的 /hdf 路径下：

```
// 上传本地 /src 目录下所有二级目录和二级目录下的文件
public class ZKUpload {
```

```
    private static String userHome="/hdf"; //把用户的根节点名用于 ZooKeeper集群存储文件的根节点名
    //ZooKeeper节点地址
    private static  String nodeAdds =
   "localhost:2181,localhost:2182,localhost:2183";

    public static void main(String[] args) throws Exception {
       ZooKeeper zk = new ZooKeeper(nodeAdds, 3000, null);
       localToZK(zk);// 上传 ZooKeeper
       zk.close();
       System.out.println("上传结束");
    }

    // 上传实现
    public static void localToZK(ZooKeeper zk) throws Exception{
       zk.create(userHome, "dir".getBytes(),Ids.OPEN_ACL_UNSAFE, CreateNode.PERSISTENT);
       out.println("create userHome OK "+userHome);

       File f=new File("src");  // 本地要上传的起始目录
       String path_1=userHome+"/src";
       out.println("create path_1 "+path_1);
       zk.create(path_1, "dir".getBytes(), Ids.OPEN_ACL_UNSAFE, CreateNode.PERSISTENT);

       File[] fs=f.listFiles();
       for(File temf: fs) {
          String path=temf.getName();
          String path_2=path_1+"/"+path;
          out.println("create path_2 "+path_2);
          zk.create(path_2, "dir".getBytes(), Ids.OPEN_ACL_UNSAFE, CreateNode.PERSISTENT);
          if(temf.isFile()) {
             // 此处未考虑周全，一级目录下的文件未上传
          }
          if(temf.isDirectory()) {
             File[] eFiles=temf.listFiles();
             for(File ef:eFiles) {
                String shotName=ef.getName();
                String path_3=path_2+"/"+shotName;
                // 读取文件数据，上传
                byte[] data=getFileData(ef);
                // 创建节点时带上文件数据
                zk.create(path_3, data, Ids.OPEN_ACL_UNSAFE, CreateNode.PERSISTENT);
                out.println("create path_3 "+path_3);
             }
          }
       }
    }
    // 读取文件：任何文件返回字节数组
    private static byte[] getFileData(File f) {
       byte[] data=new byte[1];
       try {
```

```
            FileInputStream fins=new FileInputStream(f);
            data=new byte[fins.available()];
            fins.read(data);
            fins.close();
            return data;
        }catch(Exception ef) {ef.printStackTrace();}// 读取文件失败
        return data;
    }
}
```

在 ZooKeeper 上创建路径时，采用 CreateMode.PERSISTENT 模式，创建的都是持久化节点，当客户端退出后，所创建的路径和数据依旧存在。使用 ZooKeeper 命令行进行如下测试：

1）通过 ls -R /hdf 查看用户路径下所有的节点，如图 12-40 所示。

2）通过 get /hdf/src/zkDisFile/ZKUpload.java 可以得到这个文件。

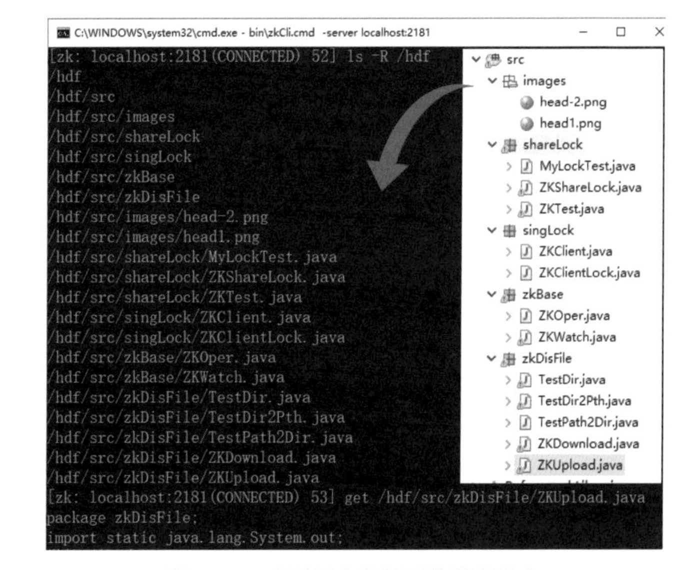

图 12-40 查看用户路径下的所有节点

文件下载

下载文件是通过递归读取 ZooKeeper 用户目录下的路径，将子节点视为文件在本地创建，然后取得数据保存即可，代码如下：

```
// 将 ZooKeeper 集群上 /hdf 路径下的目录、文件下载到本地
public class TestPath2Dir {
    private static String userZKHome="/hdf"; //ZooKeeper 上的用户目录起点
```

```
    private static String localHome="/myBak";// 保存到本地的目录起点
    private static String nodeAdds="localhost:2181,localhost:2182,
localhost:2183";

    public static void main(String[] args) throws Exception {
        ZooKeeper zk = new ZooKeeper(nodeAdds, 3000, null);// 创建 ZooKeeper 连接
        zkToLocal(zk,userZKHome);
    }

    public static void zkToLocal(ZooKeeper zk,String path) throws Exception{
        List<String>paths=zk.getChildren(path, null);
        if(paths.size()>0) {// 下面还有子路径
            out.println("--- 这是目录 "+path);
            File f=new File(localHome+path);
            f.mkdirs();
            out.println(" 本地创建目录 OK "+localHome+path);
        }
        if(paths.size()==0) {// 是子节点，对应是文件
            out.println(" 这是文件在 ZooKeeper 的路径 "+path);
            out.println(" 本地创建文件 :"+localHome+path);
            byte[] data=zk.getData(path, null,null);// 取得文件，进行保存
            FileOutputStream fos=new FileOutputStream(localHome+path);
            fos.write(data);
            fos.flush();
            fos.close();
            return;  // 结束递归
        }
        for(String s:paths) {
            String nextPath=path+"/"+s;
            zkToLocal(zk,nextPath);  // 递归
        }
    }
}
```

上述代码的运行结果如图 12-41 所示。

本例严重的 bug 是：上传文件时没有处理空目录情况，只上传了二级文件夹下的文件，如果有三级、四级呢？这是留给读者的任务。

升级版任务：仿照百度云盘、360 云盘实现 UI 客户端，并实现权限控制。

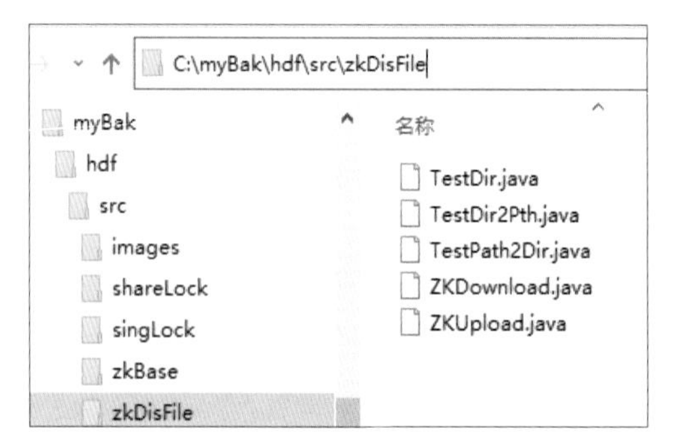

图 12-41 代码的运行结果